中国环境会计系列丛书（下）

环境管理会计

Environmental Management Accounting

袁广达　著

经济科学出版社

图书在版编目（CIP）数据

环境管理会计/袁广达著.—北京：经济科学出版社，2016.4
ISBN 978-7-5141-6744-3

Ⅰ.①环…　Ⅱ.①袁…　Ⅲ.①环境管理-管理会计　Ⅳ.①X196

中国版本图书馆 CIP 数据核字（2016）第 061192 号

责任编辑：段　钢　卢元孝
责任校对：王肖楠
责任印制：邱　天

环境管理会计
袁广达　著
经济科学出版社出版、发行　新华书店经销
社址：北京市海淀区阜成路甲 28 号　邮编：100142
总编部电话：010-88191217　发行部电话：010-88191522
网址：www.esp.com.cn
电子邮件：esp@esp.com.cn
天猫网店：经济科学出版社旗舰店
网址：http://jjkxcbs.tmall.com
北京财经印刷厂印装
787×1092　16 开　23 印张　590000 字
2016 年 5 月第 1 版　2016 年 5 月第 1 次印刷
ISBN 978-7-5141-6744-3　定价：56.00 元
（图书出现印装问题，本社负责调换。电话：010-88191502）

前　言

环境会计又称绿色会计，它是以货币为主要计量单位，以有关法律、法规为依据，计量、记录环境污染、环境防治、环境开发的成本费用，同时对环境的维护和开发形成的效益进行合理计量与报告，从而综合评估环境绩效及环境活动对企业财务成果影响的一门新兴学科。它试图将会计学与环境经济学相结合，通过有效的价值管理，达到协调经济发展和环境保护的目的。

国外将利用货币工具对环境问题进行管理的范畴统称为环境会计，包括宏观和微观两个方面。宏观环境会计主要着眼于国民经济中与自然资源和环境有关的内容，是运用物理和货币单位对国家自然资源的消耗进行的计量，因此，也常被称为“自然资源会计”。微观环境会计主要是企业环境会计，尤以工业企业为主，它反映环境问题对企业组织财务业绩的影响以及组织活动所造成的环境影响，一般分为环境差别会计和生态会计两大类。

会计按照学科分为财务会计和管理会计，环境会计内容包括环境财务和环境管理两个会计意义上的范畴，两者的结合形成有机统一体。尽管环境财务会计目的是对外反映一定时期实体有关环境资源、成本、损耗、收益及效益情况，但从其手段和性质上来说还是一项管理，是企业实施环境管理和控制的技术方法、作业过程、产品质量、环境绩效、道德品行和社会价值的转换表现形式。由此可以认定，企业环境会计信息系统的信息包括两个方面，即环境会计核算信息系统信息和环境管理控制信息系统信息。因此，环境会计可分为环境财务会计和环境管理会计。

本丛书就是按照环境财务会计和环境管理会计两大模块进行编写设计的，分《环境财务会计》和《环境管理会计》两册。《环境财务会计》包括环境会计概述、环境会计制度、环境资产、环境负债、环境成本、环境收益、环境会计报告与信息披露。《环境管理会计》包括环境成本管理、环境绩效管理、环境风险管理、环境审计、环境财务学基础、气候变化应对会计方法、排污权交易会计、生态损害成本补偿标准会计量化以及其他环境会计领域的会计技术。所有内容仅仅包含微观环境会计，即企业环境会计。按照“可持续发展”理论的诠释，企业环境会计源于对人类社会生存的“环境”因素的考虑，因而企业的社会责任首先是环境责任，并成为环境会计的立足点。

现代会计作为一种主要以价值计量工具、以反映经济活动过程和结果为对象的必要的经济管理手段，应当肩负起历史使命，承担起保护环境的责任。因为一切经济问题的解决手段从来没有也不可能离开会计簿记系统，环境问题也不例外。从本质上讲，以人为中心的环境活动也是经济活动，环境问题就是经济问题，并再现为对人类社会经济发展和资源财富价值增值的矛盾冲突。不仅如此，作为现代管理工具的会计特质，在任何管理领域包括自然管理都有它的贡献和价值体现；同样，会计信息可以与其他任何信息进行集成，以对管理产生特殊功效。至于如何结合及结合程度，取决于与会计集成对象的特点和科学发展与发现程度及新型会计学科扩展程度。会计不仅仅只是经济活动描写，更多是一种经济管理技能，可用于一切社会科学和自然科学所能产生价值影响的各个领域，在分析现状与预测未来、风险评估与绩效评价、方案实施与流程控制、战略谋划与目标定位及组织治理等方面，具有其独特的优势。全面认识和应用现代会计是成就卓越管理者的必然选择，也是科学管理的思想、意志、精神和文化的精髓所在。

中国环境会计教育落后于西方50年甚至更远。西方发达国家在大学教育中侧重公司社会责任意识的培养和教育，并将培养面向可持续发展的新型会计人才作为环境会计教育的最终目标。尤其是美英等国家环境会计教育到目前已经初具规模，环境会计理论研究和实务操作也较为成熟，环境会计教育体系正逐步形成，工商管理学院独立开设环境会计、环境审计已成为大学会计系的必然选择，但在我国几乎是空白。教育是环境保护的根本大计，是促进可持续发展和提高人们解决环境与发展问题能力的关键。社会经济的可持续发展，客观上要求会计教育也要实现可持续发展，因为包括环境会计教育在内的环境教育是全社会持续发展的重要条件之一。不仅如此，建立大学环境会计教育体系，是培养和造就新型会计专业人才的需要，也是落实可持续发展的教育行动。

应当认识到，当今地球正因全球变暖、人口过剩、污染严重、大量猎杀以及冰川快速融化等问题遭受环境危机。今天，我看到深层生态学基金会（Foundation for Deep Ecology）与人口传媒中心（Population Media Center）发布的大量照片，显示人类对陆地、天空以及海洋的破坏，每一张都触目惊心；另有蕾切尔·卡逊女士《寂静的春天》最初的提醒，布伦特兰首相《我们共同的未来》深情地呼唤，柴静记者《穹顶之下》的大声呐喊……人类从来没有像今天这样，生态危机、石油危机、粮食危机、淡水危机、生存危机，这些揪心词句频频见诸现实。人类对自然的伤害一旦导致地球不堪重负，其结果无疑也是人类命运终结的到来。保护地球生态环境，爱护人类生存家园，是发达国家和发展中国家及全人类面临的共同责任。从保护环境做起，国际会计和中国会计当然不能置身之外，而且责无旁贷。

十分高兴地看到，中国共产党和中国政府已经清醒地认识当前中国环境状况和环境保护对于中国社会和经济发展的重要性，为此将生态文明建设作为一项国家战略，制定和实施了旨在保护和改善环境，防治污染和其他公害，保障公众健康，推进生态文明建设，促进经济社会可持续发展的一系列政策和措施，并为此采取了坚定的行动，比如新《环境保护法》颁布、生态红线规划、生态补偿条例起草、干部任期内损害生态环境终身追责制度、环境信息公开制度、自然资源资产负债表的探索编制、环境保护税法拟定推出，等等。所有这些无一例外都与环境会计息息相关，也是拓展现代会计内涵与外延，促进中国会计发展的最好契机。

我们这个时代应当是昂扬向上的时代，奋发有为的时代，思想活跃的时代，责任担当的时代，追求真理的时代。至少我在进行科学研究过程中的理性思维方式转变和个人学术观点提炼，没有也不会受到任何他人羁绊，更不会受任何利益影响。因为这时的我独处在深夜书室，心境沉静而安详，透视窗外苍穹，阅览天下变事，想我所想，思我所思，将思想痕迹都烙印在环境会计的书稿上，尽管不尽成熟，但可抛砖引玉。也许这与我的会计情结有缘，也与我对健康的政治生态和自然生态的向往关联。我想，真正的学术追求就是对真理的追求，对社会责任的担当，对自己事业的热爱，任何开怀胸襟的知识探索和学术追求的心路历程都会给我带来无量的财富。尽管科学之路艰难曲折，但在我最困难的日子里，总有一个路标、一盏路灯、一声鞭策、一座里程碑，鼓舞着我前行。科学研究是清苦的、寂寞的，研究过程需要一个平实的心态、严肃的心里、独立的思考和清净的环境，没有人会在一个狂热的欲动中或在一个夸浮的视界下获得真正的学术上的成功甚至是超越，而我们每个人只能也只有在自己所研究的领域某一方面有所见长，但凡具有卓见的最终研究成果全部源于研究者对专业的坚守，躁动生态下张扬着什么都懂得的学者，其实是政治投机和功利的神马。想到这儿，我十分感谢我曾经的学术导师和政治导师们，对我青年时的人生政治上的引导和专业学术上的指点，也十分感谢人到中年时国家社科基金、教育部人文社会科学规划基金、江苏省社会科学基金和财政部中国注册会计师协会研究项目的支持，为我从事我的学术之路、政治之路做了平坦而厚实的铺垫。

“会计—审计—环境”，伴随着我的过去和现在，也将引领着我的未来。因为，我知道，会计并非是万能的，但科学管理离开会计肯定是万万不能的。

袁广达

2015 年 8 月 20 日于南京

目　　录

第一章　环境成本管理

第二章　环境风险管理

第三章　环境绩效管理

第四章　环境审计

第五章　环境财务管理

第六章　排污权交易会计与交易管理

第七章　气候变化应对的会计方法

第八章　生态损害成本补偿标准的会计量化

第九章　其他环境领域的会计技术

第一章　环境成本管理

【学习目的与要求】

1. 了解环境管理会计与管理会计、环境成本管理的关系。

2. 理解企业环境成本管理的意义，理解和掌握环境成本管理的内容。

3. 掌握作业成本法、产品生命周期法、完全成本法，理解清洁生产、企业社会责任成本概念，了解流量成本会计、总成本评价。

4. 了解和掌握环境成本控制目标、原则与措施，掌握环境成本的控制模式。

5. 理解环境成本效益内涵，掌握环保项目成本效益决策方法；理解和掌握环境成本效益分析模式与评价指标。

第一节　环境成本管理概述

一、环境管理会计及其实质

环境管理会计是在传统的企业成本会计的基础上，将环境因素纳入管理会计职能的实施过程，以便能够为企业在面临环境挑战的前提下实现可持续发展目标提供依据。因此，环境管理会计不是对传统管理会计的否定，而是一种扩展和补充。

企业范围内的环境事项主要包括两部分：一是企业一般经济活动对环境产生的影响，二是企业出于各种动机对环境产生的反应。对应这两类环境事项进行核算，并对其结果进行管理控制，构成了环境管理会计的两个基本组成部分。

（1）企业环境影响核算和控制。企业对环境的影响产生于企业生产经营活动的全过程。一方面企业生产要消耗资源，另一方面生产过程要向环境排放残余物，二者合起来形成对环境的压力。传统会计关注企业生产经营流程，从经济投入与经济产出之间寻求对应关系，没有专门关注企业的资源消耗和污染物产生量。环境管理会计沿着企业生产经营链条完整追溯其物质流循环过程，对企业的资源消耗量和废弃物产生量进行核算。企业环境会计管理不仅可以计量消耗与废弃所带来的环境影响，而且可以考察企业的生态效率。

（2）环境反应对企业财务影响核算和控制。企业在生产经营过程中，会对环境耗费经济资源，这些耗费构成了企业费用、支出的一部分。传统会计中已经包含对这些费用、支出的核算，但只是简单地将其处理为一般费用和支出，不做专门列式。环境管理会计突出对环境的认知并在环境资源前提下，对这些费用和支出作专门归集分类核算，显示不同费用和支出类别以及各自发生的数额，在此基础上，进行环境实际成本核算，显示其对企业财务状况所造成的影响，并对不同的结果做比较分析。

为实现对企业上述两个环境事项的核算和控制，环境管理会计一方面沿用传统会计尤其是管理会计所运用的方法，同时还要从环境科学等领域引入新的方法。其中，企业环境影响核算主要采用基于企业物质流循环的实物量核算方法，环境反应对企业财务影响核算主要运用管理会计中提出的作业成本法以及完全成本法等。在进一步评价、分析过程中，还要更广泛地引入环境评价以及相关方法。所以，环境管理会计实质就是环境成本管理。

二、环境成本管理

环境成本管理是在传统成本管理的基础上，把环境成本纳入企业经营成本的范围，从而对产品生命周期过程中所发生的环境成本有组织、有计划地进行预测、决策、控制、核算、分析和考核等一系列的科学管理工作。企业环境成本管理从组织管理角度看是一系列的预测、决策、控制、核算和分析的过程，同时从生产、技术、经营的角度看，它又是一种成本形成全过程的管理。

环境成本管理属于环境管理会计范畴，其环境成本又可称为广义上的环境降级成本，它是指由于经济活动造成环境污染而使环境服务功能质量下降的代价。环境降级成本分为环境保护支出和环境退化成本。环境保护支出指为保护环境而实际支付的价值，环境退化成本指环境污染损失的价值和为保护环境应该支付的价值。在微观环境会计中，环境成本是指企业在某一项商品生产活动中，从资源开采、生产、运输、使用、回收到处理，解决环境污染和生态破坏所需要的全部费用。

如同成本会计具有双重目标——既为财务会计计算盈亏也为管理会计考证责任业绩提供基础（成本）数据一样，环境成本信息也是既服务于财务会计也服务于管理会计，并且应当为企业环境管理提供尽可能充分的信息，有效管理建立于信息充分性基础之上。可见，环境成本会计与环境管理存在着密切的关系。

三、环境成本管理的形成

20 世纪 90 年代以后，随着可持续发展理论的提出，各国政府的环境管理强调与企业之间的合作，推进预防性的综合环境成本管理手段，对企业决策中如何考虑环境因素，如何实施与环境有关的成本管理等问题逐渐为人们所重视。1999 年，联合国的“改进政府在推动环境成本管理中的作用”专家工作组，与 30 多个国家的环境成本管理部门和国际组织、会计组织、企业组织和学术界，综合各国实践，首次提出了环境成本管理（environment cost management）的概念。其后各次会议就建立环境成本管理的一般原则和指南，就环境成本管理的必要性、环境成本管理与公司环境报告等方面的联系进行了研究，并讨论了政府在推动环境成本管理中的作业及各种推动手段等，讨论结果形成了几份报告，至此环境成本管理的研究逐渐形成和完善。

20 世纪末，随着对环境成本管理研究的不断深入，人们对企业与环境管理的关系、环境管理会计如何服务于企业的环境成本管理已经形成了比较成熟的技术与方法，并且积累了不少成功的经验。这些研究与经验，为企业有效推行环境成本管理体系创造了良好的条件，并在提高经济效益的同时降低对环境的影响、促进企业的可持续发展等方面，提供了有益的借鉴。到20世纪末，作为一门学科的环境成本管理已经形成。

四、企业环境成本管理的意义

环境成本管理对企业的意义主要有以下几方面：

（1）有助于企业管理当局做出正确决策。环境成本是企业管理当局做出正确决策时必须要考虑的相关成本的一部分，与其他成本一样，是流经企业的物质的价值表现。环境成本的投入与企业收益具有密切的关系，为达到环境保护标准而投入的环境成本将对企业的利润产生一定的冲击。因此，对环境成本进行科学合理的管理与控制，将会为企业发展与环境保护进行协调和科学决策，以及合理规划生产方案提供有力的支持。

（2）有助于企业进行环境成本效益考核与评价。随着环境问题的日益加剧以及环保法规的强化，企业在环保方面的费用支出越来越大，能否充分发挥环境成本的效率，使得一定的环保支出尽可能多地为企业带来经济效益，越来越引起企业的关注。通过对环境成本进行科学合理的管理与控制，可以实现环境成本与环保效果的最佳配比，从而有助于分析和评价环保工作业绩，满足环境成本效益考核与评价的需要。

（3）有助于企业降低环境风险。世界各国对于环境问题的重视，使得环境风险成为企业风险管理工作中必须要考虑的内容。科学合理的环境成本管理与控制，可以反映企业履行环境责任、预防和治理自身所产生环境污染的资源投入与绩效信息，从而保证企业不受或者少受来自环境风险的威胁，为企业正常有序地生产经营创造良好的条件。

（4）有助于完善现代企业制度。企业作为市场主体，为追求自身利益最大化，往往忽视社会利益。现代企业制度要求企业由生产型向生产经营型转化，要求企业追求自身效益最大化和社会可持续发展相统一。科学合理的环境成本管理与控制，一方面，使得企业站在自身的角度上考虑环境问题，降低资源消耗，减少环境污染，在一定程度上降低产品成本，增加企业利润，增强市场竞争力，从而有利于现代企业制度的建立与完善；另一方面，资源环境的有效利用与保护，必将促进整个社会经济的可持续发展。

第二节 环境成本管理内容

一、环境成本管理内容组成

（一）企业环境成本管理目标

企业环境成本管理的总体目标是以最优的环境成本取得最佳的环境效益与经济效益的统一。一方面，企业既不能盲目地为追求经济效益，忽视了企业经济活动所产生的环境污染及破坏的“外部成本”，不对企业环境污染及环境破坏所带来的“外部不经济成本”进行合理估计确认和计量，从而导致虚减企业成本虚增经济利益；另一方面，企业也不能硬性地规定企业增加环境成本的投入，在实践中反而影响企业环境成本管理的效果。企业环境成本的管理目标不是简单地增加与减少环境支出的问题，而是一个不断优化的过程。不同的企业在总体目标基础上，可根据自身的实际情况，选择适合自己的具体环境成本管理目标。

（二）企业环境成本预测

环境成本预测是建立环境成本对象和环境成本动因之间的适当关系，用以准确预测环境成本的过程。环境成本预测既是环境成本管理工作的起点，也是环境成本事前控制成败的关键。实践证明，合理有效的环境成本决策方案和先进可行的环境成本计划都必须建立在科学严密的环境成本预测基础之上。通过对不同决策方案中环境成本水平的预测与比较，可以从提高经济效益和生态效益的角度，为企业选择最优环境成本决策和制订先进可行的环境成本计划提供依据。

（三）企业环境成本控制

企业环境成本控制是指企业运用一系列的手段和方法，对企业生产经营全过程涉及有关生态环境的各种活动所实施的一种旨在提高经济效益和环境效益的约束化管理行为和政策实施。它以企业环境成本管理目标为前提，以环境成本预测为依据，采用适合的模式与政策，控制环境成本形成的全过程。

（四）企业环境成本核算

企业环境成本核算的目标是向信息使用者提供决策有用的环境成本信息。它对企业环境成本的发生过程进行反映，描述企业生产经营全过程发生的环境负荷及治理数据信息，并按成本核算原则确认和计量环境成本费用，衡量评价环境成本投入所带来的环境效果与经济效益，编制出环境成本绩效报告书对外公布，接受外部环境评价，并为内部决策提供参考依据。

（五）企业环境成本监测预警

企业应当采取一系列的方法和手段对环境成本进行监测和控制，建立环境成本监测预警系统。运用企业在环境成本控制和环境成本核算中积累的环境成本数据和信息，摸索环境成本的变化规律，预测企业环境成本变化的趋势。当企业环境成本达到临界值时，提供预警信息，提前实施控制措施。

（六）企业环境成本的评价与应用

企业环境成本评价是依据经济效益与社会效益两方面的相互关系，借助两者之间的动态变化，分析出影响环境成本变动的因素，比较得出评价结论，借以制订或修改新的环境成本控制方案。同时，将企业环境成本信息应用于企业战略管理中，参与企业战略决策。

二、环境成本管理的内容是一个有机整体

企业环境成本管理框架是个有机整体，其中各组成部分之间相互联系，相互制约。企业环境成本管理目标统驭企业环境成本管理框架。

企业环境成本预测是企业环境成本管理的起点，预测指导企业环境成本的控制与核算。企业环境成本的控制需要企业环境成本核算的反映与监督，企业环境成本的核算为控制提供相关的成本信息。通过企业环境成本控制和企业环境成本的核算，对环境成本进行监测，若遇预

警，应及时施加调节和控制，以避免风险。企业环境管理效果通过企业环境成本评价来评析，并为企业战略管理提供环境成本信息和可借鉴经验。如在评价与应用中发现问题，反馈至目标确定部分，如此反复，从而达到优化企业环境成本的目的，最终实现企业成本管理的目标。

企业环境成本管理是科学发展观的一个微观实现途径，企业环境成本管理是一项复杂的系统工程，其中企业环境成本管理框架的构建是企业环境成本管理的基础和关键，该框架还必须在企业管理的实践中不断得到丰富与完善。

辅助阅读 1 -1

印度博帕尔化学泄漏事件

1984 年 12 月 3 日凌晨，印度中央邦首府博帕尔市北郊，美国联合碳化物公司印度公司农药厂一个储气罐内的压力急剧上升。储气罐装有 45 吨用于制造农药西维因和涕灭威的原料——液态剧毒异氰酸甲酯。3 日零时 56 分，储气罐阀门失灵，罐内的剧毒化学物质开始泄漏，并以气态迅速向外扩散。第二天早晨，博帕尔市好像遭遇中子弹袭击一样，一座座房屋完好无损，但到处是人和牲畜的尸体，好端端的城市变成了一座恐怖之城。曾在第二次世界大战期间被德国法西斯用来杀害集中营中犹太人的剧毒化合物犹如恶魔般笼罩着博帕尔。

这就是震惊世界的博帕尔化学泄漏事件，大灾难造成了 2.5 万人直接致死，55 万人间接致死，另外有 20 多万人留下永久残疾。受这起事件影响的人口多达 150 余万，约占博帕尔市总人口的一半。现在当地居民的患癌率及儿童夭折率，仍然因这一灾难远比其他印度城市要高。30 年后的今天，那场剧毒残留依旧威胁环境，除了受害者肉体和心灵上的伤口难以平复外，已废弃的化学工厂仍然是危害环境的“毒瘤”。工厂内仍遗留有高达 8 000 吨的有毒物质，绿色和平组织依据事故发生前工厂储存原料的相关资料判断有毒物质数量接近 2.5 万吨。遍布着巨大圆柱体储存罐、生锈管道和容器的厂区内仍散发强烈的刺激性气味，剧毒水银遍地都是。

由于印度博帕尔化学泄漏（1984 年）和埃克逊—瓦尔德兹油轮泄漏（1989 年）等重大事件的发生，全球范围内的环境问题已经变得相当重要。环境问题引起人们对全球变暖、可再生资源的枯竭和自然栖息地的丧失等主要问题的关注，也引发了对企业管理的疑问，要求对企业管理进行变革，将环境问题与企业的产品设计、市场营销和财务管理同等对待，加强和改进内部环境管理系统。因为恶劣的环境事件已经为企业带来了严重的后果，包括罚款、环境税、销售减少、客户的联合抵制、融资困难、法律诉讼以及公司形象损失等一系列环境成本的上升。

——摘自：印度博帕尔毒气泄漏案，百度百科 [EB/OL]. 2014 - 11

第三节 环境成本管理方法

环境成本管理方法是指以环境成本核算的信息和其他环境管理信息，经过一系列整理、归类、分析和对比后得出新的结果，借以寻找对未来环境成本进行测算或对现有成本施加影响的成本管理技术和方法总称。环境成本管理方法的选择是环境成本核算过程中的重要环节，也是环境成本管理的基础。现行主要的环境成本核算方法除了现有的制造成本法外，还有一些特殊的成本计算方法，如作业成本法、生命周期法和完全成本法。之所以说其特殊，就在于它们不仅体现在对环境成本发生的记录与反映上，而且更多的是将其记录的结果用于环境成本管理和控制上。当然，无论是成本核算还是成本控制，这些方法的选择并不是相互排斥的，如很多环境成本管理的研究者就把生命周期法和作业成本法结合在一起使用。

作业成本法、产品生产周期法和完全成本法等是与传统环境成本核算方法相对的几种方法，也是环境成本管理方法。这些成本管理方法是对传统的产品制造成本核算方法的改进和创新，也是一种现代成本控制方法和手段，其直接目的是要真实反映成本会计信息，并通过对环境成本信息的分析，提出控制环境成本的措施，最终目的是实现环境保护的根本目标。

一、作业成本法

（一）作业成本法定义

作业成本计算的思想形成于20世纪30年代末40年代初，直到80年代中期才得到西方会计界的普遍关注和深入研究。

作业成本法（activity based costing，ABC）是以作业为核算对象，通过成本动因来确认和计算作业量，进而以作业量为基础，并借以对所有作业活动追踪进行动态反应，计算作业成本，评价作业业绩和资源利用情况的方法。这一方法运用的原理是：产品消耗作业，作业消耗资源，资源消耗影响环境并导致成本的发生，通过对作业成本的确认和计量，提供一种动态的成本信息。

（二）作业成本法的特点

作业成本法的特点表现在以下三个方面：

1. 成本计算要分为两个阶段

第一阶段，确认耗用企业资源的所有作业，并将作业执行中耗费的资源追溯到作业中，计算出作业成本并根据作业动因计算作业成本分配率；第二阶段，根据第一阶段的作业成本分配率和产品所耗作业的数量，将作业成本追溯到各有关产品。所以对环境成本而言，其发生就可以通过作业这个桥梁实现最终分配给具体产品的目的。

2. 成本分配强调可追溯性

作业成本法认为将成本分配到成本对象有三种不同的形式：直接追溯、动因追溯和分摊。作业成本法的一个突出特点就是强调以直接追溯或动因追溯的方式计入产品成本，尽量避免分摊的方式，因为分摊虽然是一种简便易行且成本较低的分配方式，但是必须建立在一定的假设前提之下，不然就会扭曲成本，影响成本的真实性。

3. 追溯使用众多不同层面的作业动因

作业成本法的独到之处在于它把资源的消耗首先追溯到作业，然后使用不同层面和数量众多的作业动因将作业成本追溯到产品，将众多的成本动因进行成本分配，比采用单一分配基础更加合理，更能保证成本的准确性。

（三）作业成本核算的两个步骤

1. 环境成本认定和环境成本分配率的计算

这个阶段的成本计算工作可分三个具体步骤进行。（1）环境成本认定和归集。生产过程中会发生许多耗费，作为生产过程中发生的环境成本必须要与发生的作业有关，并符合可计量性、相关性、真实性、可靠性特征。识别和认定环境成本是分配成本的前提。（2）环境成本的分配。首先，确定环境成本所耗的作业，并建立各作业单元或称作业组，将间接成本从中分离出来加以计量，利用作业动因，将环境成本分配给不同的成本计算对象。如果环境成本可以直接归属于某个产品，就应该直接计入该产品的成本；如果环境成本不能够直接归属于某个产品，则需将环境成本进行作业分类，其分类标准可以使用同水准或使大致相同的消耗比例。其次，确定环境成本的动因。环境成本动因是导致环境成本发生的决定性因素，是将作业成本库的成本分配到产品环境成本中去的标准。确定的标准是成本动因应与环境成本的发生相关，如排污费可能与排放量、排放的有毒物含量等相关，则可将排放量、排放的有毒物含量等作为成本动因。(3) 计算作业成本分配率。作业成本分配率即可以采用实际成本法计算，也可以采用预算成本法，这可根据具体情况来定。实际作业环境成本分配率是根据实际作业环境成本和实际作业产出计算得出；而预算环境成本分配率是根据预算年度预计的环境成本和预计作业产出（即作业需求）计算得出，但此方法需要进行差异调整。计算公式如下：

实际环境作业成本分配率 = 当期实际发生的环境成本 ÷ 当期实际作业产出

预算（正常）环境成本分配率 = 预计环境成本 ÷ 预计（正常）作业产出

2. 将作业成本库的环境成本追溯到各产品，然后计算产品成本

凡可以直接追溯到产品的原材料等直接成本，将其直接计入产品的成本。对于环境成本，是运用第一阶段计算得出的环境成本（成本库）分配率和各产品所耗用的作业量指标（即耗用的作业动因数量），将环境成本追溯到各产品。

在这里，要清楚地理解成本动因、成本单元或成本组。如火力发电厂，对外部环境产生影响的作业主要有除灰、废水处理和厂区绿化美化三部分。除灰作业主要是由于企业的燃煤而发生的，所以可以选择燃煤的数量作为其成本动因，同时废水处理和厂区绿化美化这两项作业可以选择废水处理数量和二氧化碳排放量来分别作为其成本动因，构成各项作业的成本单元或成本组。企业要将各个作业成本单元或成本组中已经发生的费用分配到具体的产品中去，这种分配的实现可以通过先确定每个作业成本库的动因分配率，然后再分别计算每种产品应当分配到的成本数额。

【例 1－1】

某公司生产两种类型的环境产品，与环境相关的作业成本和其他资料如表 1－1 所示。

表 1－1　　成本资料

成　本		数据资料	A 产品	B 产品
		产量（千克）	1 000 000	20 000 000
工程设计	150 000	工程设计小时	1 500	4 500
处理废弃物	600 000	处理废弃物数量（千克）	30 000	10 000
检验	120 000	检验小时	10 000	5 000
清理湖泊	200 000	清理小时	8 000	2 000

要求：计算两种产品的单位成本。

(1) 计算作业成本分配率:

工程设计 = 150 000 ÷ (1 500 + 4 500) = 25(元)

处理废弃物 = 600 000 ÷ (30 000 + 10 000) = 15(元)

检验 = 120 000 ÷ (10 000 + 5 000) = 8(元)

清理湖泊 = 200 000 ÷ (8 000 + 2 000) = 20(元)

(2) 计算各产品的总成本:

A 产品 = 25 × 1 500 + 15 × 30 000 + 8 × 10 000 + 20 × 8 000 = 727 500 (元)

B 产品 = 25 × 4 500 + 15 × 10 000 + 8 × 5 000 + 20 × 2 000 = 342 500 (元)

(3) 计算产品单位成本:

A 产品 = 727 500 ÷ 1 000 000 = 0. 7275 (元/千克)

B 产品 = 342 500 ÷ 2 000 000 = 0. 17125 (元/千克)

(四) 作业成本法优点

采用作业成本法进行企业的环境成本计算和控制具有三个方面的优点:

(1) 提高了环境成本信息的可靠性。作业成本法建立在传统成本核算方法的基础上，对环境成本进行作业层次上的分析，并选择多样化的作业动因进行环境成本的分配，从而提高了环境成本的对象化水平和环境成本核算信息的准确性。

(2) 满足环境成本信息的相关性要求。作业成本法在作业层次上对环境成本进行了动因分析，保证环境成本分配准确地追溯到各个产品，揭示了环境成本发生的原因，有利于企业管理部门加强环境成本控制，挖掘成本降低的潜力及准确计算产品的盈利能力。

(3) 专业成本法能帮助企业了解与每种产品有关联的经营活动过程。这样，可以体现生产流程中哪里增加了价值，哪里减少了价值，从而使环境成本的信息更准确更真实，还能让企业管理人员通过对各种产品的作业流程进行追踪记录，从而更好地进行产品定价、提高市场的占有率、产量计划等决策。

在现代经济环境下，迫于企业经营环境的改变，竞争压力的加大，组织结构和业务流程复杂化，高新技术应用带来的间接成本的急剧增加，以及信息技术的发达会使会计系统的信息处理成本下降等原因，企业从宏观和微观两个方面进行考虑后，作业成本法越来越多地被采用，并希望可以达到预期的、理想的效果。

(五) 作业成本法与环境成本管理

作业成本法 (activity based costing, ABC) 是依据作业制管理建立并运行起来的。作业制管理 (activity-based management, ABM) 是一个更为广泛的范畴，它是建立在作业分析基础上的一种管理体系。一般认为，作业制管理包括: (1) 关于作业种类、作业过程及成本动因的分析; (2) 作业制成本计算; (3) 作业过程的持续改进; (4) 管理重组。由此可见，ABC 是 ABM 的一个重要组成部分，为作业制管理提供最基础的数据信息。

鉴于环境成本、费用发生起因的复杂性，将 ABC 和 ABM 引入环境成本核算和环境管理中具有重要的意义。以作业或活动作为成本动因，作为成本会计基础，有利于更具体地识别环境成本动因，更准确地对环境费用进行分析和归集，更有效地追溯环境成本的来龙去脉并实施控制。

【例1－2】

某化工企业在环境成本核算方面存在一些问题，诸如在采购生产所需材料时仅以采购价格作为选择标准，没有综合考虑后续该材料产生废弃物的处理成本；企业在某些产品生产过程中产生的废弃物或污染物治理费用支出一般按产量分配计入产品成本。另外，在生产过程和设备运行过程中对工作人员身体健康造成的伤害赔偿通常是在发生时直接计入期间费用等科目中。现采用作业成本法对污染物处理成本进行分配，原因是可以更合理地将污染物的处理成本分配到产品上，比如产量大的产品不一定产生的污染物数量多或者其中有害物质的含量多，也不一定产量相同的产品产生的污染物数量或其中有害物质的含量就一样；另外还可以通过对处理成本进行细分，了解哪些部分耗费可以通过采取措施进行改进，以减少其发生的成本。

假设这个化工企业在生产结束污染治理阶段，已知的污染物的处理成本作业成本资料如表1－2所示，由此计算的产品分摊污染物处理成本见表1－3。

表1－2 作业动因分析

污染物处理成本项目	成本总额（元）	成本动因	产品种类和成本动因值				动因比率
			A	B	C	合计	
运输费用	300 000	运输次数	30	50	40	120	2 500
设备启动费	180 000	启动次数	6	8	6	20	9 000
设备维修费	200 000	维修小时	6	8	6	20	10 000
设备运转费	320 000	直接工时	100	150	150	400	800

注：表中，动因比率＝成本总额÷各产品成本动因值。

表1－3 污染物处理成本计算

污染物处理成本	A产品	B产品	C产品
运输费用（元）	75 000	125 000	100 000
设备启动费（元）	54 000	72 000	54 000
设备维修费（元）	60 000	80 000	60 000
设备运转费（元）	80 000	120 000	120 000
合计（元）	269 000	397 000	334 000
成本比重（%）	26.90	39.70	33.40

由表1－3看出，以B产品为例，其中运输费用和设备运转费所占比重大，可考虑提高每次运输的效率，适当减少污染物的运输次数；另可以考虑更新污染物处理设备，扩大废水处理容量，提高处理效率。

由此我们可以看出作业成本法和传统的制造成本法的差异（见表1－4）。

表 1－4　　作业成本法和制造成本法差异对比

产品	制造成本法		作业成本法		差异	
	成本（元）	成本比重（%）	成本（元）	成本比重（%）	成本（元）	成本比重（%）
A	230 769	23.08	269 000	26.90	－38 231	－3.82
B	538 462	53.85	397 000	39.70	141 462	14.14
C	230 769	23.08	334 000	33.40	－103 231	－10.32
合计	1 000 000	100	1 000 000	100	0	0

通过表 1－4 的计算可以看出，原来按照产量分配的 A、C 两种产品污染物的处理成本是相同的，B 产品由于产量多故分配的污染物处理成本也多，如果按照作业成本法分配，根据不同的作业动因，成本的分配会更合理一些。

二、产品生命周期法

（一）产品生命周期法定义

产品生命周期法（LCA）是在 20 世纪 60 年代末和 70 年代初提出，它是绿色设计的基础，应用在环境成本核算中，则是对作业成本法的扩展。

产品生命周期法是一种针对产品生命周期的归结和分配环境成本的会计核算方法。所谓产品生命周期是指从产品最初的研发到不再向顾客提供技术支持和服务的期间。对于机动车，这一期间可能要 12～15 年；对某些药品，这一周期大概为 15～20 年。

（二）产品生命周期法特点

对环境成本的作业成本分析不再局限于生产过程中所发生的环境成本，而且包括了产品开发、销售直至淘汰、弃置整个生命周期过程的环境成本。产品生命周期法使得产品成本项目更为完整，从而满足企业管理对产品成本核算的需要。因而，采用生命周期法对企业的环境成本进行核算和控制是对作业成本法的补充和深化。

（三）产品生命周期法类型

采用这种方法，环境成本可以分为以下三类：

1. 普通生产经营成本

它是指在生产过程中与生产直接有关的环境成本，如直接材料、直接人工、能源成本、厂房设备成本等，以及为保护环境而发生的生产工艺支出、建造环保设施支出等。这类成本通常可以直接从账簿中取得实际反映的数据。

2. 受规章约束的成本

它是指由于遵循国家环境法规而发生的支出，如排污费、监测监控污染的成本等。这类成本则可以根据成本动因进行归集分配。

3. 潜在成本（或有负债）

它是指已对环境造成污染或损害，而法律规定在将来发生的支出。企业可以根据产品的生命周期，在产品形成的各个阶段分别核算上述三类成本。这类成本需要采用特定的方法进行预测，如防护费用法、恢复费用法、替代品平价法等。

（四）产品生命周期法优点

采用生命周期法控制环境成本的优点在于它把产品整个生命周期中的成本都考虑在内，包括了产品设计阶段污染预防以及产品售后阶段产品回收可能发生的环境成本，把分散或隐藏在传统会计系统中的环境成本数据进行了汇总，以此计算产品的盈利能力。生命周期成本法克服了传统成本制度下企业仅考虑产品生产过程中发生环境成本的缺点，补充计算了潜在成本，使得产品成本信息更为准确完整，环境成本信息更具有可靠性。

（五）产品生命周期法与环境成本管理

产品生命周期分析，就是运用系统的观点，根据产品的分析或评估目标，对产品生命周期的各个阶段进行详细的分析或评估，获得产品相关信息的总体情况，为产品性能的改进提供完整、准确的信息。

将产品生命周期分析运用到环境成本管理中的目标在于将环境施加的负面影响减小到最低限度。一种产品从设计研发，经过生产销售使用到最终报废的各个阶段都会对环境产生影响，针对这些影响所采取的措施而发生的支出，都将属于生命周期环境成本的一部分。对于这些成本，企业需要对其进行跟踪、计量、记录并加强管理。作为一种环境影响评估体系，产品生命周期法包含四个组成部分：设立目标、存量分析、影响评价、改进分析；而作为一种实施系统，产品生命周期法有三个阶段组成：存量分析、影响评价、改进分析。但无论是评估体系还是实施系统，自始至终都体现对环境成本的管理设计和要求。

【例1-3】

企业在采购阶段，事前对所需采购原料进行预算时，不仅考虑了采购环节的价格，还综合考虑后续污染治理环节的废弃物处置成本，从而达到采购整体成本最小化。假设企业生产阴离子树脂中的一种原料有A、B、C三种材料可供选择，价格分别为2万元/吨、1.6万元/吨、1.2万元/吨，由于质量和耗用效率有所不同，三种材料全年耗用量分别为1 400吨、1 700吨和2 200吨，从采购价格考虑应该选择C材料。由于产品生产过程中有废弃物的产生，企业有专门的处理设备进行处理并成立了污染处理中心，假设每吨废弃物的处理成本都为3 000元/吨，每百吨A材料在生产过程中产生6吨，每百吨B材料在生产过程中产生15吨，每百吨C材料在生产过程中产生30吨。则：

A废弃物处理成本 $=1\,400\div100\times6\times3\,000=25.2$（万元）

B废弃物处理成本 $=1\,700\div100\times15\times3\,000=76.5$（万元）

C废弃物处理成本 $=2\,200\div100\times30\times3\,000=198$（万元）

从表1-5的测算结果来看，在综合考虑了废弃物处理成本后，选择B材料才能达到整体成本最小化，成本可节约41.5万元（2 838-2 796.5），其属于环境材料。当然，由于具体数据情况的不同，也可能得出选择C材料或A材料是最优的，但这不影响在这里所要传达的意思，即企业应该综合考虑产品从采购、生产、污染处理等各环节的成本，将环境要素纳入考虑范围之内，从而进行整体规划，以达到总体成本最优。

表 1-5 原料采购成本计算 单位：万元

原料	采购成本	废弃物处理成本	合计
A	2 800	25.2	2 825.2
B	2 720	76.5	2 796.5
C	2 640	198	2 838.0

（六）生命周期成本预算

1. 产品生命周期成本预算要点

运用产品生命周期进行环境成本预算，必须考虑产品从最初研发到最后为顾客提供服务与支持对环境的影响。管理人员可以先估计分配给每一种产品的收入和单独的价值链成本，然后用产品生命周期成本制度追溯并归集分配给每一种产品单独的环境成本。

为了控制产品的环境成本，需要对产品的生命周期进行评估，据此确认产品在整个生命周期中对环境的影响，并采取控制和改善措施。例如，环境保护法，如美国的清洁空气法（Clean Air Act）、超级基金修正案（Superfund Amendment）等，已经引入了严格的环境标准，加强对污染空气、地表土壤和地下水的罚款和其他惩罚。因此，往往在产品和流程设计阶段，环境成本已经被锁定。要避免这些环境责任，公司就必须实行价值工程并对产品和流程进行设计，以防止和降低整个生命周期的污染，如从事炼油或化学制品加工等公司。像美国便携式电脑的生产制造商，如康柏（Compaq）和苹果（Apple）已经引入昂贵的再循环系统，以保证镍镉电池在产品生命周期的最后能够以对环境安全的方式进行处理。可见，在国外，产品生命周期评估和环境费用估算，已经不是什么想象，而是见诸实务客观事实。

除了在环境成本预算上的运用以外，预算的生命周期成本还可以为产品定价决策提供重要的信息。产品生命周期预算与目标价格及目标成本密切相关，以汽车工业为例，产品生命周期很长，在设计阶段，总生命周期成本的很大部分都被锁定了。设计决策影响到多年的成本，一些公司，如戴姆勒（Daimler Chrysler）、福特（Ford）、通用汽车（General Motors）、日产蓝鸟（Nissan）以及丰田（Toyota）均在所预计的数年内收入与成本的基础上确定其各种车型的目标价格和目标成本。

【例 1-4】

昌源有限公司是一家软件公司，它的主要产品是“算得清”会计软件包。表 1-6 是“算得清”在 6 年产品生命周期内的预算。

表 1-6 “算得清”产品生命周期成本预算 单位：元

第一年和第二年		第三年至第六年	
成本项目	成本	一次性安装成本	每套软件的变动成本
研发成本	240 000		
设计成本	160 000		
生产成本		100 000	25

续表

第一年和第二年		第三年至第六年	
营销成本		70 000	24
分销成本		50 000	16
顾客服务成本		80 000	30

为获得盈利，昌源公司要产生足够的收入以弥补所有6个业务职能中的成本，尤其是其较高的非生产成本。表1－7列示了昌源公司的“算得清”软件包三种可选择的价格—产量组合的生命周期预算。

表1－7　“算得清”软件包生命周期收入及成本的预算　单位：元

项　目	各种可选择的价格—销量组合		
	A	B	C
每套软件销售价格	400	480	600
销售量（套）	5 000	4 000	2 500
生命周期收入	2 000 000	1 920 000	1 500 000
生命周期成本			
研发成本	240 000	240 000	240 000
产品流程及设计成本	160 000	160 000	160 000
生产成本	225 000	200 000	162 500
营销成本	190 000	166 000	130 000
分摊成本	130 000	114 000	90 000
顾客服务成本	230 000	200 000	155 000
生命周期总成本	1 175 000	1 080 000	937 500
生命周期营业利润	825 000	840 000	562 500

注：A生产成本＝一次性安装成本＋销售量×单位变动成本＝10 000＋5000×25＝225 000（元）。B、C生产成本计算同上。但表中数字在计算生命周期收入和生命周期成本过程中没有考虑货币的时间价值，实际应用中应当予以考虑。

运用产品生命周期进行预算时，一些特征使得生命周期预算特别重要：

（1）非生产成本很大。产品的生产成本在大多数的会计制度中是可见的。但是，一些与研发、设计、营销、分销和顾客服务相关的成本在以产品为基础时可视性很差。当非生产成本很大时，例如“算得清”例子里的情况，确定这些成本对目标价格、目标成本、价值工程和成本管理是很重要的。

（2）研发和设计的过程很长且代价很大。在“算得清”例子里，研发和设计的时间跨度为2年，占价格—销量组合中每个组合总成本的30%以上。在开始生产之前或获得收入之前发生的成本占总生命周期成本的比例越高，企业就越需要更为精确的收入和成本预测。

（3）许多成本被锁定在研发和设计阶段——特别是当研发与设计成本很小时。在"算得清"例子里，如果设计的会计软件包很差，既不方便安装，也不方便使用，这将会导致更高的营销成本、分销成本和顾客服务成本。如果产品没有达到所承诺的性能水平，这些成本将会更高。生命周期收入与成本预算可以避免在决策中忽略这些成本之间的相互联系。生命周期预算更强调产品生命周期内的成本，更注重在成本被锁定前在设计阶段运用价值工程。表 1 -7 中所列示的数据是价值工程的结果。

（4）以生命周期为基础的定价策略。如例 1 -4，昌源有限公司决定将"算得清"软件以每套 480 元的价格卖出，因为这个价格可以使公司的生命周期营业利润最大化。表 1 -7 假定每套软件卖出的价格在整个生命周期中是一样的。出于战略考虑，昌源可能决定对市场撇脂——当产品第一次生产时，对于急于购买"算得清"软件的消费者索要更高的价格（就像你从牛奶中撇去乳脂一样），随后再降低价格。生命周期预算包括这种战略。

许多会计系统，包括在一般会计准则下财务报表的编制都以公历年度为基础（按月、季、年），但产品生命周期报告不以公历年度为基础。公司每种产品的生命周期报告往往跨越多个公历年度，因此应以产品为基础来追溯其收入和成本。当在整个生命周期中追溯价值链中的业务职能成本时，我们可以计算分析单个产品的总成本。将预算的生命周期成本和发生的实际成本进行比较，可以提供反馈和学习，并运用在以后的生产中。

2. 顾客生命周期成本

生命周期成本的另一种提法是顾客生命周期成本。顾客生命周期成本把重点放在顾客从获得产品或服务到该产品或服务被取代这一期间之内的总成本。一部汽车的顾客生命周期成本包括该车的买价，加上运行及维护费用，减去最后的处理价格。顾客生命周期成本在价格决策中是一个重要的考虑因素。例如，福特汽车公司的目标是设计一种汽车，它在 100 000 英里行程内维护费用最小。福特希望索取一个较高的价格，并且（或者）通过销售这种汽车获得更高的市场份额。同样的，洗衣机、干衣机和洗碗机的制造商为其这些可以减少用电量和有较低的维修费用的模型索要更高的价格。

显然，预算方法落实在环境领域可称为环境预算。在管理会计领域，预算是对经营活动规划的货币计量，反映经济组织在一定时期内怎样获取并运用财务资源，以实现预期营运成果和达到预定目标。这就是说，预算是将目标和策略表达为营运方案的一种管理手段。由此引申，环境预算就是将预算手段运用于环境管理问题。例如，企业为了实施环境管理体系（国际标准 ISO14000）认证，就必须在管理制度、技术设备、材料耗用、工艺流程、成本核算、作业控制、现场管理等许多方面制定改进策略，并编制相应的财务预算。预算的一般原则和方法亦适用于环境预算，只是要对环境问题的特定因素加以特别考虑。

（七）生命周期成本计算与生命周期评估

1. 生命周期成本计算

生命周期成本计算（LCC）是环境会计领域的一个特定概念，其基本思想是，对环境成本加以确认、计量、记录和报告时，应当立足于产品的生命周期全过程，对产品设计材料加工、仓储、销售、使用、废弃等各个阶段所有内部和外部环境费用加以会计处理。追溯以往，生命周期成本概念最初出现于 20 世纪 60 年代中期，是一种针对产品生命周期的会计方法，后来被用于分析环境问题，对产品或工程的环境影响进行货币化计量与分析评估。

LCC 所要计量的环境成本，可作一般归类，如表1-8所示。表中环境成本与负债性成本之间的界限可能是模糊的，环境成本可能引致负债性成本，比如水污染导致人身伤害。

表1-8　　生命周期成本分类

常规成本	负债性成本	环境成本
资本、设备	法律咨询	全球变暖
人工、文件	罚款	臭氧层破坏
能源、监测	人身伤害	光化学烟雾
维护	复原作业	酸性沉淀物
法遵从	经济损失	资源破坏
保险和特别税	产损害	水污染
排气（水）控制	未来市场变化	慢性健康影响
原材料供应	公众形象伤害	急性健康影响
废物处置成本		居住地变更
放射性、危险性弃物管理		社会福利影响

资料来源：Measuring Corporate Environmental Performance [J]. 1996

2. 生命周期评估

生命周期评估（LCA）是在经济问题研究中建立起来的一个特定概念，它是指这样一种环境分析体系：对一种产品，一种作业加工或一种作业活动的全过程中对环境施加的负面影响作全面分析和评析，目标在于将其减小到最低限度。

作为一种环境影响评估体系，生命周期评估包括设立目标、存量分析、影响分析和改进分析。作为一种实施系统，它由三个阶段组成，即上述后三个组成部分，又叫三阶段方法论。

第一阶段存量分析，涉及面很大，对某种产品或作业之生命过程中全部环境性能源、资源以及排放物加以确认和计量。

第二阶段影响分析，针对第一阶段的存量测定，测算和评估潜在生态环境影响。

第三阶段改进分析，对通过诸如产品和加工的重新设计等各种途径，减少、消除所测定环境影响的潜在可能性作出判断。

三、完全成本法

（一）完全成本法含义

完全成本法又可称为全部成本会计（FCA），可用于核算企业的环境总成本，它是将企业内部和外部所有的环境成本都分配到产品中去的一种环境成本会计核算方法。完全成本法将产品带给环境的未来成本纳入会计核算范围，并追溯分配给各产品。作为一种全新的成本跨级架构，在处理成本时，不仅考虑企业的私人成本，而且延伸到社会成本领域。它将产品带给环境的未来成本（如废弃后的处理）纳入会计核算范围，并追溯分配给各产品。

（二）完全成本法特点

完全成本法相比较传统成本核算方法，它扩大了成本核算的范围。其主要特点在于：针对传统管理会计方法难以准确辨别影响企业内产生环境问题的产品、服务、流程或投入，通过多种方式收集相关成本信息，以达到更有效核算内部环境成本的目的。对于外部环境成本信息的取得，则主要通过环境科学中环境影响评价方法，同时采用控制成本法或损害函数法对其进行货币量化。所以，内部环境成本和外部环境成本有机结合，体现了完全环境成本的指导思想。

另外，从完全成本核算方法上来讲，为了提供由于环境影响，比如生态破坏、污染损失、治理和预防与保护支出、环境诉讼、损害评估等环境期间费用增加等而导致的企业对内和对外全部环境成本支出，完全成本可以将企业发生一切环境成本、费用支出进行打包核算，以便从环境事项对企业环境整体影响上考核和分析各种环境负担情况，并非成本和费用类别进行环境成本的管理和控制。

（三）完全成本法作用

就功能而言，用完全成本法计算环境成本，从远期看，为公司发展战略提供完整的成本信息基础，让企业管理者对本企业生产经营活动的现时环境成本和未来环境成本有清醒的了解和认识；而从近期看，为企业产品定价及生产经营调整，提供成本信息基础。而从核算方法来看，该方法可以掌握企业环境支出的总体数据。

在企业会计实务中，尽管已有企业接受全部成本概念（如英国石油公司年度报告），但是显然还看不到全面运用完全成本法的案例。因为企业在产品定价中以完全成本信息为基础，显然不利于自身的竞争地位。所以完全成本法作为企业制定长期发展战略中的一种信息工具可能更为现实。这时全部成本可以从几个角度分析：内部成本和外部成本，现时成本和未来成本，生产成本与环境成本，直接成本和间接成本。

作为 FCA 的一种替代，遗留物成本（LC）计算出现在成本会计领域。LC 是对企业产品及生产经营活动之环境影响（后果）的专门核算。遗留物成本包括：（1）为了将负面环境影响降低到最低而发生的预防性费用；（2）评估环境影响程度的评估费用；（3）修复环境损失的费用。这里，第三种涉及的环境损失，又可以分别为两种情况：一种是本来可以通过产品设计、生产、工艺使用等环节的预防措施而避免的损失（但未能避免）；另一种是由意外因素导致的损失。

四、流量成本会计

流量成本会计（FCA）是由德国的经营环境研究所（IMU Augsburg）开发的，目前已在数十家不同规模和不同行业的企业中试行，并积累了一定的成功经验。流量成本会计通过对物料运动从实物标准和金额标准两个方面的把握，将物料成本和系统成本分配到物流中。流量成本最明显的作用是它能够显示哪些成本的降低可以通过减少或更有效使用原材料及能源的方法，以开发需要更少原料的产品及产品包装，并减少物料损失和最后废物的排放，促使企业活动更加全面。为提高物流的透明度，便于成本效果的计算和评估，流量成本会计将整个流程中存在的物流价值与成本分为三类：（1）原料价值与成本；（2）系统价值与成本；（3）传递及处理成本。如图 1－1 所示。

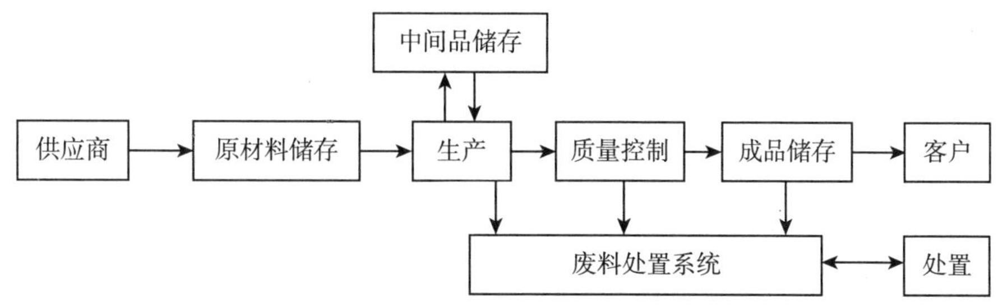

图 1－1 FCA 流量成本会计

五、总成本评价法

总成本评价（TCA）是在 1989 年美国环境保护署（EPA）和 Tellus 研究所合作完成的《预防污染效益手册》中首次提出的。这种方法主要是对清洁生产、能源消耗等内部环境成本与节约进行分析，企业在进行资本预算分析时就可通过该方法将环境成本纳入其中。

TCA 中通常涉及四个层次的环境成本：（1）直接成本，包括基建费用、原材料、运行和维护费用等；（2）例行成本，如检测、报告和审批费用等；（3）偶发负债，如企业所在的被污染场地的恢复费、相应的罚款等；（4）不明显成本和效益，如企业的市场形象因环境改善而提高所带来的无形资产等。总成本评价法与完全成本法区别在于成本范围只限于企业内部成本，但其对内部成本的划分更细致，也便于环境成本的考核。

六、清洁生产法

（一）清洁生产含义

清洁生产（clean production）产生于 20 世纪 70 年代，在工业领域得到了广泛的应用。中国石化系统开展多年了"清洁生产审计"，其"清洁生产"概念是根据近 20 年多来西方一些发达国家通过不断探索和实践形成的。联合国环境规划署于 1989 年首次将其定义为"在生产过程、产品寿命和服务领域持续地应用整体预防的环境保护战略，增加生态效益，减少对人类和环境的危害"。清洁生产实际上是研究如何达到在特定条件下满足使物料消耗量最少，使产品产出率最高的一种优化最优成本状态。

在我国，陈瑞安主编的《石油化工企业清洁生产审计工作指南》（中国石化出版社，1998 年版）中，对清洁生产定义为，清洁生产是指将整体预防的环境战略持续应用于生产过程和产品中，采用先进的工艺和设备，不用或少用有毒的原材料，减少污染物的排放量，从而达到节能、降耗、增效、减污的目的。

（二）清洁生产作用

从企业自身发展和社会责任来看，在推选清洁生产过程中适时引入环境会计，反映和控制企业与生态环境的关系，计算和记录企业的环境成本和环境效益，向外界提供企业社会责任履行情况的信息，将有利于企业健康发展。倘若企业在生产经营活动中所造成的污染，不计入经营成本，而由国家和社会用全体纳税人的纳税来负担，无疑是损公肥私，严重违背法律的公平精神，从而使得有些企业盲目生产不重视污染，而导致环境污染和破坏越来越严重。企业发展过程中，减少对环境影响成为企业技术创新和改革一项重要任务，环境技术创新、成熟为环境标准建立和完善提供引领，也为环境管理会计的建立创造了条件。

治理环境污染会增加企业的生产成本，而清洁生产有可能减少企业的生产成本，满足消费者的环保需求，实现企业经营和环境保护的双赢。中国企业建设中实行“三同时”，即主体设施与污染治理设备同时设计、同时施工、同时投产。显然它是必要的，但这毕竟是终端治理。更积极的做法，是在企业的选址、工艺和原材料的确定以及企业运营过程中，就考虑到环境保护问题。这是清洁生产理念的体现。

（三）清洁生产与环境成本管理

清洁生产方式作为一种全新的污染治理方式与生产方式，需要企业在技术、观念、组织等方面有较大的突破。开发清洁生产管理信息系统，组建企业清洁生产审计小组对企业生产过程进行清洁审计，首先需要发现排污部位和排放原因，然后利用存放输入的数据库系统选择消除和减少排污的措施，最后再结合 ISO14000 环境管理体系标准实施清洁生产。

就企业而言，一是环境活动是一项经济活动，它对企业的生产经营和财务成果会产生影响；二是清洁生产又是一项企业管理活动，涉及企业管理系统的方方面面。企业在经营活动中不消耗自然资源、不排放污染物，是难以做到的，但要求企业少消耗自然资源、少排放污染物，则有可能实现。因此，企业在环境保护方面的第一选择，不应该是终端治理，而是清洁生产。

采用清洁生产而额外增加各种成本费用支出，就是清洁生产成本，这项成本会体现在企业的生产的各个过程、各个工序，并以各种费用形式表现出来，其成本预算方法与企业生命周期成本、完全成本法类似。清洁成本预算方法应与生命周期成本、完全成本法结合，这样才会产生实际效果。清洁生产成本更多的是一种管理思想和理念，全过程控制、全方位控制以减少环境对企业影响是清洁生产成本预测和决策的核心。

辅助阅读 1－2

企业清洁生产成本控制思路

日本环境厅 1991 年就曾经指出：从经济上计算，在污染前采取防治对策比在污染后采取措施治理更为节省。从微观企业的角度来讲，迈克尔·波特指出：由于技术在不断地变化，全球竞争力的新范式要求企业具有快速创新的能力。这一新范式对有关环境政策的争论——如何制定政策、如何监管、法规应该有多严格——有着深远的影响。它使改善环境和提高企业竞争力获得了统一。要有效利用资源，不管是自然资源、物质资源还是人力资源和资本资源，这一点非常重要。企业应该采取一种新的思维模式，必须开始将改善环境视为获取经济利益和增强竞争力的机会，而不是令人烦恼的花钱之事和不可逃避的威胁。要解决这一问题，首先，企业要衡量对环境造成的直接或间接的影响；其次，企业应该意识到低效率资源的机会成本；第三，企业应该偏重于那些有利于创新和提高生产率的解决方法；第四，企业在定义自己和监管部门的新型关系时必须更加主动。

企业清洁生产成本控制的内容框架包括成本控制的程序和层次两部分内容。成本控制的程序部分是基于 PDCA 技术建立的，PDCA 思想的基本思路是建立一个周而复始、不断改进的清洁生产成本控制程序，即制定标准—执行—分析—评价，并往复循环。制定标准阶段属于预防控制，又叫事前控制、前馈控制，即在开发设计阶段就充分考虑生产对环境的影响，并对可能采取的清洁生产方案和完全成本进行预算控制；执行和分析阶段属于过程控制（事中控制），即在生产阶段考虑清洁生产工艺的改造及其成本投入和可能带来的环境效益，对环境成本进行核算、控制、分析；评价阶段属于反馈控制（事后控制），这一阶段主要考虑对污染物治理、回收利用等，对于标准不合理者可重新返回制定标准，通过不断的循环往复，促使企业不断调整资源配置，实现清洁生产成本控制。如图 1－2 所示。

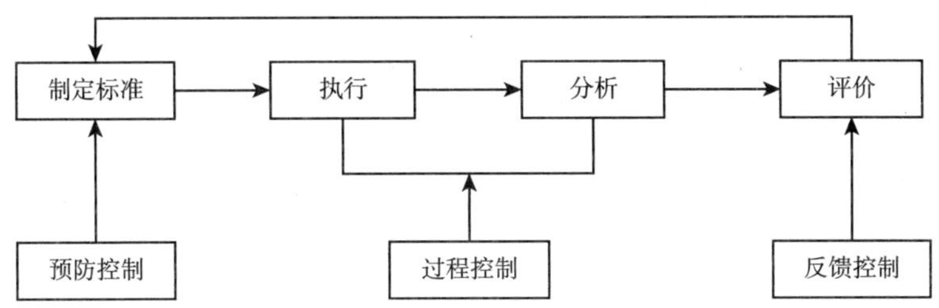

图 1－2 基于 PDCA 的清洁生产成本控制程序

成本控制的层次部分是建立基于价值的成本控制层次，成本控制的根本目的在于提升企业价值，有时看似增加了短期成本，但可能带来长期的价值增值，则这一成本的增加是有意义的。该体系分为战略层、管理控制层和作业层，通过战略地图、价值链分析等工具连接这三个层次，其中战略层是制定企业清洁生产成本控制的战略定位，管理控制层是对生产中成本改善方案进行决策；作业层是通过作业链分析实施具体的成本控制措施，属于操作层。如图 1－3 所示。

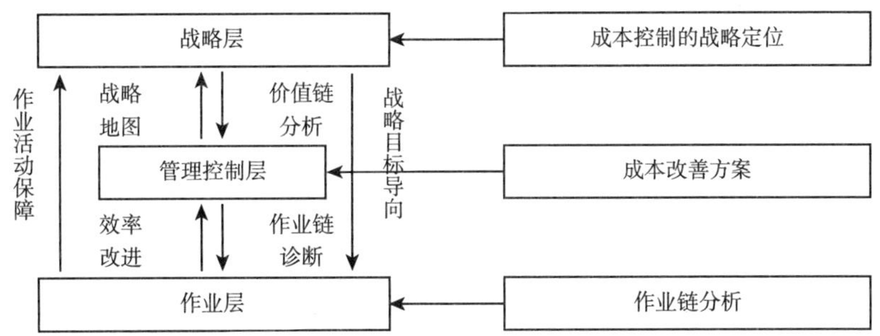

图 1－3 基于价值的企业清洁生产成本控制层次

——摘自：赵息，齐建民．清洁生产条件下企业成本控制问题研究［J］．求索，2012（4）

七、企业环境社会责任成本

（一）企业社会责任、社会责任投资与社会责任会计

在西方发达国家，通常用 CSR（companies social responsibility）代表企业的社会责任。企业社会责任最重要的一个方面就是在为大众提供产品和服务的同时，主动承担人与资源环境的和谐和可持续发展的责任，真正造福于人类。众所周知，企业生产任何产品都需要耗能、耗材，影响环境、影响生命安全，尤其高额耐用的特殊商品，投入使用以后还需要庞大基础设施支撑，在创造财富、提高人类生活环境质量的同时，也可能成为消耗资源、污染环境、威胁生命的罪魁祸首。

与社会责任相关联的一个词就是社会责任投资，在西方发达国家用 SRI（social responsible investment）来代表。它们的定义比较笼统。企业要成功，不仅应当遵守法律规定，而且应当以有利于市民、本地区以及全社会的形式，在经济、环境、社会问题等方面做到不失衡，在此过程中促使企业走向成功。而 SRI 则指能够以股票投资、融资等形式为那些承担了社会责任的企业提供资金支持。一般意义上的社会责任投资又叫道德投资，对于环境保护而言，可称为环境保护投资或环境道德投资，意指企业在努力实现组织业绩目标的同时，管理者应该时刻意识到他们的环境和道德责任。比如在美国，破坏环境（如水和空气污染）和不道德的、不合法的环境行为（如贿赂和腐败）都会受到国家法律的严厉罚款和处罚。

社会责任会计意味着会计在社会学、政治科学和经济学等社会科学中的应用。这是戴维·F·林诺维斯（David F. Linowes）开创社会责任会计研究时提出来的。它是指运用会计学的基本原理与方法，采用多种计量手段和属性，对企业的环境活动和与环境有关的活动所作出的反映和控制。

（二）企业社会责任成本与企业社会环境责任成本

企业社会责任成本是指企业从事谋利经营活动而消耗的并未计入自身成本费用中的社会资源或给社会带来的损失，即企业经营活动带来的消极外部效应。企业社会责任产生于市场失灵的外部性存在，包括企业环境社会责任。

一个企业由于自己的经济行为而产生了两部分成本费用：一部分自己承担，称为企业成本或私人成本；另一部分不由自己而由社会承担，称为企业外部成本。这两部分之和称为社会成本。对于后者，可称为社会责任成本，尽管企业成本是企业在实现一项计划时所进行最优化选择而必须付出的代价，但企业的活动常常超过自己的财产权利界限，发生了一些并不计入自己成本而是由他人或社会承担的成本费用，这就形成了外部性问题。尽管社会责任成本因各种原因未能构成责任企业的成本要素，但从社会整体来看，承受这部分成本（损失）的人们或社会需要得到补偿，因而它也是一种伴随着社会财富生产过程中的一种社会成本要素。社会责任成本理论就要求企业计量这一部分成本并加以内部化，从而外延出诸如社会环境责任成本概念。这种开放的多维成本思维模式，将企业成本放入整个社会成本之中，从企业社会责任的高度研究企业的“外部成本”，完善了成本构成项目，既能反映企业是否履行社会责任，又能全面评价企业的真实成本和收益。

什么是企业的环境社会责任成本，这可能不像一般成本项目那样容易给出定义和界定，将社会责任成本直接转嫁到环境责任成本也不妥，因为社会责任成本大于环境社会责任成本，它还包括人力资本、公益活动和社会福利等支出。但从环境会计的角度考量，环境社会责任成本占社会责任成本相当大比重。我们认为，一个有社会责任感的企业，必然会在节能、替代能源、环保、生态安全等方面进行大量投入，主动承担起企业的社会环境责任。因此，有时也用环境社会责任替代社会责任使用也未尝不可。

企业环境责任成本是指企业自己提供资金或服务用于劳动环境改善、外部环境治理和对外环境捐赠等。更广义地说，它是计量企业根据法律明确规定应当承担的环境保护义务，且这种义务不因企业的终止而立即消失。如企业为防治环境污染、恢复生态环境而购置环保设备、污染赔偿费等发生的各项支出。

（三）用“三重底线”来体现环境社会责任成本内涵

由于企业社会责任成本是企业从事谋利经营活动而消耗的并未计入自身成本费用中的社会资源或给社会带来的损失，这就决定了企业社会责任成本具有间接性、潜在性和成本负担主体不明的特点。这些特点也就决定了用货币形式计量企业社会责任成本的难度，但它并不是不能计量。林万祥教授（2001）在其专著《成本论》中对社会责任成本的计量方法进行了介绍，认为社会责任成本的计量方法一般来说有调查分析法、替代品评价法、历史成本法、复原或避免成本法、法院裁决法和影子价格法等。而对企业环境社会责任成本的会计核算，许多学者认为目前比较通行的做法是应用传统的会计计量、修正的评价计量和未修正的评价计量方法等三种模式来进行成本核算、预测和评价。

长久以来，作为经济人的企业往往只注重财务报表的“底线（bottom line）”，就是企业的财务利润；以后有人提出财务状况、环境表现以及社区表现并重的“三重底线（triple bottom line）”理论，再后来甚至扩展为财务、顾客、雇员、环境及社区“五重底线”理论。简言之就是综合衡量企业的业绩。

辅助阅读1-3

环境：中国和世界的差距

1. 令人失望的中国企业的环境社会责任担当

丹麦嘉士伯啤酒有限公司投资的甘肃天水嘉士伯。2005年嘉士伯投资时，明知中方合作企业没有污水处理设施，但面对先治污还是直接生产，他们依然选择了后者。虽然每年要付出1万元的代价，但建一个污水处理厂却要花390万元。宁愿年年被罚1万元，也不愿花390万元治污。由此可见，中国企业在实际考虑是否承担社会责任时，主要是以成本来做决定的。相反，再看美国的一个企业例子来进行比较，我们的差距有多大。20世纪初生产石棉的美国曼维尔（Manville）公司，当时有权威科研机构研究表明，长期呼吸石棉纤维，容易使人虚弱，甚至导致癌症、肺病等病症。然而曼维尔公司不去寻求改善员工工作条件的办法，他们认为，给工人更多的补偿比改善安全工作条件费用更低。曼维尔公司不负责任的行为最终使其被迫支付2.6亿美元的法律诉讼调停费。曼维尔公司忽视社会责任，不敢去承担社会责任的做法，最终受到了应有的惩罚。

2. 现代中国环境正面临着尴尬局面

世界十大环境问题，中国所起的反面作用令人瞩目。全世界三大酸雨区，其中之一就在我国的长江以南，而全国酸雨面积占国土资源的30%；温室效应的主要祸首为二氧化碳，我国就是世界第二大排放国，而目前二氧化硫的排放已是世界第一；土地沙漠化，世界上沙漠正已每年600万公顷的速度侵蚀土地，而我国每天都有500公顷的土地被沙漠吞食；森林面积减少，全世界每年有1 200万公顷的森林消失，而我国年均消失天然林40万公顷，按近十年的平均采伐和毁坏森林的速度，到2055年将失去全部森林；水资源危机，作为世界21个贫水国之一的中国，全国600多座城市中，缺水的就有300多座；水土流失面积已达367万平方公里，每年至少有50亿吨沃土付之东流；与日俱增的工业垃圾、生活垃圾已包围了我国2/3的城市；大气污染已使我国600多座城市的大气质量符合国家标准的不到1%。雾霾居首于2013年中国六大环境问题。2013年1月，4次雾霾过程笼罩30个省（区、市），在北京，仅有5天不是雾霾天。有报告显示，中国最大的500个城市中，只有不到1%的城市达到世界卫生组织推荐的空气质量标准，与此同时，世界上污染最严重的10个城市有7个在中国。

——摘自：中国生态环境现状［EB/OL］. 百度百科，2014-11

第四节　环境成本控制与成本管理

一、环境成本控制目标

企业在追逐利润的同时，不仅应考虑自身的经济效益，更应该考虑社会效益和环境效率，积极承担社会责任。所谓社会效益是指某一件事件、行为的发生所能提供的公益性服务效益。因此，环境成本控制目标在政府和企业两个层面都有表现，政府应扶持环保工业的发展并为之提供发展的宏观环境，企业应从内部控制环境污染并避免污染的扩散，充分考虑企业的外部环境成本并从整个社会的角度出发治理污染，以便改善环境，为社会提供环境友好的产品，最终实现企业经济效益、社会效益和环境效益共同达到最优。

企业要实现环保效果最优的目标，一方面企业应努力实现自然资源与能源利用的最合理化，以最少的原材料和能源消耗，提供尽可能多的产品和服务；另一方面企业应把对人类和环境的危害减少到最小，把生产活动、产品消费活动对环境的负面影响减至最低。在致力于减少生产经营各个环节对环境负面影响最小的前提下，企业才能追逐尽可能大的经济效益。

二、环境成本控制原则

考虑到环境因素后，环境成本控制与传统成本控制存在较大差异，需要遵循以下原则：

（1）兼顾经济效益和环境效益。可持续发展要求企业在追求经济效益的同时，必须处理好与环境之间的关系。

（2）外部环境成本内部化。该原则要求企业的成本控制体系确认和计量外部环境成本，并积极把外部环境成本内部化，以缩小社会成本与私人成本的差距。

（3）遵守环境法规。企业的环境成本必须严格遵守国家有关法律法规，并以这些法规为行为的准绳。企业一旦违反环境法律法规，就有可能被法律追溯承担相关环保责任，那么企业潜在的环境负债问题极有可能使企业陷入巨额的财务困境甚至破产境地。

三、环境成本控制过程

（一）事前控制

事前控制是指总和考虑整个生产工艺流程，把未来可能的环境支出进行分配并进入产品成本预算系统，提出各项可行的生产方案，然后对各项可能的方案进行价值评价，从未来现金流出的比较中筛选出环境成本支出最少的方案并加以实施，以达到控制环境成本的目的。事前控制注重从产品设计开始，直至最后废弃物处理，都采用对环境带来最小负荷的控制方案，注重对产品寿命周期的全过程进行控制。事前控制通过对资源能源减量消耗、资源能源节约与循环、废弃物再利用并资源化、污染物排放的减排和无害化等方式，有效优化环境成本结构，扩大环保效果和效益，促使企业经济效益的实现与环境协调发展。企业通过事前控制模式控制环境成本，可以谋求环保效果和效益最优，进而提高企业绿色形象，促进企业的良性发展。

（二）事中控制

事中控制是事前控制的延伸，也称过程控制，是在实施所确定的方案过程中，确定合理的生产经营规模，采用对环境有利的新技术和新工艺，选择对环境影响低的替代材料。同时，跟踪监测企业各个生产环节的负面因素，处理好企业生产中产生的废水、废气、固体废弃物等对环境的影响，以避免发生企业环境或有负债。企业对各种污染处理系统项目进行可行性分析，控制污染处理系统的建造运营成本，以降低企业环境成本，增加效率。

（三）事后控制

事后控制通常采用末端治理方式来对环境质量进行改善，企业通常在污染发生后采用除污设施和方法消除环境污染，在此过程中企业把发生的支出确认为环境成本。事后控制并未改变大量生产、大量消费和大量废弃的生产和消费基础。事后控制作为传统的环境成本控制模式，只侧重控制现行生产过程中发生的环境成本，没有从原材料投入、产品生产、产品销售、产品消费等会产生环境负荷的源头阶段改良生产工艺流程，该模式下企业控制环境成本的成效并不明显。在环保法规日益完善的今天，如果企业被确定为某一环境领域的可追溯的主要责任者，对环境资源的事后处理方式往往会使企业陷入绝的环境支出困境。

四、环境成本控制措施

（一）实行环境管理目标责任制，健全环境管理制度

企业环境成本控制的目标首先是降低当前由于产业发展的不合理以及意识淡薄所造成的对环境的压力，以求实现资源的最高效的利用和最少的污染物排放。当然企业控制的也不仅仅是内部成本，对于外部可能发生的环境成本也应当运用现有的成本控制方式进行成本控制。当然行业内的每一位成员应当充当好自己的角色，通力合作，把自身以及行业的长远发展为己任，以此来促进行业的发展。具体是，在企业经营管理中，实行环境管理目标责任制，做到“一个杜绝，两个坚持，三个到位，四个达标”。即：杜绝发生重大环境污染与破坏事故；坚持环境“三同时”制度，坚持建设项目环境影响评价制度；环境工作必须责任到位，投入到位，措施到位；做到废水、废气、废渣、噪声达标排放。在实行环境管理目标的同时，建立健全环境管理制度，真正做到有章可循，有法可依。

（二）构建环境成本控制系统

在按照产品和部门构建成本控制系统的基础上，考虑产品生产和运行过程中所发生的环境成本，包括主动性支出（污染预防和污染治理支出等）、被动性支出（排污费、罚款、赔偿金等）、已发生的支出和将来发生的支出，将它们作为产品成本和部门运行成本（管理费用等）的组成部分，运用现有的成本控制方式进行成本控制，并在成本预测、计划、核算中充分考虑环境支出。同时，设立专门化成本控制系统，主要涉及能源、废弃物、包装物、污染治理等方面的成本控制。

（三）大力推行无污染的清洁生产工艺

对于那些资源消耗较大、污染严重、环境成本较高的必需品的生产项目，除加强企业管理以及最大限度地提高资源、能源的利用率外，最重要的是淘汰那些落后的技术工艺而采用先进清洁的生产工艺。

（四）积极争取政府对环境成本控制的相关政策支持

积极与政府汇报沟通企业发展战略部署。政府可以通过环境区域治理规划，采用集中排污治理的方式来降低区域内各个企业的环境成本支出。同时，积极创造条件，完善配套办法。按照政府的总体环境规划，企业的相关的经济政策必须完整、配套。不论是环境保护方面的新建项目审批，资源、能源的配置和利用，还是经济领域内的产值统计、利税计算、资产评估、成本核算、物价核定以及内外贸易等重大经济活动，都应该将企业环境成本的因素考虑在内。

辅助阅读 1-4

苏钢集团实现经济效益、社会效益、生态效益三赢秘诀

苏钢集团始建于 1957 年，经过 50 多年的发展，现已形成集炼焦、炼铁、炼钢、轧钢基本配套的联合企业，主要产品有连铸钢坯、铸造生铁、冶金焦炭、高速线材、螺纹钢等。苏钢集团为响应政府节能减排、实施可持续发展战略，提高资源利用效率和污染防治总体水平，以清洁生产的标准来生产运营，利用技术创新成果优化工艺，选择先进设备来规划项目，较好地达到了节能减排的目的。苏钢集团能在保证产品质量的前提下降低生产成本，实现经济效益、社会效益、生态效益三赢的秘诀主要在于以下几个方面。

创新：创新是企业的灵魂，是一条不变的市场竞争法则，通过新产品、新工艺、新技术的开发创新，可以节约大量的时间、人力、物力、财力，是企业降低成本的有效途径之一。在 2009 年生铁与废钢价格倒挂的不利情况下，苏钢集团为平衡铁水的供求关系，同时为最大限度降低成本，通过设备及技术工艺的改造，大胆采用全铁水冶炼这一新的生产技术。一方面节约电费 130.2 元/吨，节约 268 万元/月电机容量费；另一方面停用电极，使成本下降 20～30 元/吨。2009 年全铁水冶炼总共降低成本 3 402 万元。

替代材料的使用：在原材料价格不断上涨的情况下，企业的利润空间日益降低，寻求新的材料来代替成本高昂的原材料，是企业在经济危机中生存下去的一条出路。在公司要求降本增效、消化废旧物资的前提下，苏钢集团炼铁厂采取优化原料措施，使用高炉除尘灰替代部分矿粉。此项措施每月可节约超过 300 万元的成本。

原材料的回收利用：原材料的循环回收利用，不仅践行了国家节能降耗、发展循环经济、发展绿色经济的理念，更重要的是通过资源的充分合理再利用，变废为宝，降低了生产成本，为企业成本控制开辟了一条有效途径。苏钢集团在冶炼过程中将原来作为废品处理的高炉泡泡渣、铁水包渣、钢包口渣铁、垄沟铁、掉队铁通过分离回收，重新投入铁水包中，结果增加了铁原料的收得率，原材料成本也得到降低。

——摘自：北大方正报［N］. 2010-12-27

五、企业环境成本控制与会计制度建设

（一）环境成本核算对会计制度建设提出了新要求

制度设计中一项重要内容是控制制度的设计，环境成本核算和管理体现的是一种循环经

济思想和理念。而循环经济在我国作为一种新的经济发展模式，尽管也有企业会关注如何适应经济发展转型的核算、计量以其产生的经济效益、环境效益。其实，循环经济中财务监管机制、惩罚机制、预警机制管理会计制度的空缺使得循环经济在实际运用和操作过程中出现了许多不规范的行为，进而导致循环经济中的舞弊现象。因此，目前循环经济会计控制制度的薄弱环节主要应集中在内控制度的不健全，尤其是会计机构的设置不合理，业务操作流程的不规范方面，难以适应环境成本核算和管理的新要求。与国外相比，发达国家大多制定了相关的环境会计准则以规范会计核算，比如日本环境省就有编写出版的《环境会计指南手册（2002）》中专门对环境会计的三个结构要素（即环境保护成本、环境保护效益和与环境保护活动相关的经济收益）的定义、分类及其核算进行了详细的规定。我国目前还没有专门的环境会计准则，而传统的企业会计核算体系对于企业资源的开采、利用和环境费用的核算反映的很不充分且缺乏系统性、准确性和全面性。在内部也未建立起与循环经济相匹配的环境管理会计信息系统，会计核算体系设计大大滞后于西方发达国家。

（二）加强与环境成本核算相适应的企业制度建设

1. 组建集团公司企业环境成本控制的中心

首先，目前许多企业在进行成本控制的过程中只是将成本控制的责任看作是一个财务上的工作，并没有看到成本控制牵涉的不仅仅是财务部门，进行成本控制也不仅仅是财务部门的责任，所以在进行企业环境成本控制的过程中，首先要有一个责任的中心部门，实行部门责任制，这个中心应当以企业的管理者为中心，以企业财务人员为辅助，在运作的过程中要把企业的每一位成员都纳入当中，只有这样才能形成很好的合力，做出一个详细有效的环境成本控制规划方案，提高环境管理效益。比如宝钢集团公司，早在 2009 年设立了环境保护与资源利用委员会，该委员会负责制定环境保护和资源利用方针，指导、研究和确定公司环境保护和资源利用发展规划和计划，协调各分（子）公司、事业部之间的关系及资源分配，对环境保护及资源利用等重大项目进行决策等。

其次，在控制理念上应当有一个中心，就是始终围绕循环经济这个视角，在成本控制的全过程都要始终坚持走在循环经济这条正确的道路上。只有这样才能够更加明确地进行环境成本的控制工作，对于整体内每一个成员所扮演的角色以及所需要做的工作能够有一个很好的定位。当前企业的决策几乎都是一个或几个人的决定，这种不合理的决策方式会降低企业内大部分基层员工对企业文化的认可度。基层员工大部分是一线的工作人员，他们对于工作流程更加熟悉，了解产品线上哪里有可以改进的空间。

2. 制定企业环境成本控制的具体办法

首先，进行企业环境成本控制的制度约束。无论是在企业的治理还是在国家的治理过程中，制度设计和约束都是非常重要的，某种意义上讲，世界上一切问题产生都源于没有制度或不合理的制度。在企业环境成本控制方面的制度约束主要体现在对于企业环境职责的法律确认和强制执行上。当然制度上的约束需要政府环保部门认真履行自己的职责，联同行业内部的部分企业加入到制度的设计过程中来，就像宝钢与环保部共同主持设计的关于钢铁行业的相关环境标准，同时在制度设计时要做好信息的公开和预案的调整工作。

其次，进行企业环境成本控制的技术改良。在当前各种生产要素中，技术和科技因素已经占据了主导地位。企业再不能通过廉价劳动力成本和土地资本等生产要素来获得长足的发展。在企业环境成本控制的过程中也需要企业进行环境技术上的投入，这样的投入一方面是生产技术方面的投入，这样的投入能在源头上减少企业在生产过程中对于原燃料和原材料的需求，另一方面是企业在节能减排方面的投入，这能够让直接减少企业用于环境保护的成本。综合以上两个方面能够让企业在很大程度上降低环境成本和提高经济效益。

最后，重视企业环境成本控制的人力因素。企业的每一项活动都少不了人的决策和参与，所以作为企业的组成主体，企业的管理层和员工就需要共同担当起自己的责任。当前大部分的企业在进行决策时都是几个人甚至一个人进行决策，而企业进行环境成本控制绝不是一个人或几个人的事，所以针对当前的这种不合理状况，需要企业从以下两个方面进行改进：一方面企业的管理层应当转变自身的管理理念，应当更多地去听取一线员工的意见和看法，把好的意见真正落实好以促进企业的发展；另一方面，企业应当多进行相关的培训，提高整个企业员工的基本素质。

3. 建立适应环境成本控制的内部会计控制制度

企业要建立循环经济包括成本核算和管理在内的会计控制制度。控制制度分为外部控制制度和内部控制制度两个部分。外部控制制度主要针对企业外部的约束，主要是指政府部门，特别是环保部门应该对企业的资源循环利用状况进行定期的检验，对企业的污染排放物指标进行测定对企业降低污染物排放的能力进行测试。内部控制是企业的自我约束，重点在完善会计机构设置和规范业务操作流程以及人员分工。例如，在会计机构设置方面，企业可以在财务部门设立专门的“循环经济”相应职能科室，单独对循环经济的相关内容进行核算和考核。对于自然资源的开采成本也可以成立专门成本机构进行核算。对于业务操作流程方面，企业应该建立与循环经济相适应的“开采（采购）→入库→生产→销售”的一整套控制制度，如销售环节可以就绿色包装、废物弃置、售后服务方面等制定相应控制办法。人员分工方面，对循环经济会计规范执行效果安排专人进行监督检查。在信息发布方面，建立会计信息披露责任制，将会计信息的可信度与企业负责人责任紧密结合，以防止循环经济会计信息报告中出现的认为错报、漏报、隐瞒等现象。

第五节　环境成本效益分析

一、环境成本效益内涵

随着人们环境意识的提高，企业开始承担环境责任。为了使信息使用者更好地把握企业的财务状况和经营成果，企业有必要对外提供环境成本效益方面的信息，并进行环境成本效益评估。构建全面有效的企业环境成本效益评价体系，有利于激励企业把环境保护纳入到企业核心运营和战略管理体系，明确今后改进的方向，实施环境管理的技术创新和管理创新，减少环境污染和环境破坏，促进企业获得更多的环境效益，实现企业、社会、经济、生态的可持续发展。因此，研究建立科学客观的环境成本效益评价体系，具有重要的理论意义和实际应用价值。

广义的环境成本效益包括社会环境成本效益和企业环境成本效益。基于企业社会价值衡量，两者应该是一致的。当企业实现了环境外部成本内部化，企业的环境成本效益就是外部环境成本效益，也即环境成本的社会效益，因为环境成本会计建立的目的就是达到企业效益和社会效益均衡。不过，社会环境成本效益首先是通过微观层面的环境成本效益反映出来的。在此我们只对狭义层面的企业环境成本效益评价进行阐述。

从直观上来看，如直接将企业环境影响的测量值（如污染负荷率、排污量、单位产品能耗等）中的一个或少数几个指标的组合作为环境成本效益的衡量指标，能够在一定程度上较为准确地度量企业环境管理对自然环境的影响及企业环境合法性程度，是环境成本效益的外部表现（显性绩效），基本符合环境主管部门及企业外部利益相关者要求，但是这没有考虑企业环境管理的隐性绩效，揭示企业环境管理对企业运营能力的影响，从企业环境管理的终极目标——企业的生存和发展来进行分析，不能满足企业内部利益相关者的要求，因此也具有片面性、不完整性。很多企业把环境管理看作额外的负担，并没有把企业环境管理作为提高自身竞争力、增强竞争优势的一种手段，缺乏环境管理的动力，关键是缺乏对环境成本效益的全面评价，忽视了环境管理对企业运营能力的影响和作用，这样当然难以激励企业主动地进行环境管理，实施环境管理的技术创新和管理创新，减少环境污染和环境破坏，实现企业、社会、经济、生态的可持续发展。因此，构建全面的企业环境成本效益评价指标体系，从对自然环境的影响与对企业运营能力的影响两个维度才能对企业的环境成本效益进行全面的评价，符合企业环境管理的最终目标要求。尽管环境成本效益现今具有较强隐形性，但今后可以通过环境成本会计制度，以及环境信息披露规范的建立和实施，实现外部信息使用者对企业环境成本效益的全面了解。

二、环保项目成本效益决策方法

投资环保项目评价使用的基本方法是现金流量折现法，包括净现值法和内含报酬率法两种。此外还包括一些辅助方法，如回收期法。

（一）净现值法

净现值是指特定项目未来现金流入的现值与未来现金流出的现值之间的差额，它是评价项目是否可行的最重要的指标。按照这种方法，所有未来现金流入和流出都要用资本成本折算现值，然后用流入的现值减流出的现值得出净现值。如果净现值为正数，表明投资报酬率大于资本成本，该项目可以增加股东财富，应予采纳。如果净现值为零，表明投资报酬率等于资本成本，不改变股东财富，没有必要采纳。如果净现值为负数，表明投资报酬率小于资本成本，该项目将减损股东财富，应予放弃。

计算净现值的公式：

$$\text{净现值} = \sum_{k=0}^{n} \frac{I_k}{(1+i)^k} - \sum_{k=0}^{n} \frac{O_k}{(1+i)^k}$$

式中：

n——项目期限；

I_k——第 k 年的现金流入量；

O_k——第 k 年的现金流出量；

i——资本成本。

【例 1 – 5】

设甲企业的资本成本为 10%，有三项环保投资项目。有关数据如表 1 – 9 所示。

表 1 – 9　　环境保护项目资料　　单位：万元

年份	A 环保项目			B 环保项目			C 环保项目		
	净收益	折旧	现金流量	净收益	折旧	现金流量	净收益	折旧	现金流量
0			(20 000)			(9 000)			(12 000)
1	1 800	10 000	11 800	(1 800)	3 000	1 200	600	4 000	4 600
2	3 240	10 000	13 240	3 000	3 000	6 000	600	4 000	4 600
3				3 000	3 000	6 000	600	4 000	4 600
合计	5 040		5 040	4 200		4 200	1 800		1 800

注：表内使用括号的数字为负数，为流出现值。

假设方案 A，第一年年初投入 100 000 元，设 I = 10%，以后的三年内的回收情况如下：

净现值（A） = （11 800 × 0.9091 + 13 240 × 0.8264） – 20 000

= 21 669 – 20 000 = 1 669（万元）

同样：

净现值（B） = （1 200 × 0.9091 + 6 000 × 0.8264 + 6 000 × 0.7513） – 9 000

= 10 557 – 9 000 = 1 557（万元）

净现值（C） = 4 600 × 2.487 – 12 000

= 11 440 – 12 000 = – 560（万元）

可见，A、B 两项目投资的净现值为正数，说明这两个项目的投资报酬率均超过 10%，都可以采纳。C 项目净现值为负数，说明该项目的报酬率达不到 10%，应予放弃。

（二）内含报酬率法

内含报酬率是指能够使未来现金流入量现值等于未来现金流出量现值的折现率，或者说是使投资项目净现值为零的折现率。

$$\text{净现值} = \sum_{k=0}^{n} \frac{I_k}{(1 + \text{内含报酬率})^k} - \sum_{k=0}^{n} \frac{O_k}{(1 + \text{内含报酬率})^k} = 0$$

净现值法虽然考虑了时间价值，可以说明环保投资项目的报酬率高于或低于资本成本，但没有揭示项目本身可以达到的报酬率是多少。内含报酬率是根据项目的现金流量计算的，是项目本身的投资报酬率。

内含报酬率的计算，通常需要“逐步测试法”。首先估计一个折现率，用它来计算项目的净现值；如果净现值为正数，说明项目本身的报酬率超过折现率，应提高折现率后进一步测试；如果净现值为负数，说明项目本身的报酬率低于折现率，应降低折现率后进一步测试。经过多次测试，寻找出使净现值接近于零的折现率，即为项目本身的内含报酬率。

【例 1 – 6】

根据例 1 – 5 的资料，已知 A 环保项目的净现值为正数，说明它的投资报酬率大于

10%。因此，应提高折现率进一步测试。假设以18%为折现率进行测试，其结果净现值为-499万元。下一步降低到16%重新测试，结果净现值为9万元，已接近于零，可以认为A环保项目的内含报酬率是16%。B项目用18%作为折现率测试，净现值为-22万元，接近于零，用17%作为折现率测试，净现值为338万元。可认为其内含报酬率为18%。如果对测试结果的精确度不满意，可以使用插值法来改善。

内含报酬率(A)=16%+[2%×9÷(9+499)]=16.04%

内含报酬率(B)=16%+[2%×338÷(22+338)]=17.88%

C环保项目各期现金流入量相等，符合年金形式，内含报酬率可以直接利用年金现值表来确定，不需要进行逐步测试。

内含报酬率(C)=7%+[1%×(2.624-2.609)÷(2.624-32.577)]=7.32%

其中，(P/A,内含报酬率,3)=2.609,(P/A,7%,3)=2.624,(P/A,8%,3)=2.624

（三）回收期法

回收期是指投资引起的现金流入累计到与投资额相等所需要的时间。它代表收回投资所需要的年限。回收年限越短，项目越有利。

在原始投资一次支出，每年现金净流入量相等时：

回收期=原始投资额÷每年现金净流入量

【例1-7】

例1-5中，C环保项目的回收期（C）=12 000÷4 600=2.61（年）

如果现金流入量每年不等，或原始投资是分几年投入的，则可使下式成立的n为回收期：

$$\sum_{k=0}^{n} I_k = \sum_{k=0}^{n} O_k$$

根据例1-6的资料，A项目和B项目的回收期分别为1.62年和2.30年，显然应选择A投资项目。计算过程如表1-10所示。

表1-10　环境项目投资计算　单位：万元

A环保项目	现金流量	回收额	未回收额
原始投资	(20 000)		
现金流入:			
第一年	11 800	11 800	8 200
第二年	13 240	8 200	0
回收期=1+(8 200÷13 240)=1.62(年)			
B环保项目			
原始投资	(9 000)		
现金流入:			
第一年	1 200	1 200	7 800

续表

A 环保项目：	现金流量	回收额	未回收额
第二年	6 000	6 000	1 800
第三年	6 000	1 800	0
回收期 =2 +（1 800 ÷6 000）=2.30（年）			

（四）会计报酬率法

这种方法计算简便，应用范围很广。它在计算时使用会计报表上的数据，以及普通会计的收益和成本观念。公式：

$$会计报酬率 = 年平均净收益 \div 原始投资额 \times 100\%$$

【例 1 –8】

仍以例 1 –5 的资料计算：

$$会计报酬率(A) = \frac{(1\ 800 + 3\ 240) \div 2}{20\ 000} \times 100\% = 12.6\%$$

$$会计报酬率(B) = \frac{(-1\ 800 + 3\ 000 + 3\ 000) \div 3}{9\ 000} \times 100\% = 15.6\%$$

$$会计报酬率(C) = \frac{600}{12\ 000} \times 100\% = 5\%$$

三、环境成本效益分析模式与评价指标

（一）环境成本效益分析模式

一般说来，企业投入环境成本至少要考虑：（1）在制定环境目标或开展环境保护活动时需要决定投入多少环境成本，其成本结构应如何分布；（2）投入的环境成本可取得多大的效果；（3）如何扩大环境成本的投入与产出比。综合这三点，其实质就是一个环境管理的成本效益分析问题。由于企业环境管理与一般经营管理不同，其效益并不能仅以未来经济利益的流入为唯一标志，而是环保效果与经济效益并重，使得环境管理的成本效益分析有其独特之处：先应对环保项目进行投资决策，以决定是否值得投资，然后在对企业整体的环境成本效益进行分析。分析模式如图 1 –4 所示。

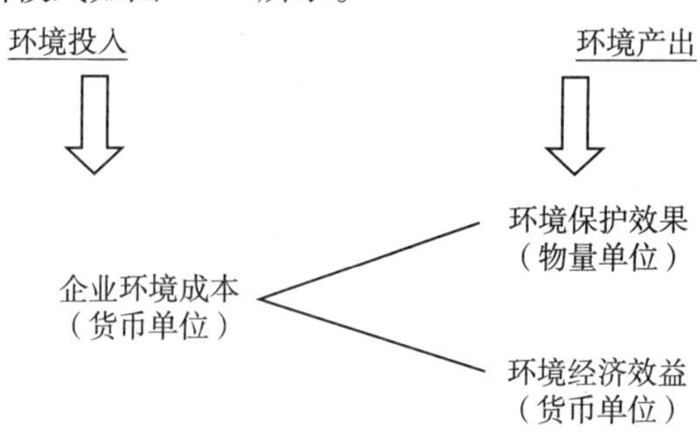

由图1-4可见，企业在投入环境成本时需要考虑其产出的效益。在环境成本投入方面，企业需要考虑其投入的方向、规模和成本结构的分布状况，即如何划分环境成本的项目和数额。一般说来，按效益收益期限的长短不同，企业均将其分为资本性环境成本支出与收益性环境成本支出，分别简称为环保投资成本、环保经常费用。在环境成本的产出方面，其效益表现为两种：一是为达到国家环境标准或企业环境目标而取得的以物量单位计量的环境保护效果，即以降低环境符合为标志，如环境污染物质排放量的减少，废弃物的削减量和资源、能源消耗量的节约；二是运用环境成本管理，采用资源综合利用对策而获得的以货币计量的经济效益，包括伴随企业环保活动而带来的资源、能源成本的节约、废物再利用产品的销售收入、排污费和主诉讼赔偿金的减免和企业开发设计环保产品收入等，以增加企业利润为目的。综合当前发达国家许多环保先进企业的案例，可以看出，较多是应用这种成本效益观来进行环境管理的。环境成本效益一般呈现如图1-5的趋势。

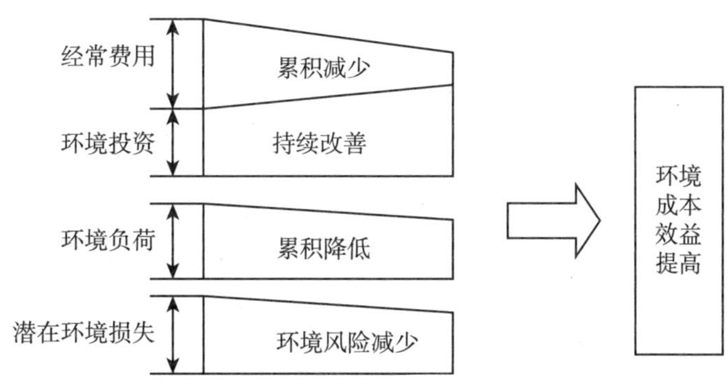

图1-5 环境成本与效果的发展趋势

由图1-5可见，企业进行环境管理一般采用增加环保投资的方法，保持环保效果的持续改善。这带来了两方面的效果：一是环境负荷的累积降低，使其达到或优于国家有关环境标准，另一方面是经常性费用累积减少，从而使得环境总成本得以降低。此外，它还减少了潜在环境损失。

（二）环境成本效益评价指标

可以采用5个指标直接进行企业内部环境成本效益的评价，进而达到环境绩效的考核目的。

1. 环境支出占营业成本的比例

环境支出占营业成本的比例 = 环境支出 ÷ 营业成本

环境支出是指从事与环境有关的活动势必发生的支出。这类支出的形态多种多样，从现有的环境法规和目前企业的环境活动实践来看，由于环境问题导致的支出的具体形态至少包括以下项目：企业专门的环境管理机构和人员经费支出及其他环境管理费用；环境监测支出；政府对正常排污和超标排污征收的排污费，政府对生产可能会对环境造成损害的产品和劳务征收的专项治理费用；超标排污或污染事故罚款；对他人污染造成的人身和经济损害赔付；污染现场清理或恢复支出；矿井填埋及矿山占用土地复垦复田支出；污染严重限期治理的停工损失；使用新型替代材料的增支；现有资产价值减损的损失；目前计提的预计将要发生的污染清理支出；政府对使用可能造成污染的商品或包装物收取的押金；降低污染和改善环境的研究与开发支出；为进行清洁生产和申请绿色标志而专门发生的费用；对现有设备及其他固定资产进行改造、购置污染治理设备支出等。

2. 环境收入占营业收入的比例

环境收入占营业收入的比例 = 环境收入 ÷ 营业收入

环境收入是企业积极参与保护和改善生态环境有可能会直接或间接产生某种经济收入。可能的收入主要有：因通过了环保认证而成功打入某个市场，从而扩大了销售额，增加收入；利用“三废”生产产品将会享受到流转税、所得税等税种免税或减税的优惠政策；从国有银行或环保机关取得低息或无息贷款而节约利息所形成的隐含收益；由于采取某种污染控制措施而从政府取得的不需要偿还的补助或价格补贴；有些情况下，企业主动采取措施治理环境污染所发生的支出可能会低于过去缴纳排污费、罚款和赔付而赚取机会收益等。

3. 环保净收益占营业利润的比例

环保净收益占营业利润的比例 = 环保净收益 ÷ 营业利润

环保净收益是企业发生的与保护环境有关的净收益。环保净收益指标可以根据它的特征加以认定。主要体现在：环保净收益应该能够使企业当期的净收益增加，并增加所有者权益；环保净收益当然是与环境保护和污染治理密切相连的；环保净收益的形式不仅体现为资产的增加和负债的减少，还由于问题的特殊性而体现为资产减少数额的降低，如少缴的利息、税金。在环境投资方面可以考察环境保护项目资金投入的使用效益、环境保护的能力建设、环境保护管理的监督和社会效益等方面。

4. 所耗用各种类型能源的成本占营业成本的比例

所耗用各种类型能源的成本占营业成本的比例 = 耗用能源成本 ÷ 主营业务成本

能源是人类活动的物质基础，是经济发展的原动力，也是工业经济高速增长基础，能源在海大程度上驱动着经济发展速度和规模，但能源使用也带来诸多问题，资源的合理使用和污染排放对环境影响，尤其是高耗能的粗放型经济增长方式，必然导致能源短缺，这种能源短缺反过来又会制约经济增长。在当今世界，能源的发展，能源和环境是社会经济发展的重要问题。能源使用状况，特别是化石能源的数量越来越多，能源对经济社会发展的制约和对资源环境的影响也越来越明显。因此，就企业而言，能源消耗成本占企业主营业务成本的比重越低，表明能源使用的节制和减少，污染和排放性可能就越小，对环境保护就越有利。企业尤其是能源生产和能源使用的制造型企业和服务性企业，如发电、采掘、石油、化工、制药等行业企业，对能源的节约和有效使用，对节能减排贡献，首先可以通过能源的成本占营业成本的比例指标加以衡量。

5. 排放废物总量与销售净额的比值

排放废物总量与销售净额的比值 = 废物排放量 ÷ 销售净额

为了准确评判环境成本效益，需要对各项指标进行量化，而具体的环境成本效益评价（如好、中、差）又是一个带有模糊性的问题，因此可以用模糊数学的方法加以解决。现行的环境成本效益评价体系中对于各项评价指标的权重比例分配都缺乏令人信服的理论基础，而运用模糊聚类分析的方法来进行环境成本效益评价可以在一定程度上避开这一问题。而且，评价标准值可以根据各个地区的实际情况分别制定，充分考虑地区差异，这使整套评价体系具有更好的地区适用性。基于上述原因，我们可以设立基于模糊聚类分析方法的环境财务绩效与环境成本效益评价体系。

【例 1－9】

奥地利 SCA 林产品公司环境成本管理分析

奥地利 SCA 林产品公司从 1999 年起就一直使用环境管理会计跟踪实物和货币信息，现已构筑了一个良好的环境成本管理系统，收集的相关信息被用于与环境管理及产品有关的内部决策。它每年均要在环境报表中计算环境相关成本，如表 1－11 所示。

表 1－11　　SAC 公司环境成本　　单位:%

环境相关成本种类	空气气候	废水	废弃物	土壤地下水	其他	合计
产品的原材料采购成本	不考虑					
NPOs 的原材料采购成本						
原材料			15.2			15.2
包装物			0.1			0.1
辅助材料			2.7			2.7
经营性材料	0.1	42.2	0.5			42.8
能源	19.8					19.8
水		0.0				0.0
NPOs 的原材料处理成本		0.2	1			1.2
总计	19.9	42.4	19.5			81.8
废弃物、排放物控制成本						
设备折旧	0.1	2.8	0.4			3.3
经营性材料和服务	0.2	5.5		0.1		5.8
内部员工	0.7	1.0	0.1			1.8
佣金、税收和罚款	0.9	2.7	6.0			9.6
总计	1.9	2.0	6.6	0.1		20.5
预防性环境成本						
环境管理的外部服务					0.4	0.4
环境保护的内部员工	0.1				0.3	0.4

续表

环境相关成本种类	空气气候	废水	废弃物	土壤地下水	其他	合计
总计	0.1				0.7	0.8
研发成本	不考虑					
不确定性成本	不考虑					
环境相关的成本总额	21.9	54.4	26.0	0.1	0.7	103.1
环境相关的收益总额			-3.1			-3.1
环境相关的成本与收益总额	21.9	54.4	22.9	0.1	0.7	100.0

公司环境成本采用追踪分配法并按上述成本分类，划分对应百分比，如 NPOs 的原材料平均成本为 81.1%，而后再将这种百分比内容分别按照对环境产生污染的物质项目进行分配，以揭示成本与其比例的对应关系。这种以百分比来追踪环境成本的分配，不仅可反映各成本大类之间所占比重，而且每一类成本相对于污染物质项目也有比例，便于企业发现环境成本管理中的缺陷所在。如与废弃物、排放物所消耗的原材料采购成本比重 81.8% 相比，公司预防性环境管理成本所占比重实在太低，有必要调整这两者之间的关系；另外从各废弃物所占成本比重分析，废水成本居高不下，占到成本总额的 54.4%，显见其应是下一期环境管理的重点。相对于此类分析，可广泛采用。

——摘自：第五届会计与财务问题国际研讨会论文集［C］. 2005

本章小结

环境成本管理是在传统成本管理的基础上，把环境成本纳入企业经营成本的范围，从而对产品生命周期过程中所发生的环境成本有组织、有计划地进行预测、决策、控制、核算、分析和考核等一系列的科学管理工作。企业环境成本管理内容主要包括以下方面：企业环境成本目标、企业环境成本预测、企业环境成本控制、企业环境成本核算、企业环境成本监测预警、企业环境成本的评价与应用。

环境成本管理方法有作业成本法、产品生命周期法、完全成本法、流量成本会计、总成本评价、清洁生产、企业社会责任成本，几种方法各有优缺点。最为常用的有作业成本法、产品生命周期法和完全成本法，是对传统的产品制造成本核算方法的改进和创新，同时也是一种现代成本控制方法。

企业环境成本控制应从内部控制环境污染并避免污染的扩散，充分考虑企业的外部环境成本并从整个社会的角度出发治理污染，以便改善环境，为社会提供环境友好的产品，最终实现企业经济效益、社会效益和环境效益共同达到最优。环境成本控制原则建立在目标基础上，必须兼顾经济效益、社会效益和环境效益，并将外部环境成本内部化。环境成本控制模式有事前控制、事中控制、事后控制三种模式。

环境成本效益包括社会环境成本效益和企业环境成本效益，当企业实现了环境外部成本内部化，企业的环境成本效益就是外部环境成本效益。企业对环保项目进行投资决策的基本方法是现金流量折现法，包括净现值法和内含报酬率法两种。此外还包括一些辅助方法，如回收期法和会计报酬率法。企业在进行整体的环境管理成本效益分析时，需要考虑环境投入（企业环境成本）与环境产出（包括环境保护效果、环境经济效益）的关系，以较低的成本获得较好的环境产出。企业进行环境绩效考试时可以采用环境成本效益评价指标量化，主要指标有：环境支出与营业成本占比、环境收入与营业收入占比、环保净收益与营业利润占比、耗用能源成本与营业成本占比、废物排放量与销售额占比等。

本章练习

一、名词解释

1. 环境管理会计　2. 环境成本管理　3. 环境降级成本　4. 环境成本管理方法
5. 作业成本法　6. 产品生命周期法　7. 流量成本会计　8. 总成本评价法
9. 清洁生产　10. 社会责任成本　11. 社会责任投资　12. 社会责任会计
13. 企业社会责任成本　14. 环境成本效益

二、简答题

1. 环境成本管理包含哪几方面？
2. 环境成本管理的方法有哪些？各有什么优缺点？
3. 环境作业成本方法程序有哪些？其在环境成本核算时关键要注意什么？
4. 用产品生产周期法对环境成本进行预算，其要点是什么？
5. 清洁生产制度下环境成本法应如何进行核算？
6. 你认为清洁生产下的环境成本管理应怎样组织？
7. 企业环境成本控制模式有哪些？
8. 环保项目成本效益决策方法有哪些？
9. 企业可以采用何种方法来评价环保投资项目的成本效益？
10. 简述企业社会责任与企业环境社会责任、企业社会责任成本与企业环境社会责任成本的关系。

三、计算题

1. 企业生产甲乙两种产品，每年产量分别为 1 000 吨和 2 000 吨，生产过程中都会产生有毒废弃物。有毒废弃物需要经过焚化炉处理后弃置。每年与废弃物处理的相关成本 38 150 元，具体成本和作业动因资料如下表。

成本项目	成本（元）	成本动因	甲产品	乙产品
废弃物搬运成本	5 000	搬运次数	30	20
焚化炉启动调整成本	6 000	启动调整次数	8	4
焚化炉运转成本	24 000	运转小时	250	150
废弃物弃置成本	3 150	废弃物弃置吨数	15	6
合计	38 150	—	—	—

要求：

（1）计算环境作业成本分配率；

（2）分配环境成本；

（3）计算甲、乙两种产品的总成本和单位成本。

2. 甲公司2012年要投资建设某项污水处理工程项目，使用期限为10年。基于环境风险考虑，有A、B两个方案可供选择：A方案需投资1 000万元，在市场好的情况下，可获利500万元，概率度为0.7；在市场不好的情况下，要亏损100万元，概率度为0.3。B方案需投资900万元，在市场好的情况下，可获利400万元，概率度为0.6；在市场不好的情况下，要盈利250万元，概率度为0.4。

要求：分析甲公司最终选择B方案的原因？其投资的环境绩效是多少？

3. 某化工企业在生产过程中发生的对工作人员身体健康造成的伤害赔偿费用现行的做法是一般在发生时直接计入期间费用，该部分的费用约为30万元/年，表现在产品生产过程中粉尘、化学气体等对员工的身体危害。如果按照环境会计核算要求，财务部门这笔原计入期间费用的改为计入产品成本，由此影响到产品成本金额，就需要对其进行成本改进和调整。假如将此费用按生产职工的人数进行分配（聚合车间20人，阳树脂车间58人，阴树脂车间33人），那么，请计算改进后的产品完全生产成本填入下表。

改进前后产品成本对比

单位：元

项　　目	改进前制造成本	增加员工健康损害赔偿费	改进后完全成本
聚合车间白球	14 628		
阳树脂车间的阳离子交换树脂	5 298		
阴树脂车间的阴离子交换树脂	10 385		
	30 311	300 000	

4. 为了遵守国家有关环保的法律规定，某公司年初拟投产环保新产品，需要购置一套专用环保生产设备，预计价款200万元，同时需要投入无形资产投资25万元，产品研发需要2年时间，公司预计第一年现金流量为0，第二年现金流量－20万元（为投入资本），第三年现金流量18.4万元，第四到第六年环保产品销售将趋于稳定，预计每年现金流量均为88.4万元，第七年现金流量184.8万元。该项目的年平均净收益为24万元，公司加权平均资本成本为10%。

要求：

（1）计算该项目的会计报酬率。

（2）计算该项目包括研发期的静态回收期。

（3）计算该项目的净现值。

5. 企业年生产甲、乙两种玻璃各50 000块，每块甲玻璃耗用0.4机器工时，每块乙玻璃耗用0.6机器工时，生产玻璃时会排放出镉。为了获得镉排放许可，企业支付10万元排放许可费，该许可批准企业在规定限度内排放，如果超标排放将被罚款5万元，实际企业当年就承担了罚款支付责任。

要求：按照机器工时分配甲、乙两种产品的镉排放环境成本。

四、阅读分析与讨论

密尔福得制造公司环境成本管理

密尔福得公司有一项产品为安全牌锁具，该锁具的生产工艺流程如下：首先由工人伐木打磨，打磨时采用液化石油气系统清理金属废屑和冷却伐木器械。其次将金属薄片附上木具模型，结束后在锁具半成品上留下一定量的油脂残余物，为了保证锁具成品的坚固性必须将这些残余物重新脂化并去除。公司采用一种蒸汽式脂化系统（简称TCE）作为去除工序。TCE会产生一种废气，该废气被鉴定为有毒废气，相关法规规定产生该废气的生产过程要受到严格的管制以达到一定的安全标准。为达到安全标准，公司发生了一系列环境支出，管理层针对这些支出采用事后规划管理方法进行了分析。

针对事后处理法的支出，公司认为可以实施事前规划以减少环境成本。于是，公司成立了一个独立的环境成本管理部门，该部门负责收集其他部门的生产信息并提出可能的管理方案，以选择最优的方案。方案一：继续每年购买 TCE 原料，但预期原料购买税率的增长会使购买成本逐年增加，其他各项成本也会有变动，未来 5 年的支出预算数据见方案 1 表中。方案二：考虑采用类似 TCE 工艺流程的碱式工艺流程，其特点是仅产生含碱废料而不释放任何残余物，该含碱废料可以被一定的回收系统转化成肥料和制皂用碱，回收系统的投资成本包含在每年的设备投资中。此外，回收碱辅料及免去原有的培训和监督管理费用会给企业带来现金流入，未来 5 年的支出预算见方案 2 表中。

方案一： **TCE 系统的年度支出预算** 单位：美元

年数	TCE 购买	TCE 排污	培训成本	监督成本
基期数	80 000	22 000	8 000	5 000
1	83 000	28 000	8 000	22 000
2	123 000	34 000	10 000	8 000
3	170 000	40 000	12 000	10 000
4	270 000	65 000	20 000	15 000
5	270 000	65 000	20 000	15 000

方案二： **碱式生产方案支出预算** 单位：美元

年数	追加投资	新原料购买	回收碱辅料收入	直接人工减少
1	185 000	60 000	-3 000	-50 000
2	185 000	63 000	-3 000	-50 000
3	185 000	65 000	-4 000	-50 000
4	185 000	65 000	-4 000	-50 000
5	185 000	65 000	-5 000	-50 000

此外，公司出于清洁生产方案的考虑，进行了相应的无污染规划，受到了绿色主意者的支持。但立即采用清洁生产必须采用非 TCE 原料，也就意味着产品的重新设计，然而有关新产品的研制、检测与投放市场的工作量繁重，加之未来收益的不确定性很大，因此，在没有技术支持的情况下，公司将清洁生产方案摆在公司的长期经营战略上，一旦有了确信程度较高的详细规划时，该方案将被执行。

——摘自：王跃堂，赵子夜．环境成本管理：事前规划法及对我国的启示［J］．会计研究，2002（8）

讨论要点：

（1）结合所学知识，比较事前环境成本控制与事后环境成本控制的优缺点。

（2）假定税前成本的贴现率为 15%，运用净现值法比较方案一、方案二，并进行决策。

（3）什么是清洁生产？你认为如何才能更好地保障清洁生产的实施？

第二章　环境风险管理

【学习目的与要求】

1. 理解和掌握环境会计信息与风险评价的关系。

2. 理解环境风险评价中的信息公允与标准公允。

3. 理解会计信息系统中的环境风险分析程序，熟悉和掌握环境会计信息相关的环境风险控制方法。

4. 了解和掌握环境灾害成本内部化理论系统及管理路径。

5. 掌握环境灾害成本核算方法系统，理解灾害成本核算支撑系统。

第一节　环境风险管理的会计视角

一、环境风险管理定义

从本质来说，环境风险管理就是对环境成本管理，环境成本的形成是环境资产不断消耗或价值转移的过程，也是环境负债成本表现形态，并由此减少环境权益。环境风险管理的目标就是减少潜在环境成本发生，提高环境收益，增加环境所有者权益。研究环境风险管理必须围绕会计系统中环境会计信息来展开，评价环境风险程度和发生的可能性，进而寻找环境成本降低的路径，这就是环境风险管理。

所谓环境风险管理，它是指根据环境风险评价的结果，按照恰当的法规条例，选用有效的控制技术，进行削减风险的费用和效益分析，确定可接受风险度和可接受的损害水平，在进行政策分析及考虑社会经济和政治因素前提下，决定适当的管理措施并付诸实施，以降低或消除事故风险度，保护人群健康与生态系统安全。

环境风险管理侧重于环境风险评价，环境风险评价属于环境评价范畴，环境风险控制建立在环境风险评价基础上。国际上一般所指风险评价包括概率风险评价、实时后果评价和事故后果评价三个方面，相对应的评价过程就是事前评价、过程评价和事后评价。从评价范围上可分为微观风险、系统风险和宏观风险三个等级（胡二邦，2004）。对环境风险事前预测与控制理论研究，源自20世纪70年代，最为著名的是美国核管会于1975年完成的对核电站进行的系统安全研究，在其研究成果WASH－1400（核电厂概率风险评价指南）报告中，系统地建立和发展了所谓概率风险评价方法（PRA），且具有里程碑的标志（USHRC，1975）。其后，印度博帕尔市农药厂事故和苏联切尔若贝利核电站事故大大刺激与推动了环境风险评价的开展（S. Contini & A. Servida，1992）。同时，世界银行、联合国环境规划署、欧盟、世界卫生组织、亚洲开发银行等一些国际性组织也相继制定和颁布不同形式的环境风险评价与风险管理的文本，对环境影响及其评价作出规定，到80年代环境风险评价成为环境评价的重要内容，亚洲开发银行于1990年出版了《环境风险管理》一书。

我国环境风险评价与管理，自90年后开始受到重视，青藏铁路、秦山核电站、三峡工程、北京奥运会等一系列重大工程和项目均做了环境评价。2004年，中国环境风险评价专业委员会组织编写的《环境风险评价实用技术和方法》是新中国环境风险评价与管理的最新研究成果。进入21世纪后松花江污水、太湖蓝藻、三鹿奶粉等一连串重大环境灾害事故爆发和潜在隐患的防范，更引起政府及其环保部门对环境风险评价与实证研究的重视，并为此做了许多努力。

二、环境风险管理的会计缺失

但上述研究及其成果的特点集中体现在环境工程或项目实例的物量计算和化学分析与方法应用上，较少涉及环境价值信息和价值管理层面，存有明显缺陷与不足。国内外研究学者将环境信息纳入会计信息系统而非国民经济核算系统，并从会计信息角度和管理控制方面来分析企业环境风险致因和控制方法也并不多见，这不仅因为风险评价的复杂性，更因为上层管理者缺乏足够重视和环境会计制度滞后所致。

应当看到“环境问题就其实质还是经济问题”（姚建，2001），环境风险评价与管理控制是21世纪实现可持续发展的重要手段之一，是环境评价中一门崭新且日益重要的管理学科。而自20世纪90年代，以“产权为本”向以“人权为本”会计思想的转变过程中所确立的会计思想演进的“第三历史起点”中（郭道扬，2009），全球会计界已经将参与解决全球性可持续发展问题，放在未来会计控制思想与行为变革的重要方面，这就需要当代和未来的决策层以环境管理视角重视并主动利用环境会计信息，充分认识会计、审计乃至财务控制在公司经济活动过程控制、节能降耗方面以及在解决与生态环境治理直接相关的废水、废气、废料排放控制方面的基础管理作用。显然，从环境会计信息的视角透视环境风险评价与风险控制机理，对提高会计信息质量和环境风险管理能力，拓展环境风险评价与风险管理思路，丰富环境会计和环境管理的内涵，激发管理层对环境会计的重视，均具有一定积极作用和现实意义。

辅助阅读2-1

中国环境灾害风险需要预警和应急处理

1. 2008年9月8日，山西省临汾市襄汾县新塔矿业有限公司980沟尾矿库发生特别重大溃坝事故，造成277人死亡、4人失踪、33人受伤，直接经济损失9 619万元。这是一起由于非法违规建设、生产，违规排放尾矿而导致的责任事故。113名事故责任人受到责任追究。

2. 2002年9月11日，贵州都匀坝固镇多杰村上游一个铅锌矿尾渣大坝崩塌，上千立方米矿渣流入清水江，从坝口到坝底四处是裸露的岩石和黄土，剩余的铅锌尾矿渣从悬崖上直泻而下，直接注入山脚的范家河，原丈许宽的小河被几丈高的银灰色矿渣冲击成宽约30多米，矿渣覆盖河道十余里，两岸被尾渣浸泡过的树木枯死，沿岸良田被矿渣掩埋，粉末状铅锌尾渣与河水混合成黏稠的泥浆，流过范家河，径直排入清水江。

3. 2009年8月，湖南武冈县文坪镇、司马冲镇因工厂污染，导致上千名儿童血铅超标；陕西凤翔两个村庄651名儿童血铅超标，引发当地村民堵路砸车，冲击厂区。由于城市及发达地区环保日趋严格，高污染企业向中西部转移，政府对环境公害不作为，群众被迫维权。

4. 2007年5月29日，一场突如其来的饮用水危机降临到江苏省无锡市，其罪魁祸首就是太湖蓝藻。这个让无锡市民年年都要受到侵扰的“常客”，以后又有三次大面积的爆发，小小蓝藻竟然能在一夜之间打乱了数百万群众的正常生活。国家和太湖流域省市为此花费至少200亿元进行治理了7年，仅浙江2014年就投入近24亿元。

5. 2010年7月16日晚18时50分许，大连新港一艘利比里亚籍30万吨级的油轮在卸油附加添加剂时引起了陆地输油管线发生爆炸引发大火和原油泄漏。大连新港输油管线爆炸起火事故，至少已造成附近海域50平方公里的海面污染。

6. 2004年沱江“3.02”特大水污染事故，因为大量高浓度工业废水流进沱江，四川5个市区近百万人顿时陷入了无水可用的困境，直接经济损失高达2.19亿元。

7. 2005年11月13日，中石油吉林石化公司双苯厂苯胺车间发生爆炸事故，造成5人死亡、1人失踪，近70人受伤。爆炸发生后，约100吨苯、苯胺和硝基苯等有机污染物流入松花江，导致江水严重污染，沿岸数百万居民的生活受到影响，吉林省松原市、黑龙江省哈尔滨市先后停水多日。顺流而下的污染甚至威胁到俄罗斯哈巴罗夫斯克边疆区，造成严重的国际负面影响。事后，国务院调查组认定这是一起特别重大的水污染责任事件。之后5年间，国家为松花江流域水污染防治累计投入治污资金78.4亿元。

8. 2006年2月和3月，素有“华北明珠”美誉的华北地区最大淡水湖泊白洋淀，相继发生大面积死鱼事件。调查结果显示，水体污染较重，水中溶解氧过低，造成鱼类窒息是此次死鱼事件的主要原因。这次事件造成任丘市所属9.6万亩水域全部污染，水色发黑，有臭味，网箱中养殖鱼类全部死亡，淀中漂浮着大量死亡的野生鱼类，部分水草发黑枯死。

——摘自：环境保护部．中国环境状况公报［S］．中国环境统计数据［S］．中国历年环境污染与破坏事故情况统计［EB/OL］．2000～2010

第二节　会计信息与环境风险管理的关系

一、环境风险与环境会计信息

现代企业生产经营面临着各种各样的风险，环境风险也是其中之一，并越来越影响和制约企业经营风险、投资风险、财务风险、管理风险及社会和道德风险。所谓风险一般是指损失、灾害事件发生的可能性的和概率程度，在词典中被定义为“造成生命或财产损失或损伤的可能性”，通常用事故可能性与损失或损伤幅度来表达的经济损失与人员伤害的度量。

从上述“风险”这一基本概念，我们将企业环境风险定义为，企业背离政府既定的环境保护目标，违背环境保护责任与道德义务，以致造成环境破坏，发生对健康或经济突发性灾害事件的可能性。这种灾害事件后果能导致对环境的破坏，对空气、水源、土地、气候和动物等造成的影响和危害，且一般不应包括自然灾害和不测事件。那么，企业环境风险评价则是指依据既定的政策标准，辨认、分析和评价影响企业目标达成的各种环境不确定因素，并在此基础上建立风险预警机制，采取科学的风险控制对策，以实现最大安全效果的努力过程。

会计信息是指符合会计制度、会计准则以及相关的法律、法规等法定规范标准，从会计系统中整体上揭示会计主体财务状况、经营成果及现金流量情况的经济概念和系统要素，以反映经济现象本身状态及其过程和结果的一系列价值量、技术标准和社会指标及与其相关的其他信息。按照与环境的关联性，会计信息可分为环境会计信息和非环境会计信息。

环境会计信息是会计信息中含有自然资源要素，经过会计计量，具有其独特表达方式和方法，并构成一个有机整体并能反映环境财务信息和环境管理信息的系统构件。

其一，就本质而言，环境会计信息所要反映的是在可持续发展背景下对企业自身财务行为的道德约束，它既是企业的宗旨和经营理念，又是企业用来约束内部生产经营行为的一套管理和评价体系，目的是向环境利益的相关者提供企业环境责任履行情况和环境业绩报告，借以反映管理者社会责任、环保意识、环境道德水平和可持续经营成败，以利于利益相关者作出道德投资、公正评判和谨慎管理，实现企业的经济价值、环境价值和社会价值的有机统一。

所谓道德投资，也叫绿色投资，是指投资者只对那些具有良好的环境意识并主动承当环境责任的企业投资。所谓生态效益是指资源的存在、开发和利用过程在使社会经济发展的物质基础逐步巩固的同时，人类的生存环境也得以不断改善。通常指劳动消耗同耗费这些劳动对生态环境变化的影响之间的比率。经济效益在这里特指对生态环境进行掠夺性开采和破坏、提取秘密准备、偷税漏税等手段获取收益。又因为环境资源是人类生存、生产和生活的重要资源，环境信息是生态经济系统中最重要的组成要素之一，人类认识这种资源和信息是为了解读信息中最有价值的成分，以便可持续利用和实施恰当的管理控制，并提高其使用价值，保护环境，为全人类谋取最大的环境福祉。

其二，企业经营存在着环境活动，也就存在着环境管理行为，并构成现代企业管理一个重要方面。这些活动和行为产生的信息即是企业环境管理信息，“企业环境会计和报告使许多事项进入财务信息，由此引致环境审计”（世界资源研究所，2003）。环境活动的经济性决定环境管理控制活动信息也成为环境会计信息的另一组成内容。可见，环境会计的信息容量和信息内容反映在会计系统中是包容环境信息载体的系统集成，它包括两大系统构建成的有机整体或框架：环境会计核算信息系统和环境管理控制信息系统（袁广达，2002）。这种划分与环境信息利益相关者的划分相一致，并与企业组织所从事的环境发展最显著的两个方面，即环境财务报告系统和环境管理系统都需要会计师的全力支持才能有效是一致的，并且它具有一般的、普遍的和基础性意义上的特征。总之，环境财务核算信息和环境管理控制信息构成了环境会计信息的基础性内容。

二、环境会计信息与环境风险管理

我们知道，信息对组织及其各层管理者都具有十分重要的价值，特别是管理循环中的各个步骤都要应用相关信息。“企业有效经营离不开管理，而管理需要信息”（杨周南，2006），显然，环境风险管理需要环境会计信息，并且这种信息提供及信息质量（或风险程度），常常成为判断企业竞争实力的重要标准。原因在于：第一，可持续发展是企业持续经营和稳定发展的内在要求，是企业社会责任的精髓所在，环境会计信息反映了企业的发展理念与发展结果；第二，社会经济高速发展和企业社会化大生产，要求企业减少对自然资源的过度依赖和消耗甚至于掠夺，合理考虑利用这些资源所带来的后果，考虑物料和能量的平衡，经济效益和环境效益并举，环境会计信息为研究这些问题研究积累了基本素材；第三，绿色投资者对环境会计信息及其管理业绩的关注，成为企业进行环境风险管理的逻辑起点，同时也为公司进行环境风险管理提供了原动力；第四，环境会计信息披露是公司改善环境行为和进行环境管理决策与风险控制的手段，提供环境信息是环境会计的最终目的，环境会计核算系统中反映的企业大量环境信息，会进一步激发其改善环境行为的冲动，通过实施环境管理，使环境保护技术、措施与方法成为提高环境资源利用率，减少排污，提升企业形象和核心价值，进而提高应对未来环境风险能力。

从经济价值和管理控制角度讲，环境会计信息是环境风险评价中的重要和基础性数据，并构成这种评价最基本要件。按照美国环境局采用和亚洲开发银行推荐的环境风险评价应遵循“风险甄别、风险框定、风险评价、风险管理”的一般程序，风险评价最基本方法和路径应是：风险识别—风险评价—风险控制。我们以为，企业环境风险评价是决定风险应如何控制的基础，风险信息是风险评价的先决条件和基本要素，风险评价的目的是为了控制风险，以便在行动方案效益与其实际或潜在的风险以及降低风险的代价之间谋求平衡，实现企业环境资源效用的最大化，这与环境会计的宗旨是完全一致的。

三、环境风险评价中环境“信息公允”和“标准公允”博弈机理

利用会计信息对企业环境活动实施管理可以说就是对环境信息管理，并涉及企业管理方方面面，几乎成为现代公司制企业管理水平的衡量标准。环境会计信息利用要涉及以下三方：信息制造者——公司管理层、信息监管者——政府、信息质量鉴定者——职业评估师。他们共同构成环境会计信息的利用方（当然还包括社会公众），并各持不同的环境会计信息立场与行动，但又在发展经济和保护环境的前提引导下，不断协调和磨合，实现环境信息和标准的“公允”。

（一）企业

首先，一方面基于受托责任理论，环境会计信息制造者负有履约责任并承担环境道德义务，有必要适时向环境信息利益相关者公开企业环境会计信息。而社会也需要一个质量较高的环境信息，并通过它来改进公司环境业绩、可持续发展政策、生态经济效益和更加广泛的信息披露。另一方面通过提高信息透明度，将有助于企业的真实价值被市场发现和认可，降低其在市场中运行的各种成本与风险。因此，环境会计信息披露的最终目标是使企业的会计盈余对企业经济收益的公允价值的反映程度或投资者通过会计信息看穿企业行为的程度不会误导其投资决策。经济学家罗滨斯（2004）研究结论表明：公司承担社会责任与其经济绩效之间存在着正相关关系。其次，从强化管理的角度解决环境外部成本内部化能够反映出一个国家的政治特征和发展理念及发展战略。然而，发达国家尤其是发展中国家大多数公司如今并没有促进环境影响在会计信息系统中得到全面的反映并引起足够的重视，导致企业环境信息披露步履维艰。环境信息披露既可能带来巨大的经营风险，也可能因此而减少公司价值被低估的可能甚至增加公司的价值。而企业经济人性质和利益驱动，表现在环境上道德的劣向选择不可避免，其缘由在于企业对私人成本外在化选择的可能空间，这与科学发展观相背离，与资源环境的社会、经济和生态“三维盈余”（Elkington J. Parterships，1998）相冲突。

（二）政府

环境经济学理论告诉我们，环境问题主要表现为外部不经济，进而出现市场资源配置的不合理导致市场失灵，而市场失灵为政府干预提供了机会和理由。新福利经济学代表人庇古在1920年《福利经济学》提出了“外部效应”一词，他指出，某一生产者（或消费者）的行动直接影响到另一生产者（或消费者）的成本（效用）。有害的外部效应称为“外部不经济”，有益的外部效城为“外部节约”。

那么，政府的职责就是要制定有利于环境资源合理使用和保护的政策，使市场环境资源达到有效配置，促使企业合理利用环境资源，保障企业生产经营的可持续性。就本处讨论的话题而言，首要的是政府应当也能够通过制定环境会计信息披露政策，以引导投资者投资方向和减少投资风险，并降低企业经营风险，在保护环境和减少污染方面，充分发挥政府环境政策的功效。同理，环境会计信息风险管理是政府的基本职责，是实施预防性政策的基础工作。为此，政府首先必须清楚环境会计信息披露政策导向，这种导向应能够引导投资者进行道德投资，维护生态资源的平衡，推动环境保护措施的实施进程，促进企业经营战略的调整，实现社会经济利益而非单纯会计利润，履行企业环境责任。其次是规范环境会计信息披露制度内容，包括界定环境会计信息披露的行为主体，建立信息披露机制，统一披露方式和方法，明确信息披露内容和要求，强化监督办法和奖惩措施等。最后是认识环境会计信息披露效应。从宏观上讲，环境政策是为了保护环境，建立绿色GDP核算体系，重视和关注组织的“三维底线”——社会影响、经济影响和环境影响。而从微观上讲，环境政策是为了减少公司环境约束成本或违规成本，压缩环境遵循成本，获取环境机会收益，避免环境经营风险。

（三）环境评估师、环境会计师

环境会计是围绕着环境问题而展开的，环境问题就其实质而言是经济问题。微观层面的企业环境会计是企业等微观经济主体所从事的与环境有关的业务和环境会计信息披露与管理。美国环境保护署（EPA，1995）认为：“在财务会计范畴，环境会计是指根据通用会计原则为外界信息使用者编制和披露与环境有关的财务信息；当环境会计作为管理会计的组成部分时，它用以帮助管理人员进行资本投资决策、流程/产品设计决策、业绩评价以及其他各种前瞻性经营决策活动”（李邦忠，2007）。可见，企业环境活动也是一项经济活动，它对企业的生产经营和财务成果会产生影响，由此产生的人流、物流、资金流信息而成为职业评估师环境评价的客体。又因为环境活动又是一项企业管理活动，涉及企业管理的方方面面，影响和抑制公司治理架构、流程再造、业务安排、制度设计和企业文化锻造，是环境管理控制和环境绩效评价重要内容。基础性环境会计信息包括环境财务和环境管理两个会计意义上的范畴，并形成有机统一体。基于此，企业环境风险评价的基本内容也应包括两个方面：环境会计核算信息系统评价和环境管理控制信息系统评价（袁广达，2009）。对这些信息进行验证和测试，主要有审计师、职业会计师、环境评估师及其相应的职业组织承担，他们出具权威性的真实而公允的环评报告并承担相应的评价责任，以有助于利益关系人决策或作为反映公司受托管理使用或管理环境责任的一种途径，满足利益各方对公司经营活动对环境享有的“知情权”。

四、环境会计信息对环境风险管理作用

根据上述论述，显然环境会计信息显然是有用且有益的，这种有用或有益可称为“环境信息利益”。对环境会计信息利用有关各方分析表明，环境信息质量直接影响到环境风险的评价及风险管理和政策设计与方法应用，并且在企业既要发展也要保护生态环境双重责任下，环境信息时空界限和宽度、纬度界定实际上是多方博弈的结果，最终实现多方约束机制下的“信息公允”和“标准公允”。一方面，企业追逐利润目标和对股东承担经济责任向对所有利益相关者和广大公众承担全面社会责任演进是一个被动且缓慢的过程。在一个没有外来压力、可以逃避处罚和不被发现情况下，环境道德准则就极有可能不被环境污染制造者遵循。为此，政府基于维护环境公共利益和保护社会公众权益出发，制定包括污染排放标准和信息披露内容在内的相关环境保护法规，以约束和限制排污者在环境上不道德行为和劣向选择，并作为环境执法者或评价者评判环境责任的重要尺度，此所谓“环境信息公允”。另一方面，也应当承认，政府和社会公众对环境要求是严格、理想且永远没有止境的，而环境职业评价师理性且恰当的评价意见，并会在改善环境会计信息的公允性方面作出努力，使得政府制定的环境规制最终建立在企业应遵守最低的标准水平，此所谓“环境标准公允”。“环境信息公允”和“环境标准公允”是多方博弈的结果，且这种博弈是动态和永续的，其频率主要取决于社会经济发展水平和人类“生态文化”的积淀，因而不同时期的环境会计信息披露容量、内容、方式乃至信息质量也不尽相同是完全能够理解的。不过，由于环境问题可能引发的潜在环境风险、企业经营风险和社会风险，“充分信息披露是企业管理者与 ESG 相互信任即 ESG 信任企业管理者和管理者取信 ESG 的一个工具”（陈浩，2007）。“ESG”是 environment（环境）、society（社会）和 governance（治理）缩写，表示环境高管。所以，逐步增加环境会计信息披露容量、内容和提高环境信息质量，规范信息表达方式和方法，是未来必然的趋势。正是从这个意义讲，企业环境会计制度建立就显得十分重要，尤其对环境资源有着过度依赖的发达国家和发展中国家的企业更是如此。

第三节　会计系统的环境风险识别与评价

一、会计系统的环境风险管理的基本流程

环境会计信息及其信息管制政策为环境风险评价提供基础性数据和标准，也为环境风险控制提供了前提条件。企业环境风险评价首先是建立在评价者充分理解和掌握环境信息政策与标准的前提下，在对企业环境风险认知的基础上，运用恰当的评价方法，对企业环境状况实施评价分析，并提出公正或公允的评价结论和评价意见。

在此，我们设计出环境信息风险评价的基本线路并就企业微观层面预防性环境风险评价方法三个重点问题：识别风险、风险判断、风险评价，逐一进行讨论。

一般认为，预防性环境风险评价一般都涉及定性和定量两个方面，其依据的资料无非源于财务会计报告中环境价值量和经济量信息，以及与财务会计报告有密切关联的环境管理控

制质量性和技术性信息。当然，基于我国现行的会计报告还没有改进含有公允环境信息内容框架的缺陷，更没有在会计系统内或系统外独立且统一的环境会计报告系统，这就需要环境风险评估者以会计和非会计的两重视角去利用环境会计信息，以便做出恰当的判断并保持应有的职业谨慎，这也正是两大环境信息系统构建的主要理由。其实，现代工业文明带来的有害污染物的存在是一个不争的事实，“零承受”和“零存在”事实上是不存在的，而评价者合理关注的应该是未被有效控制就容易发生重大灾害或产生严重污染事故的环境风险的会计信息。一个完整的风险定量与定性分析和评价应当由四个阶段组成：风险识别、事故频率和后果计算、风险计算和分析、风险减缓管理控制，由此设计出的风险评价步骤框图（见图2-1）所示。从中，我们不仅可以对环境风险评价与控制内容有和程序有一个清晰的了解，更能从中了解到环境风险信息源（环境会计信息和环境管理信息）、控制要素（信息、方法、对象）和控制主体（政府、企业、评价者）三者之间的相互关系。

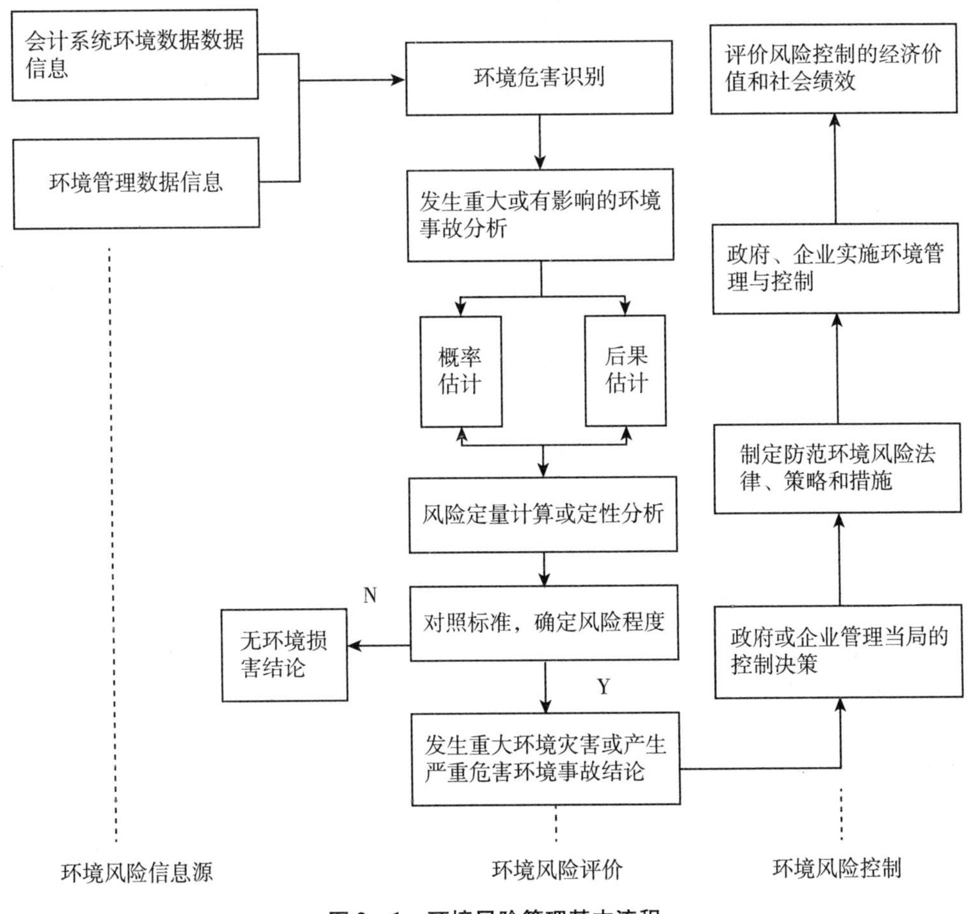

图2-1 环境风险管理基本流程

二、识别风险：公司环境风险客观存在性

环境会计信息及其披露政策为环境风险评价提供了标准和基础性材料，也为环境风险控

制提供了前提条件。企业环境风险评价首先是建立在评价者充分理解和掌握环境披露政策与标准的前提下，在对企业环境风险认知的基础上，运用恰当的评价方略，对企业环境状况实施评价分析，并提出公正或公允的评价结论和评价意见。

（一）识别政策本身的局限性

一方面，政府环境会计信息披露规范不管设计多么妥当，仅就为实现公众利益和引导道德投资、减少环境污染这目标而言，只能提供合理的保证而非绝对的保证，只能为环境评估者达到其评价目标提供合理的确信和评估依据，而不能减轻公司环境责任，更不能代替环境管理。以此政策标准进行的环境评价既可能会给环境风险评价者带来评估风险，甚至于发生评估失败，也可能会给公司带来经营风险，导致经营失败和财务失败。因为就政策本身而言可能有如下因素：（1）制定环境披露政策的环境限制；（2）环境披露政策内容所体现的是基本要求而非特殊要求；（3）披露政策制定成本和公司执行政策成本考虑；（4）环境政策执行者和监督者社会责任感和诚信正直程度；（5）披露政策理解上的偏差和信息操作上失误；（6）执行环境信息披露政策的内外环境，如公众环境信息需求程度和披露法律管制严格强度。另一方面，除环境信息披露政策本身的局限性外，如下因素也会导致环境风险评价失败：（1）环境风险固有的不确定性、隐蔽性和潜在性；（2）环境信息的不对称；（3）环境重要性水平估计过低；（4）环境管理控制的抽样风险（包括信赖不足风险和信赖过度风险）和环境财务数值核查抽样风险（包括误受风险和误拒风险）估计失当；（5）一定的空间、时间上的社会、政治、经济、科技等因素直接的、间接的、平行的、连续的影响判断的疏忽。

（二）识别被扭曲的环境会计信息

环境信息私人占有的优势人极有可能通过转为公有性信息而使其公开化，但在此过程中他们往往会以降低整个社会福利为代价进行逆向选择，追逐信息租金的私有化。即便在政府有强制性信息披露情况下，信息内容被信息制造者修改、筛选，信息公开的时间、对象、方式被人为选择都可能会发生，从而导致环境信息的重大错报和漏报，需要职业评估师恰当地识别公开的环境信息的及时、相关与可靠。而环境风险在时空上的不确定性、隐蔽性和潜在性的特点，比如，需要会计师专业判断的环境或有负债、环境成本等会计信息，以及基于信息处理人的道德水平或技术水准因素而被人为操纵或错误记录的可能性将更会加大。一般来说，环境风险在所有行业和企业都存在，尤以化工、石油、天然气、制药、冶金、酿酒、采掘等行业最为显著，但环境风险大小程度不仅仅与企业所在行业有关，更与企业环境管理控制状况和会计计量方法有关。为此，为保证环境风险评价结论的可信赖，评价者应保持应有的职业谨慎，侧重对企业环境政策符合性评价，并不事前假设公司环境风险程度，最大程度上保证环境风险评价结论的公平和公正。

三、风险判断：有效环境会计信息的标准

不仅我国，即便是在全球范围，环境会计的滞后与环境污染严重是不争的事实，国际会计准则中环境会计方法和报告规范也见之甚少，对环境信息政策及信息披露的要求，目前更

多见于环保部门政策法规和证券监管部门对信息质量的设定中。可作为环境管理的一种约束性规范和衡量标准，不仅是环境评价所必需，也是环境经济核算和环境管理的必然。环境风险评价是对环境风险管理成效的核查与鉴定，通过评价来衡量公司环境管理是否有效及能否促进公司有序地安排并实施环境经营战略，这其中包含价值量的有效环境会计信息，对环境风险评价的深入、评价结果公信力起着重要作用。有效环境会计信息是可接受环境风险的会计信息，具体应体现在：

（1）环境资源达到合理利用。如环境事故减少或被避免，资产减值降低，环境排污费、罚款和赔付支出减少，或有负债和或有损失下降，机会收益增大。

（2）环境的“帕累托效率”实现，环境绩效达到最佳。环境“帕累托效率”是指环境政策能够至少使一人受益的同时至少不使任何人受损的政策改进，其经济状态起码达到这样一种程度：任何人的境况都不可能更好，同时也不使其他人境况变坏。

（3）环境管理制度建立、健全并达到一贯、有效地执行。环境管理制度能使企业的环境损失所承担风险的可能减少并预防和发现偏差或错误行为。

（4）市场环境信息不存在非对称性。公司通过一定媒体对社会公众披露的环境信息，没有隐匿和内幕操纵，披露市场公平，信息呈对称性状态。

（5）环境会计信息及与其相关的信息载体具有可信性和可靠性。这里是指公司会计账簿和财务报表及与其相关数据所反映的环境信息具备全面、充分、客观、真实的特征，并被如实地反映。

（6）环境法定责任达到较好履行。承载环境保护和环境资源利用及管理责任的企业或企业当局，能经得起环境责任审计并获得无保留的审计结论或肯定的评价意见，进而实现公司的环境目标。

四、风险评价：环境风险评价目标和重点的规划

企业环境风险评价方略包括许多层面的内容，但最重要的是在评价方案对风险评价目标和评价重点的规划与把握上，这是决定环境风险评价成败的关键。

（一）明确环境风险评价的一般目的

环境风险的评价者对公司环境风险评价的一般目的，是为了提出环境会计信息中环境风险程度及其控制政策符合标准的公允性评价意见，最终为环境风险管理与控制提出建设性的意见与建议。公允性是指公司环境会计信息披露在所有重大方面是否公正、公允地对待了环境信息的利益各方。为此，在环境评价时，评价者应考虑几方面因素：

（1）企业管理当局对环境信息认定的性质。

（2）法律法规对环境信息管理基本要求。

（3）环境质量和数量控制标准及执行的结果。

（4）环境评价范围和所需信息量受到的主观和客观限制。

（5）环境信息使用者的要求和期望。

（6）企业管理层面的环境管理风格、管理哲学、管理意识，以及企业文化等“软控制”环境作用发挥程度。

（7）特定项目环境评估的复杂性和风险控制评估的成本与效益原则。

（8）环境评价者的专业素质和胜任能力。

（二）把握环境风险评价的重点

（1）投资风险。主要评价企业投资行为是否属于既关心企业目前的环境保护活动和获利能力，又关心企业未来发展前景的绿色投资，这些投资于保护环境活动所花费的成本是否合理恰当，以及能否承受因投资而可能导致股票价格或收益波动所带来的投资损失。

（2）信贷风险。主要评价企业环境污染治理的负担是否会导致收益大量减少而影响企业的偿债能力，并进而造成不良贷款。

（3）营销风险。主要评价绿色消费者群体购买和消费的产品或商品，能否满足对人体健康不造成损害，这些商品或产品是否能长期使用和循环使用，废弃时易于处理，不造成环境污染。

（4）财产风险。主要评价因环境污染对企业财产物资造成毁损、灭失和贬值的状况和程度。

（5）研发风险。主要评价企业在确定目标市场和市场空位的基础上的新产品研制和开发过程中，是否考虑了新产品符合国内和国际正在实施的产品环境质量标准要求，并确实根据市场竞争、消费者需求和企业资源实际情况进行新产品的研制和开发。

（6）人身风险。主要评价企业是否提供了有利于职工身体健康的安全工作环境，以防止环境污染事故产生，以及反映企业环境状态的雇员报告的经常性和被认知程度。

（7）责任风险。主要评价企业是否有因违背法律、合同或道义上的规定，形成侵权行为而造成他人财产损失或人身伤害需负法律责任和经济赔偿责任的可能性。

（三）树立环境风险评价的正确态度

一般来说，环境风险在所有行业和企业都存在，只不过在化工、石油、天然气、制药、酿酒等行业，会比银行、保险行业、医疗保健业、政府机关和学校会有较高的环境风险。但环境风险的程度和大小不仅仅与企业所在行业有关，更与企业环境管理控制状况和会计计量方法有关。为了保证环境风险评价结论的可信赖和公正性，评价者在评价过程中自始至终应保持应有的职业谨慎态度，在履行职责时应当具备足够的专业胜任能力，具有一丝不苟的责任感，并保持起码的谨慎态度。

（四）坚持环境风险评价的最基本方法

环境评价者在环境政策评价时应采取“一张白纸法”（袁广达，2002），侧重对企业环境政策符合性评价。所谓“一张白纸法”，就是指环境风险评价者不事前假设公司环境风险程度的一种评价方法，这种方法能最大程度上保证环境风险评价结论的公正和公平。

第四节　会计系统环境风险控制

所谓环境风险控制，是指根据环境风险评价结果，按照恰当法律、政策与方法，选用有效的管理技术，进行削减风险的费用和效益分析，确定可接受风险度和可接受的损害水平，并考虑社会经济和政治因素，决定适当的控制措施并付诸实施，以降低或消除风险，保证人类健康和生态系统安全。

就此处而言，环境风险控制就是指与环境会计信息相关联，为达到环境风险预防和避免而采取和实施的系统的控制政策、控制方法和控制程序。一个好的环境管理控制系统要求对环境影响会计信息的因素能够被成功地预测到，并能得到有效的控制。预测是一种事前的管理，控制是贯穿始终的制度安排和控制手段、技术、方法的统一。基于这种认识，我们将影响会计信息的环境风险控制涉及的内容规定为控制政策、控制方法（控制程序）和控制环境三个层面或三个要素，仅就政府和企业双方在应对微观环境风险事前预防性控制主要方面提出基本设想。见图 2 -2。

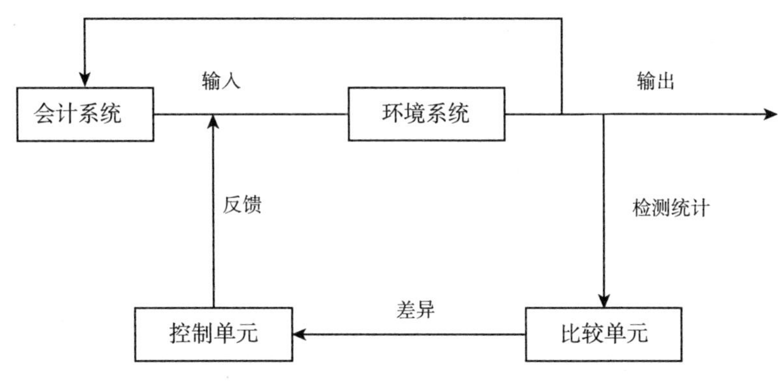

图 2 -2　会计系统环境风险控制原理

对环境风险控制包括原则控制、立场控制、条件控制、方法控制、制度控制、成本控制、文化控制七个方面。按照控制基本内容和要素，分为控制政策、控制方法和控制环境三大部分。

一、控制政策

（一）协调政府、企业和市场在环境风险管理方面的立场

（1）政府规范环境评价和会计信息的基本要求。政府应当提出通用的环境会计的核算指标和信息披露规则，提出可实施的环境质量标准，确定对不履行环境责任的企业实施的行政惩罚手段，实施进行环境税制改革举措，在公共采购和投资方面设置可持续性壁垒。

（2）企业履行环境报告的社会责任。企业各种形式的对外环境报告书的编制应当达到规定的标准化水平，表达企业的生产经营对环境影响的真实状况和公正见解，陈述企业对环境所负的责任，反映企业环境信息内外关系人的评价。

（3）市场建立环境信息披露的公平机制。市场应当建立公平的环境信息披露机制，规范上市企业最基本限度强制环境信息披露要求，明确表示对环境信息的需求，利用投资和购买决策方面的全部公开信息，采取一定的信息披露的奖励和惩戒措施，加大对企业信息披露的压力，防范环境道德风险，以实现投资人、消费者、社会公众权利和需求的平衡。

（二）确立环境风险管理原则

（1）目标明确原则。环境风险控制的目标是为了实现最大安全效果，以利企业经济的可持续发展。为此，要考虑可接受的环境风险水平，并尽量地客观、公正地分析风险。

（2）风险减低原则。在企业环境风险客观存在的现实状况下，环境管理者的要务之一就是尽可能采取一切能够采取降低风险程度的办法，最大程度减少环境风险对企业造成的负面影响。

（3）公众利益原则。实现公众长远利益是环境风险管理的出发点，也是它的最终归宿。公众利益要求企业在环境风险管理过程中，具有整体观念、长远目光、人本意识和科学发展理念。

（4）社会效益原则。环境风险控制的社会效益体现在对自然资源的保存、开发和利用过程中，既要使社会经济发展的物质基础逐步得到巩固和发展，又要使人类的生存环境得以不断地改善，在强调不断增加社会物质财富价值总量的同时，更要关心社会财富的价值质量。

（5）社会责任原则。企业社会责任要求企业经营者承担相应的环境保护和环境污染治理的义务，并对其所应承当的环境受托责任的履行情况向社会进行说明和报告。

（6）成本合理原则。环境风险控制很大程度上会涉及对公司现有既定政策进行调整，对公司制度进行创新，对工艺流程进行再造，对财务运作方法进行改进，对环境管理系统进行开发。这种实际涉及对现有企业所有资源的整合，应当建立在环境边际效用最优状态，理性地关注成本和代价。

（三）建立政府层面的环境信息标准与执行系统

这里的信息标准包括信息本身和信息标准两个方面。

1. 基础性信息

环境风险控制离不开基础性信息，这些信息是环境风险控制的最基础性材料，也是实现环境管理现代化的保障和前提条件。为此，政府应要求企业建立企业环境管理的信息系统，包括环境数据的统计和分析、情报文献的检索和分析、环境预测和决策等方面系统。

同时，政府要明确统一该系统环境信息的标准，包括企业环境核算标准、评估标准、绩效考核标准、信息披露标准等方面在内的强制执行标准并形成体系，以保证不同企业的环境信息，在内容上一致，在质量上可比，在表达格式上规范。比如，上市企业最基本限度强制环境信息披露，以及在利用投资和购买决策方面有明确表示对环境信息需求的信息均应公开。

2. 标准执行系统主要信息

建立环境会计信息事前风险评估制度。要明确规定由职业评估师对照相应的标准，对企业尚未公布的环境会计信息进行评估，以鉴定信息风险程度并形成书面报告，以督促企业按照规定的标准化水平，表达企业的生产经营对环境影响的真实状况和公正见解，陈述企业对环境所负的责任。

搭建公平的环境会计信息市场平台。包括环境信息中介组织及职业评估师的资格准入市场、政府环境信息政策公布市场、企业环境信息披露市场、社会信息需求市场等，使不同利益主体地位平等。

监督到位。真正实现环境风险管理目标，监督是不可忽视的关键环节。一方面要对企业环境管理者应做到的政策透明和信息对称监督，对职业评估师评估的执行程序和手段合法合理性监督；另一方面应建立和健全环境管理监督机制，从组织上、人员上、经费上和精神上保证环境监督工作的正常开展，同时采取一定的信息披露的奖励和惩戒措施，加大对企业信息披露的压力，防范环境道德风险，以实现投资人、消费者、社会公众权利和需求的平衡。

（四）设计企业层面的环境信息处理政策

政策是规制和为了达到某个目的的制度安排，包括目标、原则、方法和条件等方面。体现在环境会计信息的风险管理上，主要有：

（1）要围绕可持续发展总目标，以实现企业环境最大安全效果为主要原则，考虑社会公众在可接受的环境风险水平，并尽量地客观、公正地记录和分析环境会计信息。

（2）企业在对自然资源的保存、开发和利用过程中，既要使社会经济发展的物质基础逐步得到巩固和发展，又要使人类的生存环境得以不断地改善，在强调不断增加社会物质财富价值总量同时，更要关心社会财富的价值质量，以优化环境会计信息。

（3）在企业环境风险客观存在的现实状况下，环境管理者要是尽可能采取一切能够采取降低风险程度的办法，最大程度减少环境风险对企业造成的负面影响，以管理环境会计信息。

（4）企业经营者应承担相应的环境保护和环境污染治理的义务，并对其所应承当的环境受托责任的履行情况向社会进行说明和报告，以透明环境会计信息。

二、控制方法

（一）创新环境风险管理体制

管理创新理念同样要求对公司环境风险进行及时察觉和、得力控制和有效防范。从经济制度层面上来分析，可以创新建立系统的组织机构及相应或管理机制，以保证环境管理目标的实现，因为实践证明经济手段是特别受到经济社会人们最为关注的一种，显然我们处于经济社会时代，尚且已经处于创新时期。

建立环境风险管理的经济组织及市场管理体制，用经济手段和方法来保证环境风险管理目标的实现，能起到事半功倍的效果，这至少是我们未来必须努力的方向和重点，而环境问题的经济性决定了价值手段在环境管理上重要地位。为此：

（1）建立环境权益公司。这样可以最大程度上防止和避免“政府失灵”和“市场失灵”。建立环境权益代理公司，有哪些熟悉环境保护法规、又懂得法律诉讼程序，拥有一定环境检测手段的专门人才组成，其业务有公司委托，代为办理环境权益诉讼所需的一切手续，依法进行辩护，既要求环境破坏方停止环境权益侵害，又索取因侵权而造成的经济赔偿。

（2）建立环境银行。环境银行专司发行、经营排污指标，充当排污权交易中介调节者，他将使公司能够依法律保护的形式，将多余的、可实施的、永久的以及可定量的节能减排量作为减少排污而存入银行，并通过环境银行在排污交易中有偿贷出超标排污公司。在这里，环境银行事实上就成为污染减排者的奖励源和超排者减压地，凸显了环境管理的激励和调节功能。

（3）建立环境责任保险。随着社会经济的发展和环境风险加大，现代保险业应当在非自然环境灾害和防治中发挥作用。环境责任保险可以通过保险业的机制创新，单独设置环境保险组织或在现有的责任险中增加险种办法，以聚集巨额的保险金，应付环境事故的赔付。建立环境责任保险制度需要规范环境损害赔偿额度的计算标准、环境污染责任保险费率的确定标准和环境污染事故后保险索赔时效三个方面的主要内容。

（4）完善环境税制。环境税以政府的名义刚性的向公司收取环境税收，并可以将单一的排污染收费转变成较为综合的税制，它可以减少环境补偿资金因交纳上人为障碍而没有保证困境，并通过环境税收杠杆保护环境，合理使用生态资源。完善环境税制工作内容应当包括对现有环境税收和环境收费制度进行整合，制定消除不利环境保护的补贴和税式支出，出台具有持续激励作用和引导采取环境友好行为的支持节能减排的税收优惠配套政策与措施，以及其他与污染控制相关的税收制度，从而实现环境税收的静态效率和动态效率。据知，在国际上，经济合作与发展组织（OECD）成员国家到2006年至少有375项环境税收和250条环境相关收费项目并且每年还一直还在稳定增加，很值得我国加以研究、借鉴和利用。

（5）实施环境财政。环境财政是国家为保护生态环境和自然资源、向社会和公众提供环境服务、保障国家生态安全所发生的政府收入与支出活动以及政府对环境相关的公共部门定价。环境资源是稀缺资源，也是公共性物品。公共物品就是指整个社会共同享有的、不具备具体明确的产权特征，消费时不具备专有性和排他性物品。许多环境物品，比如，大气质量、河流、公共土地等都是公共物品，其利用或使用不当会造成对它的损耗和浪费。公共物品的价值应由边际效益和边际费用的平衡点来确定。环境财政实施就是要协调环境与经济发展的关系，整合环境财政资源和政策资源，建立国家环境财政体系，将环境财政收入和支出以及政府定价纳入公共财政框架，以筹集环保资金，实现保障政府相关部门履行保护生态环境，提供社会公共环境服务，推动循环经济发展，提高环境保护政策的执行效果和效率的目标。同时，通过环境财政制度安排设计环境税收改革，进而推进我国税制绿化。

（6）实行统一收费制度。在此仅就污水处理举例。相关研究结果表明，水环境污染占整个环境污染的40%以上，其造成损失占环境损失的60%以上，其污染大户又主要源于化工、制药、钢铁、煤炭等制造业。不妨将政府支持的污水处理厂“事业型”改制为“公司型”，对污水处理实行市场化的统一收费制，既减少政府财政贴补的压力，又防止了环境污染的内部经济、外部不经济性，实现“谁污染，谁付费”治理。由此，必然要求排污企业的排污口必须与污水处理厂的专门管网相连接，并对污水处理公司进行废水的处理、统计和费用结算，而这种规模经济的效应要比单个企业各自进行污水处理成本要低得多。

（二）采用企业环境风险控制方法

1. 反映在技术方法设计方面

（1）风险控制的目的是在发现、评价基础之上，在行动方案效益与其实际或潜在的风险以及降低风险的代价之间寻求平衡，以选择较佳的管理方案。根据环境风险呈现的不同状态，可以选择风险避免、风险减少、风险自留、风险转嫁不同的风险规避技术，其实质是采用相应方法对风险进行管理的过程。

（2）关注环境风险信息的层级和质量，包括：数量信息和质量信息，内部信息和外部信息，显形信息和隐蔽信息，已有信息和或有信息，管理信息和会计信息，技术信息的量化和价值信息的陈述。

（3）采取恰当的环境管理控制措施，包括以下方面工作：对可能出现和已出现的风险源开展评价，并事先拟订可行的风险控制行动方案，由专家参与风险管理计划的评判和负责行动计划的执行，对潜在风险的状况及其控制方案和具体措施公之于众，风险控制人员队伍训练及应急行动方案的演习，风险管理计划实施效果的规范化核查。

（4）加强环境风险管理的基础性工作。包括：完善公司治理结构，建立有效信息产出机制，为信息披露的充分、客观和及时提供保障；倡导无污染、少污染的新型替代材料和产品功能的开发、运用和维护；推进环境绩效多维型的包括管理机制、价值观念和传统的企业文化体系建设；建立风险责任追究制度、预警系统、巡查体系、事故处理机制、培训制度和环境灾害保险制度。

2. 反映在成本管理安排方面

环境成本是环境会计信息的主要源头，也是环境管理着陆点和重点，并成为其控制的主要对象。一切环境活动无论环境经济活动还是环境管理活动都会产生相应的环境费用支付或成本支出，如用于维护环境现状或防止出现污染和破坏而发生的环境预防成本支出，在生产经营过程中对自然资源的耗费及使用或滥用的资源消耗成本支出，对已经发生的环境污染进行补偿而发生的事后补救成本支出，对闲置自然资源的补偿价值、保护费用、科研费用及有关损失，以及为了提高企业形象所进行环保活动、环保宣传及环保赞助等其他环境成本支出等。这些环境成本支出均发生在企业生产经营的相应环节，我们可以根据这些环境成本发生源，按照其人流、物流、资金流和信息流加以分析、归纳和集成，通过建立企业环境成本管网，设立成本控制中心，实施环境目标成本管理，来进行环境成本过程控制。其重点主要体现在：

（1）在研发设计阶段，做好企业行为对环境的影响评价和规划。研发设计的行为目的是从源头上合理规划出企业全过程的管理行为的环境成本，锁定生产和销售环节可能发生的成本，使企业在以后环节的环境成本管理的行为有了可以遵循的框架。在此环节，应尽可能地采用资源消耗的减量化、材料及包装的无害化、废弃物的可回收利用化的研发思路，开发和设计出使企业环境成本符合整体社会经济利益和企业经济利益均衡的产品，从而在源头上控制企业的环境成本，并合理规划企业价值链以后各环节的环境成本支出，使企业整体环境成本最小化，最终使企业环境成本管理能够发挥最大的效应。

（2）在生产制作阶段，抓好环境设备与材料采购和清洁生产。在生产环节利用环境材料进行清洁生产的模式是从资源保护、合理利用、持续利用的思路出发，充分考虑生产前、中、后的节能、降耗、减污，寻求资源和能源的废物最小化的一种先进的企业环境成本管理的模式，它将企业的目标很好地导向了可持续发展的方向。

（3）在营销服务环节，企业通过环境成本管理谋求环保效果和效益的最优化。在此环节企业应该树立绿色营销和绿色服务的观念，在整个销售服务活动过程注重产品的环境质量，强调产品本身的无害性，加强产品的环保宣传，合理估计潜在环境损害未来修复成本，并在包装、运输、交易、推销等一切营业活动中注重环保。

（三）运用环境风险评估程序

环境风险评估先后过程可概括为以下方面：

（1）环境风险资讯的了解。

（2）环境风险资料的收集与整理。

（3）辨识环境风险源，包括整体层级风险和作业层级风险两个方面。

（4）分析和判断环境风险，包括发生的概率、危害的程度、损失的大小、耗用的成本等。

（5）作出环境评价结论。

（6）提出环境保护意见。

（7）总结评价过程的工作。

环境评价的一般步骤如图 2－3 所示。

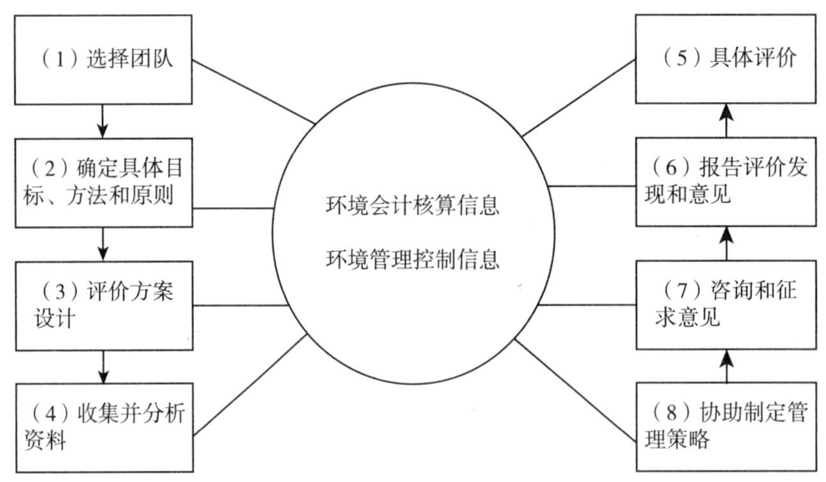

图 2－3　环境风险评价的一般过程

三、控制环境

（一）内部控制平台建设

加强环境风险管理的基础性工作。包括：完善公司治理结构，建立有效信息产出机制，为信息披露的充分、客观和及时提供保障；推进环境绩效多维型的包括管理机制、价值观念和传统的企业文化体系建设；建立风险责任追究制度、预警系统、巡查体系、事故处理机制、培训制度和环境灾害保险制度。当然，环境风险控制很大程度上会涉及对公司现有既定政策进行调整，对公司制度进行创新，对工艺流程进行再造，对财务运作方法进行改进，对环境管理系统进行开发。这种实际涉及对现有企业所有资源的整合，应当建立在环境边际效用最优状态，理性地关注成本和代价。

（二）生态文化锻造

在环境方面，传统的企业文化沿着人统治自然的方向发展，很少涉及人类对环境的破坏作用，这方面在新中国成立后工、农业经济建设和发展的相当一段时期曾有相当深刻的教训。当21世纪全球环境议题被隆重推出，自然孕育了一种新的企业文化——环境文化。这种文化应当代表人和自然关系的新价值取向，本质上是一种整体文化理念和环境思维方法，认为自然资源不能在一代人身上穷尽使用，而应当持续利用，人与自然界是一个整体，人与自然应当和谐相处。即便是现代工业文明的发展，依然在消耗大量资源，不仅使环境日益恶化，威胁人类生存，而且为争夺自然资源，也会给人类的和平带来威胁。所以，企业环境文化特别是文化价值的选择，是检验增长和发展目标是否合理的基础。为此，企业环境文化要特别强调人与环境相互关系的优化和人对自然行为的科学化。它包括环境管理的文化价值、科学精神、道德伦理、保护观念、风险意识和公众参与等方面，借以引导企业维护有关保护环境政策、法律，唤起关心社会公共利益与长远发展，履行企业社会责任，将环境风险意识和环境管理方面的要求变成企业自觉遵守的道德规范。

（三）会计人员素质提高

由于环境会计方法体系的多元化，核算对象的复杂化，尤其是在计量环节上尚未突破，环境或有负债估计难以把握，使得环境会计缺乏与实务相结合的理论支点。会计职业判断的过程可以说是一种比较、权衡和取舍的过程，无疑在一定程度上掺杂着会计人员的主观臆断。即使会计人员有着较强的专业素质，严格按准则行事，对相同的原始数据进行处理，不同的会计人员也会得出不同的结果。另外，正确而合理的职业判断是会计人员高尚的品格、正确的行为动机、有意义的价值观念和丰富的理论知识、业务知识的综合结果，而职业道德首先依靠人们的信念、习惯以及教育的力量维持存在于人们的意识和社会舆论之中，而这些只发生在法规和准则对会计人员行为限制的边缘地带。同时，职业判断的合理程度也取决于这种以道德为基础的行为自律程度，只有具备高的职业道德，在环境会计信息披露时会计人员才会站在全社会未来利益角度上出发，而不单单是企业短期利益。所以，在目前企业及会计环境道德水平还不高的情况下，技术层面的环境核算固然重要，但提高人们的环境意识、社会责任意识更重要。因此，为了有效地制约和防止利用会计职业操纵会计核算、粉饰环境报告，必须加强会计人员的培训，提高会计人员的会计职业判断能力和综合素质，保证企业的环境会计信息质量的真实可靠。

以上分析涉及的控制政策、控制方法和控制环境是相互关联、相互影响又相互制约的。

第五节 环境灾害成本内部化管理系统

一、环境灾害成本与环境灾害的应急管理

这里定义的环境灾害是指人为因素造成的灾难性、严重性的较大的损害和损失事件，而有别于自然灾害，由这种损害和损失事件而导致的显性和隐性的损害和损失的货币化价值形式就是环境灾害成本。事实上，众多环境专家、学者研究表明，现代人类不当的生产和生活行为对自然和生态的累积影响也会造成一定程度灾难性、严重性的损害和损失，这种损失和损害也应该是环境灾害成本的范畴。

中国是一个环境灾害多发的国家，每年由此造成的损失不计其数，其中大部分是人为因素造成的。据世界银行发展报告，中国20世纪90年代到21世纪前10年的经济增长中有2/3以上是资源投入和环境代价换取的，中国每年以10% ~18%左右的发展速度，与国际水平相比，中国发展成本明显高于世界平均水平25%；中国每年消耗的资源总量是世界消耗资源总量的25%，但创造的社会财富是世界财富总量的25‰。中国绿色国民经济核算研究报告表明，近20年来因环境因素造成污染损失，国内生产总值平均要作3% ~5%扣除（牛文元，2007），有些学者甚至认为应是5% ~8%。中国近20年的发展被世界银行、国际货币资金等组织的发展报告称作为是“肮脏的发展”、“带血的‘GDP’”。上述情况表明，改革开放以来，我国经济持续快速增长，但增长方式仍然粗放，重发展轻环保，严重违背了自然规律，出现了“燃烧资源、生产GDP、产生废物、排放污染”、“不同程度地牺牲环境质量和环境福利，换取经济增长，以满足群众的基本物质需求”的现象（王金南，2006），由经济发展带来的环境污染越来越严重，环境灾害事件频发，经济发展已受到资源有限、环境污染等因素的制约。

环境问题包括环境灾害问题，从本质上说还是经济问题，用经济手段解决环境问题无疑是最重要也是最有效地途径。为此，环境应急管理首先和必要的是对环境灾害管理，从会计手段上来说，构建环境灾害成本内部化管理系统。

二、环境灾害成本内部化理论系统

（一）环境灾害及其特性需要进行环境风险管理

环境灾害是由于人类活动影响，并通过自然环境作为媒体，反作用于人类的灾害事件。这种灾害不限于各种自然现象，同时包括那些被打上人类活动烙印的类似事件以及有损于人类自身利益的社会现象；它也不同于一般环境污染现象，在某种程度上具有突发性，而且在强度与所造成的经济损失方面远远超过一般环境污染，对人类身心健康与社会安定的影响不亚于自然灾害。另外，环境灾害不同于自然灾害，是因为它不仅具有灾害的共性，还具有特性，在于它的发生不仅取决于自然条件，在很大程度上更是人为因素造成的。环境灾害具有的被动诱发性、群聚性、突发性与影响的持续性、多样性和差异性、可控性与不可完全避免性，表明了这种灾害存有较大风险，需要我们从探索环境灾害的发生、发展与演变的客观规律出发，研究其成因机理与致灾过程，并据此确定科学有效的防灾、减灾和抗灾对策，建立和应用包括价值手段在内的规避、防范和控制环境风险机制，最终将达到减轻环境灾害所造成的损失、造福人类的目的。

（二）环境灾害外部成本的内部化需要进行环境灾害成本核算

环境灾害成本会计与环境成本会计不完全是同一个概念。一般环境问题不一定使客体带来灾害性的损失或伤害，并且其损失和伤害在程度上也有区别，但两者共性之处多于异性之处，可以不加以严格区别更有利于讨论深入。

环境灾害势必导致救灾费用、治灾费用或防灾费用的支付，这种对象化的或称为“特定环境项目费用”支付的目的是本着对环境负责的原则，因企业管理活动对环境造成影响而采取相应措施，以及因企业执行环境目标和要求所付出的其他代价。通过灾害成本的会计核算，最终实现以保护环境为目的环境成本的内部化，以刺激企业为了追求利润最大化而努力约束自己的污染物产生与排放行为，控制环境灾害损失，降低环境成本。可见，环境灾害成本的预防性、补偿性、治理性、约束性作用十分明显，其实物量和价值量的计量属性又为环境灾害成本核算和成本分析提供了前提条件。另一方面，绿色 GDP 是价值量核算，需要从微观层面的各实体环境成本会计启动，循具体路径和方法，有根有据，循序渐进，水到渠成，汇总为绿色 GDP 总量。“宏观层面的社会成本内部化，也需要微观层面的企业环境成本会计支持”（王立彦，2006）。

（三）管理决策和控制需要环境灾害成本信息以帮助管理者改善其环境行为

提供环境灾害成本信息是环境灾害成本会计的目的，通过灾害成本核算，将使企业得以发现不良环境行为导致的成本远高于其当前会计处理所揭示的金额；环境成本核算系统中反映的企业大量的资源耗用事实，并进而激发其改善其环境行为，并采取友好行动。企业通过实施环境管理，使用清洁生产技术，提高资源的回收利用率，减少排废、排污等以降低环境成本，提升企业价值，并进而提高其应对未来环境灾害风险的能力，同时也在行业内树立其绿色形象，提升其竞争力，从而使外部信息使用者了解企业环境业绩并确信社会责任的切实履行。

总之，环境风险管理、环境成本内部化和环境管理决策与控制，是环境灾害成本核算的理论依据，从而构成环境灾害成本核算的基础性理论体系，并通过环境灾害成本核算，以实践和验证环境灾害成本核算具体方法与步骤，补充、完善丰富和发展这一理论系统的框架。

三、环境灾害成本核算方法系统

（一）环境灾害成本的归集与分配

就企业内部环境成本而言，合理地将各种环境灾害成本归集并分配给各种产品（或产品组合），对于企业的环境业绩的优化来说十分关键。一个企业的内部环境成本事实上就是一般费用，可以作为一般费用中的制造费用，以产品产量为基础进行分配。众所周知，制造费用是一种直接费用，可以直接计入生产成本，但由于企业的生产与消费并不是同一过程，期初或期末存在着在成品、产成品和已销存货的问题，存在着生产费用在销售成本与产成品之间、完工产品成本与在产品成本之间的分配问题，其成本核算较为复杂。如果简单地以企业产品产量为基础在各生产车间之间进行分配，其结果将是污染轻的车间可能分配到超过与其实际排污量相适应水平的环境成本，而污染重的车间可能分配到低于其实际排污量相适应水平的环境成本，即发生环境影响的不同车间之间在环境成本方面的交叉补贴，其结果会使决策者无法获得环境灾害成本的真实信息，不利于作出符合获得最佳效益的生产经营决策。针对这种实际可能发生的情况，通常可以采用作业成本法对企业的产品成本进行计算，将产生环境灾害影响的作业专门设立各排放点源作业成本库（程隆云，2005），同时确定成本动因，对属于环境作业成本分别在各作业成本库之间进行分配，以此实现内部环境成本在各车间的合理分配。

在对环境灾害成本进行核算时，可以基于环境灾害成本的属性划分如下内容，并通过设置“环境成本——环境灾害成本”总账科目按照各作业成本库设置明细进行核算，同时设置相应的成本项目。其形式如“环境成本——环境灾害成本——A 作业成本库——资源耗减成本——材料费”等等。其主要项目有自然降级成本、资源维护成本、环境保护成本（监测、管理、治理、修复、补偿、损害等）。最终归集到“环境灾害成本”账户的总额，就是企业负担对受害方补偿、赔偿数额或是自身灾害的损失金额。这样，企业应环境灾害发生一切费用通过财务会计系统就一目了然。当然，也可以按照环境财务会计账户体系将“环境灾害成本”作为明细在个各二级科目下进行核算，不过它提供的环境灾害损失、成本和管理费用比较分散。所以，一般而言，灾害相对于损害更为严重，为了体现重要性原则，基于对环境灾害成本的全面管理和控制，设置一级或二级账户“环境灾害成本”用以归集和分配环境灾害成本费用更适当。

（二）环境灾害费用的资本化和收益化

1. 费用的资本化会计确认

环境灾害成本应在其首次得以识别时加以确认。解决与环境灾害成本有关的会计问题，其关键在于：成本是在一个还是几个期间确认，是资本化还是计入损益。如果环境灾害成本直接或间接地与将通过以下方式流入企业的经济利益有关，则应当将其资本化：第一，能提高企业所拥有的其他资产的能力，改进其安全性或提高其效率；第二，能减少或防止今后经营活动造成的环境污染；第三，起到环境保护作用（一般是事前实施的并具有预防性）。此外，对于安全或环境因素发生的成本以及减少或防止潜在污染而发生的成本也应予以资本化。

环境债成本的财务处理，可参见上册《环境财务会计》相关章节内容。如下将“环境灾害成本”视同环境成本的独立项目进行费用的归集与分配。

账务处理：

（1）将上述企业为实施环境预防和治理而购置或建造固定资产的支出作为资本性支出。

借：环境资产——环境固定资产

　　贷：环境在建工程——环保工程物资

　　贷：银行存款

每期计提折旧时：

借：环境成本——环境灾害成本——污染治理成本

　　　　　　　　　　　　　　——环境补救成本

　　贷：环境资产累计折旧折耗

（2）将其他环境预防、治理费用和环境破坏需要资本化的赔付费用，作为递延费用。

借：环境递延资产——环境灾害损失

　　贷：银行存款

　　贷：应付资源补偿费

每期费用摊销时：

借：环境成本——环境灾害成本——资源降级成本

　　　　　　　　　　　　　　——资源维护成本

　　　　　　　　　　　　　　——环境保护成本——环境治理成本

　　　　　　　　　　　　　　——环境支援成本——环境补偿成本

贷：环境递延资产——环境灾害损失

2. 费用的收益化会计确认

许多环境灾害成本并不会在未来给企业带来经济利益，因而不能将其资本化，而应作为费用计入损益。这些成本包括废物处理、与本期经营活动有关的清理成本、清除前期活动引起的损害、持续的环境管理以及环境审计成本、因不遵守环境法规而导致的罚款以及因环境损害而给予第三方赔偿等。

账务处理：

（1）直接发生的环境灾害成本直接记入成本、费用项目。

当费用发生时：

借：环境成本——环境灾害成本——污染治理成本

——环境修复成本

——环境补偿成本

——环境管理成本

环境管理间接费用——环境灾害费用

贷：银行存款

（2）估计发生的环境灾害成本在将来很可能发生支付的费用并能够被合理可靠地计量时，计入预计负债项目。

借：环境成本——环境灾害成本——环境赔偿成本

贷：预计环境负债——环境灾害损失——灾害损失赔偿

（三）或有环境负债是环境灾害成本管理重点

或有环境负债或称潜在的环境负债是指过去和现在的环境行为按现行的行为规范无须企业承担任何责任，然而未来可能会为之承担的责任。例如，按照现行的环境保护法规，企业的废弃物排放等指标均已经符合国家标准，但是随着环境保护标准的进一步严厉或者环境保护法规的修改，企业现行的各种生产指标可能不再符合不关环保法规的规定，由此可能会受到罚款、诉讼等，这些均构成企业的或有环境负债。

环境灾害成本是由于环境灾害的发生而使企业所致的经济耗费和损失，而环境灾害的发生具有突发性和不确定性，因此，环境灾害会计成本一般都被列为环境会计的或有成本，或称之为或有负债或或有费用。比如，事故发生后导致的污染物质的排放，对此进行污染治理和补偿的费用，违反法规所缴纳的罚款或排污费，以及预料外的将来费用等都属于此类。环境灾害成本计入的或有成本当然还包括其他的方面，如未来依法律必须追溯支付的费用、未来可能必须支付的罚款、未来的排放控制费用、未来补救费用、设备损坏维修成本、人员伤害补偿费用、法律费用、自然资源破坏、其他经济损失等。

（四）环境灾害成本信息的披露

1. 环境成本信息披露

主要是企业发生的经常性环保支出，包括按企业实际排放的污染废弃物的数量和浓度征收的排污费，厂区环境绿化及维护费，专业环保机构经费，废弃物处理费，矿产资源补偿费，土地损失赔偿费摊销，污染治理费，环境恢复费或预提环境恢复费，环保设施折旧费，绿色产品和环境保护认证费，计提环保设备减值准备，资源及环境税、城市建设维护税，维持环保设施运行的物料费等。

2. 环境负债信息披露

环境负债信息包括：每一类重大负债项目的性质、清偿时间和条件；或有环境负债，当负债的金额或偿还时间很难确定时，应对其加以说明；任何与已确认环境负债计量有关的重大不确定性及可能后果的范围，宜采用重置价值作为计量的基础，应披露对估计未来现金流出和确认环境负债起关键作用的所有假定，包括清偿负债的现实经济利益流出的估计金额、计算负债所使用的预计长期物价上涨指数、预计清偿负债的未来经济利益的流出等。

3. 环境灾害成本会计政策的披露

环境灾害成本会计政策包括：企业可能将法律规定的标准作为既定政策，企业管理部门应作出负担有关环境成本的承诺。如果日后确实发生了不能履行承诺的情况，企业应在财务报表附注中披露这一事实和原因。在企业根本无法全部或部分地估计环境负债的金额时，企业应在财务报表附注中披露无法作出估计的理由，并在财务报表附注中披露由于存在不确定因素而难以估计环境负债的事实。还应披露政府对企业采取环境保护措施给予的鼓励，如拨款和税收减免、贷款优惠等。

四、环境灾害成本核算支撑系统

（一）遵循并能够执行的环境会计准则的制定

环境成本会计是建立在批判现行财务会计理论的基础之上的，尽管尚不成熟，但因为其涉及的是一个关系到人类社会生存发展的重大课题，所以日益受到会计理论界的重视，而要真正落实到会计实务中，还需要一整套完备的理论支持，并成为可操作的会计规则和方法。从发达国家和地区目前的实际情况看，资源环境项目的会计核算内容还很有限，数据信息只能出现在管理报告中，还没有出现在正式的财务报表和报表附注中，环境披露也是盲点，最主要的原因就在于缺少可执行的会计规则。因此，制定环境成本会计具体准则是必要的，也是紧迫的。

（二）宏观层面的绿色 GDP 政策的推动和挤压

资源环境问题的严重性在于社会整体，而不在于某个社会个体。事实上，就会计工作而言，环境成本会计实践，对每一个企业来说都无直接和现实益处，只会是新增加的负担，因而推进环境成本会计核算在微观单位内部缺乏原动力。离开来自社会的、公众的、道义的、政府的压力和推动力，环境成本会计核算不可能像其他经济核算项目那样，首先在每一个社会个体基于内在需要而展开，然后上升为社会化的共同会计范畴。也就是说，尽管环境会计能够在理论上和专业中建立起来，但环境成本会计要想落实到经济核算实践中，一定需要由宏观推向微观。尽管我们不否认微观的，即单位或企业的环境成本核算对个体可持续性的直接关联和对宏观环境会计核算直接影响。

（三）“货币”和“价格”这两个市场经济要素界定

成本的确定和价值核算都离不开“货币”和“价格”这两个市场经济要素（王立彦，

2006）。为此，环境灾害成本核算和研究的重点应该首先考虑将环境因素引入到企业会计体系的框架中，规范环境成本项目的确认、计量、计价及计算方法，并通过一定的报告系统，将财务的和非财务的、对内的和对外的环境成本信息加以揭示。其中，环境要素的计量标准及环境成本会计资料在资源、环境要素中的定价处于重要地位，而信息的揭示至少是不会导致社会对企业产生重大误解的重要的环境成本会计信息。

（四）环境灾害成本核算与会计职业判断能力要求

由于环境会计方法体系的多元化，核算对象的复杂化，尤其是在计量环节上尚未突破，环境或有负债估计难以把握，使得当前环境会计缺乏与实务相结合的理论支点。会计职业判断的过程可以说是一种比较、权衡和取舍的过程，无疑在一定程度上掺杂着会计人员的主观臆断。即使会计人员有着较强的专业素质，严格按准则行事，对相同的原始资料进行处理，不同的会计人员也会得出不同的结果。因此，为了有效地制约和防止利用会计职业判断操纵会计核算、粉饰环境成本报表，必须加强会计人员的培训，提高会计人员的综合素质，保证企业的环境会计信息质量的真实可靠。

（五）环境成本核算的道德约束和环境意识提升

正因为我国目前还没有环境灾害成本核算的架构，即便一场环境灾害后都有某些部门或媒体及时披露其损害价值大小，人们还是认为那也只是非会计核算出来的带有人为倾向性和极大模糊性的估算，至少是在诸如因自然灾害对公众产生影响方面的情况下是这样。只有当环境污染直接侵害个人利益时，才有较多的人愿意采取行动，维护自己合法权益。另外，正确而合理的职业判断是会计人员高尚的品格、正确的行为动机、有意义的价值观念和丰富的理论知识、业务知识的综合结果，而职业道德首先依靠人们的信念、习惯以及教育的力量维持，存在于人们的意识和社会舆论之中，它只发生在法规和准则对会计人员行为限制的边缘地带。同时，职业判断的合理程度也取决于这种以道德为基础的行为自律程度，只有具备较高的职业道德，在环境会计信息披露时会计人员才会站在全社会未来利益的角度，而不单单是企业短期利益。所以，在目前企业及其会计环境道德水平还比较低的情况下，技术层面的环境灾害成本核算时固然重要，但提高人们的环境意识、社会责任意识更为重要。要使人们尤其是地方政府官员清楚地认识到，GDP 的上升是政绩，而实现绿色 GDP 的发展、并保护绿水青山同样是政绩，而且是全面落实科学发展观的政绩。

（六）环境会计启动和实施政府各部门间的协调和一致行动

环境成本核算的宗旨是在降低成本的基础上将外部成本内部化，实现保护生态环境的目的，而不是为成本计算而核算环境成本。要实现成本降低，就要求与环境成本相关联的社会各界及管理部门一定要与环境会计、审计工作密切地配合，在事前控制和事后控制方面都要发挥作用。比如，环境保护部门应当制定严格的、可以实际操作的对污染环境行为的惩处条款，使环境会计、审计工作有据可依；财政税收部门要有完善的对违反环保法规的罚款、加收税金等的规定，并要求会计人员严肃认真地记录，审计出具客观、公正的审计意见；银行等金融机构在发放贷款时，将企业、单位的环境保护会计记录及其审计结果作为必要的审核程序，加强金融控制和企业对环境保护的意识。

五、环境灾害成本内在化管理路径

（一）微观环境会计核算与宏观绿色 GDP 核算：环境成本是关键

与经济发展相联系的资源环境的核算研究，分为宏观和微观两个层面。由此，按照会计核算的对象特点和核算范围，通常将环境会计划分为宏观环境和微观环境核算。

在宏观层面，体现为建立环境核算指标体系，集中体现在联合国“国民经济账户体系 SNA”上，以及与之相应的统计方法的发展，并最后集中体现为“绿色 GDP”。核算绿色 GDP，就是要既能看到 GDP 增长数据，又能看到这一数据背后的资源与环境成本。

在微观核算领域，联合国国际会计和报告标准政府间专家工作组对跨国公司环境报告进行了多年的考察。从 20 世纪 90 年代起，环境成本会计问题就成为其每届会议的主要议题之一。在每一个社会单位，环境成本会计又分别融入财务会计和管理会计两个分支。在企业的业绩报告中既能看到财务指标，又能看到环境业绩指标。这其中，环境成本是核心和焦点。绿色 GDP 是价值量核算，需要从微观层面的环境成本会计启动，循具体路径和方法，汇总为绿色 GDP 总量。

（二）环境成本内在化路径的选择

当今企业经营活动中污染物排放过量，所造成的经济损失成为社会大众的共同成本或政府的负担，即所谓的外在化环境成本或社会环境成本。如果能够有效地将外部环境成本由社会负担转为企业的成本，即实现外部成本的内部化，就能够刺激企业为了追求利润最大化而努力约束自己的污染物产生与排放行为，降低环境成本。另一方面，由于环境成本的内部化，使得其生产过程中造成污染的各种产品的生产成本相对于其他产品的生产成本增高了，从而降低其相对于其他产品的市场竞争力。对此，政策制定者也必须考虑。

1. 内在化外部环境成本的行为主体是企业

要想使企业承担环境责任，可行的路径只有两条：

（1）对企业进行有关的知识传播与社会道德的启迪，使其在自觉自愿的基础上，主动承担其约束规范自身造成环境影响的行为的责任。目前在主要发达国家，很多企业尝试实施社会责任会计。然而并非所有国家、所有企业对于社会责任的承担都具有高度自觉性。在广大发展中国家的企业，往往有意逃避所应承担的各种社会责任（包括环境保护责任）。现阶段在我国，教育宣传的手段难以成为规范企业环境行为的主要手段。

（2）以法律、法规、行政规章制度等强制性的行为规范，对企业的环境行为进行规范。包括我国在内的世界各国都从各自的实际出发制定了各种相应法规体系。这样做的确较前一种做法更能收到立竿见影的效果。为执行这种强制性的环境行为规范，企业纷纷建立起各种环境管理系统。而这种环境管理系统必不可少的子系统之一就是环境信息系统。环境管理系统的正常有效运行，需要有足够的有关信息作为其信息输入，而这些信息中最重要的当属环境成本与环境收益（可视为负的或节约的环境成本），即以专门的会计方法加以确认并加以货币计量的环境信息。只有这样的信息才可以被纳入现行的企业会计信息系统中，使企业了解其经营中由于低效使用资源、排污排废等带来的巨额环境成本对其利润的负面影响，并促使企业重视改变环境行为，并采取措施控制这部分成本。推广环境成本核算，最终能够影响到企业（对内和对外的）会计信息报告与披露，即实现了将企业生产经营活动所形成的环境影响内部化，作为企业的经营成果和财务成果。

2. 内部环境管理会计要先行

现行各国的会计核算规范都难以解决环境成本信息问题，原因在于它们与环境成本的形成及其影响的形成及其表现形式等不能够充分匹配的缘故。由于在财务报告体系中推广成本会计，存在着种种理论和现实的障碍，因此，各国将推广环境成本核算的突破点放在内部会计上，以促进企业在经营决策和控制中考虑经营行为带来的环境影响和环境成本问题。环境管理会计通过确认、收集、计量、分析和报告实物流动（如水、能源、材料等）信息、环境成本信息和其他货币信息，为组织管理者提供环境决策和其他决策的相关信息。各国开展环境成本会计研究，以及制定的环境管理会计或环境成本会计指南，都是指管理会计（内部会计）这一层面，因此，都不是由其外部的会计准则制定机构来颁布的，而是由环境管理部门为了促进企业重视环境保护、重视控制污染保护环境削减环境成本而帮助企业制定的，以促成有关环境保护措施的落实。也有的是通过管理会计协会（即内部会计协会）等制定的。这类准则的制定，不会影响对外财务报告的收益确认和国家税收。

（三）环境成本内在化核算注意事项

1. 综合素质的专业核算队伍的组成

成本核算本身就是一种带有综合性和技术性的管理工作，何况环境成本核算。为此，环境成本内部化更具有较高的综合性、专业性和实践性，因此需要组成有多种专业背景的学者、企业管理人员以及管理部门官员参加的综合性队伍，进行成本的核算和实验准备工作。

2. 主动借鉴发达国家的经验

由于我国环境成本会计制度的确立属于探索性课题，原有的基础十分薄弱。所以在尝试环境成本内部化核算前，应对有关的专业问题进行必要的研讨，这些问题包括：美国、日本、欧洲、联合国等国家及国际组织既有的环境成本会计系统，如何借鉴并在此基础上整合成适合我国环境成本会计的试行规范；在我国企业中建立怎样的环境成本会计制度；环境成本会计如何与现行的会计体系相结合（或配合），对外披露的形式应是怎样的，以及对披露和报告信息的审计鉴证；环境成本会计的要素应包括哪些项目、环境成本与环境受益的概念定义及确认计量的方法。

3. 多层面选点实证分析和试点

在理论研讨、理清问题和建立分析逻辑的基础上，选择试点建立环境成本会计制度的试点单位。选择包括：(1) 区域选择。为了获得较好的效果，选择的试点单位应当具有较好的代表性，如我国可在东、中、西部选点，以东部为主。中西部地区也可以选择，但不应过多，因为中西部地区经济发展较为落后，目前所面临的首要任务是发展经济、增加 GDP，到这些地区的企业中试行环境成本会计制度，在短期内无法给企业带来收益，给政府增加税源，反而会起到相反对作用，容易引起不必要的抵触、抵制或消极应付。(2) 行业选择。由于产生环境影响最重大的企业是制造业企业。因此，主要选择制造业企业进行试点推广对于取得较高的效率是有益的，建议大部分试点（65% ~85%或更高些）应为制造业企业。其他的企业应为采掘业、能源工业或交通运输业企业。商业、服务业由于所产生的环境影响较小，可不包括在试点内（但也有例外，如酒店也是用水大户，所以在严重缺水地区，也可以选择个别酒店业企业作为试点)。(3) 企业的选择。确定了进行试点的行业后，在各行业中如何选择作为试点的企业也十分重要。为了能够充分调动所涉及的企业的自觉参与积极性，除进行必要的宣传、教育、解释工作之外，应主要选择环保成效显著的企业进行作为试点。其结果可以彰显其环境保护工作的成就，提高其知名度，从而有利于提供其市场竞争力。(4) 企业规模的选择。初次尝试，缺乏经验。故应首先选择中小规模、工艺流程比较简单、产品品种比较单一、投入产出要素种类较少的企业，以便能够把握。这样做并不意味着完全排除大型企业，但大型企业的比重不应过高。

【例2-1】

工业“三废”治理成本的计算方法

工业环境成本包括资源耗减成本、环境降级成本、环境治理成本、环境保护成本。其中环境治理主要是对“三废”的治理，其成本可以通过污染治理成本法加以核算。根据於方、曹东、姜洪强等《中国环境经济核算技术指南》(北京：中国环境科学出版社，2009)，污染治理成本法核算的环境成本包括两部分，一是环境污染实际治理成本，二是环境污染虚拟治理成本。污染实际治理成本是指目前已经发生的治理成本。虚拟治理成本是指目前排放到环境中的污染物按照现行的治理技术和水平全部治理所需要的支出。

1. 废水治理成本

废水的实际治理成本可从《环境统计年鉴》中查到。废水虚拟治理成本按如下公式计算：

$$废水虚拟治理成本 = \sum 污染物排放量 \times 污染物虚拟治理成本$$

现选取重金属、氰化物、COD、石油类、氨氮类这五种年鉴中披露的污染物。各工业废水中污染物的虚拟单位治理成本采用《指南》中研究数据。

2. 废气治理成本

废气的实际治理成本也可从《环境统计年鉴》中查到。废气虚拟治理成本按如下公式计算：

$$废气虚拟治理成本 = \sum 污染物排放量 \times 单位治理成本$$

现在选取SO_2、烟尘、粉尘和NOx这四种年鉴中披露的污染物。根据於方等人(2009)调查结果SO_2平均单位治理成本为745元/吨，烟尘为120元/吨，粉尘为147.5元/吨，NOx为3 030元/吨。

3. 固体废弃物治理成本

工业固体废弃物可分为一般固体废弃物和危险固体废弃物两种类型，其治理成本包括实际治理成本和虚拟治理成本。为便于计算，采用《中国环境经济核算技术指南》成本划分标准，再将固体废弃物治理成本分为处置治理成本和贮存治理成本。由于实际治理成本未像废气、废水一样在年鉴中披露，为此可用以下公式进行计算：

$$\begin{aligned}工业固体废物实际治理成本 &= 处置废物实际治理成本 + 贮存废物实际治理成本\\ &= 处置量 \times 处置单位治理成本 + 贮存量 \times 贮存单位治理成本\end{aligned}$$

工业固体废物虚拟治理成本 = 处置贮存废物的虚拟治理成本
+ 处置排放废物的虚拟治理成本
= 贮存量 ×（处置单位治理成本 - 贮存单位治理成本）
+ 排放量 × 处置单位治理成本

根据《指南》提供的数据：处置一般固废为 22 元/吨，处置危险废物为 1 500 元/吨，贮存一般固废为 4.5 元/吨，贮存危险废物为 15 元/吨。据此，现计算出的工业污染物治理成本，见表 2 - 1。

表 2 - 1 **工业“三废”治理成本** 单位：亿元

项　目		2008 年	2009 年	2010 年	2011 年	2012 年
废水	实际治理成本	452.90	478.49	545.35	732.15	667.70
	虚拟治理成本	802.83	705.13	728.44	740.28	752.14
	合计	1 255.73	1 183.62	1 273.79	1 472.43	1 419.84
废气	实际治理成本	773.39	873.67	1 054.52	1 579.50	1 452.30
	虚拟治理成本	689.14	678.09	676.86	688.24	864.62
	合计	1 462.52	1 551.76	1 731.38	2 267.74	2 316.92
固体废物	实际治理成本	167.31	170.85	203.76	300.68	286.82
	虚拟治理成本	36.97	35.32	39.67	103.66	103.19
	合计	204.28	206.17	243.43	404.34	390.01
总　计		2 922.54	2 941.55	3 248.59	4 144.51	4 126.77

注：因中国环境统计年鉴中未公布 2007 ~ 2010 年一般工业固废贮存量，但从相关资料中获知危险废物相对一般工业固废的贮存量来说很小，故本书采用工业固废贮存量来替代一般工业固废贮存量。

数据来源：根据 2009 ~ 2013《中国环境统计年鉴》计算所得。

——摘自：袁广达，朱雅雯，徐巍娜．中国工业环境成本核算研究 [J]．财务会计导刊，2015（4）

本章小结

环境会计信息及其信息管制政策为环境风险评价提供基础性数据和标准，也为环境风险控制提供了前提条件。微观层面预防性环境风险评价方法需要经过识别风险、风险判断、风险评价进行讨论三个阶段。环境风险控制就是指与环境资源会计信息相关联，为达到环境风险预防和避免而采取和实施的系统的控制政策、控制方法和控制程序，是贯穿始终的制度安排和控制手段、技术、方法的统一。

环境风险管理、环境成本内部化和环境管理决策与控制，是环境灾害成本核算的理论依据，从而构成环境灾害成本核算的基础性理论体系，并通过环境灾害成本核算，以实践和验证环境灾害成本核算具体方法与步骤，补充、完善丰富和发展这一理论系统的框架。

环境灾害成本核算方法系统主要包括内部环境成本的归集与分配、环境成本确认与计量、环境灾害成本核算内容、环境灾害费用的资本化和收益化、或有环境负债的处理以及环境灾害成本信息的披露。

本章练习

一、名词解释

1. 环境风险　2. 环境风险管理　3. 环境会计信息　4. 环境风险控制
5. 帕累托效率　6. 环境管理信息率　7. 环境标准公允　8. 环境信息公允
9. 道德投资　10. 生态文化　11. 生态效益　12. 环境灾害成本
13. 或有环境负债　14. 公共物品

二、简答题

1. 为什么说环境风险管理就是对环境成本管理?
2. 如何认识和理解环境风险管理与会计信息系统之间的密切关系?
3. 环境风险评价的一般步骤是什么? 企业环境风险控制方法有哪些?
4. 简述会计系统环境风险控制的“三要素”。
5. 说说环境灾害成本内部化管理的系统框架，并进行适当的描述。
6. 环境灾害成本核算系统包括哪些主要内容? 其成本核算需要哪些支撑系统?
7. 怎样实现环境灾害成本内在化?

三、计算题

某企业生产 A、B 两种产品，需要经过三个生产步骤连续作业加工最终形成产成品，加工过程每经过一个生产步骤都要排放废弃物，这些废弃物都要通过管道送入一个焚化炉集中焚烧处理。假如焚烧工程中废弃物直接处理费为 1 600 元，焚烧工程行政管理人员工资等费用为 9 000 元。其投入产出资料如下：

		第一步骤	第二步骤	第三步骤
一次性原料投入（千克）		1 000		
总加工量（千克）		1 000	900	850
产出（千克）	废弃物	200	100	50
	半成品和产成品	800	800	800

要求：按照作业成本对该焚烧工程发生的直接费用和管理费用进行分配填列下列成本计算表

	第 1 步骤	第二步骤	第三步骤	合计
加工的原料量（千克）	1 000	900	800	2 750
原料比重（%）				100
各步骤分配的管理费用（元）				9 000
废弃物量（千克）	200	100	50	350
废弃物比占原料比重（%）				100
废弃物负担的管理费用（元）				
直接处理费用（元）				1 600
废弃物总成本（元）				

四、阅读分析与讨论

宝钢在环境成本控制过程中相关措施

宝钢在环境成本控制方面的做法可以概括为全过程的控制，首先是在产品生产之前对于产品原料所采用的绿色采购方式，其次是对于在产品生产过程中通过技术改良和设备升级将污染物排放和环境成本降到最低，最后就是对于废弃物的回收利用。

1. 绿色采购和长效采购供应链的构建

所谓绿色采购是指通过相关采购政策的制定，并且在政策制定的过程中把资源的节约等相关理念融入采购的全过程中的一种采购方式。而绿色采购对于企业进行环境成本控制也是非常必要的，以宝钢所处在的钢铁行业进行分析：钢铁企业进行日常生产必须要使用大量煤炭，而作为原料的煤炭在工业生产过程中会产生大量的二氧化硫、二氧化碳、粉煤灰、煤矸石等废弃物，也会给环境带来很大的影响。而企业在采用绿色采购之后就会进行适度的转变，就拿煤炭的采购来说，企业在采购时可以采购品级较高的煤炭以此来减少对于环境的污染和环境成本投入。不仅如此，宝钢对于供应商实施环境管理体系认证资格，新供应商的进入必须要通过该体系的认证。宝钢通过这样的硬杠杠能够有效地约束供应商所提供原料的质量并以此来达到控制环境成本的目的。

绿色产业链通俗意义上说就是在整个产业链的全过程中都要将环境效益和经济效益做到最大程度上的统一。从宝钢所披露的可持续发展报告的内容来看，宝钢将原材料的采购、产品生产、产品销售、废品回收利用等各个方面都做得很完善。2013 年公司总部资材备件废旧回收总数量 14. 5 万吨，其中锌渣、锡泥 6 283吨、废油 547 吨，回收金额 14 486 万元。在废旧物资循环利用方面，推进轧辊集团内循环利用，废旧冷轧辊（含硅钢辊）由常州轧辊厂进行循环利用，部分热轧辊由南通轧辊厂循环利用。特别是冷轧辊在实现了专业厂回收利用后，回收量与销售金额都有了较大的提高，回收量与金额分别是去年的 2. 3 倍和 2. 7 倍。

2. 研发技术的改进

在当前技术因素愈发凸显其重要性的情况下，不进行技术研发和投入必将被社会所淘汰。宝钢全年研发（R&D）投入率 1. 92%，新产品销售率 20. 32%，新试产品 Best 比例 30. 6%；专利申请量 1093 件，其中发明专利比例 55. %；国际专利申请 31 件。进行这样大量的研发投入，可以在一定程度上减少企业对于原燃料的需求量进而减少污染物的排放。不仅如此，宝钢在环保设备的改进和建设方面也进行了大量的投入，2013 年宝钢通过各种技术手段工实现技术节能量 10. 8 万吨标煤。2013 年，公司实施 67 项环保项目，其中，55 项为环保技改项目，12 项为维修工程项目。公司重点实施了一炼钢渣处理综合改造、电厂 1 号机组 SCR 烟气脱硝项目、料场洒水系统整治改造（第二批）等重点环保项目；实施废水深度处理与综合利用技术、大气污染特征与综合防治、水处理泥饼综合利用等科研项目。这样的投入不仅能够减少钢铁生产过程中产生产生的各种废弃物，同时也能够提高所生产产品的质量。

3. 内部环保教育和外部多方合作

宝钢在进行环境成本控制的过程中将企业员工放在一个很重要的位置上，企业员工在得到完善的技术培训的同时还能够有机会参与到企业厂区的环保绿化活动当中来，从思想上提高了企业员工的环保意识。宝钢 2013 年围绕能源环保管理体系能力提升、清洁生产与节能减排项目实施、碳管理与碳减排技术准备、环境经营与社会责任和能源环保队伍建设等五方面开展各类培训。除此之外，在进行企业环境成本控制的研究过程当中，宝钢通过多方的合作发挥着自己在专业领域内的作用。这样的合作不仅仅体现在与环保部联合制定行业标准以及与国际钢协等的合作上，更体现在宝钢与下游企业以及中小企业的合作上。宝钢积极参与国际组织的峰会能够及时地将国际最新的行业动态和技术带到国内以促进国内行业的发展，让国内对于环境成本控制的研究能够更加深入地推进。而宝钢与中小企业的合作能够在一定程度上让中小企业意识到进行环境保护投入的重要意义，最终能让整个行业都加入到这样的行动当中来。

讨论要点：

（1）根据你的理解，宝钢的环境成本控制措施是基于那些环境风险考虑？

（2）宝钢的环境成本控制措施有哪些特点？取得了哪些成效？

（3）为什么说成本控制是一个系统工程？在实际工作中，要遵循哪些原则？

第三章　环境绩效管理

【学习目的与要求】

1. 理解环境绩效的定义，了解环境绩效指标的设置依据。

2. 理解环境绩效的内容及其基本分类。

3. 了解国内外环境指标体系的发展进程，总结经验教训。熟悉构建能够反映企业生态文明建设能力的财务评价指标体系。

4. 掌握不同环境绩效指标评价的方法，并理解各个方法的使用步骤、适用范围和优缺点。

5. 理解环境财务报告和环境质量报告的异同，了解环境绩效报告的编制方法。

第一节　环境绩效定义与指标设置

一、会计视角的环境绩效定义

企业对环境绩效进行评价，有利于激励企业把环境保护纳入企业核心运营和战略管理体系中，以明确今后改进的方向，实施环境管理的技术创新和管理创新，减少环境污染和环境破坏，促进企业获得更多的环境效益，实现企业、社会、经济、生态的可持续发展。因此，研究建立科学客观的环境绩效评价体系，具有重要的理论意义和实际应用价值。

绩效是一个比较宽泛的概念，包括“行为和结果”（陈浩，2005）。我国学术界对绩效的定义尚没有统一，欧美国家对绩效的理解主要有三种观点。

第一种观点认为绩效是行为。坎普本（Campben，1993）认为，绩效是行为的同义词，应该与结果区分开。因为结果会受系统因素的影响，它是人们实际的行为表现并能被观察到的。就定义而言，它只包括与组织目标有关的行动或行为。

第二种观点认为绩效是结果。伯纳丁（Bernadin）等指出，绩效应该定义为工作的结果，因为这些工作结果与组织的战略目标、顾客满意度及所投资金的关系最为密切。

第三种观点认为绩效包括行为和结果两个方面，行为是达到绩效结果的条件之一。布卢姆布里奇（Brumbrach，1988）认为“绩效指行为和结果”，行为是结果的工具，行为本身也是结果，是为完成工作任务所付出的脑力和体力的结果。这种观点将绩效视为能够从结果和行为、过程两个方面来全面衡量，而且行为和结果在某种程度上说是互为因果的，因而此观点更符合绩效评价的要求。

会计角度所说的环境绩效是从外部信息使用者角度而言的。管理是行为过程，财务则是表现形式和结果。因此，会计视角的环境绩效是指企业应用创新的知识和绿色生产技术、绿色工艺，采用绿色生产方式和经营管理模式，开发生产新的绿色产品，以减少企业生产活动对生态环境的不利影响，进而取得相应的经济和社会效益。

二、环境绩效评价指标设置依据

（一）一般原则

1. 全面性与重要性相结合的原则

全面性原则是指所建立的指标体系要能全面反映企业的生态文明建设能力。重要性原则是指所建立的指标要精炼，能切中要害，各个指标的功能要尽量避免重复。过少的指标不能全面评价企业生态文明建设能力，过多的指标会导致指标体系过于繁冗，不利于企业评价工作的展开，还会增加分析评价成本。因此，建立环境绩效指标时要做到全面性与重要性相结合。

2. 层次性原则

一堆杂乱的指标不利于使用者了解各个指标的功能，在使用时必然会造成效率低下。合理的指标体系应该具有层次性。层次性的划分不是随意的，而是要建立在科学分析的基础上，在对影响企业生态文明建设能力的各项内容进行合理分类与归纳的基础上，将综合指标与分类指标有机统一，最终形成结构清晰的指标体系。

3. 简便易行原则

建立指标时固然要考虑其功能性，然而指标是建立在数据的基础上的，获取不同的数据的难易程度不同。有些指标尽管能很好地反映出企业生态文明情况，但所需的数据搜集成本太高导致指标不具有使用性，因此指标的建立应该遵循简便易行的原则。

4. 关联性原则

其一是与环境财务会计报告关联。本书对企业生态文明建设能力指标架构切入点是以传统财务报告数量信息为基础，并通过融入环境数量信息对传统财务报告进行改进，不仅数据收集的成本大大降低，还能与传统的财务指标体系融为一体，起到相互补充、协调一致的作用。其二是与环境行为与结果关联。既遵循了财务学基本原理又符合简便易行原则。另一方面，借鉴期望理论和 PSR 模型，将 PSR 概念模型中“原因—状态—响应”的思维模式与期望理论中“预期到行动可以带来收益是采取行动的必要条件”这一观点相结合，采用了“现状—反应—成果”这一模式。

（二）具体依据

环境绩效指标作用在于评价环境绩效好坏、高低、优劣程度，一般用相对数指标来表示，所以也就是环境绩效评价指标。企业环境绩效评价指标是按照系统论方法构建的由一系列反映被评价企业环境管理各个侧面的相关指标组成的系统结构，评价指标是企业环境绩效评价内容的载体，也是企业环境绩效评价内容的外在表现。环境绩效评估指标体系不是大量指标的简单堆砌，其完善与否关键在于所选指标的质量，而非指标的数量。构建科学、合理的指标体系是一项难度较大的工作。在选取或设置环境绩效评价指标时的主要依据如下：

1. 环境绩效评价的理论基础

环境绩效指标的选取应该以可持续发展理论、循环经济理论和利益相关者理论等相关理论作为指导思想，将相关理论的思想内涵融入环境绩效评价指标体系中去。

2. 环境绩效评价指标选取要依据一定的原则

环境绩效评价指标的选取应该兼具科学性、可行性、简洁性和适应性等特点，应该遵循客观全面、最大限制性和可操作性、定量与定性相结合、财务与非财务相结合、动态性与静态性相统一、与其他指标体系相结合等原则，在这些原则的指导下，构建环境绩效评价指标。

3. 满足信息使用者信息需求

环境绩效评价指标的设置应该满足环境信息使用者对环境信息的各种需求，在充分了解政府部门、行业主管部门、社会公众、投资人、媒体等企业利益相关者的环境信息需求的基础上，构建能够满足这些需求的环境绩效指标。

4. 考虑国内外企业环境绩效评价指标体系的经验和做法

在现有国际标准的基础上，结合国家颁布的法律法规、政策，针对我国企业的实际，建立一套规范的环境绩效评价指标体系，对企业加强环境管理具有重要的现实意义。

5. 把握通用指标，细化附加指标

环境成果进行考核，无论考核对象或类型，以下均是共同指标，只不过作为比较值的具体内容不同而已，一是反映“三废”排放的情况的环境质量指标，包括废气、废水和固体废弃物；二是反映环保效率的资源利用情况指标，包括能源、水以及材料；三是反映环境管理努力程度的一些指标。

辅助阅读 3－1

百威英博全球统一管理体系——工厂最优化管理（VPO）

2013 年世界水日到来之际，全球领先啤酒酿造商百威英博宣布全球环境三年目标顺利达成。通过全球 130 座绿色工厂和 118 000 名员工的不懈努力，百威英博在四大环境绩效领域都取得了实质性的成果。（1）节水：平均用水量成功降至 3.5 百升/百升产品。对比 2009 年水耗降低 18.6%。相当于节约了生产约 250 亿罐啤酒所需用水量，约等于年生产总量的 20%。（2）节能：每百公升能源消耗减少了 12%，超额完成减少 10% 的节能三年目标。（3）减排：二氧化碳减排 15.7%，超出 10% 的既定目标。百威英博三年累计减排约 700 000 吨，相当于 28 500 亩阔叶林一年所吸收的二氧化碳量。（4）减少填埋：固体废弃物回收利用率增至 99.20%，超过 99% 的设定目标。百威英博一直遵照国际联盟关于“零废弃”的定义——大于 90% 的废弃物不进入废物垃圾填埋厂，即为“零废弃”。

该企业的成功归因于许多因素，特别值得一提的是百威英博全球统一管理体系——工厂最优化管理（VPO）。它根据啤酒行业的具体生产流程量身定制，包含了严格的、可持续性的质量、安全、环境管理等七个方面的具体标准要求及管理措施，并将他们融入生产运行中，如同国际通用的 ISO14001 环境管理体系。截至 2012 年，百威英博 95% 的酒厂都通过了该体系认证，中国酒厂全部获得认证，100% 的达标率领先于全球水平。

鉴于此，国内企业也应注重环境绩效的管理，这虽然不能解决所有发展问题，但企业只有实施环境绩效管理，积极、主动履行其保护环境的社会职责，才能实现经济效益和环境效益的双重最大化，同时对于建设“资源节约型、环境友好型”社会、实现可持续发展能够起到积极的推动作用。

——摘自：殷丹丹．领军啤酒业环保绩效，百威英博宣布全球环境三年目标顺利达成［N］．湖北日报，2013－4－7

第二节 环境绩效的内容

一、环境财务绩效和环境质量绩效

企业环境绩效分类是为了解决用什么标准对企业环境绩效的边际进行界定。这个分类从内容及范围和环境绩效信息使用者来看，环境绩效有内外之别。社会环境效益通常指的是外部，相反企业就称之为内部。前者是指环境管理对自然环境的影响，而后者是指环境管理对企业运营能力的影响。基于企业社会价值衡量，两者应该是一致的，或者说是内外博弈后的一个结果，尽管对这种博弈行为还一直会继续下去，但总会在一定时间和空间有个界定。在此，为区别企业环境绩效，这里我们可将其视为社会环境绩效。

但无论社会环境绩效还是企业环境绩效，它们都应该体现在环境财务绩效和环境质量绩效两个方面。外部环境财务绩效是企业环境管理直接体现的外在结果和成效，是企业对外披露环境影响信息的重要内容，是环境管理的显性绩效，也是环境主管部门及企业外部利益相关者对企业的环境管理及环境影响进行考核的一种手段。内部环境效益则针对企业环境管理的全过程，不仅包括企业环境管理的显性绩效，也包括环境管理的隐性绩效。

环境绩效的分类见图 3 –1 所示。

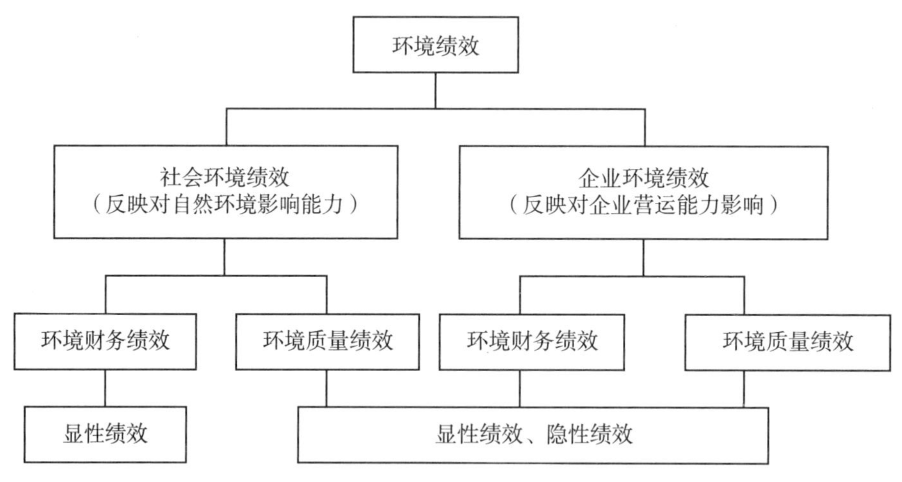

图 3 –1 环境绩效的分类

（一）环境财务绩效

企业在从事生产经营活动的过程中，经常会对生态环境造成这样或那样的影响甚至是损害。无论是从法律的角度来说还是从道德的角度来看，只要对环境产生不利的影响，企业终究要为此付出代价；只要对环境产生有利的影响，企业就会从中受益。总之，在市场经济体制之下，企业只要对生态环境造成某种影响，那就势必会反过来影响到企业的财务成果，虽然这种影响未必能全面地体现出来。由于过去和现在损害生态环境或者是参与保护和改善生态环境而对企业过去、现在和今后的财务成果所产生的影响，就是我们这里所说的环境财务绩效。企业的环境财务绩效主要是通过两个方面的对比来反映的：一是环境支出和损失；二是环境收益。

1. 环境支出和损失

按照环境责任原则的要求，企业的生产经营活动对生态环境所造成的损害需要以污染后的某种支出作为赔付和补偿；按照预防为主原则的要求，企业也有可能会在生产经营过程之中或之前采取积极的措施，在污染发生之前或之中进行主动的治理。无论如何，从事与环境有关的活动，势必招致某种支出的发生，而且支出的形态多种多样。从各国现行法律法规的要求和目前企业的环境活动实践来看，由于环境问题导致的支出的具体形态至少包括以下项目：

（1）企业专门的环境管理机构和人员经费支出及其他环境管理费；

（2）环境检测支出；

（3）政府对正常排污和超标排污征收的排污费，政府对生产可能会对环境造成损害的产品和劳务征收的专项治理费用，政府对使用可能造成污染的商品或包装物的收费；

（4）超标排污或污染事故罚款，对他人污染造成的人身和经济损害赔付；

（5）污染现场清理或恢复支出；

（6）矿井填埋及矿山占用土地复垦复田支出；

（7）污染严重限期治理的停工损失；

（8）实用新型替代材料的增支；

（9）现有资产价值减损的损失；

（10）目前计提的预计将要发生的污染清理支出；

（11）政府对使用可能造成污染的商品或包装物收取的押金；

（12）降低污染和改善环境的研究与开发支出；

（13）为进行清洁生产和申请绿色标志而专门发生的费用；

（14）对现有机器设备及其他固定资产进行改造，购置污染治理设备；

（15）政府或民间集中治理污染而建造污染物处理设施和机构的支出；等等。

上述列示这些支出的发生，势必会影响到当期或者是多期的损益，影响到各期报表所反映的财务状况特别是经营成果。其中，第（1）至第（10）项会直接影响到当期经营成果，第（11）至第（13）项可能会影响当期经营成果，也可能会像后面的第（14）项和第（15）项一样转化为长期资产而在以后会影响到企业的多期经营成果。这其中的第（11）项，又可能会因及时处理而作为应收款的收回而不会成为支出。

2. 环境收益

企业积极参与治理污染也有可能会直接或间接产生某种经济收益。就常见的形式来看，这些可能的收益主要项目为：

（1）利用“三废”，生产产品将会享受到对流转税、所得税等税种免税或减税的优惠政策从而增加税后净收益；

（2）从国有银行或环保机关（周转金）取得低息或无息贷款而节约利息形成的隐含收益；

（3）由于采取某种污染控制措施（如环保技术研究、购置设备等）而从政府取得的不需要偿还的补助或价格补贴；

（4）有些情况下，企业主动采取措施治理环境污染发生的之处可能会低于过去缴纳排污费、罚款和赔付而赚取的机会收益等等。

在试行排污总量控制和排污权交易的地区，企业之间有可能会以市场手段转移排污权，于是，有的企业可能会因为购进排污权而发生支出，而另外的企业则会因为出售自己所结余下来的排污权而发生收入，因而也会对企业的净损益产生一定的影响，并使净损益中出现了新兴的构成项目。

（二）环境质量绩效

根据我国关于环境管理方面的法律法规的精神，以及我国各级环保机关对企业的各种要求，特别是多年来环境统计报表中的要求，反映企业环境质量绩效的内容主要体现在三个方面。

1. 环境法规执行情况

环境法规执行情况好坏，既是一个环境业绩问题，事实上同时也是一个涉及财务效果的问题，当然应列为环境质量绩效信息披露的首要内容。它主要包括九项内容。

（1）“三同时”制度的遵守情况。如果没有遵守，原因何在，已经或将要受到何种惩罚。

（2）环境影响评价制度的执行情况，包括主要环境经济指标和结论。

（3）污染源情况及排污收费的缴纳情况。

（4）环境目标责任制的落实和执行情况，包括责任指标的完成情况和受到的奖励和惩罚。

（5）被纳入城市环境综合治理的事项、原因、分配的责任指标及完成情况，以及在城市环境综合整治定量考核工作中的成绩和问题。

（6）参与或承担的污染集中控制情况，包括环境与财务效果，以及自身在集中控制之外所从事的分散治理情况。

（7）排污申报登记情况，取得的排污许可证情况以及排污许可证的交易情况。

（8）如果被列报为限期治理的对象，关于列入的原因、要求的标准及期限、预计完成时间以及目前的进度。

（9）其他的由国家、地方法规或行业标准要求的有关事项。

2. 生态环境保护和改善情况

对生态环境进行保护，对相对较差的自然环境或受到损害的生态环境进行改善，是企业环境质量绩效中的重要内容。考核并披露这样一些质量指标是外界了解企业的环境质量绩效的关键所在。反映企业对生态环境保护和改善情况的主要内容包括如下项目：

（1）主要环境质量指标的达标率，包括环境检测项目的达标率、主要污染物排放达标率等。

（2）污染治理情况，包括污染治理项目完成数、污染物处理能力、污染物治理设施运行状况、主要污染源治理情况等，包括环境和经济指标。

（3）污染物回收利用情况，包括对各种污染物回收利用的总量、回收利用的产品产量、产值、收入、利润等指标。

（4）厂区绿化率以及有偿或无偿承担的其他绿化任务。

（5）本企业清洁生产的情况，所建立的环境管理制度和管理体系的情况，从事环境治理、检测、研究机构和人员情况，包括有关的开支。

（6）其他污染治理措施和事项，如企业制定的重要的环保规定、职工的环保培训、本企业取得的环保技术成果、对污染治理和环境保护和改善的捐助情况。

3. 生态环境损失情况

对生态环境的破坏是企业在生态环境方面不作为和故意损害的结果，因而应该被列为考核企业环境质量绩效的重要内容。反映企业对生态环境损失的主要内容应该包括下列项目：

（1）污染物排放情况，包括水、废气、废渣、废液、噪音等的排放总量及其所含的污染物质含量，包括这些污染物对环境和经济两方面的危害。

（2）发生的污染事故情况，包括污染性能、环境和经济的危害、主要的生态环境损失。

（3）环境资源的耗用量，包括水、电、煤、石油等的耗用量。

（4）有毒、有害材料物品的使用和保管情况。

（5）其他损害生态环境的有关事项。

除了上述三个方面的主要内容外，纳入环境质量绩效报告中的内容还可以有环境审计和未来展望两部分，这两部分在短时间内还难以形成某种模式，企业可以选择对待。

需要特别说明的是：第一，环境质量绩效设计的内容和事项有很多，在此只是对主要的事项举例似的说明；第二，除少数项目外，大多数项目都是可以通过一定的指标量化的，包括环境技术指标、财务（经济）指标和经济技术混合指标（如万元产值排污量、单位产品能耗量），也包括绝对数指标和相对数指标（如达标率），对环境项目的列报指标化，将大大提高环境质量绩效信息的质量；第三，上述事项并不是每个企业都存在的，因此，大可不必担心披露这些内容对企业和信息使用者造成多大的负担。不过，凡是与企业的环境质量绩效有关的具备重要性特征的事项都应列入环境质量绩效披露的内容之中，以便信息使用者能够根据这些信息对一个企业的环境质量绩效得出全面的和正确的结论。

总之，环境财务绩效是站在财务或者说货币角度来讲的，即企业发生的与环境有关的问题导致的财务影响，或者说是由于环境努力和不努力导致的财务绩效。它是一个类似于利润的概念，是环境收入和环境支出之间的差额。一般而言，无论从事何种与环境有关的活动，势必导致某种支出。同时，企业积极参与保护和改善生态环境也有可能会直接或间接产生某种经济收益。比如，环保产品导致的税收减免；因通过了环保认证而成功打入某个市场，从而扩大了销售额；因达到某种环保指标而免于遭受法规惩处或经济制裁的机会收益抵除支出，这些就是环境财务绩效。环境质量绩效是站在环境质量角度来讲的，即企业由于环境努力和不努力从而对生态环境的保护和改善做出贡献或者对生态环境造成损害所形成的环境质量绩效。

二、目标层绩效、准则层绩效和企业层绩效

企业环境绩效评价体系还可以按照详细程度分类为三层：目标层、准则层、基础层，这是对环境绩效指标的逐渐细化，从不同层面上反映企业的基本环境绩效。

（一）环境绩效指标层次

1. 目标层

企业环境绩效评价体系的总目标是在企业经营模式下环境绩效效果水平的量度，也就是

说在一定的经营期间内，企业的经济效益和环境效益相协调。即在实现经济发展和环境保护“双赢”的基础上，企业环境绩效能达到的水平。

2. 准则层

准则层是目标层的细化，也就是能够反映目标层的基本方面，从准则层可以看出企业从哪几个方面实现自己的环境绩效。

3. 基础层

企业绩效评价的基础层指标是指影响企业环境绩效的最基本因素形成的指标，它提供了收集信息的基本框架，一般不需要综合，反映的往往是影响企业环境绩效的某一方面的基础信息。

根据环境绩效评价指标体系建立的理论基础和基本原则，深入研究国内外企业环境绩效评价的经验和做法，现提出了适应我国企业现状的环境绩效评价指标体系。在建立的环境绩效指标评价体系当中，评价内容一共有六块。首先是IS014031中的四块，分别是企业的合法性、企业的外部沟通、企业的内部环境管理以及企业的安全卫生。除此以外，还有两个新增内容，分别是企业的财务环境以及企业的生产经营绿色度。除此以外，在6个准则层下，分别选取了可以衡量准则层状况的基础层。

企业层环境绩效评价体系具体内容，见表3-1。

表3-1　　企业层环境绩效评价体系

目标层	准则层	基础层
企业环境绩效评价体系	合法性	排污超标频率
		新改扩建项目的制度执行率
		排污费用交纳
		工业固体废物和危险废物安全处置率
		行业行规达标情况
	外部沟通	环境报告公开形式与信息量
		政府环境信息的接收情况
		资助社会环保活动经费
		相关投诉件数
	内部环境管理	环境教育情况培训情况
		建立环境管理系统
		环保奖项数目
		环境产品标识个数
	安全卫生	环境事故发生次数
		环境事故赔偿金额
		员工职业病的人数
		员工受辐射程度

续表

目标层	准则层	基础层
企业环境绩效评价体系	财务环境	环境支出/营业成本
		环境收入/营业收入
		环境收益/营业收益
	企业生产绿色经营度	原材料的利用率
		生产过程的单位耗能
		单位产出的废弃物量
		运输过程的单位耗能
		产品包装的单位废弃物量
		剩余物料的回收利用率

（二）基本指标内涵的解释

1. 合法性指标

国家环保总局下发的环发［2003］101 号文中有关针对重污染行业申请上市的企业的八项核查规定，是所有上市企业必须达到的最基本要求。因此，可以根据这八项要求制定合法性指标。

（1）国家和地区都会对企业的排污设置标准。企业的排污最起码必须符合国家和地区制定的标准，不然，就是违反了相关的法律法规，企业的环境绩效必然受到影响。

（2）新改扩建项目的制度执行率。它是指政府规定的新建、改建、扩建、停产复建的制度执行情况。在这里特指与环境相关的新改扩建的制度的执行率，这些项目都是经过有关部门商议得出的制度，都是有助于具体地方环境的制度，企业必须严格执行，执行率低下代表了企业的环境绩效不佳。

（3）排污费。它是政府直接向环境排放污染物的单位和个体工商户收取的规定费用，排污费收缴以后，主要用于环境保护的相关工作，企业如果没有按规定缴纳排污费用，就阻碍了环境保护的工作，环境绩效评价就会受到不良影响。

（4）工业固体废物和危险废物安全处置率。工业固体废弃物需要按照政府的指引进行处置，这样才能最大限度地减少对周边环境的影响，工业固体废弃物可以衡量企业这方面的完成情况。危险废物之所以被列为危险废弃物，肯定存在某些破坏环境的隐患，这些废弃物必须按照指引处置。

（5）具体行业行规的达标情况。国家或者地区规定的法律法规，都需要顾及所在实施区域以内的所有企业，制定的标准不可能很高，同时制定的标准不一定够足够细致，此时就需要行业行规辅助。行业行规的达标情况，就可以很好的衡量企业在行业当中的绩效水平，如果不能达到行业的标准，就证明环境绩效还有待改进。

2. 外部沟通指标

外部沟通当中，主要衡量两方面，分别就是与政府的沟通以及与公众的沟通。沟通的效率体现在信息的发送与信息的接收两方面。因此与政府的沟通当中，环境报告公开形式与信息量是充当信息的发送，政府环境信息的接收情况充当信息的接收，两者共同衡量外部沟通当中与政府的沟通情况。同样，衡量与公众的沟通情况也是通过体现信息发送的资助社会环保活动经费以及通过体现信息接收的相关投诉件数共同评价。

（1）环境报告公开形式与信息量是指企业环境报告的发布情况。针对特定的企业，例如，严重污染行业当中的企业，以及上市公司，政府都会需要其提供环境报告，以评价其对周边环境的影响状况，根据环境报告的公开形式，获取的方便性，公开的信息量等进行综合评估，就可以得出企业环境报告的发布情况。

（2）政府环境信息的接收情况。它包括接收速度以及接收内容的全面性。政府向企业发布信息，但是由于各个企业对环境的重视程度或者信息接收技术水平的差异，企业接收政府环境信息的速度以及内容的全面性都会有所差异，接收信息的速度越快，接收的内容越全面，就越有利于企业进行环境管理工作，环境绩效也会有所提高。

（3）资助社会环保活动经费。它是指企业以资金或者其他物质方式支持环保组织的活动，或者企业亲自参与到环保宣传，分享防治污染的科学技术、知识和方法等。资助社会环保活动的经费越多，就越有利社会的环境保护工作，同时也可以提高了企业的环境绩效。

（4）相关投诉件数。它是指企业在环境保护方面，收到的来自公众的投诉次数。收到的投诉越多，证明了企业的环境保护工作做得不够完善，企业的环境绩效评价自然而然也会有所降低。

3. 内部环境管理指标

内部环境管理是对企业内部环境管理运作情况的反应。它考核的是企业环境管理过程中，企业内部的配合程度，以及企业内部运作的效率，是企业环境绩效评价的主要因素之一。内部环境管理绩效最终需要检验，其中，环境教育培训情况和建立环境管理系统的情况两个指标为检测过程的指标，所获得环保奖项数和环境产品标志个数两个指标为检测结果的指标。具体指标是：

（1）环境教育培训情况。它是指企业聘请相关的环境专家，对企业员工进行环境保护方面培训或者组织员工进行国家环境保护法律法规的学习等的情况，主要通过企业内接受培训员工的小时数，培训使用的费用作为数据，进行综合评价。环境教育培训情况理想的企业，员工的环保技术以及环境意识都会有所提高，自然对企业的环境保护工作有利。

（2）建立环境管理系统。它是指企业是否有建立完善的环境体系。目前 IS014001 是环境管理体系的规范化标准，其中很多主要的内容都有明确的规定，根据其规定，就能促使组织完善各项管理措施。因此，如果企业建立了环境管理体系，就能从中得到严格的监控，所以，有关环境方面的工作也会做得更好。

（3）环保奖项数目。它是企业获得的国家或者地区颁发的关于环保方面的奖励个数，是衡量企业在环保工作上在行业内领先水平的重要标志。获得越多的环保奖项，证明企业在环境方面的成效越好，企业的环境绩效当然也会更加理想。

（4）环境产品标志个数。它是指企业的产品当中，拥有环境产品标志的数目。中国环境标志产品认证是目前国内最权威的绿色产品、环保产品认证，又被称为十环认证，代表官方对产品的质量和环保性能的认可，通过文件审核、现场检查、产品检测三个阶段的多准则审核来确定产品是否可以达到国家环境保护标准的要求。获得了此认证的产品，一定在生产过程中，做好了各种环境保护工作，因此，也是衡量企业环保工作水平的重要标准。

4. 安全卫生指标

安全卫生指标可能是公众最关心的指标之一。安全卫生指标衡量了企业生产运作当中的安全性，如果违反了这个指标，出现了不安全事件，就直接对公众有极大的威胁。安全卫生指标主要包括环境事故发生次数、环境事故赔偿金额、员工职业病的人数和员工受辐射程度四项。

（1）突发性指标包括环境事故发生次数，环境事故赔偿金额。环境事故发生的次数以及赔偿金额，是衡量企业环境事故发生的频率以及影响大小的指标。企业环境事故是重大的企业环境管理方面的过错行为，无论是对企业还是对个人，都有着严重的危害，这些指标的确立，可以时刻提醒企业，注重预防环境事故的发生。无论是事故发生的次数较多，还是事故发生的频率较频繁，都是企业环境工作做得不够的表现，都会影响企业的环境绩效。

（2）员工职业病的人数，员工受到各种辐射影响程度。环境事故的发生，有一定的偶然性，并不能全面的表达企业的安全卫生情况，相对来说，员工职业病的人数，员工受到各种辐射影响程度的深浅就是一个长期的过程，是企业没有做好环境工作的必然结果。职业病是指企业、事业单位和个体经济组织的劳动者在职业活动中，因接触粉尘、放射性物质和其他有毒、有害物质等因素而引起的疾病。由于职业病的定义严格，有些情况下，员工已经受到了环境问题的影响，受到了各种辐射的侵袭，但是又没有染上相应的职业病，或者尚未发病，因此，需要一个指标测量员工受到的辐射影响程度，如果员工受到了辐射影响，而且程度比较严重，那么企业的环境绩效肯定不高。

5. 环境财务指标

环境财务指标，是为了企业能够把环境绩效与经济绩效相融合而设立的指标。

（1）环境支出/营业成本。环境支出是指从事与环境有关的活动发生的支出。营业成本，也就是经营成本，是企业维护日常生产，销售商品或者提供服务的成本。两者的比值可以看出环境投入在企业总投入当中所占的比例，衡量出企业对环境保护的重视程度。

（2）环境收入/营业收入。环境收入是企业积极参与保护和改善生态环境有可能直接或者间接地产生某种的经济收入。营业收入，是指企业在从事销售商品，提供劳务和让渡资产使用权等日常经营业务过程中所形成的经济利益的总和。分为主营业务收入和其他业务收入。两者之比反映了企业在环境保护方面获得的收入占总收入的份额。

（3）环境收益/营业收益。环境收益是环境收入与环境支出的差额，营业收益是营业成本与营业收入的差额，两者的比值反映了企业在环境保护方面获得的收益份额，这个数值越大，证明企业环境方面的经济成效越大，也就是企业从事环境保护工作获得的利益越大，企业也会更加积极的进环境保护工作。企业的环境绩效三个指标的综合，可以很好地体现环境保护在企业中的盈利能力。

6. 企业生产经营绿色度

企业生产经营绿色度是衡量企业整个生产经营的总过程的指标，因此指标的设置当然需要覆盖整个生产经营过程。原材料的利用率、生产过程的单位耗能、单位产出的废弃物量三个指标共同衡量了企业生产绿色度。产品包装的单位废弃物量以及产品运输过程的单位耗能衡量了企业销售绿色度。使用过后剩余物料的回收利用率衡量了企业回收绿色度。

（1）原材料的利用率。它是指生产企业加工成品中包含原材料数量占加工该成品所消耗原材料的总消耗量的比重指标，这个比例越大，证明原材料的利用越高，也就更能充分地利用原材料。

（2）生产过程的单位耗能。它是生产出一个产成品需要的能量值，对于生产同一种产品而言，单位产品耗能少，生产越环保，能源能够更加充分的利用，环境绩效也会有所提升。

（3）单位产出的废弃物。它包括固体废弃物、废水、有毒排放物以及噪声，这些都是严重影响环境的物质，产生越少，企业越环保。

（4）运输过程的单位耗能。它是指为购买材料和销售产品在运输过程中的消耗的汽油、柴油等燃料量。耗油直接与废气排放有关，消耗的越少越好。

（5）产品包装的单位废弃物量。它是指产品为了销售而进行的包装过程中导致的废弃物量。废弃物料包括纸张、金属、木质材料、塑料等，废弃物量越大，造成资源的浪费就越严重，环境绩效越差。

（6）剩余物料的回收率。产品消费过后，会产生剩余物料，这些剩余物料有些是可循环再利用，有些是不能循环再用的，剩余物料当中，经过回收处理，最终可以投入下次生产过程当中的物料占总剩余物料的比值，就是剩余物料的回收率。回收率越高，产品越环保，企业的环境绩效也会越好。

第三节　企业环境绩效指标体系

一、国外环境绩效指标

环境绩效评价指标是一个平台，它承载着环境绩效评价的重要内容，也是企业环境绩效评价内容的外在表现，在企业的管理中发挥着重要的作用。原有的财务指标单纯追求经济增长，没有考虑企业应该承担的社会责任和与环境有关的问题导致的财务影响，环境绩效评价指标将企业各种环境数据综合起来，使企业能追踪环境方案的相关成本和收入，在提高材料利用率方面很有作用。环境绩效评价体系使企业更加清楚的了解自己的环境效率和效果，通过控制环境绩效的改进，能增加企业改进技术的机会，合理的、操作性强的环境绩效指标体系还能使他们制定出更适合自己企业的可持续发展战略目标，并根据指标不间断的反馈结果及时修正原有计划，使企业获得长期的可持续发展。

（一）国外环境绩效指标研究进展

国外学者对环境指标的全面系统研究始于20世纪80年代。

在宏观层面，1995年加拿大政府、经济合作和开发组织（OECD）与联合国环境规划署（UNEP）共同提出了PSR模型，他们采用了“原因—状态—响应”的逻辑思维方式，每一个环境问题的分析都从三个方面着手：发生了什么，为什么发生和人类应该如何做，建立压力指标（表征人类活动给环境造成的压力）、状态指标（表征环境与资源状况）、行为指标（表征人类正在做什么来保护环境）。可见该模型确立了三类环境指标：压力指标、状态指标、行为指标。随着人们对环境与经济发展的关系认识越来越深刻，人们开始对原有的国民经济指标进行修正，采用了诸如绿色 GDP 这样的连接宏观经济与环境的指标。绿色 GDP，简写为“GGDP”，是指用以衡量各国扣除自然资产损失后新创造的真实国民财富的总量核算指标。这些指标在很大程度上纠正了传统经济计量学对社会经济发展的误导性。

在微观层面，1996 年促进持续发展全球企业委员会（WBCSD）首次提出“生态效率”的概念，核心指标有：能源消耗、水资源消耗、原材料消耗、温室气体排放、破坏臭氧层的气体排放。联合国国际会计和报告标准政府间专家工作组（ISAR）在联合国贸易与发展会议上发布的《企业环境业绩与财务业绩指标的结合》中认为，生态效率指标是环境业绩变量和财务业绩变量的比率。全球性报告促进行动（GRI）于 1997 年开始，发表了包括环境、经济和社会各方面的企业可持续发展报告。GRI 推荐的指标有使用的总能量、总燃料、水总量、其他能源、废弃物数量等。国际标准化组织（ISO）颁布的 ISO14031 环境业绩评价体系，包括环境状况指标和环境绩效指标。其绩效指标包括管理绩效指标和经营绩效指标，其中，经营绩效的具体指标又包括与材料能源有关的场地设施、产品、组织的服务、废水和土地的排放等。

（二）国外环境绩效主要指标

自企业环境报告和环境绩效评价标准发展以来，各国一直没有形成统一的指标体系，但是许多国家或国际组织积极投身于环境绩效评价的研究，并发布了自己的环境报告指南，对环境绩效评价研究做出了重要贡献。经过 20 多年的发展，逐渐形成了几种国际影响较大的环境绩效评价标准。目前国际影响较大的环境绩效评价标准有三类，分别为国际标准化组织（ISO）的 ISO14031 标准，世界可持续发展企业委员会（WSCSD）的以生态效益为核心的环境绩效评价标准，全球报告倡议组织（GRI）的《可持续发展报告指南》。

1. ISO14031 环境绩效标准体系

国际标准化组织于 1999 年 11 月发布 ISO14031（环境绩效评价标准）的正式公告，该标准应用较广，它将企业的环境绩效评价指标分为两部分：组织外和组织内的环境状态指标。

（1）组织外的环境状态指标可以帮助组织了解其生产活动会对周围的环境产生什么样的影响，对组织制定战略目标有较大帮助，通常被公共机构所采用。

（2）组织内的环境状态指标帮助组织内部主要是企业衡量环境影响程度，又细分为管理绩效指标和操作绩效指标。管理绩效指标则侧重于组织内部，它能展示管理者为改善环境绩效所做的努力，主要体现在计划和决策的实施、财务业绩、合法性、与居民的友好相处等方面。操作绩效指标，指组织生产操作中的环境绩效，包括企业的整个流程，从原材料输入、生产到废弃物的排出，指标包括回收和再利用的材料数量、单位生产所需用水量等。

上述指标涵盖了资源的消耗总量及废弃物的排放总量，因而有利于环境控制。但从环境绩效评价角度看，上述指标也有不足之处：各个指标间单位不同，不能直接加减，大部分为绝对指标，因此还需要在其基础上计算相对指标，这样才能将环境绩效指标与财务绩效指标结合起来。另外，该指标没有完全考虑企业内部管理者与外部利益相关者之间的联系以及环境绩效评价与可持续经营目标之间的联系。

IS014031 国际环境绩效评价标准所包含的环境状态指标、管理绩效指标、操作绩效指标之间是密切相关的，也就是说，企业在已考察某一特定的环境状态之间是密切相关的。也就是说，企业在已考察某一特定的环境状况与本身的产品、活动与服务之间有之间关系的同时，应在选择管理绩效指标及操作绩效指标时，充分运用管理与生产活动去改善生态环境的状况。具体如图 3 -2 所示。

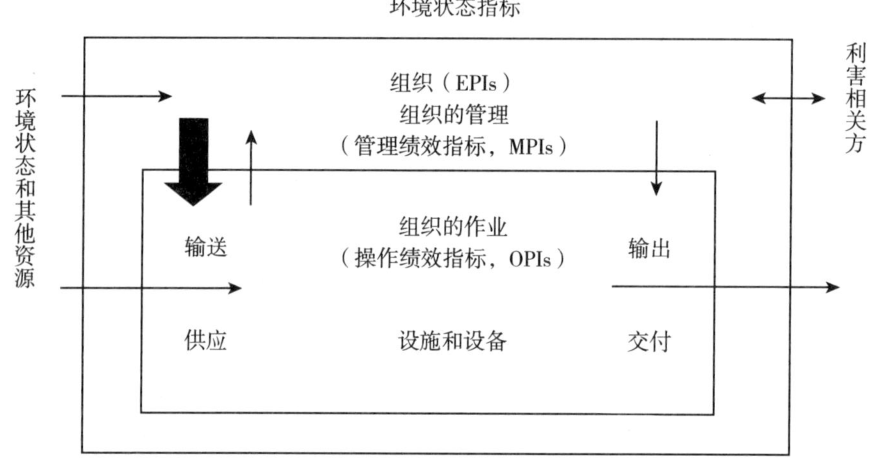

图 3 -2　环境状态指标

2. 世界可持续发展企业委员会生态效率指标

世界可持续发展企业委员会（WBCSD）提出的生态效益指标的基本公式为：

生态效益 = 产品或服务价值 ÷ 环境影响

上述公式的分子跟经济效益有关，如产能、产量、总营业额等，分母与环境效益有关，资源/水消耗总量、每单位产品的废水排放量、温室效应气体排放总量等。WBCSD 将指标分为核心指标和辅助指标，前者是通用的，适用于大多数企业，而后者仅适用于个别企业。

3. 全球报告倡议可持续发展报告指南环境绩效指标

全球报告倡议组织（GRI）发布的《可持续发展报告指南》反映了组织对各个自然系统的影响，包括对生态系统、空气循环系统和水循环系统等方面的影响，共有 16 个核心指标和 19 个附加指标。《指南》中的指标很详细，几乎每一方面都有指标，并将其细分为核心指标和附加指标，前者对大多数利益相关者有关，而后者只对部分重要的信息使用者有关，组织只需向这少数使用者提供信息即可。

以上三类环境绩效评价指标的指标构成与内容比较见表 3 -2。

表 3-2　　三类主要的环境绩效指标的比较

ISO14031 环境绩效标准	WBCSD 生态效率指标	GRI 可持续 发展报告指南
1. 组织周边的环境状态指标（ECIs） 提供组织周边的环境状况，反映组织对当地、区域性、全国性和全球性的环境状况的影响，如污水排放对生产地点附近水域的影响，废气排放对当地空气质量的影响等。 2. 组织内部的环境状态指标（EPIs） （1）管理绩效指标（MPIs）。评估组织的环境管理效能，它主要表现在环境守法、环境内部管理、外部沟通、安全卫生等方面。 （2）操作绩效指标（OPIs）。企业运作的整个操作过程，从资源能源输入、经内部生产工序转移变化到最终废弃物和污染物的排出。	1. 核心指标（通用指标为生态效益）。 它与全球的环境问题或企业的价值有关，几乎适用于所有企业，其计量方法已经得到公认，如销售净额、温室效应气体的排放量等。 2. 辅助指标（企业特定指标） 它是不同性质的企业因产品和生产流程不同而存在不同的环境问题和价值。 同时，WBCSD 认为特定企业可利用 ISO14031 的指南协助选择具有参考价值的辅助指标。	1. 核心绩效指标 它对于大多数组织及其利益相关者有关，共计 16 个。 2. 附加指标 要求报告单位只向重要的利益相关者提供相关信息。共计 19 个。

资料来源：摘自甘昌盛《我国企业环境绩效评价指标体系的研究现状与建议》。

环境绩效指标设置的共同点都包含：（1）排放的指标，尤其是温室气体的排放，废水和固体废弃物，这一指标可以看作是环境质量指标；（2）资源利用情况指标，包括能源、水以及材料，反映的是部分环保效率的指标；（3）反映管理努力程度的一些指标，以及环境处罚、环境投入等，既有效率指标也有业绩指标。

除了上述的有比较大的影响力的评价指标外，部分研究将环境指标纳入平衡计分卡 BSC 和价值链理论进行结合研究。如结合平衡计分卡研究的可持续平衡计分卡方法。这些方法应用的关键还是选择好适当的环境绩效指标，将反映企业的环境绩效指标纳入到现有的管理方法中，从而体现出给定环境质量的约束。

二、国内环境绩效评价指标

（一）国内环境绩效指标研究进展

目前，国内外学者对环境绩效评价已有了广泛而深入的研究。在评价理论上，主要是从环境绩效评价的动因、指标体系的构建、评价方法以及现状评析四个方面进行展开的，且大多以指标体系的构建和评价方法为主。在评价动因上，部分学者（胡曲应，2010）从企业可持续盈利能力的追求、受托责任的解除和评价资源的有效利用这三个方面分析了企业进行环境绩效评价的动因。在评价指标设计上，许多学者基于不同的视角进行了研究，例如，林逢春等（2006）在借鉴国际环境绩效评估标准的基础上，结合我国国情，建立了我国企业环境绩效评价指标体系，并通过对一个企业的实证阐明了该指标体系的适用性；陈璇等（2009）回顾了环境评价标准发展的历程，在已有研究的基础上，加入价值链理论，构建了包含上下游企业环境因素的综合环境绩效评价体系并提出了指标权重的确定方法；张艳等（2011）基于 ISO14000 系列，将绿色供应链的特点和平衡计分卡的思想相结合，构造出了环境绩效评价指标体系，并用层次分析法确定了权重。

除上以外，学者曹颖、曹东从国家宏观层面提出环境业绩指标由三级构成。他们以云南省为研究对象从土地退化、生物多样性、自然资源等七个方面建立了压力指标、状态指标、响应指标。微观层面，陈静提出了一套企业环境业绩指标体系，分为环境守法、内部环境管理、外部沟通、安全卫生和先进性五大指标。徐利飞、安明莹两位学者根据循环经济的3R原则（指减量化原则——reduce、再利用原则——reuse、再循环原则——recycle），设计了包括反映企业环境活动总体情况的指标、反映企业资源利用减少量的指标以及反映企业资源再利用再循环情况的指标。有些学者从界定低碳经济条件下的企业财务目标着手，对企业财务评价指标进行了扩充，增加了碳能力指标。此外还在偿债能力指标中添加了资产碳负债率，在营运能力指标中添加了碳资产周转率，在盈利能力指标中添加了碳资产净利润率，在发展能力指标中添加了碳资产增长率。不过，在实际应用时，比较多的还是使用如下两项评价体系来进行环境绩效评价。

（二）国内环境绩效主要指标

1. 国家环保总局发布的环境绩效评级系统

我国已有一些关于企业环境绩效评价的法规。国家环保总局2003年发布了三个重要文件，分别为《关于开展创建国家环境友好企业活动的通知》《关于对申请上市的企业进行环境保护核查的规定》《关于企业环境信息公开的规定》，随后的2005年又发布了《关于加快推进企业环境评价的意见》，2007年4月发布了《环境信息公开办法（试行）》，该《办法》是我国第一部关于信息公开的部门法规，自2008年5月1日期施行。其中的《关于开展创建国家环境友好企业活动的通知》中还把企业的环境行为结果分为五个等级，并以不同颜色表示，具体见表3-3。

表3-3　　国家环保总局公布的环境绩效评级系统

环境行为等级	含义	环境行为等级说明
绿色（很好）	优秀	企业达到国家排放标准，通过清洁生产审核，严格遵守环境法律法规，环境行为表现突出
黄色（好）	环境行为守法	企业达到国家排放标准，没有违法行为
蓝色（一般）	基本达到要求	企业总体达到国家排放标准，个别指标超标
红色（差）	违法	企业排放超标，有较严重的环境污染行为
黑色（很差）	严重违法	企业排放严重超标，有重大违法行为

2. 企业制度中的环境绩效评价指标

由于企业、行业管理部门及政府部门进行环境管理的角度不同，评价的职能不同，可以获取的信息不同，所以部门规章、行业法规、企业制度中关于环境绩效评价的指标也各不相同。将我国企业制度中绩效评价指标进行归纳总结，可得出如表3-4所示的结果。

表3-4 我国企业的环境绩效评价指标体系

评价内容	具体指标
环保设施指标	废弃物治理设施的数量 环保设备的运转费用 废水处理能力 废气处理能力
环境污染及资源耗费指标	单位产品能源消耗量 温室气体排放量 不可再生资源使用量 单位产品危险废弃物产生量 废水排放总量 水土流失总面积
企业自主治理指标	环保技术研发费用 水污染治理投资 实施减排对策的积极性 环境管理者的数量 环境事故应急预案
循环利用指标	废水重复利用率 废弃物无害化处理效率 废物再处理的比重
法规制度遵循指标	执行环境法律法规的自觉性 及时缴纳排污费 排污许可证的及时申报 违法排污的次数
社会反响指标	周围河流水质情况 群众投诉数 环境信访事件数 周围群众满意度 获得政府或环保组织的认可程度

三、企业环境财务绩效评价指标设置

（一）环境财务指标的会计视角

众所周知，生态环境与经济发展之间的矛盾越来越突出，要求企业不仅要重视眼前利益，更要重视长远利益，将现有的“高能耗、高污染”的发展模式转为资源节约、环境友好的可持续发展模式，注重生态文明建设。企业发展模式的转变对传统的财务分析提出了新要求。传统的财务分析并没有考虑到企业的会计系统反应的环境信息，然而在可持续发展模式下这些环境信息对企业财务分析将产生很大影响。从会计角度来看，企业因履行环保义务、承担环保责任而产生的环境成本与环境收益就是与环境保护有关的财务信息，因此企业可以将这些信息纳入财务范畴来进行企业环境绩效的构建，建立一套评价企业生态文明建设能力的财务指标既是必要的也是可行的。

但前文国内外学者对环境指标研究成果表明：

（1）学者们在建立企业环境指标时大多采用定性指标与定量指标相结合的方法，并且定量指标中财务指标严重不足。定性指标和非财务指标虽然可以很好的评价企业的环境绩效，但财务分析主体无法直接通过这些指标判断企业环境状况对企业财务的影响，因此这些指标对企业财务状况的警示作用不大。

（2）在现有评价指标体系的构建中，一些研究虽对指标进行了全方位多角度的选取和构建，但缺乏实际应用价值，很难落实到对具体行业或企业的评价上去；而有的虽进行了实证研究，但由于数据的可得性较弱，所选取的评价指标大多为绝对数，分析结论易片面。

（3）目前多数有关环境绩效的评价视角主要局限于单一环境因素，未与行业或企业的财务会计数据联系，虽然已有一些针对个别企业的个案研究成果，但不同行业的比较研究较为少见起来进行综合评价，有关环境绩效评价的实证研究还有很大的发展空间。

（4）就目前的实证研究来看，大多研究仅应用某个行业或某个企业某年（最多也不超过3年数据）的环境绩效进行静态评价，这使得动态分析的结果不具有较强的说服力。

所以，以下仅仅讨论是企业环境财务绩效设置而不包括环境质量绩效。从财务会计角度讲，这也是我们能够做到的。而当环境会计付诸中国企业环境管理实际，我们很容易从企业会计系统中获取货币性财务数据，通过环境财务绩效指标的对比分析，以便对企业环境财务绩效的进行有效的评价。

（二）企业环境财务指标设计依据

目前我国大力推进生态文明建设，建设美丽中国，有必要将企业生态文明建设能力纳入财务考核范围，财务学理论为建立环境财务绩效评价指标的内容和指标解释提供了依据，期望理论为设计层次指标提供了技术支持，生态学经济学理论为指标建立提供了具体方法上的指导。

1. 财务学理论为建立的环境财务指标内容和指标解释提供了依据

财务分析目的是对企业过去和现在的各种活动状况进行分析与评价，为了解企业过去、评价企业现状、预测企业未来、做出正确决策提供准确信息。财务分析假设主要有：产权清晰的企业制度、主体多元化、经营连续性、完善的信息披露体制。财务报告能够体现财务分析的目的和假设，并且是进行财务分析的重要信息载体。由于传统的财务分析以财务报告为依据，对企业过去和现在的各种活动状况进行分析与评价，因此，上述所建立的企业生态文明建设能力财务指标其数据来源应该是财务会计报告。但由于传统的财务报告不能明确反映出建立指标必需的生态信息，比如，传统资产负债表中的资产与负债项目并不包含环境资产与环境负债，传统的利润表中营业收入、营业成本项目并未明确其包含的绿色营业收入、绿色成本是多少，而这些信息对指标的建立至关重要。因此，建立环境财务分析指标应当对传统的资产负债表与利润表进行改进，并要求在财务报告补充说明中增加相关的、基础性的环境物量信息，如废物回收量等。

2. 期望理论为设计企业环境财务层次指标提供了技术支持

由期望理论可知，只有当一个人预期到某种行为的结果能够给其带来满足时才会采取相应的行为。期望理论强调两个方面：第一，目标是有能力达到的；第二，目标的实现是可以给行动者带来满足度的。因此，一个企业只有在某种环保行为可以给其带来利益时才会采取付诸实施。这样就给我们建立指标体系提供了一种思路，即首先评价企业的生态现状，再评价企业的环保行为，最后评价企业的环保成果。这一设计思路最主要的特点是突出了企业环境管理中的行为导向性，其本身也符合环境管理的特点。在环境管理实践中，企业的环境管理系统设计指导着人们的环境保护实践，同时只有人们随时保持环保意识并付诸具体的行动，环境保护的目的才能达到，环境保护效果才会实现。

3. 生态经济学理论为环境财务指标建立提供具体方法上的指导

生态学的物质循环转化与再生规律告诉我们生态系统中植物、动物、微生物以及非生物成分借助能量的不停流动，一方面从自然界摄取并合成新物质，另一方面又随时分解为简单物质来实现“再生”，这些物质重新被植物所吸收，由此形成不停顿的物质循环。能量每流经一个营养级就会有部分被损耗，无法继续循环利用，因此要提高物质闭环流动系统的能量利用率来充分利用能量。把生态学这一规律运用到经济活动中就表现为“资源—产品—再生资源”的反馈式流程。以这一规律为指导对生态经济提出“减量化、高利用、再循环”的要求，即3R原则。具体地说包括三方面：减量化指是从生产的源头做到减少物质的使用，选取的材料尽量清洁环保；高利用指在生产过程中要提高资源能源的利用效率；再循环指在产品被使用后产生再生资源并被回收利用重新用于产品生产，通过废物利用来减轻对资源能源的压力。这三个要求是评价企业产品生产是否清洁环保的标准，更是企业生态文明的重要方面，它为产品改进指标建立提供了具体指导方法。

（三）企业环境财务绩效指标体系

基于上述分析，现提出反映能够反映企业生态文明建设能力的财务评价指标体系。

1. 现状指标

现状指标是指反映企业当前生态文明质量的指标，是静态指标。可以用于不同企业间横向比较，也可以用于同一企业不同时刻的纵向比较。考察企业当前生态质量可以从企业的环境清洁现状和环境资产负债结构两个方面入手。

（1）$环保设备投资比率=\frac{环保设备资产总额}{固定资产总额}\times100\%$

环保设备投资比率用来反映企业环境保护设备的投资力度。环保设备是专门用于环境保护的固定资产。固定资产主要用于流水线生产，这些生产必然会产生固体、液体、气体污染物。按国家相关要求，企业购买环保设备应对这些污染进行内部处理后再排放。常见的企业环保设备有垃圾处理系统、酸雾净化塔等。固定资产的多少反映出企业的规模，用环保设备资产总额除以固定资产总额得出的环保设备投资比率可以用于不同规模企业间的比较。如果这个比例过小说明企业环保设备投资不足，其生态绩效必然受到影响。如果这个比例过大固然能说明企业在提高生态绩效方面比较积极，但是过多的环保设备投资占用企业的资产也会降低企业的盈利能力，因此企业应该找一个适中的比例。

（2）$环境负债比率=\frac{环境负债}{流动负债}\times100\%$

环境负债比率表明企业的流动负债中环境负债所占的比重。环境负债是企业由于对生态环境产生不良影响而要承担的责任，比如应付超排罚款、应付环保费和损失费及或有负债等。一般情况下环境负债流动性比较强，因此用环境负债与流动负债相比，而不是与企业的总负债相比。环境负债比率反映企业因破坏环境而产生的负债情况，这一比值越大说明企业对环境的污染和破坏越严重，企业存在的环境风险越大。当这一数值超过一定值时说明企业生态状况存在很大隐患，很可能在国家环保检查时被处以巨大罚款甚至被迫停产。因此，这个指标数值越小说明企业生态文明绩效越好。企业应该合理调整负债结构，使环境负债比率保持在较低水平。

2. 反应指标

评价一个企业的生态文明情况不仅要考察企业当前的生态质量，还要评价企业为提高生态文明绩效作出的反应。反应指标是动态指标，用来衡量企业某一会计期间的环保行为。企业为了提高生态绩效，一方面会从产品的生产流程入手使产品本身更加环保，比如采用更环保的原材料，增强资源的回收利用程度；另一方面会从整个企业的财务管理入手，使企业的环保投资、环保支出变得更加合理，以增强企业的可持续发展能力。

生态经济学中提出的“原材料—产品—再生材料”的反馈式流程为我们建立产品改进指标提供了完整的思路。作者用产品绿色成本投入比率评价绿色资源的使用。用产品原材料投入产出效率评价“原材料—产品”过程是否实现了减量化、高利用，用产品材料回收利用率评价“产品—再生材料”这个过程是否实现了再循环。具体讲：

（1）$\text{产品绿色成本投入比率}=\frac{\text{绿色成本}}{\text{营业成本}}\times 100\%$

产品绿色成本投入比率，它表明在企业的经营中绿色成本占总成本的比重。绿色成本包括构成产品原材料及包装物的绿色资源以及经过折旧计入产品成本的环保设备金额。如果这个比值比较高，说明企业的绿色成本相对于整个企业的营运成本比较高，这个比值高可能是由于企业选择的原材料虽然环保但是价格太高造成的。企业绿色成本太高则产品的市场竞争力就会降低。然而这个比值也不是越低越好，因为过低的绿色成本可能是因为环保投入不够造成的。因此企业应该通过选取更合适的绿色替代品来降低绿色成本。

（2）$\text{产品原材料投入产出效率}=\frac{\text{直接材料成本}}{\text{营业收入}}\times 100\%$

产品原材料投入产出效率，它反映单位收入所耗直接材料成本。用于考察生产过程中原材料利用率。这里产品原材料指的是用于产品生产、构成产品实体的原料。这个指标越高说明单位营业收入所消耗的资源成本越高。企业可以拿这个指标进行纵向比较，如果本年该指标数值比上一年降低，说明企业本年实现了减量化，企业的生态文明绩效有所提高。该指标也可以用于同行业企业间横向比较，该指标数值越低说明企业资源利用率越高，企业生态文明绩效越好。

（3）$\text{产品材料回收利用}=\frac{\text{单位产品回收材料价值}}{\text{单位产品价值}}\times 100\%$

产品材料回收利用率，它反映单位价值的产品中含有多少可循环利用材料价值。这个指标用于考察企业对资源的循环利用程度。如果企业选取的原材料大部分都是可重复利用的环保材料那么产品的回收利用率自然会高，另外企业较高的材料回收利用率必然是采取了积极行动的结果，因此该指标也能反映出企业提高生态绩效的积极性。该比值越高说明企业循环利用资源程度越高，生态文明绩效越好。

(4) 环境资产投资增长率 $= \frac{\text{环境资产年增长额}}{\text{年初环境资产数额}} \times 100\%$

环境资产投资增长率是，反映了企业环保投资增长幅度。比值大说明企业加大了环保投资力度。一般在企业刚开始采取环保措施的几年这个比值会很大，随着企业环保投资的完善，这个比值会越来越小。

(5) 获益性环境支出比率 $= \frac{\text{获益性环境支出}}{\text{环境支出总额}} \times 100\%$

(6) 惩罚性环境支出比率 $= \frac{\text{惩罚性环境支出}}{\text{环境支出总额}} \times 100\%$

获益性环境支出比率与惩罚性环境支出比率两个指标，反映企业的环境支出结构，分别用于考察企业环保行为的正、负效应。企业的环境支出分为两类：一类是获益性支出，这类支出可以使企业在当期或者以后获得收益，比如企业购买环保专用设备、购买排污权、环境监测支出、付给环境人员的工资。这些支出会影响企业的长期经营，增强企业的可持续发展能力，从而提高企业的生态文明绩效。另一类是惩罚性支出，这类支出是由于企业违反了国家相关规定，对生态环境造成破坏而引起的，主要包括应付环境罚款、赔款等。惩罚性支出不仅会对企业的资金流动产生压力，更严重的是会给企业带来负面影响，从而会给企业带来难以估量的损失。惩罚性环境支出通常是由企业被动执行相关环保要求引起的，因此这个比值高说明企业在生态文明保护方面积极性低。获益性环境支出比率与惩罚性环境支出比率之和恒等于1。获益性环境支出比率越大，惩罚性环境支出比率越小，企业环境支出的结构越好，生态文明绩效越好。

3. 成果指标

反应指标可以评价企业为提高生态绩效做出的行动却无法评价这些行动的结果。两个不同的企业即使采取了相同的环保材料，进行了同样多的环保投资，但由于其营运情况不同产生的效果也不尽相同。评价企业环保成果可以从三个方面进行，一是评价环境优化成果，二是评价环境资产的营运成果，三是评价环境资产的盈利成果。

(1) 单位收入污染物排放量减少率 $= \frac{\text{单位收入污染物排放量减少额}}{\text{上一年单位收入污染物排放量}} \times 100\%$

单位收入污染物排放量减少率，反映企业污染程度好转情况，用于评价环境优化成果。可以分别计算气体、液体、固体污染物的单位收入污染物排放量减少率。该指标数值越高说明企业生态文明绩效提高越快。

(2) 环境资产收入率 $= \frac{\text{绿色收入}}{\text{平均环境资产总额}} \times 100\%$

其中，平均环境资产总额 $= \frac{\text{期初环境资产总额} + \text{期末环境资产总额}}{2}$

环境资产收入率，反映每一元环境资产所产生的收入，用于评价企业整个环境资产的营运能力。绿色收入主要指由于产品采用环境资产而使产品质量提高，从而产品价格被提高由此而产生的比原产品多出来的收入，即环保增值。该指标越高说明企业环境资产的投入产出率越高，即环境资产营运能力越强。

(3) 环保设备收入率 $= \frac{\text{绿色收入}}{\text{平均环保设备总额}} \times 100\%$

其中，平均环保设备总额 $=\frac{\text{期初环保设备总额}+\text{期末环保设备总额}}{2}$

环保设备收入率，反映每一元环保设备投入所产生的收入，用于评价环保设备的运营情况。该指标值越高说明企业环保设备投入产出比例越高，即环保设备营运能力越强。

（4）环境资产报酬率 $=\frac{\text{环保利润}}{\text{平均环境资产总额}}\times 100\%$

其中，平均环境资产总额 $=\frac{\text{期初环境资产总额}+\text{期末环境资产总额}}{2}$

环境资产报酬率，反映每一元环境资产所产生的环保利润，用于评价企业利用环境投资获利的能力。其中，环保利润 = 绿色收入 - 绿色成本 - 环境税费 - 环境管理费用 - 环境资产减值损失 + 绿色投资收益。该指标越高说明企业单位环境资产获利越多，企业生态绩效越好。

以上建立的较为完整企业生态文明建设能力财务评价三级指标体系，能够与企业原财务分析指标融为一体，形成对企业包括环境财务绩效在内的完整统一的综合财务指标体系。框架如图 3 - 3 所示。

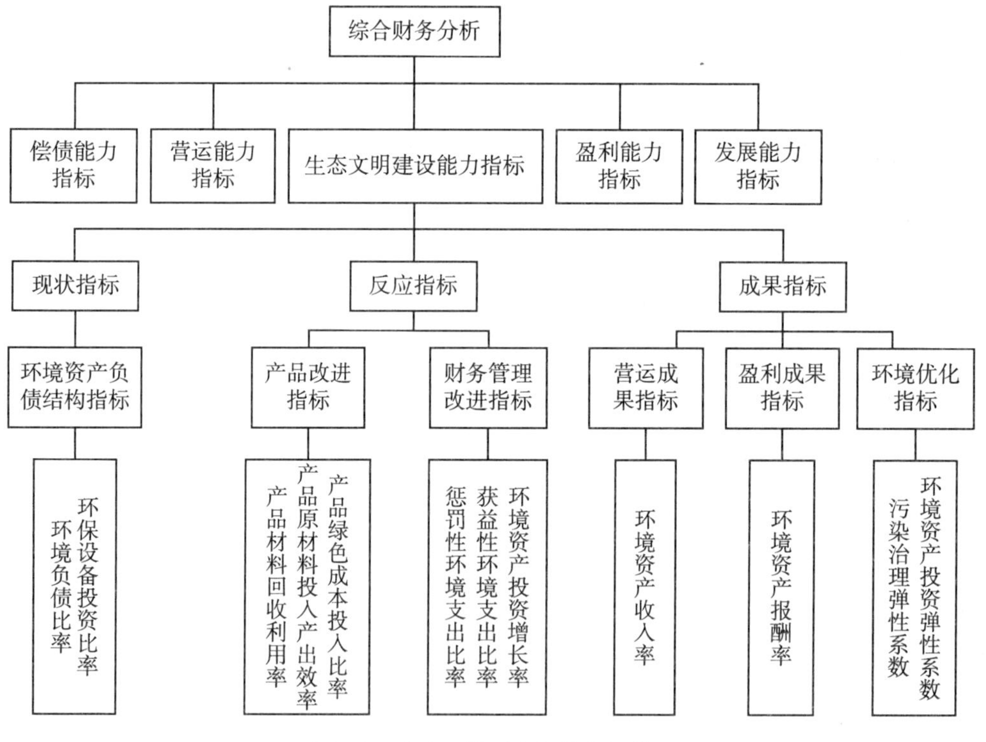

图 3 - 3　企业环境财务评价指标体系

四、工业制造行业（企业）环境财务绩效指标

（一）工业行业（企业）投入、产出总指标

根据世界可持续发展工商理事会（WBCSD）提出的环境绩效评价原则，这里将评价的指标分为投入指标和产出指标。投入主要包括能源的耗用和治理费用两个方面，产出主要包括污染物的排放和治理量两个方面。其中，污染物排放属于消极产出，即它会对环境造成破坏；治理量属于积极产出，即它有利于环境保护。因此，根据数据的可得性和评价指标全面性权衡考虑，此处建立的对主要污染物的投入量和产出量指标，具体内容如图 3－4 所示。

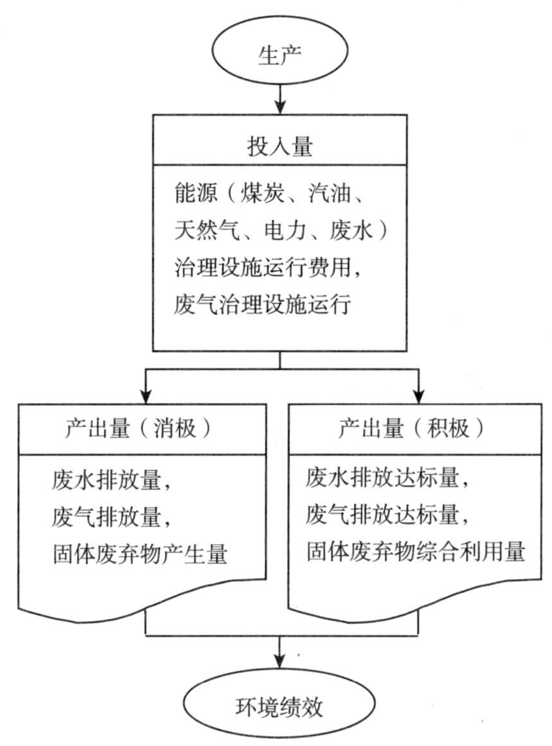

图 3－4 环境绩效投入产出量

（二）工业行业（企业）投入、产出具体指标

研究制造业不同子行业的财务环境绩效，还不能将上述投入产出总指标直接拿来作比较，否则会存在以下问题：第一，缺乏可比性。一些制造业中的欠规模行业虽然能耗和污染较少，但其经济总量也很小。对于这样的小规模行业，它们产生的能耗和污染在总数上可能比大规模行业稍小，但这并不能说明其财务环境绩效就一定是好的；一些制造业规模行业虽有较大的能耗和污染，但这可能是其庞大的经济规模所造成的必然结果，对于这样的经济规模行业，如此多的能耗和污染可能还并不一定证明其财务环境绩效差。因此，直接用能耗和排污量等数量进行比较是不合适的，并不能反映出各行业真实的财务环境绩效。第二，一般意义上，环境绩效包括社会环境绩效、生态环境绩效、财务环境绩效、管理环境绩效诸方

面，本书研究的是财务环境绩效，而非单纯的笼统意义上的环境绩效。所以，仅仅用能耗和污染数量进行比较并不能反映出这些行业的环境财务情况，而应加入货币量。以上两个问题也正是目前环境绩效评价研究者所存在且尚未解决又迫切需要解决的主要问题，也是本书新意所在。从本质上讲，环境活动也是经济活动，可以也能够应用价值量化方法，通过会计特殊手段加以解决，清晰地反映其经济活动中环境投入和环境产出所带来的效果。

基于上述分析，同时考虑指标选取的合理性和评价的可操作性，将上述投入量和产出量均除以其相应行业的总产值，这样既能剔除行业规模因素对评价结果的不利影响，又能将经济因素和会计思想融入环境绩效评价中去，从而最终实现财务环境绩效评价的目的。

具体指标的构建和计算式如表 3－5 所示。表中总共 1 个一级指标，3 个二级指标，12 个三级指标。其中，投入指标和消极性产出指标值反映的是各行业当年对环境的破坏程度，因此越低越好；积极性产出指标反映的是各行业对环境的治理力度，因此越高越好。

表 3－5　　财务环境绩效评价指标体系

<table>
<tr><th>一级指标</th><th>二级指标</th><th>三级指标</th><th>计算公式</th></tr>
<tr><td rowspan="12">财务环境绩效评价指标</td><td rowspan="6">投入指标</td><td>单位产值煤炭消费量（万吨/亿元）</td><td>$单位产值煤炭消费量=\frac{煤炭消费总量}{行业总产值}$</td></tr>
<tr><td>单位产值汽油消费量（万吨/亿元）</td><td>$单位产值汽油消费量=\frac{汽油消费总量}{行业总产值}$</td></tr>
<tr><td>单位产值天然气消费量（万平方米/亿元）</td><td>$单位产值天然气消费量=\frac{天然气消费总量}{行业总产值}$</td></tr>
<tr><td>单位产值电力消费量（万千瓦时/亿元）</td><td>$单位产值电力消费量=\frac{电力消费总量}{行业总产值}$</td></tr>
<tr><td>单位产值废水治理费用（亿元）</td><td>$单位产值废水治理费用=\frac{废水治理设施本年运行费用}{行业总产值}$</td></tr>
<tr><td>单位产值废气治理费用（亿元）</td><td>$单位产值废气治理费用=\frac{废气治理设施本年运行费用}{行业总产值}$</td></tr>
<tr><td rowspan="3">产出指标（消极）</td><td>单位产值废水排放量（万吨/亿元）</td><td>$单位产值废水排放量=\frac{废水排放总量}{行业总产值}$</td></tr>
<tr><td>单位产值废气排放量（亿平方米/亿元）</td><td>$单位产值废气排放量=\frac{废气排放总量}{行业总产值}$</td></tr>
<tr><td>单位产值固体废物产生量（万吨/亿元）</td><td>$单位产值固体废物排放量=\frac{固体废物排放总量}{行业总产值}$</td></tr>
<tr><td rowspan="3">产出指标（积极）</td><td>单位产值废水排放达标量（万吨/亿元）</td><td>$单位产值废水排放达标量=\frac{废水排放达标总量}{行业总产值}$</td></tr>
<tr><td>单位产值废气排放达标量（亿平方米/亿元）</td><td>$单位产值废气排放达标量=\frac{废气排放达标总量}{行业总产值}$</td></tr>
<tr><td>单位产值固体废物综合利用量（万吨/亿元）</td><td>$单位产值固体废物综合利用量=\frac{固体废物综合利用总量}{行业总产值}$</td></tr>
</table>

第四节 环境绩效评价技术与方法

一、环境绩效评价指标评价技术

企业环境绩效评价就其技术来讲，首先是对环境指标的计算和量化，也可以说是对环境业绩的计量，然后根据指标的量化值采用一定的方法加以评价，因此这里主要介绍环境绩效评价的相关方法。

在对企业进行环境绩效评价时，首先要做的就是对行业进行分类。不同行业的企业由于政策、目标和结构的不同，所面临的环境问题不同，环境绩效评价的重点也不同，如果使用统一的指标就会使环境绩效评价失去意义，其结果也会失去参考性，所以有必要对行业进行合理的分类。其次，在对企业进行环境绩效评价之前，还应该对评价指标进行分类。

环境绩效评价的本质还是评价，所以一般的评价方法对环境绩效评价仍然适用，如新审计准则对审计方法进行新的归纳之后形成了传统审计的八大类方法：检查记录或文件（审阅法）、检查有形资产（监盘法）、观察、询问、函证、重新计算（复算法）、重新执行、分析程序，其中几类方法对环境绩效评价来说仍是必须和有效的。而环境绩效评价的目的重在审查此项目的经济性、效率性、效果性，这些方法在环境绩效评价中相对运用较少。以下重点从评价指标计算方法和指标评价方法来讲解。除此之外，还可以借鉴和应用环境经济学、发展经济学等学科的方法。

二、环境绩效评价指标量化方法

ISO14031 根据指标计算的基础和复杂性，将环境业绩指标分成五种：绝对指标、相对指标、指数指标、加总指标和加权指标。在对某一特定的企业进行环境绩效评价时，首先要找准其对应的行业，选择适合自身生产特点的评价指标，然后再利用定量的分析方法对具体指标进行计算。常见的分析方法有比率分析法、趋势分析法，以及较复杂的层次分析法、模糊评价方法、复合评价方法等。

（一）比率分析

1. 含义

在财务分析中，比率分析法应用比较广泛，它使用同一期财务报表上的若干数据互相比较，用一个数据除以另一个数据求出比率，以说明财务报表中有关项目之间的联系，分析和评估公司的经营活动。比率分析法是财务分析最基本的工具，但在分析企业的环境绩效时要注意所分析项目的可比性、相关性，将不相关的项目进行对比是没有意义的，例如用环境成本/产品数量能表示每一单位产品所负担的环境成本，而用环境成本/利息费用则没有意义。另外还要注意选择比较的标准要具有科学性，要考虑行业因素、生产经营情况差异性等因素。

2. 优缺点

在财务分析中，比率分析用途最广，但也有局限性，突出表现在：比率分析属于静态分析，并不能完全准确的预测未来；比率分析所使用的数据为账面价值，没有考虑通货膨胀、时间价值等因素。因此，在运用比率分析时，要注意将各种比率有机联系起来进行全面分析，不可孤立地看某种或某类比率，还要着眼于财务报表之外的信息，这样才能对企业的历史、现状和将来有一个全面而详尽的分析和了解，从而为经营决策提供正确的信息。

3. 适用条件

所分析的项目要具有可比性、相关性，将不相关的项目进行对比是没有意义的；对比口径的一致性，即比率的分子项与分母项必须在时间、范围等方面保持口径一致；选择比较的标准要具有科学性，要注意行业因素、生产经营情况差异性等因素；要注意将各种比率有机联系起来进行全面分析，不可孤立地看某种或某类比率，同时要结合其他分析方法，这样才能对企业的历史、现状和将来有一个详尽的分析和了解，达到财务分析的目的。

（二）趋势分析

1. 含义

趋势分析法又叫比较分析法、水平分析法，它是根据企业连续几年或几个时期的分析资料，运用指数或完成率的计算，确定分析期各有关项目的变动情况和趋势的一种财务分析方法。通过将财务报表中各类相关数字进行对比，得出它们的增减变动方向、数额和幅度，以揭示企业的财务状况和经营情况。

2. 分类

趋势分析法在计算指数时通常有两种方法：定比法和环比法。定比法是以某一时期为基数，其他各期均与该期的基数进行比较。例如以 2000 年年末的营业收入为基数，那么将 2001 年末、2002 年末、2003 年末的营业收入都与 2000 年年末的营业收入进行比较。而环比是分别以上一时期为基数，下一时期与上一时期的基数进行比较，例如 2005 年同 2006 年比较，2006 年同 2007 年比较，2007 年同 2008 年比较。通过定比法得到的指数叫定基指数，通过环比法得到的指数叫环比指数，趋势分析法通常采用定基指数。管理者通过指数计算的结果判断企业各项指标的变动趋势，还能根据企业以往的变动情况，研究其规律，从而预测出企业的未来发展情况。

3. 适用条件

趋势分析法能使管理者确定引起企业财务状况和经营成果变动的主要原因，帮助其改进管理办法，外部投资者还能根据计算指标确定公司财务状况和经营成果的发展趋势对自身是否有利。但是采用趋势分析法时必须注意：进行对比的各个时期的指标必须有可比性，并且在计算口径上必须一致；必须使用日常的生产项目，剔除偶然项目，使数据结果能反映正常的经营状况；对有显著变动的指标作重点分析，找出其产生原因，并及时做出对策。

（三）层次分析

1. 含义

层次分析法（analytic hierarchy process，AHP）是将决策相关元素分解成目标、准则、方案等层次，在此基础之上进行定性和定量分析的决策方法。这种方法的特点是在对复杂问题的本质、影响因素及其内在关系等进行深入分析的基础上，利用较少的定量信息使决策的思维过程数学化，从而为多目标、多准则或无结构特性的复杂决策问题提供简便的决策方法。

2. 步骤

运用层次分析法解决问题，大体可以分为4个步骤：建立问题的递阶层次结构；构造两两比较判断矩阵；由判断矩阵计算被比较元素相对权重；计算各层次元素的组合权重。在企业的清洁生产中，往往同一个目标会有多种解决方案，不同的方案间存在相互关联、相互制约的关系，但是这种关系又缺少定量数据来描述，这时就可以运用层次分析法建立层次结构，通过构造判断矩阵计算出各方案中不同因素的重要程度，这些数值能客观地反映不同方案在性质上的差异，可以为管理者提供客观依据，选择对企业更合适的方案。

3. 适用条件

人们在进行社会的、经济的以及科学管理领域问题的系统分析中，面临的常常是一个由相互关联、相互制约的众多因素构成的复杂系统，而且往往缺少定量数据来描述众因素之间的关系。层次分析法是解决这类问题的行之有效的方法，它提供了一种新的、简洁而实用的建模方式。它把复杂问题分解成组成因素，并按支配关系形成层次结构，然后逐层比较各种关联因素的重要性来为分析、决策提供定量的依据，尤其适合于解决综合评价、选择决策方案、估计和预测等问题。一个递阶层次结构具有以下特点：从上到下顺序地存在支配关系，除第一层外，每个元素至少受上一层一个元素支配，除最后一层外，每个元素至少支配下一层次一个元素，同一层次及不相邻元素之间不存在支配关系；最高层为目标层，通常只有一个元素，最下层通常为方案或对象层，中间为准则层；根据决策系统的复杂程度不同，整个结构中层次数不同运用层次分析法有很多优点，其中最重要的一点就是简单明了。

层次分析法不仅适用于存在不确定性和主观信息的情况，还允许以合乎逻辑的方式运用经验、洞察力和直觉。也许层次分析法最大的优点是提出了层次本身，它使得买方能够认真地考虑和衡量指标的相对重要性，且层次数不受限制；每个元素所支配的元素一般不超过9个。

（四）模糊评价方法

1. 含义

模糊评价就是利用模糊数学的方法，对受到多个因素影响的事物，按照一定的评判标准，对事物做出评价。环境资源价值系统是一个复杂且模糊的系统，它是自然系统、社会系统、经济系统的和谐统一，而且每个系统又是复杂因素共同作用的复合模糊体。当一个系统的复杂性日益增大时，对其精确化计量的能力将会降低，在超过一定限度时，复杂性和精确性将互不相容。一般情况下可以采用模糊数学模型来计量诸如土地、树木、水体等可再生性环境资源的价值。将模糊评价方法用于环境绩效评价，可以综合考虑影响环境绩效的众多因素，根据各因素的重要程度和对它的评价结果，把原来的定性评价定量化，较好地处理绩效评价多因素、模糊性以及主观判断等问题。模糊综合评价是对受多种因素影响的事物做出全面评价的一种十分有效的多因素决策方法，其特点是评价结果不是绝对地肯定或否定，而是以一个模糊集合来表示。

2. 步骤

按照模糊综合分析法对企业的绩效进行评价时，首先设定一个因素集U：$U=\{u_1, u_2, \cdots, u_n\}$，因素$u_1$，$u_2$，…，$u_n$的值根据我国现行评价体系和企业特点选择，例如$u_1$（净资产收益状况）、$u_2$（市场占有能力）、$u_3$（污水治理成本）等。其中，$u_1$，$u_2$，…，$u_n$。有一部分是财务业绩方面的指标，原来都用精确的比率指标反映，但对它们适当地模糊化更能客观真实地反映企业绩效。其次设立评价集 $V=\{v_1, v_2, v_3, v_4\}$，假设 v_1 = 优，v_2 = 良，v_3 = 平均，v_4 = 差，然后选取熟悉企业情况的专家组成评判组，得到评价矩阵。最后根据专家意见，确定对企业的评价。假如评定为“优”，说明企业的环境保护措施及时，取得了较好的成果，假如评定为“差”，则企业需要加大对环境治理的投入。

3. 适用条件

模糊聚类分析理论和模糊综合评判原理等适用于那些本身具有高度复杂性且带有模糊性的领域，且更多地被应用于经济管理、环境科学、安全与劳动保护等领域，如房地价格、期货交易、股市情报、资产评估、工程质量分析、产品质量管理、可行性研究、人机工程设计、环境质量评价、资源综合评价、各种危险性预测与评价、灾害探测等均成功地应用了模糊评价的原理和方法。模糊识别模型适用于单一企业判别环境状况，方法简单易行。当环境单元涉及地区广泛，须对若干个环境单元进行判别。

应用模糊识别与模糊聚类模型计量绿色会计的费用与收益要素时还应具备以下条件：一是会计人员要有一定的模糊数学知识，因此有必要对会计人员进行短期的专门培训，避免因缺乏相关知识而导致不必要的失误；一是企业要配有环境专家组，能够较准确地判别环境等级，从而为会计要素的计量作铺垫。模糊识别与模糊聚类都是建立在环境细分标准的基础上的。但目前我国环境标准体系比较宽泛，不适用于企业进行绿色会计要素的计量。要想细致准确的进行计量，首先要形成一套环境细分标准，要划分数十个等级，等级越多，越有利于绿色会计计量。

（五）专家意见法

1. 含义

专家意见法（也称德尔菲法，Delphi method）是一种常用的市场调查定性方法，它依据系统的程序，采用匿名发表意见的方式，规定专家之间不得互相讨论，不发生横向联系，只能与调查人员保持联系，调查人员采用函询或现场深度访问的方式，反复征求专家意见，经过客观分析和多次征询，逐步使各种不同意见趋于一致，一般要通过几轮征询，才能达到目的。这种专家征询意见的方法，能够真实地反映专家们的意见，并能给决策者提供很多事先没有考虑到的丰富的信息，具有广泛的代表性，较为可靠。同时，不同领域的专家可以从不同的角度提出自己极有价值的意见，为决策者决策提供充分依据。

2. 步骤

德尔菲法的具体步骤是：根据预测课题选定合适的专家组成专家小组，然后向所有的专家提出所要预测的问题及有关要求，并附上相关材料，然后由专家做书面答复。各专家根据他们所收到的材料，提出自己的预测意见，并说明理由。将各专家第一次的预测意见汇总、列表、对比，再分发给各专家，让专家比较自己同他人的不同意见，修改自己的意见和判断。将专家第二次的意见汇总、对比，再次分发给各专家，逐轮收集意见并为专家反馈信息是德尔菲法的主要环节。在向专家进行反馈的时候，只给出各种意见，但并不说明发表各种意见的专家的姓名。这一过程重复进行，直到每一个专家不再改变自己的意见为止，一般要经过三四轮。

3. 适用条件

德尔菲法简便易行，具有一定科学性和实用性，能使各位专家充分表达自己的看法，集思广益，准确性高，能把各位专家意见的分歧点表达出来，取各家之长，避各家之短。同时，相对于面对面的群体决策来说，德尔菲法能避免专家的意见受权威人士意见的影响，还能避免有些专家碍于情面，不愿意发表与其他人不同的意见。德尔菲法的主要缺点是过程比较复杂，花费时间较长。另外还需要注意的是，对专家的挑选应基于其对企业内外情况的了解程度，决策时要为专家提供充分的信息，并允许其粗略的估计数字。在第四步结束后，专家对各事件的预测也不一定都达到统一，这时候也可以用中位数来作结论。

除了以上介绍的一般绩效评价的方法之外，还可以借鉴和应用环境经济学、发展经济学等学科的方法。如目标导向法、环境成本费用效益分析法、环境成本费用效益分析法等。

（六）数学模型法

1. 含义

环境价值的量化可采用项目构成法，即按照生态资源所能创造收益的不同方面的价值分项加总计算。例如提供水源的收益价值可用每一单位体积水源的价格与河流的总流量相乘求得，再把各项收益价值加总即得河流生态资源价值。

2. 程序

数学模型法（价值形式法）认为，资源成本一般包括生产成本、再生成本、恢复成本、替代成本和服务成本。

生产成本的计量采用标准价格法，其公式为：

$$C_{生} = C_{标} \times (1 \pm R_1 \pm R_2 \pm \cdots \pm R_n) \times Q$$

其中，$C_{生}$表示某项资源的生成成本；$C_{标}$表示某种资源的标准生成成本或价格，由国家特定机构确定；$R_1 \cdots R_n$ 表示特定资源的质量、开发难易程度、稀缺性等系数；Q 表示资源的数量。

再生成本的计量采用平均累计计量方法，数学公式为：

$$C_{再} = s.t.p.[1 \pm Rn]Q_1/Q_0$$

其中，$C_{再}$表示某项资源的再生成本；s 表示所占空间面积；t 表示占用时间；p 表示单位时间、空间应计量的机会成本或价格；Rn 表示再生所需要的种植、保护费用等系数；Q_0 表示自然资源消耗的数量；Q_1表示补偿数量。

3. 适用条件

从上述数学模型法看出，尽管数学公式并不复杂，但是其中各项系数的项数和数值的确定却是极不容易的，目前还缺少一套完善的理论体系和可操作的确定系数的方法。

但实际上很多生态资源价值难以量化，有关数据不准确，自然资源的计价问题较为复杂。

（七）皮尔数学模型

皮尔数学模型也是数学模型法的一种，在生态环境绩效评估中常用。生态资源价值是随着社会经济的发展和人们生活水平的不断提高而日益显现和增加起来的。生态资源是发展的，动态的，它具有从发生、发展到成熟的过程特征。这种特征在图形上表示为一条S形曲线，这条曲线的数学表达式为：

$$Y = L/[1 + ae(-bT)]$$

依照皮尔的生长曲线模型来计量生态资源的价值时，首先对不同环境资源的生态价值加以分析，然后分别或结合采用替代市场价格法、影子价格法、机会成本法和模糊数学法等，计算出单项生态价值，并确定该项生态价值在生态总价值中的权数，再求和得到生态价值的价值。

三、环境绩效指标评价方法

（一）目标导向法

1. 含义

所谓目标导向法，就是对被评价事项事先分析，分解为多个目标，多层目标，然后依照一定的标准，采用一定的评价方法进行评价从而提出评价建议的一种方法。环境绩效评价目标有利于环境绩效评价方法的改进，增强环境绩效评价的实践性、计划性，从而使环境绩效评价能够更好地发展。环境绩效评价目标的形成解决了环境绩效评价的动力源泉，并通过目标的层层分解及目标之间的逻辑关系，将环境绩效评价理论与环境绩效评价实践有机地结合起来。

2. 步骤

第一步，确定评价目标及目标的分解。进行评价前首先要根据环境绩效评价项目分析本次环境绩效评价的目标是什么，然后针对具体评价项目进行层层分解。注意的是分解的评价目标要具有可行性。

第二步，评价目标的实施。结合环境绩效评价的其他方法，确定通过怎样的实践活动达到所分解的目标。

第三步，进行目标检查，根据一定的评价标准，找出差距，提出改进意见与建议。该方法适于在目标明确且易分解，客观条件和投入变动不大的情况下，对政府环境绩效进行粗略评价时使用。

3. 优点

目标导向法的优点在于层次性、全面性、具体化和动态性。具体来说，层次性是指目标分解时，应该做到从微观入手，立足宏观，以点带面，层层分析。在评价和综合分析的基础上，查出问题后进行改善管理、提高投资绩效及完善政策法规和推进改革机制加以结合，以达到更好的绩效评价目的。而涵盖全面、重点突出则是全面性的显著表现。对目标进行分析时，应该注意评价内容不仅要有实现总体目标的全面性，还要做到突出重点，在把握评价重点的时候，要以评价内容的关键环节和项目管理实际状况的专业判断为基准。分析时尽量做到具体化，从而使评价人员容易理解和把握，便于实际操作，这样不仅提高了评价效率，还能及时对目标完成情况进行检查。最后贯穿全局的是，把握动态，适时调整。

（二）环境成本费用效益分析法

1. 含义

环境费用效益分析，是指将费用效益分析理论和环境科学相结合从而评价某项活动、项目的一种方法。它的根本目的在于在现有的经济技术条件下，实现利益的最大化，其基本原则是效益必须大于费用。

环境成本的效益分析法是用于评价环境项目的费用和效益的方法，其评价指标有两个：一是总效益与总成本之比；二是总效益与总成本之差。如：

环保设施投资收益率 =（因采用环保设施带来的收益 ÷ 环保设施投入总额）×100%

环保设施投资收益 = 因采用环保设施带来的收益 − 环保设施投入总额

这是不考虑货币时间价值的环境成本（费用）的效益分析，在实际操作过程中往往还要考虑到资金的时间价值。

环境费用的效益分析法具体的方法主要有：（1）直接市场价值评价法，即指把环境质量作为一个生产要素，因其变化而影响生产率和生产成本乃至导致产品价格、水平的变化用货币测算出来的一种方法；（2）偏好价值评估法，即指通过对人民表现出对环境的偏好进而估算环境质量变化引起的经济价值；（3）意愿调查法，即指通过直接向有关人群提问，从而发现人们是如何给一定的环境变化定价的，以直接询问的方式调查人员是否愿意支付。环境费用效益分析法，是环境决策分析法中一种，主要适用于环境规划绩效评价或拟建项目或已建项目对环境质量的影响进行分析或前期调查。

2. 步骤

环境费用效益分析法的主要步骤是：首先，将所有费用和效益罗列出来，以货币形式进行定量；其次，使用贴现率，把不同时间段的费用和效益全部折算成现值；最后，用各方案净效益的现值作为评价方案优劣的依据，同时选出净现值最大的方案。此法可以借鉴价值评估法对环保项目及各种污染方案的环境成本和环境效益进行分析计量，再结合财务管理学的有关知识，进行环境绩效评价以确定该项目的经济性、效率性及效果性。

3. 适用

该方法充分考虑了项目的社会效益和环保效益，符合经济可持续发展的需要，并且该方法充分考虑了货币的时间价值，不仅从社会效益、环境效益，而且从经济效益上均具有可行性。此外，该方法降低了评价风险。对具体的环境项目或环境政策进行评价时，当从环境部门获取一些数据信息或是利用外部专家时，评价人员可利用该价值评估方法加深对环境项目或环境政策的了解，这有助于降低利用外部资料或外部专家而可能产生的评价风险。

该种方法的缺点对环境影响的费用和效益较难计量，尤其是环境效益中的间接效益和间接成本，较难用定量的方法计量出来。此外，环境费用效益分析所采用的价值评估方法基本上是由西方经济学家根据发达国家的具体情况开发出来的，其理论和框架分析技术必然深受发达国家政治、经济、社会和文化条件的影响，所以我们在选择使用价值评估方法时具有一定的难度。

（三）环境费用效果分析法

1. 含义

环境费用效果分析法，是将环境保护和治理费用与其达到的效果进行多方案比较的一种经济评价方法。它是以环境费用效益分析法为基础，通过选择最低的费用方案，达到某一预期的环境目标，在费用确定的情况下，能选择改善环境水平质量的最佳方案。实质上是依据费用与效果的相关关系，借助于两者之间的动态变化，比较得出结论。也就是说当拟建项目所产生的环境影响难以用货币单位计量时，可以通过费用效果分析进行非完全货币化的计量。在费用效果分析中，费用以货币形态而效益以其他单位来衡量。环境费用效果分析法是在环境费用效益分析法的基础上产生的一种新的方法，可以看作是环境费用效益分析法的一种补充，是在缺乏量化的基础上进行环境绩效审计的一种方法，也即当环境成本或环境效益不能计量时，可采用此法。

2. 适用

应用环境费用效果分析法的优点是可以不需给每一效应赋予货币计量，可用非货币计量单位计算，在环境绩效评价中具有很大的实用性和灵活性。这在一些具体的环境绩效评价项目中可以应用，例如，政府在建造新的环境公共设施以取代随时可能发生坍塌的老设施的项目中，如评价发现建设工程被拖延，就可以将工程延长的项目的建设成本与老设施坍塌所造成的或有损失进行对比，比较哪种方法费用最少，根据对比情况，提出评价建议。其缺点是，因为环境绩效评价的项目具有较强的专业性，环境费用效果的测试标准如何确定，误差究竟有多大，对效果的分析有一定的难度。

（四）模糊综合评价法

1. 含义

模糊综合评价法是在模糊数学和层次分析法基础之上经过改进得出的评价方法。该评价法根据模糊数学的隶属度理论把定性评价转化为定量评价。其特征是，对评价因素进行相互比较，以评价因素最优的为评价基准，评价值为1（若采用百分制，评价值为100分），其余欠优的评价因素依据欠优的程度得到响应的评价值。该综合评价法在综合性、合理性、科学性等方面得到了改进，使定性评价与定量评价能很好地结合，并能较好地控制人为的干扰因素。简单地说，模糊综合评价就是要构造出一个运算公式，将指标值与权重融入其中，经过模糊综合分析得出评价值。

即：

$$F = V_1W_1 + V_2W_2$$

2. 步骤

模糊综合评价法的一般步骤是：

第一步，设定各级评价因素（F）；

第二步，设定评语等级集（V）；

第二步，设定各级评价因素的权重（W）分配；

第四步，进行复合运算得到综合评价结果，这是模糊综合评价法的核心；

第五步，对评价结果进行归一化处理。

3. 优缺点

模糊综合评价法的优点体现在：（1）使用模糊综合评价法对环境绩效进行评价，不但将定性评价指标和定量评价指标融合到一起，而且还可以将许多难以定量化的指标转化为可计量的评价值。由于增加了定性指标，从而评价时将短期利益和长期利益相结合，经济利益和社会利益相结合，评价更倾向于公众的价值取向，同时，与定量指标相比，定性指标值不易被人为修改。虽然是主观赋值，但定性指标的源信息来自专家咨询，即利用专家群的知识和经验，经过科学的多次反复论证，弱化了人为因素，增强评价结果的客观性，结论的可靠性很高。(2) 与其他方法相比，模糊综合评价法不但能确定各个评价点，即终极评价指标的权重，而且模糊综合评价分析法内部严密的运算合成方法，使得评价结论具有可验证性。总之，模糊综合评价方法评价过程逻辑严密，能够比较客观全面地反映各评价要素之间的内在关系，将定性问题定量化，把评价方法与审计活动紧密结合起来，增强评价过程的透明度。

模糊综合评价分析法缺陷也是明显的，采用这种方法数据处理烦琐，特别是当评价对象多、评价因素众多时，手工数据处理工作量大，并且难以保证计算的准确性。另外，由于客观环境的变化，相同的评价对象在不同时期可能会得到不同的评价结果，在评价时对不可比因素的把握比较困难。

4. 评价指标模型

(1) 评价模型的建构基础

综合比较以上几种评价方法，我们在构建环境绩效评价体系工作中采用模糊综合分析评价方法和层次分析法，主要基于以下三方面的考虑：

一是环境绩效评价指标体系中有许多定性指标，而且这些定性指标所描述的评价范围具有模糊性，将定性的问题转为定量问题正是模糊综合评价的一个基本职能；

二是环境绩效评价标准的多维性和动态性恰好是模糊性的一种表现，运用模糊综合评价法更具有针对性；

三是环境绩效评价具体评价计对象可比性差，不容易像普通项目一样做出决策，而且其评价指标体系层次多、评价内容涉及面广，不能简单地将定性指标进行定量然后综合，而是应该用系统性的、科学严谨的理论、程序进行综合评价，所以，模糊综合评价法是最佳选择。

(2) 评价指标模型：单指标评价模型和多指标评价模型

模型一：单指标评价模型。

在进行环境绩效评价时，对单个指标进行评价和比较是容易的，只要用定量指标的实际值或者定性指标的得分值与标准值进行对比即可，也可对多个样本的同一指标数值直接进行排序，找出研究对象在多个样本中所处的位置，从而看出研究对象在该项指标上的实际水平。如果只有一级指标，那么可以直接计算评价指标值。如要评价的指标设有分级指标，那么在计算政府环境绩效评价指标值的时候，将次级指标的得分乘以各自的权重得出的加权平均数即为上级指标的评价值。假设要评价的目标指标下面分设一级、二级和三级指标。

则指标评价值的计算公式如下：

$$EPI = \sum_{t=1}^{n} W_i P_i$$

其中，$P_i = \sum_{j=1}^{m} W_{ij} P_{ij}$；$P_{ij} = \sum_{k-1}^{j} W_{ijk} P_{ijk}$

P_i——反映企业环境绩效水平的一级指标得分值；

P_{ij}——反映企业环境绩效水平的二级指标得分值；

P_{ijk}——反映企业环境绩效水平的三级指标的分值；

W_i——反映一级指标的权重；

W_{ij}——反映二级指标的权重；

W_{ijk}——反映三级指标的权重；

EPI——加权平均下的环境绩效指标值。

上述各级指标的权重值设置是否合理直接关系到评价结论的准确性。目前确定指标权重的方法较多，专家咨询法（Delphi）和层次分析法（AHP）是确定指标权重的两个常用的方法，它们属于客观判断法，根据专家对各指标重要程度的判断，实现定性到定量的转化，得到各指标的权重。其中，专家咨询法是多轮征求专家意见，具有匿名、反复和结果收敛的特点。而层次分析法是根据评估目的，将指标层层细化，由专家对各指标进行两两比较，判断低层各指标对其上层指标的相对重要性，并将其相对重要性赋予一定数值，构造两两比较判断矩阵，然后通过若干步骤，计算求得各指标权重的数值。

模型二：多指标评价模型。

上述确定指标权重的层次分析法在建立判断矩阵时，只需将各方案的单个指标值进行比较，没有考虑指标间的相互联系，而该指标体系内各指标之间并不是相互独立的，它们之间存在着相互联系，有必要建立一个多指标综合评价模型。环境绩效多指标综合评价模型的建立包括指标筛选，指标权重和环境绩效指标值的计算。其大体步骤如下：

第一，对影响政府环境绩效审计评价的各个指标进行筛选、分级，其步骤已经在上文中完成。根据指标分级设定各级评价因素（F）和评价等级集（V）。上文选取的一级指标共有三个，分别记作 F_1、F_2、F_3，这三个指标构成一个评价因素的有限集合 $F = \{F_1, F_2, F_3\}$。其中 F_1 又包括四个二级指标，这四个二级指标又构成一个评价因素的有限集 $F_1 = = \{F_{11}, F_{12}, F_{13}, F_{14}\}$，同理可构建有限集合 F_2 和 F_3。根据实际需要建立四个评语等级，分别为好、较好、一般、差。则评价因素集和评语等级集分别为：F = {职能指标,效益指标,潜力指标},V = {好,较好,一般,差}。

第二，对影响环境绩效的各个指标进行全面分析，对照评价标准值进行打分，并确定各指标权重（W）。

在多指标综合评价中，指标权重的确定是一个基本步骤，权重值的确定直接影响着综合评价的结果，权重的变动可能引起被评价对象优劣顺序的改变。因此，科学地确定指标权重在多指标综合评价中是举足轻重的。

层次分析法是将评价目标分为若干层次和若干指标，依照不同权重进行综合评价的方法。用层次分析法确定权重大体要经过以下五个步骤：建立层次结构模型、构造判断矩阵、层次单排序、层次总排序、一致性检验。构建层次结构模型就是对总目标进行层次细分，形成“树形图”；构造判断矩阵就是运用 1 ~ 9 标度对每一层次指标的重要程度进行排序，从而形成用数值表示的判断矩阵。

所谓层次单排序就是根据判断矩阵计算对于上层某因素而言与之有联系的因素的重要性次序的权值，层次单排序可以归结为计算判断矩阵的特征根和特征向量问题，即对判断矩阵 B，计算满足 $B \cdot W = \lambda max\ W$ 的特征根与特征向量式中，λmax 为 B 的最大特征根，W 为对应 λmax 的正规化特征向量，W 的分量 W_i 即对应元素单排序的权重值。为了检验矩阵的一致性，需要计算它的一致性指标 $CI = (\lambda max - n)/(n - 1)$，为了检验判断矩阵是否具有令人满意的一致性，需要将 CI 与平均随机一致性指标进行比较；最后根据各“比较判断矩阵”，计算被比较审计评价指标对于该准则的相对权重 W_t。

第三，通过专家打分等方法获得模糊评价矩阵 R。

假设 15% 的人认为“很好”，28% 的人认为“好”，47% 的人认为“一般”，10% 的人认为“差”。则评价矩阵 R_i = (0.15，0.28，0.47，0.10}。它是 R 的一个子集，同理也可以得到其他评价因素的评价矩阵，从而得到模糊评价矩阵 R：

$$R=\begin{bmatrix} R_1 \\ R_2 \\ R_3 \\ \cdots \\ \cdots \\ R_n \end{bmatrix}$$

第四，进行复合运算得出综合评价结果，并将评价结果进行归一化处理。

得到模糊评价矩阵 R 后，与权重集相乘，得判断矩阵 B，即 B = W · R. 然后将评价结果进行归一化处理。上一步所得的结果是 n 行 m 列的向量，每一行各数之和不等，不能进行比较，进行归一化处理后，每一行的数字之和为 1，各列对应的数字则代表评价值。以矩阵 R 为例，评价结果第一行经归一化处理后为 {0.16，0.27，0.42，0.15}，则结果可评定为“一般”。

综上所述，在运用该模型中，要科学合理选择评价因素集。所选因素应尽可能全面反映被审计评价对象的全貌，并且所选因素含义要明确清晰。模糊综合分析评价法不能解决评价指标间相关性造成的评价信息重复的问题，因而在进行模糊综合评价前，一定把各评价因素之间的界限区分清楚，减少各评价因素之间的相关程度，剔除不可比因素的影响，以保证评价结果的准确性。此外，模糊综合分析法在进行单因素评价时，要特别注意专家打分法的运用。在打分之前一定要统一对定性和非财务指标打分的口径，通过调查限定评价范围。

辅助阅读 3 - 2

企业综合环境指标评价体系构建

1. 指标构建的原则

环境绩效的研究重在环境绩效指标的选择，国际环境审计委员会（INTOSAI）2001 年在其颁布的《从环境视角进行审计活动的指南》中指出：环境绩效指标要求具有相关性、可理解性和可靠性。欧盟在 1993 年发布的《工业企业自愿参加环境管理和环境审核联合体系的规则》（EMAS）中将环境绩效指标的要求界定为：（1）能对组织的环境业绩有准确的评价；（2）可理解性和明晰性；（3）能对组织的环境绩效进行年度比较；（4）能与行业、国家或区域的标准进行比较；（5）能与监管的要求进行比较。而 ISO 于 1999 年发布的《环境绩效评价——指南》中，则规定环境绩效指标能提供定性或定量的数据或信息。环境绩效指标确定的原则，应能反映企业环境治理、节能减排的真实全面效果。同时，为了便于环境监管机构和外部利益相关者的决策，可比性尤为重要。另一方面，在我国，各地区和企业的经济管理水平不尽相同，环保相关数据的截取难易程度与成本不一，应考虑数据的可操作性；在缺乏数据可操作性基础下，应考虑使用文字等其他信息作为补充。

综上所述，环境绩效指标的选择，应遵循相关性、可比性、完整性、可靠性、可理解性、可操作性、定性与定量相结合等原则。

2. 评价指标体系

针对上述存在的问题，在借鉴国内外环境绩效指标构建经验的基础上，结合我国企业环境信息披露的现状，构建了一套既与国际性指南相符合又与我国企业环境经营、环境管理相适应的环境绩效评价指标体系。该体系将评价指标划分为三级四大类，即环境信息公开度、环境经营、环境管理和环境财务，具体见表3－6。

表3－6　　基于信息公开的企业环境绩效评价指标体系

一级指标	二级指标	三级指标	说明
环境信息公开度	信息获取难易程度	—	定性
	信息公开方式	—	定性
环境经营	原料投入	环保采购情况	定性
		有毒有害物质使用情况	定性
		新、再生能源利用情况	定性
	生产耗费	年万元产值能耗	年能源消耗量（标煤）/万元产值
		年万元产值用水量	年耗水量/万元产值
		年万元产值废水	年废水排放量/万元产值
		年万元产值废气	年废气排放量/万元产值
		年万元产值固体废弃物	年固体废弃物排放量/万元产值
	产品产出	环境标志产品个数	累计个数
		废旧产品回收处置	定性
环境管理	环境守法	环评制度执行情况	定性
		排污达标情况	定性
		违规处罚情况	年处罚金额
	内部管理	环境管理体系	定性
		环境教育与培训	定性
		企业绿化率	绿化百分比
		职业病控制	定性
	外部认可	环境认证情况	定性
		环保奖项个数	累计个数
		环保投诉情况	年次数
环境财务	环境资本性支出	环保投资总额	年投资金额
		环保投资比例	年环保投资额/年新增投资额
	环境负债	预计环境负债	定性
	环境成本	计入产品成本的部分	年支出金额
		计入管理费用的部分	年支出金额
		计入营业外支出的部分	年支出金额
	环境收入	计入营业收入的部分	年收入金额
		计入营业外收入的部分	年收入金额
		计入补贴的部分	年收入金额

以上四大类指标间的关系可用表3－7表示。

表 3－7　　环境绩效评价指标关系示意

贡献项目	实质绩效	推定绩效
外部贡献	环境经营 （有效利用资源、避免环境风险物质排放）	环境信息公开制度 （环境和社会责任报告情况）
内部贡献	环境管理 （企业伦理和守法宣言）	环境财务 （收益和节约绩效）

3. **评价分级标准**

依据国家环保总局［2003］156 号文件、环境友好企业评选标准和国家清洁生产标准等规章，结合企业实际，将环境绩效评价指标的得分划分为四个级别（见表 3－8）。

表 3－8　　基于信息公开的企业环境绩效评价得分标准

一级指标	二级指标	三级指标	分级标准			
			1 级（90 分）	2 级（75 分）	3 级（60 分）	4 级（45 分）
环境信息公开度（B1）	信息获取难易程度（S11）	—	可在同一处集中获得	可在两处分别获得	可在三处或以上分散获得	无信息
	信息公开方式（S12）	—	企业环境报告	环境报告和年度报告	分散记录	无信息
环境经营（B2）	原料投入（S21）	环保采购情况	有	—	—	无或未披露
		有毒有害物质使用情况	无	—	—	有或无披露
		新、再生能源利用情况	有	—	—	未披露
	生产耗费（S22）	年万元产值能耗	国家一级清洁生产标准	国家二级清洁生产标准	国家三级清洁生产标准	不符合或未披露
		年万元产值用水量	国家一级清洁生产标准	国家二级清洁生产标准	国家三级清洁生产标准	不符合或未披露
		年万元产值废水	国家一级清洁生产标准	国家二级清洁生产标准	国家三级清洁生产标准	不符合或未披露
		年万元产值废气	国家一级清洁生产标准	国家二级清洁生产标准	国家三级清洁生产标准	不符合或未披露
		年万元产值固体废弃物	国家一级清洁生产标准	国家二级清洁生产标准	国家三级清洁生产标准	不符合或未披露
	产品产出（S23）	环境标志产品个数	≥7	≥4	≥1	无或未披露
		废旧产品回收处置	提供处置服务	—	—	不提供或未披露

续表

一级指标	二级指标	三级指标	分级标准			
			1 级（90 分）	2 级（75 分）	3 级（60 分）	4 级（45 分）
环境管理（B3）	环境守法（S31）	环评制度执行情况	优秀	良好	基本达标	不达标或未披露
		排污达标情况	达标	—	—	不达标或未披露
		违规处罚情况	无处罚	≤10 万元	≤50 万元	50 万元以上
	内部管理（S32）	环境管理体系	已建立环境管理体系	—	—	未披露
		环境教育与培训	定期教育	—	—	未披露
		企业绿化率	≥35%	≥30%	≥25%	<25% 或未披露
		职业病控制	制定《职业病应急处置预案》；建立员工职业并管理档案；进行职业病危害知识培训	前三项中有两项	前三项中有一项	未披露
	外部认可（S34）	环境认证情况	通过 ISO14001 认证	—	—	未通过 ISO14001 认证或未披露
		环保奖项个数	≥7	≥4	≥1	0 或未披露
		环保投诉情况	三年内无投诉	两年内无投诉	一年内无投诉	当年有投诉或未披露
环境财务（B4）	环境资本性支出（S41）	环保投资总额	≥5000 万元	≥1000 万元	≥100 万元	<100 万元或未披露
		环保投资比例	≥20%	≥10%	≥5%	<5%
	环境负债（S42）	预计环境负债	披露	—	—	未披露
	环境成本（S43）	计入产品成本的部分	≥3000 万元	≥500 万元	≥100 万元	<100 万元或未披露
		计入管理费用的部分	≥5000 万元	≥1000 万元	≥100 万元	<100 万元或未披露
		计入营业外支出的部分	≥1000 万元	≥100 万元	≥50 万元	<50 万元或未披露
	环境收入（S44）	计入营业收入的部分	≥3000 万元	≥500 万元	≥100 万元	<100 万元或未披露
		计入营业外收入的部分	≥1000 万元	≥100 万元	≥50 万元	<50 万元或未披露
		计入补贴的部分	≥500 万元	≥100 万元	≥10 万元	<10 万元或未披露

4. 企业环境绩效综合得分的计算

（1）计算公式

企业环境绩效综合得分的计算公式如下：

$$EP = \sum_{i=1}^{4} wipi$$

其中：W 为各一级指标的权值；P 为各一级指标的得分，二、三级指标得分的计算方法与综合得分计算方法一致。

企业环境绩效综合得分的计算结果 80 分以上为优秀，70～79 分为良好，60～69 分为合格，60 分以下为不合格。

（2）权重的确定

我们对指标体系中的一级指标和二级指标采用专家咨询法和层次分析法确定权重，三级指标为简化计算采用等权处理法。将企业环境绩效评价指标分为三个层次：第一层为目标层（A），即企业环境绩效的总分；第二层为准则层（B_i，i=1，2，3，4），即环境绩效一级指标层；第三层为措施层（S_{ij}，j=1，2，3，4），即对应于某一级指标的二级指标层。根据专家意见构造判断矩阵如下：

$$\text{判断矩阵 A-B}=\begin{bmatrix}1 & 1/5 & 1/3 & 1/2\\ 5 & 1 & 2 & 3\\ 3 & 1/2 & 1 & 2\\ 2 & 1/3 & 1/2 & 1\end{bmatrix}$$

$$\text{判断矩阵 B1-S}=\begin{bmatrix}1 & 1\\ 1 & 1\end{bmatrix}$$

$$\text{判断矩阵 B2-S}=\begin{bmatrix}1 & 1/5 & 1/3\\ 5 & 1 & 3\\ 3 & 1/3 & 1\end{bmatrix}$$

$$\text{判断矩阵 B3-S}=\begin{bmatrix}1 & 3 & 1\\ 1/3 & 1 & 1/3\\ 1 & 3 & 1\end{bmatrix}$$

$$\text{判断矩阵 B4-S}=\begin{bmatrix}1 & 4 & 2 & 3\\ 1/4 & 1 & 1/3 & 1/2\\ 1/2 & 3 & 1 & 2\\ 1/3 & 2 & 1/2 & 1\end{bmatrix}$$

一级、二级指标的权值见表 3－9。经计算，层次总排序 $\lambda max=4.015$，一致性检验比率 CR=0.005，小于 0.1，认为指标权值的计算结果具有满意的一致性，可采信。

表 3－9　　一级指标、二级指标权值计算表

B 层对 A 层的排序 / S 层对 B 层的排序	B1	B2	B3	B4
	4	1	2	3
	0.088	0.483	0.272	0.157
S1	0.500	0.106	0.429	0.466
S2	0.500	0.633	0.143	0.095
S3	—	0.260	0.429	0.278
S4	—	—	—	0.161

——摘自：甄国红，张天蔚．企业环境绩效外部评价指标体系构建［J］．财会月刊，2010（8）

（五）灰色关联度分析法

1. 含义

灰色关联度分析法是将研究对象及影响因素的因子值视为一条线上的点，与待识别对象及影响因素的因子值所绘制的曲线进行比较，比较它们之间的贴近度，并分别量化，计算出研究对象与待识别对象各影响因素之间的贴近程度的关联度，通过比较各关联度的大小来判断待识别对象对研究对象的影响程度。对于两个系统之间的因素，其随时间或不同对象而变化的关联性大小的量度，称为关联度。在系统发展过程中，若两个因素变化的趋势具有一致性，即同步变化程度较高，即可谓二者关联程度较高；反之，则较低。

2. 程序

（1）确定反映系统行为特征的参考数列和影响系统行为的比较数列

反映系统行为特征的数据序列，称为参考数列。影响系统行为的因素组成的数据序列，称比较数列。

（2）对参考数列和比较数列进行无量纲化处理

由于系统中各因素的物理意义不同，导致数据的量纲也不一定相同，不便于比较，或在比较时难以得到正确的结论。因此在进行灰色关联度分析时，一般都要进行无量纲化的数据处理。

（3）求参考数列与比较数列的灰色关联系数 $\xi(X_i)$

所谓关联程度，实质上是曲线间几何形状的差别程度。因此曲线间差值大小，可作为关联程度的衡量尺度。对于一个参考数列 X_0 有若干个比较数列 X_1，X_2，…，X_n，各比较数列与参考数列在各个时刻（即曲线中的各点）的关联系数 $\xi(X_i)$ 可由下列公式算出：其中 ρ 为分辨系数，一般在 0～1 之间，通常取 0.5。

是第二级最小差，记为 Δmin。是两级最大差，记为 Δmax。

为各比较数列 X_i 曲线上的每一个点与参考数列 X_0 曲线上的每一个点的绝对差值，记为 Δ0i（k）。

所以关联系数 $\xi(X_i)$ 也可简化如下列公式：

$$\xi_{0i}=\frac{\Delta(\min)+\rho\Delta(\max)}{\Delta_{0i}(k)+\rho\Delta(\max)}$$

（4）求关联度 r_i

因为关联系数是比较数列与参考数列在各个时刻（即曲线中的各点）的关联程度值，所以它的数不止一个，而信息过于分散不便于进行整体性比较。因此有必要将各个时刻（即曲线中的各点）的关联系数集中为一个值，即求其平均值，作为比较数列与参考数列间关联程度的数量表示，关联度 r_i 公式如下：

$$r_i=\frac{1}{n}\sum_{k=1}^{n}\xi_i(k),k=1,2,\cdots,n$$

其中，r_i——比较数列 x_i 对参考数列 x_0 的灰关联度，或称为序列关联度、平均关联度、线关联度。

r_i 值越接近 1，说明相关性越好。

（5）关联度排序

因素间的关联程度，主要是用关联度的大小次序描述，而不仅是关联度的大小。将 m 个子序列对同一母序列的关联度按大小顺序排列起来，便组成了关联序，记为 {x}，它反映了对于母序列来说各子序列的“优劣”关系。若 $r0_i > r0_j$，则称 $\{x_i\}$ 对于同一母序列

$\{x_0\}$ 优于 $\{x_j\}$，记为 $\{x_i\} > \{x_j\}$；r0$_i$ 表示第 i 个子序列对母序列特征值。

（6）适用

灰色关联度分析意图透过一定的方法，去寻求系统中各子系统（或因素）之间的数值关系，因而对于一个系统发展变化态势提供了量化的度量，非常适合动态历程分析。其实，任何一种分析法在实际应用时可能都不是独立的，比如用灰色关联度分析发对我国工业行业的环境财务绩效进行分析时，就讲投入产出法有机结合起来使用，达到最终的评价效果。

【例 3-1】

我国制造行业财务环境绩效评价

1. 具体分析步骤

灰色关联分析的主要思想是分析比较有联系的不同序列间的相关程度，我们利用其分析相关性的特点来比较不同行业的财务环境绩效，主要思想是：把 26 个行业对应的各指标值作为一组原始序列，共得 26 组原始序列；根据不同行业对应的各指标的实际值构造出一组标准序列；分别计算出这 26 组原始序列与所设的标准序列之间的关联度，即分析各序列与标准序列的相关性，并通过比较各原始序列与标准序列的关联值的大小来比较不同行业在各年度的财务环境绩效，值越大，说明该行业当年的财务环境绩效越好。其具体步骤如下：

第一步，确定标准序列 $x_0(k)(k=1,2,\cdots,11)$。对于我们构建的 11 个指标，取所有行业值中的最佳值作为该指标的标准值，并将各指标的最佳值组成一组序列，该序列即为所构造出的标准序列 $x_0(k)$。其中，投入指标和消极性产出指标取所有行业中的最小值作为标准值，积极性产出指标取所有行业中的最大值作为标准值。

第二步，计算所有行业各指标值与该指标所对应的标准值之间的灰色关联度，计算公式为：$\gamma(x_0(k),x_i(k))=\frac{\min\limits_i\min\limits_k|x_0(k)-x_i(k)|+\xi\max\limits_i\max\limits_k|x_0(k)-x_i(k)|}{|x_0(k)-x_i(k)|-\xi\max\limits_i\max\limits_k|x_0(k)-x_i(k)|}$，其中 $\xi=0.5$，$i=1,2,3,\cdots,26$

第三步，确定权重。为了使研究结果更加客观，我们采用熵权法确定各年份相应指标的权重值 ω_k，具体方法见下文。

第四步，计算加权灰色关联度。根据公式 $\gamma(X_0,X_i)=\sum\limits_{k=1}^{m}\omega_k\gamma(x_0(k),x_i(k))(m=11,i=1,2,\cdots,11)$ 别计算出各年份所有行业的序列与当年标准序列的加权灰色关联度。

第五步，根据加权灰色关联度值对各年份各行业的财务环境绩效进行排名。

2. 具体分析

（1）评价指标设计

我国制造行业财务环境绩效评价指标设计见图 3-4 和表 3-5。

（2）数据来源

我们研究的是我国 26 个制造行业 2007～2011 年的财务环境绩效。所有行业各评价指标的值均根据 2008～2013 年的《国家统计年鉴》和 2008～2012 年的《中国环境统计年鉴》中的数据整理和计算得出的。由于废气排放数据的可得性较弱，作者难以找到制造业所有子行业有关这方面的完整数据，又因二氧化硫废气中重要控制污染物，其排放达标率与废气达标情况相关性极高，因此在实证研究时用“单位产值二氧化硫排放达标量”替代之，从技术层面和分析结果来看，不仅可行也是适当的，能够体现这一指标重要性。此外，我国2012年修订的《上市公司行业分类指引》将制造业细分为31个子行业，但由于文教体育用品制造业、塑料制品业、工艺品及其他制造业、废弃资源和废旧材料回收加工业、金属制品、机械和设备修理业行业这5个行业有关部分评价指标的数据并未披露，或是披露年份较短，无法满足实证研究的需要，故将它们也剔除。不过，根据作者调查分析和专家经验估计，这些行业对我们分析结论的影响微乎其微。

(3) 权重的确定

首先，从原始数据中确定出了每一年的标准序列 $x_0(k)$ $(k=1, 2, \cdots, 11)$，并计算出每一年度所有行业的各指标值与该指标所对应的当年标准值之间的灰色关联度。

其次，确定各指标的权重。在这里需要说明的是，我国关于能源和污染物排放的标准和政策每年都在不断地变化和改进，因此各评价指标每一年在评价决策中的重要程度也在不断变化。为了充分反映出这一变化，使评价结果更加客观，我们按熵权法分别确定了各年份的指标权重，每一年的指标权重具体确定步骤如下：首先，先对所有原始数据进行标准化，指标值大者为优的数据处理公式为 $r_{ik}=\dfrac{x_{(i)}(k)-\min\limits_k\{x_{(1)}(k)\}}{\max\limits_k\{x_{(i)}(k)\}-\min\limits_k\{x_{(i)}(k)\}}(i=1,2,3,\cdots,26)$，指标值小者为优的数据处理公式为 $r_{ik}=\dfrac{\max\limits_k\{x_{(i)}(k)\}-x_{(i)}(k)}{\max\limits_k\{x_{(i)}(k)\}-\min\limits_k\{x_{(i)}(K)\}}$；其次，根据公式 $H_i=-k\sum\limits_{i=1}^{n}f_{ik}\ln F_{ik}$ $(n=26)$ 算出评价指标的熵，其中，$f_{ik}=\dfrac{r_{ik}}{\sum\limits_{i=1}^{n}r_{ik}}, k=\dfrac{1}{\ln n}$；最后，根据公式 $\omega_k=\dfrac{1-H_i}{m-\sum\limits_{i=1}^{m}H_i}(m=11)$ 算出各指标的熵权，计算结果如表3-10所示。

从表3-10数据可以看出，虽然各指标在每一年的权重变化较小，但投入指标和消极性产出指标在进行财务环境绩效评价时的权重要明显大于积极性产出指标，即投入指标和消极性产出指标对财务环境绩效评价的影响力更大。根据实际生产经验和国家相关政策要求，要想更好地提高财务环境绩效，就必须从源头出发，在进行生产前和生产的整个过程中都要有节能减排的意识并采取相应措施，而不应等到获得经济利益后再回过头来治理所产生的污染，即先预防后生产或是治理与生产共进的做法比先污染后治理的做法更有利于提高财务环境绩效，这正好印证我国生态环境保护“坚持生态环境保护与生态环境建设并举”的基本方针的正确性和科学性。即，在加大生态环境建设力度的同时，必须坚持保护优先、预防为主、防治结合，彻底扭转一些地区边建设边破坏的被动局面。因此，我们采用熵权法确定的权重符合客观事实，是科学合理的。

表 3－10　2007～2011 年我国制造业各行业财务环境绩效评价的各指标权重　单位:%

年份	单位产值煤炭消费量（万吨/亿元）	单位产值汽油消费量（万吨/亿元）	单位产值天然气消费量（万立方米/亿元）	单位产值电力消费量（万千瓦小时/亿元）	单位产值废水治理设施运行费用（万元/亿元）	单位产值废气治理设施运行费用（万元/亿元）	单位产值废水排放量（万吨/亿元）	单位产值废气排放量（亿立方米/亿元）	单位产值固体废物产生量（万吨/亿元）	单位产值废水排放达标量（万吨/亿元）	单位产值二氧化硫排放达标量（吨/亿元）	单位产值固体废物综合利用量（万吨/亿元）
2007	8.83	8.80	8.94	8.81	8.93	8.94	8.94	8.90	8.91	6.31	6.95	6.73
2008	8.83	8.80	8.93	8.80	8.92	8.93	8.94	8.89	8.90	6.31	7.04	6.73
2009	8.83	8.80	8.94	8.80	8.92	8.93	8.94	8.89	8.91	6.31	7.00	6.73
2010	8.83	8.80	8.94	8.80	8.92	8.93	8.94	8.90	8.91	6.31	6.98	6.73
2011	8.83	8.80	8.94	8.80	8.92	8.93	8.94	8.89	8.90	6.31	7.03	6.73

（4）灰色关联度计算

根据权重计算出每一年度所有行业的加权关联度并进行排序，其结果如表 3－11 所示。

表 3－11　2007～2011 年我国制造业各行业财务环境绩效加权关联度和综合排名

序号	行业	2007 年		2008 年		2009 年		2010 年		2011 年	
		加权关联度	排名	加权关联度	排名	加权关联度	排名	加权关联度	排名	加权关联度	排名
1	农副食品加工业	0.7652	12	0.7762	11	0.7487	13	0.7638	11	0.7691	10
2	食品制造业	0.7260	14	0.7253	16	0.6576	21	0.7062	18	0.7162	15
3	饮料制造业	0.6780	20	0.7044	19	0.7092	18	0.7092	17	0.7092	17
4	烟草制品业	0.8468	1	0.8503	1	0.8414	1	0.8465	1	0.8432	1
5	纺织业	0.7105	18	0.7051	18	0.6989	19	0.6807	19	0.6988	19
6	纺织服装、鞋、帽制造业	0.7989	5	0.8031	5	0.7475	14	0.8020	4	0.7617	12
7	皮革、毛皮、羽毛（绒）及其制品业	0.7979	7	0.7894	10	0.7708	11	0.7887	8	0.7851	7
8	木材加工及木、竹、藤、棕、草制品业	0.7464	13	0.7502	13	0.7535	12	0.7621	12	0.7486	13
9	家具制造业	0.8144	4	0.8151	4	0.7890	7	0.8000	5	0.8032	5
10	造纸及纸制品业	0.5901	23	0.6148	23	0.7783	9	0.6138	22	0.5829	24
11	印刷和记录媒介复制业	0.7721	11	0.7759	12	0.8018	4	0.7363	13	0.7617	11

续表

序号	行业	2007年		2008年		2009年		2010年		2011年	
		加权关联度	排名	加权关联度	排名	加权关联度	排名	加权关联度	排名	加权关联度	排名
12	石油加工、炼焦和核燃料加工业	0.6171	22	0.6383	22	0.5841	24	0.5982	23	0.5844	23
13	化学原料和化学制品制造业	0.5238	26	0.5517	26	0.5419	26	0.5622	26	0.5542	26
14	医药制造业	0.7214	15	0.7255	15	0.7140	17	0.7314	15	0.7344	14
15	化学纤维制造业	0.6783	19	0.6753	20	0.6771	20	0.6739	20	0.7109	16
16	橡胶制品业	0.7196	17	0.7228	17	0.7180	16	0.7194	16	0.6913	20
17	非金属矿物制品业	0.5711	25	0.5668	25	0.5808	25	0.5859	25	0.5812	25
18	黑色金属冶炼及压延加工业	0.5872	24	0.6116	24	0.5851	23	0.5921	24	0.6209	22
19	有色金属冶炼及压延加工业	0.6508	21	0.6558	21	0.6309	22	0.6340	21	0.6497	21
20	金属制品业	0.7206	16	0.7365	14	0.7287	15	0.7340	14	0.7041	18
21	通用设备制造业	0.7911	9	0.7895	9	0.7831	8	0.7834	10	0.7721	9
22	专用设备制造业	0.7857	10	0.7942	7	0.7775	10	0.7856	9	0.7836	8
23	交通运输设备制造业	0.7960	8	0.7940	8	0.7982	5	0.7959	7	0.7862	6
24	电气机械及器材制造业	0.8296	3	0.8294	3	0.8218	3	0.8198	2	0.8085	4
25	通信设备、计算机及其他电子设备制造业	0.8374	2	0.8448	2	0.8262	2	0.8155	3	0.8216	2
26	仪器仪表制造业	0.7988	6	0.7999	6	0.7899	6	0.7989	6	0.8142	3

(5)结果分析

制造行业财务环境绩效的横向比较。根据表3-11，我们将各行业2007~2011年每年的加权灰色关联度进行平均，就可以得到每一行业5年来的平均加权灰色关联度和这5年的整体排名，其平均加权关联值的计算结果和由大到小的总体绩效排序，见表3-12。由此表可见：①目前制造业财务环境绩效较好的行业主要是污染较少的轻工制造行业，而财务环境绩效较差的行业主要是污染和能耗较大的重工制造业行业。②从价值的角度来看，对比这5年行业总产值统计资料发现，排名较前的行业每年的工业总产值大多低于10 000亿元，而排名较后的行业每年的工业总产值大多超过了10 000亿元；而此处的财务环境绩效排名是剔除了经济规模因素后的结果。这也就是说，财务环境绩效较差的行业对环境的污染并不仅仅是因为其经济规模较大，更多的是因为其自身并没有很好地实行节能减排措施，未能正确处理行业环境保护和经济发展之间的关系而导致能耗和排污较大，从而导致行业经济和环境的失衡。

表 3-12 2007~2011 年我国制造业各行业财务环境绩效的年均加权关联度和 5 年的综合排名

行　业	5 年平均加权关联度	排名
烟草制品业	0.8842	1
通信设备、计算机及其他电子设备制造业	0.8670	2
电气机械及器材制造业	0.8592	3
家具制造业	0.8404	4
仪器仪表制造业	0.8361	5
交通运输设备制造业	0.8292	6
皮革、毛皮、羽毛（绒）及其制品业	0.8206	7
专用设备制造业	0.8197	8
通用设备制造业	0.8181	9
纺织服装、鞋、帽制造业	0.8170	10
印刷和记录媒介复制业	0.8028	11
农副食品加工业	0.7963	12
木材加工及木、竹、藤、棕、草制品业	0.7827	13
医药制造业	0.7542	14
金属制品业	0.7534	15
橡胶制品业	0.7410	16
食品制造业	0.7317	17
饮料制造业	0.7265	18
纺织业	0.7249	19
化学纤维制造业	0.7019	20
有色金属冶炼及压延加工业	0.6560	21
造纸及纸制品业	0.6229	22
石油加工、炼焦和核燃料加工业	0.6163	23
黑色金属冶炼及压延加工业	0.6009	24
非金属矿物制品业	0.5458	25
化学原料和化学制品制造业	0.5545	26

制造行业财务环境绩效的纵向比较。要了解各行业的财务环境绩效变化情况，从而更准确地找出影响财务环境绩效的原因，还需要对上述26个行业在2007~2011年的排名进行动态的比较和分析。为了更加直观地反映各行业的排名变化，我们将每一行业的各年排名绘制成了条状图，其中，横轴表示排名，纵轴表示行业，结果如图3-5所示。

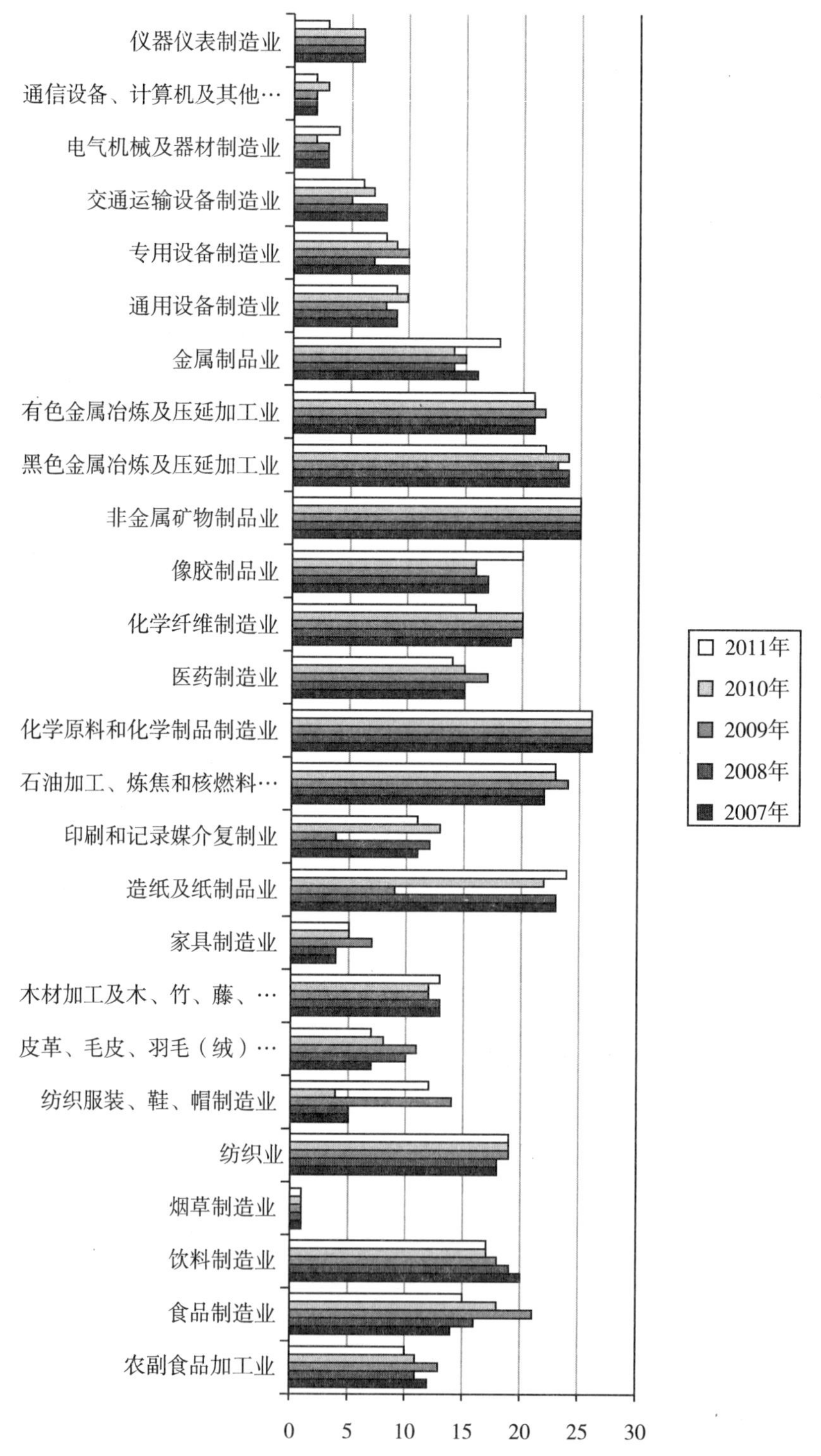

图 3-5 2007~2011 年我国制造业各行业财务环境绩效排名

从图 3-5 可以看出在 2007~2011 年这 5 年中的基本情况，①财务环境绩效始终保持较好的行业主要有烟草制品业，通信设备、计算机及其他电子设备制造业，电气机械及器材制造业，家具制造业，仪器仪表制造业，这些行业的绩效基本上每年都排在前5位。②财务环境绩效始终较差的行业主要有化学原料和化学制品制造业，非金属矿物制品业，黑色金属冶炼及压延加工业，造纸及纸制品业，石油加工、炼焦和核燃料加工业，有色金属冶炼及压延加工业，这些行业每年的绩效基本上都排在20名以后。③财务环境绩效总体呈好转趋势的行业主要有农副食品加工业，饮料制造业，交通运输设备制造业，专用设备制造业，其中，饮料制造业每一年都比前一年有所进步。④金属制品业和橡胶制造业虽每年波动不一，但总体财务环境绩效呈下滑趋势，而其他行业的财务环境绩效每年都基本维持在中等水平。⑤对比这5年行业总产值统计资料发现，绩效较好的行业的单位产值能耗和单位产值污染物排放总体都呈下降趋势，而绩效较差的行业在这方面控制得并不是很好，一些行业之所以绩效好转，也是因为能耗和污染得以控制所致。可见，造成各行业财务环境绩效变化的主要原因还是能耗和污染物排放的情况，要想提高财务环境绩效，必须首先从节能和减排两个方面入手。

——改编自：袁广达，徐沛勳．基于灰色关联分析的我国制造行业财务环境绩效评价［J］．中国审计评论，2015（1）

第五节 环境绩效报告

一、环境财务绩效报告

企业的投资者、债权人、管理当局以及其他有关方面会非常关心企业的财务成果。披露环境财务绩效主要就是基于传统会计中对财务成果的重视而为投资者、债权人等更好地理解企业的财务情况所做的披露。与此同时，那些并不非常关心财务指标但却十分关心环境贡献的信息使用者也会从中了解企业在环境保护方面做出了多少投入以及由于参与控制和改进环境污染而得到多少财务收益。

环境财务绩效主要是财务货币性信息，因而主要应该作为财务信息对外披露，那么，我们应该首先选择财务报告作为基本的披露工具。在财务报告实在不宜时，我们当然可以选择年度报告的其他部分予以披露。综合起来，环境财务绩效信息的披露可以有以下四类披露工具和方式，而每一类做法中可能又有多种具体的操作方法。概括地讲，就是表内揭示和表外披露。

（一）在现有财务报表内揭示

在现有财务报表内揭示，是指利用现行制度规定的财务报表及其附表来表达环境财务绩效信息。具体有三种形式。

1. 在现有的财务报表内增加项目

比如，在损益表中增设专门的项目，可以反映全部或部分的环境支出，揭示控制环境污染和保护生态环境导致的收益。按照目前损益表的框架，稍加调整之后，在损益表中可以揭示包括环境专用长期资产的折旧和摊销费用在内的所有列作当期费用和损失的环境支出。同时，调整之后也可以反映有关的环境收益。在现有的财务报表内增加项目的具体内容可参见本书环境会计报告和信息披露章节。

2. 在现有的财务报表正式项目之外设置补充资料

资产负债表、利润表、现金流量表完全可以再增加表外的补充项目。比如，我们可以在资产负债表中加注“环保资产”、“环保负债”等表外补充资料；可以在利润表中加注“环境成本”、“环境收益”等表外补充资料；现金流量表也可以做同样的补充。这些总量指标也可以翻译企业财务绩效。而我们使用的一帮都是比较式报表，在报表中列示环境总量指标也更有意义。

在正式项目之外或者说在表外设置补充资料基本不改变原有报表的框架和结构，处理比较简单。不过，这种做法也有缺点，主要体现在它将环境问题导致的财务影响与正常的财务状况和经营成果分离，不利于融入财务问题中考虑环境问题。

（二）增加附表、补充报表和注释

除上述在财务报表内表内揭示的方式外，也可以将整个目前的财务报告框架内，稍微进行一些必要的调整来披露有关的环境财务绩效。这种思路将不调整现有的财务报表，凡与环境有关的财务问题在财务报表中依然采取传统的处理方式，只是在财务报表之外的财务报告中的其他部分进行揭示或披露。应当说，环境绩效大部分是相对指标，采用附注披露环境财务绩效最为恰当和可行，也是企业环境财务绩效信息反映的主要方式和方法。具体可包括：（1）增加附表或补充资料。也就是说，可以根据需要将环境问题对财务状况和经营成果的影响通过单独编制一张或多张附表或补充报表的方式加以详细披露。比如，我们可以单独编制环境支出明细表，可以编制环境收支明细表等进行详细的列示。（2）在财务报表注释中说明。这种报告方式包括文字的或者是数字的、相互连贯的或者是独立的、详细的或者是简略的。

（三）在年报中其他地方披露

如上所述，除财务报告外，年报中还有其他许多部分可以披露有关的事项，这些部分中的绝大多数项目都可以用来披露环境财务绩效。不过，为了能够让信息使用者对企业的财务状况和经营成果得出整体印象，在财务报告内披露将是比较理想的。显然，环境财务绩效的质量指标远多于数量指标，并且不少指标是无法货币化的，更多的是采用经济技术指标、物量指标来反映，增加附表和注释是必然的。比如，环境损益表反映的是以货币单位计量和报告的环境绩效。为了让信息使用者全面了解企业在一定期间的环境绩效，企业还应编制以实物单位计量和报告的环境损益表。

（四）设计一种专门的报告形式予以披露

有学者提出，环境财务绩效的表现形式就是环境损益，因而可以考虑设计一种专门的表格，来总结反映企业在一定期间内的环境损益形成与结构状况，以便像信息使用者报告企业在环境保护方面取得的成果。

需要指出的是，上面我们所列举的几种备选的信息披露工具和形式是兼容而不是排他的，几种工具和方式的共同使用将更有助于信息使用者的理解。

二、环境质量绩效报告

（一）多种形式并用的环境质量绩效报告

我们在前面已经对环境质量绩效信息披露的内容进行了概括，只要企业存在环境活动，完整的环境质量绩效报告就应该包括所提到的内容。但就目前阶段的可能性来看，我们认为环境质量绩效报告应是多种计量形式和多种报告形式并用的，而且可能是非货币的计量占据主导地位。多种形式并用的环境质量绩效报告的基本内容和形式应由四部分构成。

1. 绪言部分

在本部分中，它又可分为两个主要方面的简介，可以使报告的读者在阅读更为详细的资料前先对企业的情况特别是环境情况有一个基本的轮廓和印象。

（1）本企业与自然环境的关系。以文字叙述形式对本企业的生产经营活动对自然环境的影响做出简要的介绍。

（2）本企业历史上的环境业绩。以文字或图形、表格形式对过去若干年的环境质量绩效简要归纳介绍。

2. 主体部分

这一部分是环境质量绩效报告的主体，应通过一系列合适的方式对企业的环境质量绩效做出全面和系统的介绍。根据我们在本章前面小节中的认定，本部分不妨分为以下三个问题分别揭示：

（1）环境法规执行情况。不妨以简表的方式列示企业是否已经执行了各项法规，如果没有执行，应该进一步以附注方式说明所受到的惩处和未执行的原因，如表 3 – 13 所示。当然，我们也可以直接以文字叙述方式做出介绍。

表 3 – 13　　环境法规执行一览

20××年度　　单位：

项　目	执行（符合要求）	未执行（不符合要求）
1. “三同时”制度		
2. 环境影响评价制度		
3. 排污收费制度		
4. 环境保护目标责任制		
5. （纳入）城市环境综合治理		
6. 污染集中控制或分散控制		
7. 排污申报登记及排污许可证交易		
8. （列入）期限整理		
9. 其他		
其中：①……		
②……		
备注：① ②		

（2）生态环境保护与改善情况。在这一部分中可以采取表格方式，对各项与环境保护和改善有关的技术、经济指标逐一列示。在列示指标时如有国家（或地方、行业）标准的，应该在表中一并列出标准，或者是另外注明是否达标，以便让阅读者能够知道企业的环境质量指标是否符合要求；或者是对各项指标列示出上年和本年两年的指标数值。以下列出了如

表 3－14 所示的样本。在表中，如果有些问题难以通过简单的表格列示来让读者弄清，可以适当加注表外说明。

表 3－14　　生态环境保护与改善情况一览

20××年度　　单位：

项　　目	计量单位	上年度	本年度
1. 污染治理			
（1）污染治理投资			
①累计总投资			
②本年度投资			
（2）污染治理项目			
计总项目			
②本年度开工项目			
③本年度完工项目			
（3）污染物处理能力			
其中，…			
（4）污染设施运行率			
（5）污染源及其治理			
①污染源数量			
②达标数量			
（6）污染物排放达标率			
2. 环保职工人数			
3. 污染物回收利用			
（1）污染物回收利用总量			
（2）污染物回收利用率			
（3）污染物回收利用生产产值			
（4）污染物回收利用收入			
（5）污染物回收利用实现净利润			
4. ……			
……			
备注：① ②			

（3）生态环境损失情况。这一部分大体上也采用同上一类情况相同的列报方式，个别项目也可以通过文字说明解释，如表 3－15 所示。实际上，如果本部分与环境保护和改善情况都不多的话，二者也完全可以合并为一张表格揭示。

表 3－15 生态环境损失情况一览

20××年度 单位：

项　　目	计量单位	上年度	本年度	备注
1. 污染物排放				
（1）废水				
其中，主要污染因子：				
①化学耗氧量				
②……				
（2）废气				
其中，主要污染因子：				
①二氧化硫				
②……				
（3）废渣				
其中，主要污染因子：				
①……				
②……				
（4）噪音				
（5）放射性物质				
2. 主要环境质量达标率				
（1）监测项目达标率				
（2）污染物排放达标率				
3. 污染事故				
（1）数量				
（2）损失				
4. 能源消耗量				
（1）煤炭				
（2）石油				
（3）水				
（4）其他				
5. 有害物质使用与存储量				
（1）使用总量				
（2）存储量				
6. ……				

注：在“备注”中应注明是否达标。

3. 补充报告部分

如果企业或外部信息使用者认为有必要，也可以编制补充报告，就企业未来年度的主要环境规划和目标作一简要披露。具体披露形式可以视需要和可能而定。

4. 审计报告

作为一种正式的信息披露报告，同时出具具有审查验证功能的审计报告是必要的。这种报告可以由具备能力的会计师事务所、专门环境中介机构在进行审计之后提供。审计报告的格式完全可以借鉴现有的财务审计的审计报告样式形成。

（二）以货币指标为主导的环境质量绩效报告

由于环境会计问题的研究时间不长，我们目前很难见到关于环境问题货币化计量和报告的系统研究，不过，在社会责任会计的发展历史上，许多学者曾经对此做过努力，其中一些思路还是可以借鉴的。以前人的研究成果为基础，根据环境问题和环境会计上的特点，以货币指标反映企业的环境质量绩效，有以下几种方式可以尝试：

1. 简单的模式：只反映环境支出

企业在一定时期内所发生的环境支出——包括主动的支出和被动的支出，大致可以说是企业在该时期内对自然环境所做的贡献，可以在某种程度上反映企业的环境质量绩效。鉴于此，我们可以考虑通过编制一份简单的环境支出表的方式，对一定时期的环境支出予以列示，以此让外部有关方面了解企业的环境业绩。环境支出明细具体参见本书环境成本章节相关内容。

2. 一种更为复杂和高级的模式：环境质量绩效的全面货币量化

仅以环境支出表难以全面反映环境质量绩效，那么，如果我们能够对所有的环境质量绩效通过某种方式进行货币衡量将是非常理想的。囊括所有的环境质量绩效不太现实，但如果包括了环境质量绩效的主要方面是完全可以接受的。借鉴社会责任会计研究的一些成果，通过创设一些新的术语和要素并进而在计量和报告技术上予以创新，这种目标还是有可能实现的。

（1）环境质量绩效表——损益（货币形式）报告表。遵从传统会计中反映经营和财务绩效的思路，我们可以考虑建立环境收益、环境损失和环境净损益这样几个概念。其中，环境收益可以理解为企业的某种活动对自然环境的贡献，如企业添置的环保设施、改进产品的环境影响、提高职工的环境意识等都属于环境收益；环境损失则看成是企业的某种活动对自然环境造成的价值牺牲，如排放污染物、发生污染事故等都属于环境损失；那么，环境净损益自然就是环境受益于环境损失之差额。如果认真分析的话，企业生产经营中相伴发生的各种环境活动和事务、发生的每一项与环境活动有关的收支都是可以归入到环境收益和环境损失之中的。建立了这样三个概念，我们就可以编制如表 3 - 16 所示的环境损益表。借鉴传统报表的习惯，该表也是可以采取两个或几个年度比较的方式列示的。

表 3 - 16　　环境质量绩效——损益报告表（货币形式）

20××年度　　单位：

项　　目	上年度金额	本年度金额
一、环境收益		
1. 构建环保设施		
2. 改进生产公益和产品的环境影响		

续表

项　　目	上年度金额	本年度金额
3. 职工环保培训		
4. 环境检测管理		
5. 清理原有污染物		
6. 降低污染物排放量		
7. 缴纳环境税费及罚款		
8. 环保研究指出		
……		
环境收益合计		
二、环境损失		
1. 本期排放污染物对环境的损害		
2. 本期超标排放污染物对环境的损害		
3. 长期累积未清污染物对环境的损害		
4. 恶劣环境对职工的危害		
……		
环境损失合计		
环境净损益		

（2）环境质量绩效—环境资产负债（货币形式）报告。既然可以创设环境收益、环境损失和环境净损益概念，那么我们当然也可以借鉴传统会计中的做法，建立环境资产、环境负债和环境产权概念。表达企业的环境质量绩效，也可以不采用环境损益表的方式，而是采用环境资产负债表的方式。不过，环境资产负债表似乎可以采用两种截然不同的方式来设计和编制：

只有环境资产和环境负债的环境资产负债表。在这种做法下，对环境产权的概念可以取消；而且，环境资产是一个虚拟的概念，它同前述的环境收益基本上是接近的，它表达的是企业为了保证一定的环境质量所必须具有的资源和发生的支出；环境负债则是指企业为了保证自身的生产经营活动不会对自然环境产生任何不利影响所应该承担的治理和改善责任。按照这样的理解，企业在一定时期内的环境资产、环境负债在确定的货币额上可能相等，也可能不相等。如果环境资产大于环境负债，表明企业在该时期里对自然环境的贡献高于对自然环境的损害；反之，如果环境资产小于环境负债，表明企业在该时期里对自然环境的危害大于对自然环境的贡献，同时也意味着企业今后时期必须为过去时期对环境的损害付出代价。这种环境资产负债表的格式如表 3 - 17 所示。

表 3 - 17　　环境质量绩效—资产负债报告表（货币形式）

20××年度　　单位：

项　　目	本期金额	上期金额	项　　目	本期金额	上期金额
环境资产			环境负债		
1. ……			1. ……		
2. ……			2. ……		
……			……		
差额（净环境贡献）			差额（净环境损失）		

环境质量绩效—资产负债报告表，应采用编制企业传统会计报表的专门方法并按照一定标准和对环境会计信息的质量要求进行编制。

按照会计恒等式的结构原理编制的环境资产负债表。自然环境资源在法定权利上属于全体人民所有，国家可以替代行使这种权利。如果国家能够对每一个企业核定它可以使用的环境资源的话，那么，在国家允许企业开办时，就相当于将这种环境资源交付给企业使用，国家赋予了企业（无论这种企业是国家投资开办的还是私人投资开办的）一定的环境资源，企业就同时产生了一项环境资产和一项最终要求权属于国家的环境产权。在企业开办之初，环境资产等于环境产权。但是，在企业投入运营之后，由于生产经营活动的开展，国家原来拨给企业的环境资源质量会下降，业绩环境资产价值下降。在环境资源质量降低和环境资产价值降低的同时，企业也就产生了相应的治理污染和改进环境的义务，即形成环境负债。由此形成“环境资产 = 环境负债 + 环境所有者产权”的恒等式。

三、两种形式的环境绩效报告选取

财务绩效和质量绩效是环境绩效的两个重要方面。需要指出的是，以货币指标为主导的报环境财务报告方式，并不排除使用文字叙述和环境技术指标对环境质量绩效的表达。不过，正像传统会计和报告一样，文字叙述和技术指标的重要性退居其次，成为报告中的一种补充性说明。

除此之外，上述对环境质量绩效报告初步设想了两种模式：一是多种形式并用的环境质量绩效报告；二是以货币指标为主导的环境质量绩效报告。两种做法各有优缺点。采用多种形式的报告模式优点在于：第一，提供的环境质量绩效信息形象、具体；第二，资料容易取得，编制比较简单。这种模式的缺点在于：第一，不易形成一个总体的和概括的印象；第二，不利于制定统一的报告规范，不便于不同企业之间的比较。而采用货币指标为主导的报告模式的优点和缺点正好是与前者相对，无须重复。

本章小结

1. 环境绩效信息是对涉及环境问题方面的财务业绩和环境质量业绩的综合表述，它在现代经济高速发展的社会中，对企业社会责任方面的要求显得尤为重要。通过研究建立科学客观的环境绩效评价体系，可以衡量企业持续发展能力，以满足企业利益相关者的要求。

2. 本章在借鉴国内外环境绩效指标构建经验的基础上，结合我国企业环境信息披露的现状，构建了一套既与国际性指南相符合又与我国企业环境经营、环境管理相适应的环境绩效评价指标体系。该体系将评价指标划分为三级四大类，即环境信息公开度、环境经营、环境管理和环境财务。

3. 环境绩效评价技术与方法主要有目标导向法、环境成本（费用）效益分析法、环境费用效果分析法、环境价值的量化法和模糊综合评价法。基于多方面的考虑，在构建环境绩效评价体系工作中采用模糊综合分析评价方法和层次分析法。

4. 环境财务绩效信息的披露可以有四类披露工具和方式，而每一类做法中可能又有多种具体的操作方式。它们是兼容的而不是排他的，几种工具和方式的共同使用将更有助于信息使用者的理解。

5. 本章对环境质量绩效报告初步设想了两种模式：一是多种形式并用的环境质量绩效报告；二是以货币指标为主导的环境质量绩效报告。两种做法各有优缺点。在两种模式的最终选择上，信息使用者和环境信息披露的管制机关必须就客观性和相关性的问题进行一番认真的权衡。

本章练习

一、名词解释

1. 环境绩效
2. 环境绩效评价指标
3. 环境财务绩效
4. 环境质量绩效
5. 环境绩效评价
6. 产品绿色成本投入比率
7. 获益性环境支出比率
8. 环境资产报酬率
9. 环境费用效果分析法
10. 环境成本费用效益分析法
11. 环境绩效报告
12. 绿色 GDP（NGDP）

二、简答题

1. 什么是环境绩效？如何对其进行分类？
2. 目前国内外主要有哪些企业环境绩效评价指标体系？
3. 如何构建企业环境绩效评价指标体系？为什么既要有数量指标又要有质量指标？
4. 指出企业环境财务绩效评价指标体系特点和优点。
5. 环境绩效评价技术和方法有哪些？谈谈你对例 3－1 中我国制造行业财务环境绩效排序状态评价分布的基本认识。
6. 你认为环境绩效的两部分内容是分开披露好还是合并披露好？为什么？
7. 环境财务绩效的披露可以有哪几类披露工具和方式？具体的操作方法有哪些？
8. 对环境质量绩效报告初步设想有哪两种模式？

三、计算题

表 3－18、表 3－19 是某钢铁企业环境绩效指标权重表和隶属度表，根据两表和相关信息，运用模糊综合评价方法评价该企业的环境绩效。

表 3-18　　某钢铁企业环境绩效各级指标权重

序号 I	一级指标 U	权重 A_I	序号 ij	二级指标 U_{ij}	权重 A_{ij}
1	环境守法（U_1）	0.580	1	排污费交纳情况（U11）	0.11
			2	新建、改建、扩建项目的环境保护手续完备性（U12）	0.23
			3	排污许可证的合法性（U13）	0.28
			4	禁用品的杜绝（U14）	0.20
			5	危险固体废弃物处置率（U15）	0.18
2	内部环境管理（U_2）	0.101	1	环境教育培训人时数（U21）	0.25
			2	环境管理系统（U22）	0.42
			3	环保投资比例（U23）	0.33
3	外部沟通（U_3）	0.032	1	相关投诉件数（U31）	0.32
			2	资助社会环保活动资金（U32）	0.33
			3	环境报告的发布（U33）	0.25
			4	用户认同度（U34）	0.07
			5	社会美誉度（U35）	0.03
4	安全卫生（U_4）	0.068	1	电磁辐射（U41）	0.15
			2	职业病件数（U42）	0.28
			3	环境事故发生件数（U43）	0.31
			4	环境事故赔偿金额（U44）	0.26
5	先进性（U_5）	0.219	1	单位能源消耗的产量（U51）	0.36
			2	单位水污染物排放的产量（U52）	0.21
			3	循环用水率（U53）	0.38
			4	单位气污染物排放的产量（U54）	0.08

表 3-19　　某钢铁企业环境绩效指标隶属度

一级指标 U_I	二级指标 U_{ij}	隶属度 R_i				
		很好	好	一般	差	很差
环境守法	排污费交纳情况	0.3	0.25	0.2	0.15	0.1
	新建、改建、扩建项目的环境保护手续完备性	0.2	0.2	0.35	0.25	0
	排污许可证的合法性	0.3	0.2	0.4	0.1	0
	禁用品的杜绝	0.2	0.3	0.3	0.2	0
	危险固体废弃物处置率	0.2	0.25	0.3	0.25	0
内部环境管理	环境教育培训人时数	0.3	0.2	0.3	0.2	0
	环境管理系统	0.2	0.35	0.2	0.25	0
	环境投资比例	0.25	0.4	0.25	0.1	0

续表

一级指标 U_I	二级指标 U_{ij}	隶属度 R_i				
		很好	好	一般	差	很差
外部沟通	相关投诉件数	0.1	0.3	0.4	0.2	0
	资助社会环保活动资金	0.2	0.4	0.2	0.2	0
	环境报告的发布	0.15	0.25	0.3	0.2	0.1
	用户认同度	0.2	0.2	0.3	0.2	0.1
	社会美誉度	0.2	0.3	0.3	0.2	0
安全卫士	电磁辐射	0.2	0.3	0.3	0.2	0
	职业病件数	0.2	0.3	0.3	0.2	0
	环境事故发生件数	0.2	0.2	0.3	0.3	0.1
	环境事故赔偿金额	0.25	0.35	0.2	0.2	0.1
先进性	单位能源消耗的产量	0.2	0.3	0.3	0.2	0
	单位水污染物排放的产量	0.3	0.2	0.3	0.2	0
	循环用水率	0.2	0.25	0.4	0.15	0
	单位气污染物排放的产量	0.25	0.35	0.2	0.1	0.1

因素集合 U 和评价集合 V。因素集合为 $U = \{U_1, U_2, \cdots, U_n\}$ 共 n 个因素，代表影响环境绩效的各种影响因素，按照本例环境绩效指标的设置，U = {环境守法、内部环境管理、外部沟通、安全卫生、先进性} 共 5 个因素构成。再对各因素 U_i $(i = 1, 2, \cdots, n)$ 作划分，得到第二级因素集合，$U_i = \{U_{i1}, U_{i2}, \cdots, U_{ij}\}$ $(i = 1, 2, \cdots, n)$，U_i中共有 j 个因素，U 共有 $\sum j$ 个因素。

评价集合为 $V = \{V_1, V_2, \cdots, Vm\}$ 共 m 个等级，如 V = {很好、好、一般、差、很差} 共 5 个等级；设相应的评分值为 C = (100、80、60、40、20)。

评价指标的权重 A。在确定多层次指标框架以后，各个级别的各种评价指标权重的确定直接影响环境绩效综合评价的结果。根据专家咨询和层次分析法确定权重。各一级指标的权重 $A = \{A_1, A_2, \cdots, A_n\}$，满足 $A_1 + A_2 + \cdots + A_n = 1$；其中 U_i $(i = 1, 2, \cdots, n)$ 各评价要素的权重为 $A_i = \{A_{i1}, A_{i2}, \cdots, A_{ij}\}$ 且满足 $A_{i1} + A_{i2} + \cdots + A_{ij} = 1$ $(i = 1, 2, \cdots, n)$。根据确定评价指标权重的方法和程序进行了数据处理，确定各评价指标的权重。以某钢铁企业为例，按照以上分析步骤列表 1。

隶属度。隶属度和隶属函数确定的正确与否对评价结果的可信度有直接影响，采用逻辑推理指派法，根据企业提供的各项指标的统计资料和有关国家标准规定的标准值作为原始资料，确定各指标的隶属函数，经过专家评分，可以得到各个指标的隶属度，结果如表 3 - 19 所示。

要求：根据以上信息，运用模糊综合评价方法对该钢铁企业的环境绩效进行评价。

四、阅读分析与讨论

广州本田的环境绩效管理

作为汽车制造企业，广州本田自 1998 年 7 月 1 日成立伊始，就以建设节约型企业、环境友好型企业为目标，秉承“成为社会期待存在的企业”的理念，在企业经营活动和企业内部中实施环境绩效管理，努力成为同行业的领先者。

1. 企业内部配套环境管理

为了做好全过程的环境保护工作，广州本田于2002年4月设置了环境管理委员会，并依照ISO14001体系标准建立了完整的环境管理体系，编制和实施了环境手册和环境规程文件。为了实现资源的有效利用，公司员工大力开展全员性节能降耗改善活动。例如，办公时间尽量少开灯，并且养成人离关灯的习惯；在休息或就餐时间把照明电器关闭；在天气晴朗时充分利用自然采光等。每年还组织员工植树，培养员工的环保意识。

在企业内部针对员工开展的改善提案活动（针对个人）以及NGH活动（New Guangzhou Honda，针对团队的改善活动）大多是与环保、节能有关的。例如一位合成树脂科员工提出了关于“保险杠涂装排风机节能改造”的提案，通过为风机加装变频器，该系统的节电率达到30%，一年可节约的电力达到了425088千瓦时。相比2003年，2006年广州本田单台产品水的消耗量下降了47.8%，电的消耗下降了35.7%，单台用纸量下降了57.6%。

2. 生产过程循环经济管理

在汽车生产过程中，会产生废水、废气，如果处理不当，就会对环境造成影响。因此，广州本田在企业节能、环保的环境管理理念指导下，推行循环经济管理模式，努力创建技术含量高、能耗低的“绿色工厂”。

在成立初期，广州本田黄埔工厂就建设有完善的污水处理设备设施，对生产生活所产生的污水进行分别处理，处理合格率达到100%；在大量的建设和改造工程中大力推广节水设备的使用，工业水循环利用率达到95%以上；在多个领域广泛推广中水回用，使中水回用率从2004年的35%提高到2006年的60%。

另外，2006年新投产的增城工厂在处理工业及生活废水上投入巨资，导入最先进的环境技术——“膜处理技术”。废水经过处理后，全部循环使用到厂区的各相应用水点，包括绿化、马路冲洗、涂装车间工艺用水等，在中国汽车行业中第一个实现了“废水零排放”。不但减少了污染，而且节约了宝贵的水资源。

3. 企业内部的环保、节能活动

2007年2月，广州本田启动了全公司范围内的“安全、环保、节能”活动，企业内部的环保和节能，包括了产品、工厂以及企业。产品的环保和节能，主要指产品尾气排放水平提高、车内VOC降低、整车材料回收率提高以及油耗水平的降低等。工厂的环保和节能，主要指生产设备及厂房改造、生产排放物及废弃物削减和监测、生产过程环保工艺流程实施、现场工作环境不断改善、强化“绿色工厂”建设等。企业的环保和节能，主要包括ISO14001环境管理体系强化、参加中国环境会议、向国家申请各种环保认证、员工的环保节能理念培训教育以及植树等社会活动的参与。

通过创建“国家环境友好企业”，使得广州本田成为经济效益突出、资源合理利用、环境清洁优美、环境与经济协调发展的典范，真正成为社会期待存在的企业。

——摘自：林海芬，苏敬勤．引进型管理创新知识源分析——以广州本田环境绩效管理模式为例［J］．当代经济管理．2009（9）：27－28

讨论要点：

（1）广州本田内部的环境管理措施有哪些？谈谈企业如何从组织上和标准上制定内部环境管理体系。

（2）广州本田的循环经济管理取得了哪些绩效？

（3）广州本田的环保、节能活动主要内容是什么？

第四章　环境审计

【学习目的与要求】

1. 了解环境审计的含义，重点掌握环境审计的主体、对象、功能和目的。
2. 理解环境审计的本质和目标，掌握环境审计的多种分类。
3. 了解环境审计的基本程序，掌握环境审计每个阶段的工作内容。
4. 理解环境审计准则的一般准则、执行准则及报告准则。
5. 了解政府环境审计的内容。
6. 了解注册会计师环境审计的目标、内容，掌握注册会计师环境审计的审计对象。
7. 重点掌握内部环境审计的准则、内容以及内部环境审计的报告。

第一节　环境审计概述

环境审计的产生可追溯到20世纪70年代。一些企业通过审计计划的形式对本企业的环境问题进行检查和评价，开启了环境审计的先河。尽管这些审计只是一些独立性较强的审计计划，未形成统一的方法，但由于需要对政府和企业履行环境责任状况进行检查，企业为了维护自身形象、改善社会公共关系，以及为了遵循环境保护法律法规的执行，环境审计得以迅猛发展。

一、环境审计的概念

环境审计（environmental audit）是一个比较宽泛的概念，目前对其存有许多争议，争议不在于应不应该进行环境审计，而是在于审计内容、方法和实施，各种组织及学者都提出了自己的观点和看法。例如，国际商会认为环境审计是环境管理的工具，国际标准化组织在ISO14000中认为环境审计是对一个组织的环境管理系统的连续监控过程。借鉴已有研究成果，环境审计是指审计机关、内部审计机构和注册会计师，对政府和企事业单位的环境管理系统以及经济活动的环境影响进行监督、评价和鉴证，使之积极、有效，得到控制并符合可持续发展的要求的审计活动。结合这个环境审计定义，我们可以得到以下环境审计的含义：

（1）环境审计的主体包括政府审计机关、内部审计机构和会计师事务所。审计按照主体可以分为政府审计机关、内部审计机构和会计师事务所三大类，分别在维护政府治理、企业内部管理和资本市场安全方面发挥着重要的作用。环境审计作为审计的一种类型，也由这三大主体来具体实施。在实施的过程中，三大主体发挥的功能并不是割裂开来的，例如，政府审计机关也可以聘用注册会计师担任公共资源环境的审计师，而注册会计师在对企业进行环境审计时也可以利用内部审计机构的审计成果。

（2）环境审计的对象是环境管理系统以及经济活动的环境影响。环境管理系统被看作是一个国家或地区对于社会经济生活中的环境、生态问题进行控制和管理的综合手段。它包括环境管理机构、环境管理政策和制度、环境规划、环境审计以及环境绩效报告等组成部分。环境审计被看作是对一个组织的环境管理系统的连续监控过程，该系统的其他组成部分则是环境审计连续监控的对象。组织在运行过程中，相应的经济活动会对环境产生影响，环境审计机构则需对影响的程度进行审计，确保对环境的影响控制在法律法规允许的范围内。

（3）环境审计发挥监督、评价和鉴证的功能。环境审计发挥着监督、评价和鉴证三大功能。所谓监督是指通过审计工作，监察和督促被审计单位的环境业务活动在规定的范围内、在正常的轨道上运行，促进受托环境责任的全面有效履行。所谓评价功能是指环境审计人员对被审计的环境管理系统进行的分析和判断，肯定环境管理成绩，指出环境管理问题的一种方式。所谓鉴证是指环境审计主体对相应的环境报告及其他相应环境资料进行的监察和验证，确保环境报告真实、合法和公允的一种方式。

（4）环境审计的最终目的是符合可持续发展的要求。环境审计是为了保证受托环境责任的有效履行，而受托环境责任是建立在可持续发展的基础之上，正是由于需要达到人口、资源与环境的可持续发展，才需要环境审计。因而，环境审计的最终目的是符合可持续发展的要求。

二、环境审计的本质与目标

对于环境审计而言，如何有效发挥作用取决于其本质和目标。环境审计的产生和发展，离不开可持续发展，离不开受托环境责任，因此，环境的本质与目标也和受托环境责任以及可持续发展息息相关。

（一）环境审计的本质

本质是事物本身所固有的根本的属性。环境审计作为审计类型的一种，其本身所固有的根本属性与审计本质是一致的。审计在本质上是一种特殊的经济控制，是确保受托经济责任全面有效履行的一种特殊的经济控制。所谓受托经济责任是指受托人按照特定的要求或原则经管受托经济资源并报告其经管状况的义务，受托经济责任包括行为责任和报告责任，其中行为责任包括保全责任、遵纪守法责任、节约责任、效率责任、效果责任、环境责任、社会责任和控制责任等。注册会计师对受托人承担的环境责任——受托环境责任履行状况的审查，形成了环境审计。因此，环境审计本质上是确保受托环境责任全面有效履行的一种特殊控制。但是环境审计与传统审计也存在不同之处，传统审计关注于经济活动，以经济业务作为审计对象，而环境审计则跳出了经济业务的范围，涉及环境管理系统，尽管业务活动也包括环境保护资金的运用，但是又不限于经济业务活动。但无论如何，环境审计仍然发挥着特殊的控制功能。委托人将资源委托给受托人进行管理，受托人是否按照委托人的要求进行管理，是否真正地履行了受托环境责任，都需要环境审计进行监督。环境审计主体通过对环境报告等的审计活动，增强环境审计报告的可信性，并确认或解除受托人的受托环境责任。

（二）环境审计的目标

目标是指主体根据自身的需要，借助于意识、观念的中介作用，预选认定的行为目的或结果。目标以观念的形态预先存在，成为引起人们行动的原因，指导或规定人的行为、协调和组织行动。环境审计活动过程中，在明确了环境审计含义和环境审计根本属性的基础上，还应当确定环境审计所应当达到的结果。从环境审计的本质出发，环境审计的总目标或者基本目标可以概括为确保受托环境责任全面有效的履行。根据受托环境责任的特点，可以把环境审计的目标具体化为以下几个方面：

（1）环境管理活动的合法。为了保护环境，政府出台了大量与环境有关的法律法规。环境审计机构应当对环境管理活动是否符合相关法律法规的要求进行审查。

（2）环境管理活动的效益。为了保护环境，组织会投入大量的资源，但这些资源并不一定被合理使用。环境审计应当审查环境资源的使用状况，从经济性、效率性和效果性三个角度进行评价。首先审查受托人是否节约使用环境资源，是否履行了经济性的责任。其次审查受托人使用经济资源的效率性，是否用较小的资源投入获得较大的收益。最后审查受托人的环境资源是否达到了既定的效果，即审查环境资源的效果性。

（3）环境管理的控制。为了实现环境管理的目标，保证环境管理系统的有效运行，组织会采取必要的内部控制措施。环境审计师则对这些内部控制措施进行审计，确保内部控制设计合理并有效运行。

（4）环境报告的公允。受托人为了说明受托环境责任的履行，通常会编制环境报告。环境报告是否在所有重大方面按照既定的标准编制？环境报告是否在公允地反映了该组织的环境管理的状况？审计师按照环境审计准则对环境报告的合法性和公允性进行审计。

三、环境审计的分类

按照不同的分类标准，环境审计可以划分为不同的类型。一般而言，可根据内容和主体进行划分。

（一）按照审计内容进行分类

从环境审计的内容来看，环境审计可以划分为环境合规审计、环境绩效审计和环境责任审计。

1. 环境合规审计

环境合规审计主要是审查被审计单位的环境政策与环境法律法规的执行情况。这些法律法规包括《环境保护法》、《清洁生产促进法》、《排污费征收使用条例》等一系列的环境报告法律法规。环境保护法规的制定与实施，一方面，有效地防范和制止了环境污染，改善了我国环境状况，恢复和提高了环境质量；另一方面对政府有关部门及其他相关利益团体的环境影响行为提出了要求，其中有些活动及其经济影响必然要纳入相关审计业务范畴之内，构成了环境合规审计的主要内容。

2. 环境绩效审计

环境绩效审计是由国家审计机关、内部审计机构和社会审计组织依法对被审计单位的环境管理系统以及在经济活动中产生的环境问题和环境责任进行监督和评价，以实现对受托环境责任履行过程进行控制的一种活动。具体来说，环境绩效审计以经济性、效率性、效果性为标准，审查、分析各单位的经济环境活动，考查各项活动对环境绩效产生怎样的效果，发表意见并提出相应的改进建议，促进被审计单位更全面、有效地履行受托环境绩效责任，提高环境管理绩效。

3. 环境责任审计

环境责任审计是指依据一定的标准，对各级党委政府主要领导、国有和国有控股企业负责人和环境管理有关部门主要负责人（以下简称领导干部）环境行为进行审计，对其应履行环境责任情况进行评价和鉴定，提出进一步改进的建议，并在必要时提出对领导干部个人进行责任追究意见的一项审计工作。我国最早开展的责任审计是经济责任审计，针对领导干部个人的经济责任履行情况进行审计，作为干部考核的一种手段。环境责任审计以经济责任审计为指南，对领导干部所应承担的环境责任进行评价，进而确定领导干部受托环境责任的履行状况。目前，我国正在探讨的对自然资源资产负债表审计也是属于环境责任审计。

（二）按照审计主体进行分类

从三大主体的角度，环境审计可划分为政府环境审计、独立第三方环境审计和企业内部环境审计。

1. 政府环境审计

自然生态环境具有公共物品属性，容易被少数利益集团利用进而损害其他人的利益，而且自然环境资源具有稀缺性，需要政府对环境资源的使用进行管理。政府环境审计则是政府审计机关对政府的环境管理部门以及企事业单位环境资源使用状况进行审查。

2. 独立第三方环境审计

独立第三方环境审计是由民间审计组织执行实施的环境审计活动，主要是注册会计师及其事务所接受授权或委托，对特定组织的环境影响及其经济后果的审核、检查业务。

3. 企业内部环境审计

企业为了执行环保法规，履行环境保护义务，由企业内部审计部门进行的环境审计活动。企业在内部也存在着受托环境责任，为了了解企业内部环境责任的履行情况，则需要内部环境审计。

四、环境审计基本程序

环境审计程序是指环境审计人员在实施环境审计的具体工作中所采取的环境审计方法和审查内容的综合，包括准备阶段、实施阶段和报告阶段。

（一）环境审计准备阶段

环境审计的准备阶段是指从确定环境审计项目起到具体实施审计工作之前的过程，在这个阶段，要完成环境审计工作的各项准备，这是整个环境审计工作的起点。环境审计工作是否有成效，与准备阶段的工作密切相关。一般来说，准备阶段主要包括以下工作：

1. 与被审计单位签署环境审计业务约定书

环境审计机构承接任何一项环境审计业务，都应当与被审计签署环境审计业务约定书。

在签署环境审计业务约定书之前，环境审计人员应当对被审计单位基本情况进行了解，并就审计目的、审计有无限制、环境审计收费，以及被审计单位应提供的资料、协助的等约定事项进行商议。

2. 指定环境审计人员，明确职责分工

一般情况下，在签署环境审计业务约定书之后，环境审计机构应根据环境审计业务的繁简程度和环境审计人员的情况，选派恰当的环境审计人员，成立若干个环境审计小组，分别完成各项具体任务。在进行人员分工的时候，要注意保持审计人员的独立性，严格执行回避制。在环境审计人员的组成上，可以尝试环境审计人员与环保、法律等机构人员相结合的模式，以提高环境审计的效率和效果。

3. 充分了解情况，初步评价被审计单位的内部控制制度

在确定环境审计人员后，环境审计人员就应开展调查研究，了解被审计单位的基本环境情况。一般情况下，需要了解的内容包括：被审计单位的组织结构、规模和环境内部控制，环境特点和治理情况，以前年度接受环境审计的结论情况。

通过以上对被审计单位基本情况的了解，环境审计人员对被审计单位的内部控制制度已具有一定的认识，审计人员应据此做出初步评价。评价内部控制制度的目的是为了确定被审计单位内部控制制度是否完善和有效，是否存在较高的环境风险，以此制订环境审计方案。如果环境控制风险较高，说明存在重要问题的可能性就大，在审计方案中应采取详细审查的程序与方法；如果环境控制风险较低，说明存在重要问题的可能性就小，在审计方案中只需简略审查即可。

4. 编制环境审计工作方案

环境审计方案是指环境审计人员为了完成环境审计业务，达到预期的环境审计目标，在具体执行环境审计程序之前编制的工作规划。为了使环境审计工作有合理的秩序和明确的目标，在实施环境审计之前，应根据了解的情况对被审计单位的情况进行仔细分析和研究，找出重点，分清主次，制订一个合理的环境审计工作方案。一方面用以指导环境审计的实施，另一方面也可以作为检查和评价环境审计工作的依据。对审计工作方案的修订和补充工作，应贯穿于整个环境审计工作的实施阶段之中。

（二）环境审计实施阶段

环境审计的实施阶段是指环境审计人员进驻被审计单位进行实地审查，到查清事实并取得充分有效的审计证据的过程。主要工作是按照环境审计方案的要求，采用各种不同的环境审计方法，对被审计单位的内部控制制度建立及其贯彻执行情况进行检查，对环境报告项目的数据实施重点细致的检查，取得环境审计证据，形成环境审计方面的各种工作底稿。

在环境审计的实施阶段，环境审计人员要根据环境审计方案确定的审查范围、审查重点、审查步骤及审查方法搜集证据，并进行评价，借以形成环境审计结论。因此，实施阶段是整个环境审计过程的主要阶段，是环境审计全过程的中心环节。环境审计人员在审计过程中要做的大量工作，均在该阶段完成。环境审计实施阶段的主要工作有：

1. 进驻被审计单位

环境审计人员进驻被审计单位，与被审计单位的有关管理人员进行接触，进一步了解被审计单位的情况，并使被审计单位的相关人员了解环境审计目的及范围，取得他们的帮助。

环境审计人员要向被审计单位借调环境审计项目的资料，办理借用手续，并指定专人妥善保管。资料使用完毕后，必须及时如数归还，并办好交接手续。

2. 测试和评价内部控制制度

环境审计人员通过对环境内部控制的调查，可以了解被审计单位环境内部控制的设计情况，但环境内部控制是否真正能够信赖，还取决于其执行的情况和实际效果。对内部控制实施符合性测试，根据测试的结果确定实质性测试的范围和性质，并考虑是否需要修改环境审计程序方案。

3. 实施实质性测试程序

所谓实质性测试是对被审事项进行更为深入地检查并收集直接证据。实质性测试的目的是取得赖以做出环境审计结论的充分而恰当的审计证据。实质性测试通常采用抽查方式进行，其抽查的规模需根据符合性测试的结果来确定。

实质性测试主要包括以下内容：

（1）分析相关环境因素，判断容易发生环境问题或易于弄虚作假进行违法违纪的部门或环节。

（2）审查分析各种环境记录，判断环境记录的真实性。

（3）核实环境治理工程。环境审计人员在审阅分析环境治理工程的基础上，必须进一步对其进行账实核对。

（4）抽查有关凭证，确定环境收支数据的真实情况，以及数据所反映环境经济的合理性、合法性。

（5）复算。环境审计人员要对被审计单位有关环境经济收支计算的结果进行复算，以确定是否有故意歪曲计算结果的弊端或无意造成计算结果的失实。

（6）询证。环境审计人员在审查核实中，发现有可疑的问题，应向有关单位和人员提出函询和面询，必要时可派人到外单位调查。

（7）实地测量。环境审计人员在审查分析有关环境书面资料后，还应对环境进行实地测量，以进一步检验环境记录的真实性。

4. 编写环境审计工作底稿

环境审计工作底稿是审计人员在执行环境审计过程中形成的审计工作记录和获取的资料。在环境审计过程中对查出的问题、采用的方法、取得的证据、做出的结论等，必须及时记录于审计工作底稿。审计工作底稿不仅是编写环境审计报告的基础，也是以后环境审计的重要参考资料；不仅是评价环境审计工作质量的重要依据，也是环境审计人员澄清环境审计责任的证据。

（三）环境审计报告阶段

环境审计报告阶段是指在环境审计的实施工作结束之后，提出审计报告，做出审计结论和决定，并建立审计档案的工作阶段。主要工作有整理、分析、综合审计证据，起草环境审计报告，征求被询单位意见，修改审计报告，审定和报送环境审计报告，总结审计全过程，整理审计资料并归档等。

1. 分析和综合环境审计证据

为了使环境审计实施阶段所收集的分散的个别的证据集中起来，形成具有充分证明力的证据，恰当评价被审计单位的环境经济活动，得出正确的环境审计意见和结论，审计人员必须对收集的证据进行整理、分析和综合。通常有两种归类方法：第一，按照业务性质归类，如水污染、大气污染、有碍生态平衡、自然资源利用不充分等。第二，按所查出的不同性质的问题归类，如管理不到位、报告弄虚作假、治理不积极等。

2. 起草环境审计报告，提出审计意见

环境审计报告是环境审计工作的最终结果，是环境审计人员完成环境审计任务、报告环境审计情况、形成环境审计意见的书面文件。由于环境审计涉及内容较多、较细，环境审计报告格式一般应采用详式报告格式。撰写环境审计报告要经过下列步骤：（1）检查原确定的环境审计业务是否完成；（2）环境审计方案中所涉及的重点问题是否都有结果；（3）拟写进环境审计报告中的重点问题是否证据充分；（4）起草环境审计报告；（5）与被审计单位交换意见。环境审计报告的基本格式与内容可以一般审计报告的格式与内容为基础，根据需要做适当的修改。

3. 通报审计结果，征询被审单位意见，修改审计报告

环境审计组织应当根据环境审计工作底稿及相关资料，在综合分析归类整理核对的基础上，经过一定程序编制好环境审计报告征求意见稿，及时征求被审计单位意见。如果被审计单位管理当局或其他环境审计报告使用人对环境审计结果和环境审计意见有异议，那么环境审计人员应做出进一步的检查，如果意见确属正确的，应及时给予修正。

4. 复核、审定环境审计报告

环境审计组织应对环境审计工作底稿进行逐级复核，并提出书面复核意见，然后根据环境审计审核意见书最终确定环境审计报告。

5. 环境会计档案的整理与归档

环境审计人员在结束环境审计业务之后，要对整个审计业务形成的文件资料进行整理并分类归档。首先，要将在环境审计过程中积累的资料进行清理。其次，应将需要保存的环境审计文件按其今后的使用价值分成两类：一类是有长期使用价值的资料，如与被审计单位有关的重要法规文件、合同、协议、被审计单位的内部规章制度、环境审计报告副本等；另一类是提供下次环境审计参考的资料，如环境审计方案、在符合性测试和实质性测试中形成的各种底稿等。最后，将已分类的环境审计文件编号归档。

五、环境审计准则

审计活动是一个复杂而又系统的过程，它既是一种技术性工作，也是一种社会行为，因而它必须遵守特定的技术规范与社会规范，我们将这两类规范统称为审计规范。可以看出，审计规范的本质就是用来约束和指导审计人员行为的一套标准或准则体系。作为规范和引导内部环境审计人员的准则体系，环境审计规范必须具备一般审计规范的要求，与环境审计理论内容相协调，具有一定的前瞻性，可操作性较强，以保证环境审计目标的实现。

（一）环境审计的一般准则

环境审计的一般准则是关于环境审计人员任职资格和执业条件的一般要求，主要说明什么人可以担当环境审计的职责，是进行环境审计工作的基本前提。一般准则主要对环境审计人员的独立性和专业胜任能力作出规范，并要求具备应有的职业关注。

（1）独立性：独立性是指审计人员和审计组织在进行审计活动时，按照相关规定行事，不带个人或组织偏见，不受任何外来势力的控制与支配，独立地制订环境审计计划并独立地实施，对环境审计的结果独立地做出判断并提出环境审计意见。独立性不仅是审计人员的一项重要的品行要求，同时也是独立审计的精髓。

（2）专业胜任能力：专业胜任能力是指审计人员具有专业技能、知识和经验，能够经济、有效地完成审计工作。审计人员应具备该审计工作的足够资格和技术知识，并能通过培训进行巩固与提高专业胜任能力，以有效执行分配的审计任务。由于环境审计涉及的方面具有很强的综合性，环境学科与审计学科具有高度的跨度性与复杂性，审计人员或许不能拥有审计工作需要的全部技能，因此，环境审计人员应承担那些他们能合理预期并具备足够专业胜任能力来完成的业务，防止对业务能力要求估计不足而导致审计失败。同时，可根据环境问题的主要类别将环境审计业务进行分割，对各类环境审计业务安排相应的审计人员，并对这类审计人员进行专门的技能培训，这样可以提高环境审计人员的专项技能水平，降低对其综合知识范围的要求。

（3）应有的职业关注：即要求环境审计人员在计划环境审计工作、搜集环境审计证据、实施环境审计程序和发表环境审计意见这一工作进程中应该保持应有的职业谨慎态度，对可能影响目标或资源的重大风险保持警觉。

（二）环境审计的执行准则

环境审计执行准则是依据一般准则制定的，是对具体环境审计工作的指导，本书构建的执行准则对环境审计计划、环境审计证据、环境审计方法和环境审计复核进行规范。

1. 环境审计计划

环境审计计划是审计人员为了完成约定的审计业务，达到预期的审计目标，在具体执行审计程序之前对审计工作进行的合理安排，并突出审计重点。在环境审计计划中，审计人员一方面需要收集被审计单位的规模、主要业务类别及其复杂程度等常规信息，另一方面需要收集相关的环境信息，主要包括购买环保设备的合同及其运行情况、环境管理控制系统的存在和运行的有效性、环境保护法律法规对其所从事业务活动的影响、对社会公众的环境责任及其履行情况、应对环境问题的各种措施、被审计会计年度内环境资产和负债及与此相关的各种资产和负债的变化情况等。

2. 环境审计证据

环境审计人员应当获取适当的、充分的环境审计证据，以得出合理的环境审计结论，进而形成符合实际的环境审计意见。环境审计证据一般通过询问、实地调查、标准化问卷调查、抽样统计、分析程序，并结合被审计单位环境管理内部控制的有效性信息而获得。

收集了相关环境审计证据后，应对其进行进一步的鉴定与评价，以保证所收集的证据与所审计的项目具有相关性、可靠性、重要性及成本效益性。

3. 环境审计方法

环境审计方法是为了实现审计目标、得出审计结论而采取的各种手段的统称。环境审计方法最重要的特征是具有多样性和联合性，这是由环境审计的复杂性、多样性和综合性所决定的，它主要指在环境审计中，要运用多种学科（如工程学、管理学、环境学、审计学等）

的技术方法，并针对具体环境审计实务将各种方法联合运用，主要包括检查、观察、抽样调查等常规方法以及事件重现法、对照检查法、因果分析法、比较分析法等。

4. 环境审计复核

同常规审计一样，各个级别的环境审计人员和参与环境审计业务的其他人员的审计工作、环境审计的各个阶段都应受到及时、有效的督导和监控。环境审计复核工作应由至少具备同等专业胜任能力的人员完成。环境审计的复核主要表现在两个方面：对环境审计工作计划的复核；对环境审计计划执行工作的复核。一般由经验较多的人员复核经验较少的人员，高级别的人员复核低级别的人员。

（三）环境审计的报告准则

报告准则是对依据一般准则和执行准则进行的环境审计工作的总结，构成要素主要包括环境审计报告和环境审计跟踪报告。

1. 环境审计报告

环境审计报告应是一个独立的书面文件，具有真实、客观、易于理解及有建设性等特点，与财务报告或环境报告的整体有关。环境审计人员应在完成预定的环境审计程序后，依据经过核实的环境审计证据，形成审计意见，并出具环境审计报告。环境审计意见包括无保留意见、保留意见、否定意见和无法表示意见这四种类型。

此外，可在出具书面报告后，增加录像带形式的附件，以真实地反映所审计的环境状况，使审计结论更具有真实性、说服力和感染力。

2. 环境审计跟踪报告

由于环境问题具有长期性与潜伏性的特征，企业所开展的项目对环境的影响或许要在随后的一段时间甚至几年后才会逐渐显现，因此，为了真正实现环境审计的目标，环境审计应组织建立环境审计跟踪机制，及时进行跟踪审计，对被审计对象环境事项的整体影响得出结论。

以上准则是环境审计在各个领域的通用准则，不论是财务审计、合规审计还是绩效审计都应该以上述框架体系中的准则为准绳。然而在不同的审计领域，存在着环境审计的具体准则。下文将着重介绍环境财务审计、合规审计和绩效审计这三个领域的审计标准体系的内容。

第二节 政府环境审计

一、政府审计简述

政府审计是指独立的国家审计机关依法独立检查被审计单位的会计凭证、会计账簿、财务会计报告以及其他与财政收支、财务收支有关的资料和资产，监督财政收支、财务收支真实、合法和效益的行为。政府审计历史悠久，约在公元前3000年的古埃及，政府机构中设置监督官，行使监督权，监督收支记录是否正确，各级官吏是否尽职尽责。古希腊的雅典，也设置了审计机构，对卸任官员的履职情况进行审查。我国早在西周时期，设置“宰夫”

一职，具有审计性质。秦汉时期的“上计”制度确立了审计制度，隋唐和唐宋时期得到了发展。北洋政府 1914 年颁布了《审计法》，确立了审计监督的法律地位。

根据 1982 年宪法，审计署于 1983 年成立，成为独立政府审计机关。目前，我国政府审计机构共分四级：审计署，各省、自治区、直辖市审计（厅）局，省辖市、自治州、盟、行政公署（省人民政府派出机构）审计局，县（市、区）级审计局，此外中国人民解放军系统也设置了审计机构。我国各级审计机关实行统一领导，分级审计，双重管理体制。为了加强对中央单位的审计监督，经国务院批准，从 1984 年开始，审计署在国务院下属各部门先后设立了派驻机构。此外，审计署还在全国设立了特派员办事处。

我国的政府审计主要包括财政审计、固定资产投资审计、金融审计、企业审计、外资审计、经济责任审计以及社会审计组织审计业务质量监督检查。财政审计是指国家审计机关根据国家法律和行政法规的规定，对国家财政收支的真实性、合法性和效益性实施的审计监督。固定资产投资审计是指审计机关运用一定的方法，对国民经济各部门固定资产投资活动以及与之相联系的各项工作进行的审查、监督与评价。金融审计是指国家审计机关依照国家法律、法规和政策的规定，对国有金融机构的财务收支以及资产、负债、损益的真实、合法、效益所进行的审计监督。经济责任是指因担任特定职务管理运用财政资金、国有资源和国有资本、其他有关基金和资金，以及从事其他有关经济活动应当履行的职责、义务。除了上述的审计类型外，我国审计署成立了农业与资源环境审计司，开展资源环境审计业务。不过，几年来我国政府环境审计工作主要是体现在日常财务收支审计基础上向环境事项延伸审计，还有就是开展了一些单项的环保资金使用绩效的审计调查，但这些还不是严格意义上的环境审计。

辅助阅读 4－1

中华人民共和国审计署 2009 年对河北、山西、辽宁等 19 个省份的 103 个县、县级市和区 2006～2008 年农村饮水安全工作开展情况进行了审计调查。审计调查发现，2006～2008 年，103 个县计划解决 780.83 万人的饮水安全问题，实际解决 657.53 万人，还有 123.3 万人未得到解决，占计划的 16%；有的已建成的农村饮水安全工程存在供水水质合格率偏低、运营成本偏高、管理维护不到位和工程利用率不高等问题，影响了农村饮水安全工作效果。审计调查的 103 个县中，有 83 个县不同程度地存在地方政府配套资金不到位的问题。2006～2008 年，这 83 个县计划配套 9.79 亿元，实际到位资金 5.46 亿元，未到位资金 4.33 亿元，到位率为 56%。一些地方将配套资金缺口转嫁到农户身上，导致群众自筹比例增高。审计调查发现，由于资金分配重点支持不够，农村学校饮水工程建设滞后，饮水不安全问题尚未完全解决，个别地方还比较突出。截至 2008 年底，审计抽查 72 个县的农村学校中，饮水达不到国家规定标准的占 35%。审计重点抽查的 131 处以高氟、苦咸水等作为水源的农村饮水安全工程中，有 36 处工程未设计水质净化设施，占 27%；有 19 处工程未按设计要求安装水质净化设施，占 15%。

——摘自：中华人民共和国审计署《审计结果公告》2010 第 5 号

二、政府环境审计发展历程

最高审计机关国际组织（International Organization of Supreme Audit Institutions，INTOSAI），是由联合国成员的最高审计机关组成的非政府间国际性组织。INTOSAI 创立于 1953 年，旨在互相沟通情况、交流经验、推动和促进各国最高审计机关更好地完成本国的审计工作，目前已有189个全职成员。为了推广和促进环境审计在各国的发展，1992年INTOSAI专门成立环境审计工作组（Working Group on Environmental Auditing，WGEA）。1995年9月，INTOSAI在开罗召开了第15届世界审计组织大会，环境保护和改善被公认为审计机关的作用和职责。2002年4月8日至9日，在英国伦敦召开了第一次环境审计工作组会议，中国代表出席会议并提出了亚洲审计组织2002年的工作计划。2011年11月6日至11日，第14届环境审计工作组会议在阿根廷召开，中国代表介绍了自2010年桂林会议以来的亚洲审计组织的工作。

1998年我国政府机构改革中，国务院明确将开展环境审计的职能赋予审计署。2000年以后，经过各级审计机关和广大环境审计人员的努力和实践，我国政府审计机关开展的环境审计日益成为环境保护工作的重要部分，发挥着越来越重要的作用。一些单项的环境保护审计项目，如生态林业建设资金审计调查、排污费审计、天然林资源保护工程审计、退耕还林工程审计等促进了国家重点环境保护工作的健康发展。2000年我国环境审计开始步入国际环境审计舞台。同年8月，在泰国清迈举行的最高审计机关亚洲组织（ASOSAI）第八次大会上，ASOSAI成立了INTOSAI环境审计委员的区域性组织——ASOSAI环境审计委员会。在随后的ASOSAI环境审计委员会第一次会议上，我国当选为主席国，李金华审计长当选为ASOSAI环境审计委员会主席。2001年4月，审计署起草了《ASOSAI环境审计指南草案》；6月在北京召开ASOSAI环境审计研讨会；2002年3月，审计署当选为INTOSAI环境审计委员会执委会15个成员之一，李金华审计长当选为执委。2001年后至今，我国各级审计机关先后开展了46个重点城市排污费审计、“三河三湖”水污染防治资金审计、41户中央企业节能减排专项审计调查等环境审计项目。

辅助阅读4-2

2015年3月兰州率先试点开展政府环境审计

为贯彻落实党的十八大、十八届三中全会、四中全会精神和新《环境保护法》、《国务院关于加强审计工作的意见》的规定，积极探索和推动环境审计制度建设，环境保护部近日下发《关于开展政府环境审计试点工作的通知》（以下简称《通知》），决定在甘肃省兰州市开展环境审计试点。据了解，此次政府环境审计试点工作根据自愿性原则开展，由环境保护部和甘肃省环保厅加强对试点工作的指导，兰州市政府负责组织实施。兰州市可以根据本市实际情况，选择重点环境保护领域开展政府环境审计试点。重点环境保护领域应根据全市环境统计和监测数据体现的主要环境问题、公众反响强烈的环境问题及存在的重大环境风险和隐患等因素确定。

本次试点工作主要内容有：一是开展政府环境履责合规性审计。主要审计兰州市政府落实国家和上级政府有关环境保护的法律法规、环境标准、环境规划和政策的基本情况。包括是否制定环境保护目标并将目标分解到相关部门，目标指标是否具体和可考核；针对环境目标落实是否建立实时监测监控和灵活的调整机制；是否给予环境统计和监测、执法监察部门充足的资源保障和行动能力；是否预见到环境政策实施过程中可能面临的风险并建立风险控制和应急体系；是否建立环境目标、环境规划和政策实施后评估机制等。二是开展政府环境履责绩效审计。主要审计兰州市政府环境履责成效，包括是否形成有效的环境监管能力和污染治理能力、主要污染物排放量是否降低、环境质量是否得到切实改善、在上述各领域是否达到相关规划和政策的预期目标、规划和政策的实施是否具有较高的效益费用比等。三是开展政府环境履责财务审计。主要针对用于兰州市的专项环保资金，从资金管理使用的合法合规性、资金收支的真实性和资金使用绩效三方面开展政府环境履责财务审计。重点审计资金使用绩效，具体包括资金投入所形成的污染治理能力及产生的减排量、所形成的环境监管能力，资金绩效是否达到相关规划和政策目标要求等。

试点工作共分为准备、实施、报告和反馈四个阶段，计划在一年内完成。通过开展不同形式和内容的政府环境审计试点，将从环境政策制定、实施、监控和评估全生命周期评价兰州市环境保护履责成效，帮助兰州市政府进一步理顺环境保护工作机制，提升环境保护和管理工作效率。《通知》要求，兰州市应按进度完成试点工作，并建立试点工作简报制度，及时向环境保护部和甘肃省环保厅报送试点工作进展情况。试点工作完成后，应及时总结工作经验，并加强对政府环境审计结果的运用，将其作为向本级人民代表大会或者人民代表大会常务委员会报告环境状况和环境保护目标完成情况的依据。

——摘自：中华人民共和国环境保护部官网——环境要闻［EB/OL］. 2015－3－6

三、政府环境审计角色与定位

（一）公共环境受托责任决定了国家环境审计角色定位

黄溶冰（2011）通过对政府职能与环境受托责任关系的理论阐述，对政府在环境审计中的角色提出了自己观点。他认为，政府为履行公共资产和公共资源管理的受托责任，有义务为纳税人提供包括减少污染、保护环境在内的公共产品，而基于全体纳税人公共受托责任而生的国家审计，也有责任、有义务保障国家环境安全，利用审计监督促进低碳发展，推动生态文明和环境友好型社会建设。

按照公共财政理论，在市场经济条件下，被列入政府支出的事项大多属于“社会公共需要”的领域，这些支出主要用于为社会提供那些难以按市场原则提供的公共商品与服务。正是在这一意义上，财政成为公共财政，为社会公共利益服务，成为政府支出的基本方向。同时，由于政府支出的范围主要限于为社会提供公共商品与服务，非但不能获得全部收益，还要承担全部的成本，于是一种与政府公共支出性质相一致的财政收入形式——税收就应运而生。从经济学角度看，税收是“政府与纳税人之间的交易”，双方形成了一种契约关系：公众付出税金，政府则提供公共商品以满足公众的公共需要。在这一关系中，政府只处于受托的地位，而委托人及最终消费者是公众。显然，公众有理由关心政府提供公共产品的质量和效率，因为赋予纳税人应有的权利是“公共财政”的必然要求。

审计是因授权管理经济活动的需要而产生的，不论国家审计、内部审计还是社会审计，受托经济责任关系都是审计产生的真正基础，公众是审计师唯一的委托人。国家审计也是接受公众委托对国家管理者承担的公共受托经济责任进行的经济监督行为。在公共财政体制下，税收本质是纳税人为获取公共产品而支付的一种“对价”，纳税人将其一部分资产让渡给政府，作为公共资产接受统一管理，政府须履行公共资产和公共资源管理的受托责任，有义务为纳税人提供高效、高质量的公共产品。自然资源和生态环境的公共性质决定了它更是一种最具典型意义的公共资源，为人民所享有，其管理的主体是由人民授权委托的国家；企业环境资源为全体股东所享有而赋予经理层管理。第三者的环境审计（并非仅仅指注册会计师审计）其实质是一种环境资源的所有者公民或股民对管理者的国家或经理层受托管理环境资源的绩效的一种审计。

我国30多年的改革开放，在创造了巨大物质财富的同时，也付出了巨大的资源和环境代价，经济发展与资源环境的矛盾日趋尖锐，在能源、环境以及气候变化等多重考验下，纳税人有权要求国家充分运用宏观调控手段，解决环境污染等市场失灵问题，实现资源优化配置，不断增进社会福利，促进经济社会协调发展，满足各个阶层纳税人生存与发展的需要。

国家审计正是基于全体纳税人公共受托责任产生的，就环境公共投资与环境资源的受托和管理而言，审计监督与纳税人权利保护具有同源性，审计工作必须以维护人民群众的根本利益为最高目标。所以，从这种意义上看，国家审计机关有责任、有义务保障国家环境安全，利用审计监督促进低碳发展，推动环境友好社会和生态文明建设。

（二）公共环境资金预算性质决定了国家环境审计内容和范围

政府环保资金是通过政府环境资金预算体现的，国家环境审计监督应基于国家治理下的政府环境预算项目和环境资金的监督，政府及其他经济监督形式的主体是经济服务主体而不是监督主体。监督主体应依附权利主体而存在，作为行使环境经济监督和环境经济处罚的"公权"应全归属于国家审计（袁广达、袁玮，2013）。环境经济犯罪的司法处理可以看作是国家审计权利的转移，而对非国家环境预算监督的"私权"应采用市场机制由民间审计职业组织行使，内部环境审计是企业基于自我生存考虑的自觉和自愿行为。国家环境审计以国家环境预算为唯一内容，并通过对国家环境预算资金的监督达到国家生态治理的效果，最终实现政治清明、社会公平、经济有序的国家良治的预期。

国家财政预算的环境预算经费是保障政府及其环保部门履行国家环境治理职能的唯一资金来源。行使环境公权力的政府任何组织、部门在管理环境事务相关的行政管理活动和政治活动时，都会产生一定的环境行为并导致一定的环境结果，其行为代价付出与资金支付一般来说是同时呈现的。在使用国家环境预算经费时，政府会计报告数据的背后揭示的既是公权组织及政府官员经济现象，更是其行为的经济后果。国家对资源生态环境的管理需要环境财政作为基础和支柱，同时国家环境管理的所有活动安排和最终结果也都会反映到政府预决算报告中。显然，国家审计产生于公共受托经济责任关系的确立，政府及其组织本身就是"公共受托经济责任"关系中的环境"责任人和报告人"。为此，通过国家环境审计对国家环境资金预算的监督，可以考量政府在使用环境预算资金方面的合法与非法性，考量政府环境行为的作为与不作为及其后果性，发挥国家环境审计在国家治理中的作用，并理清与民间环境审计和内部环境审计之间的界限。

现代治理结构告诉我们，建立在"委托—代理"理论基础上，实现了所有权和经营权的分离。尽管不同治理结构模式对权责、利益的划分、制衡存在差别，但从企业运作的全过程看，都可以划分为决策、管理、作业三个管理层次。首先，财政预算是国家通过经济手段进行国家治理以实现国家功能的主要形式，作为国家治理这个大系统中一个内生的具有预防、揭示和抵御功能的"免疫系统"的国家审计，是国家治理的重要组成部分，实质上是国家依法用权力监督制约权力的行为，并体现在整个国家预算的全过程，以保障国家预算决策、管理和执行目标的完全实现。其次，国家是由各个阶层组织组成，组织的狭隘性尤其部分政府官员的私欲性不可能自动消除。近年来公共产品的自然资源和生态资源流失严重，官员以权谋私、官商勾结造成的环境污染事件众多，社会和民众反应强烈，老百姓深恶痛绝。在环境预算监督机制上，国家环境审计与国家治理关系，国家审计与民间环境审计、内部环境审计界限界定，必须建立在能够提高民生、民本、民权基础之上，它涉及环境预算的各个环节和各个层面。为此，国家环境预算本身要回应人民的关切，让人民参与到国家环境预算的监督体系中，使纳税人上交政府的环境税费开支得明明白白，使国家环境预算资金真正起到归还蓝天白云、老百姓能够喝上清洁的水呼吸上清新空气的作用。

四、政府环境审计内容

环境审计的内容就是环境审计具体对象构成。我们知道，资源、环境和生态是人类社会生存和发展的前提和基础，也是人类生产和生活的基本条件。资源存在与一定环境下，广义的环境包括生态并以生态系统形式呈现，而资源是生态系统的构成要素，保护环境就是保护好我们赖以生存和发展的资源、维护好生态系统的自然平衡。所以，政府环境审计的内容可以从不角度进行界定，但实际上又难以严格区分。为了便于研究，我们将政府环境实际人为地划分为资源审计、环境保护审计和生态系统审计三类。实际上这样的划分与注册会计师环境审计、企业内部环境审计内容也并无大的区别，只是各自为了实现自己的审计目标有所偏重而已，如内部审计主要是针对内部环境保护、污染预防和治理审计，以实现环境效益最大化；注册会计师环境审计对企业环境绩效的独立评价，以鉴证企业报告的环境保护、治理和预防绩效的信息公允；而政府环境审计目标更多的是衡量环境法律、法规、制度和标准的遵循性审计，促进资源、环境、生态和人类的和谐发展。由此，没有绝对的一种形式和单项内容的环境审计，往往是形式互相联系和内容相互渗透的综合性审计，这样才能从总体上保证作出比较准确、适当和公允的审计结论和意见。

（一）资源审计

我国的资源包括土地资源、水资源、矿产资源、海洋资源、林业资源、石油天然气等地下能源资源等。根据我国相关法律规定，土地、河流、森林、矿产、石油天然气均属于国家所有。作为国家财产的守夜人，政府审计应当对资源以及环境保护进行审计。由此，资源审计具体包括矿产资源审计、国土资源审计、渔业资源审计、林业资源审计、能源资源审计等领域（陈希晖，2014）。

资源审计的目标是促进资源节约和循环利用，缓解资源趋紧状况，终极目标是帮助实现资源利用的可持续性。开展资源管理审计应借鉴“循环经济”的理念，重点关注乱采（挖）滥伐、无序开发及侵占、围垦河湖等导致资源损失浪费和生态环境破坏的问题，以及非法出让、转让等导致国有资产流失和损害农民利益的问题。从生态文明建设的角度还需关注节约环保与调整产业结构、污染防治与企业节约增效、发展节能环保产业与扩大内需、生态保护与优化生产力空间布局的结合情况，清洁生产的推行情况，传统产业的生态化改造情况，关注“两高一资（高能耗、高污染和资源性）”企业、低水平重复建设和产能过剩项目，关注节能、节水、节电等应用工程项目的专项投入、专项收费，揭示和制止挤占、挪用专项资金的问题，规范专项收费征缴、管理和使用情况等。

1. 林业审计

2010 年 6 月，在印度尼西亚最高审计机关的努力下，最高审计机关国际组织发布了《林业审计：最高审计机关指南》。

（1）林业审计方法与工具

林业审计与常规审计在技术方法上一致，不过需要使用计算机技术工具，最常用的工具是 GIS（geographical information system）和 GPS（global positioning system）。利用地理信息系统进行林业审计的计划并实施审计程序，能够了解到要审计的森林的具体信息，包括森林所处的位置，以便于进行观察。还可以了解森林的采伐情况以及非法采伐等，可以作为收集审计证据的工作。利用全球定位系统，能够准确定位被审计森林所处的位置。

（2）风险基础林业审计

风险基础林业审计的过程如图4－1所示。

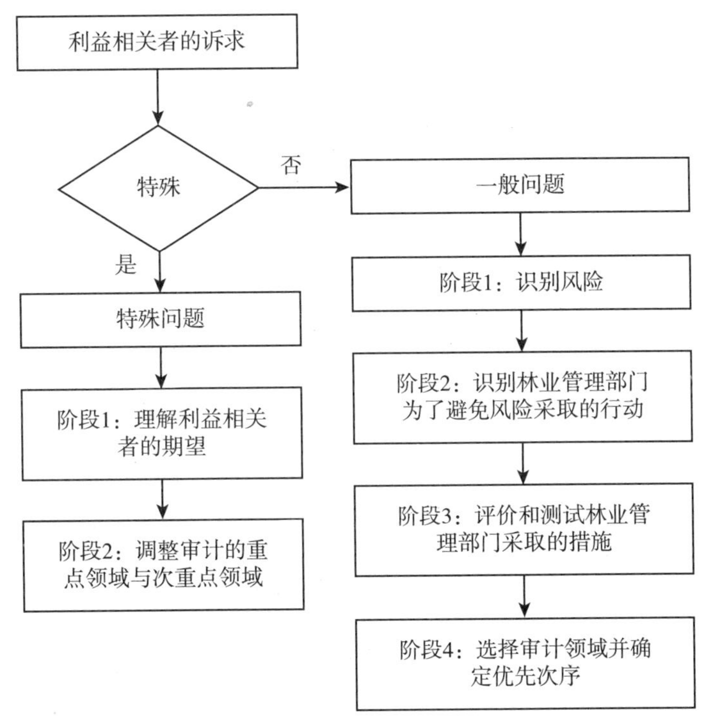

图4－1 风险基础林业审计的过程

2. 渔业审计

由于政府部门缺乏有效的管理，渔业资源面临枯竭的风险。2010年6月，在南非最高审计机关的努力下，最高审计机关国际组织发布了《渔业管理持续性审计：最高审计机关指南》。指南中提出了渔业管理审计的四个步骤。

（1）识别国家的渔业资源及主要的威胁。包括：污染和鱼类生存环境的破坏；过度投资、过度开发渔业资源及过度捕捞；微弱的国家渔业立法或者政策；捕鱼技术改进带来的影响等。

（2）理解政府应对威胁的反应及相关的人士。这一步骤主要是识别相应的审计标准并提供政府管理渔业的全貌。

（3）选择审计项目并进行排序。根据了解的渔业管理的风险状况，审计师选择哪些项目作为优先考虑的项目以及哪些项目作为次级考虑的项目。

（4）决定审计的方法、审计目标以及询问的路径。

3. 矿藏审计

矿藏审计并不是最高审计机关的主要审计事项。2007年在坦桑尼亚阿鲁沙召开第十一届环境审计工作组会议时，在2008～2010工作计划中提出制定矿藏审计指南。在坦桑尼亚最高审计机关的努力下，最高审计机关国际组织于2010年6月发布了《矿藏审计：最高审计机关指南》。在指南中，对于矿藏审计也是采用四个步骤。

（1）识别采矿带来的环境威胁。不同的矿藏开采带来的环境问题不同，但也存在一些共同的环境影响，例如，都会影响到原有生物的栖息地。审计师应当考虑到每一个采矿过程中带来的环境问题。这些过程包括钻探与开发、项目进展（如修建公路、建设处理场等）、矿物开采、选矿和矿场关闭等。

（2）识别政府对于这些威胁的应对措施。最高审计机关并不审计环境本身，而是审计政府的环境政策以及措施带来的后果，因此，审计师需要理解政府应对环境威胁采取的政策和措施。政府的环境政策与措施包括进行环境规制（实施采矿的许可制度）、教育和培训以及经济工具。

（3）选择审计项目并进行优先排序。审计师在这个步骤需要考虑以下几个方面的问题：审计报告使用者的兴趣点何在？尤其是主要的使用者？相对于整个政府活动而言，哪些项目更重要？审计后的影响是什么？审计后会有显著改善吗？以前的开采被审计过吗？

（4）决定审计的方法与范围。这是最后一个步骤，审计师根据前三个步骤决定采用何种审计程序、如何实施这些审计程序等。

4. 能源审计

可持续能源审计旨在审查能源部门对有关法律法规和能源政策的执行情况，相关资金使用情况，对其在使用可持续能源过程中的经济性、效率性和效果性进行监督和评价，并提出有关发展和使用可持续能源的建议，推动可持续能源的健康发展。在进行可持续能源审计过程中，可以重点审计以下能源管理工具：直接财务支持，如对研发活动的支持、投资激励、节能奖励等；间接支持，如税收减免、政府采购等；对能源部门的监管，如制定保护性分类电价制度、严格市场准入等。

5. 土地资源

土地资源审计的目的是帮助实现土地资源的集约和可持续经营。土地资源审计应重点关注土地政策的贯彻落实情况，土地管理的职责履行情况、土地整治情况、土地出让金和土地整治相关资金管理情况。其中土地政策重点关注耕地和基本农田保护政策、耕地占补平衡政策、保障性住房和产业性供地政策、城乡建设用地增减挂钩试点政策等，土地管理职责应围绕土地的征收、储备、供应、使用等管理职责；土地整治情况应关注项目的立项、建设资金使用管理、耕地补充的数量和质量等；土地出让金和土地整治相关资金管理情况应关注土地出让金、新增建设用地土地有偿使用费、耕地开垦费、土地复垦费等。从生态文明建设的角度来看，国土资源审计还需审查国土空间开发格局顶层设计的科学性，关注人口资源环境相均衡、经济社会效益与生态效益相统一原则的执行情况，重点关注城乡建设用地增减挂钩、低丘缓坡荒滩开发、工矿废弃地复垦等机制的运行效果，主体功能区战略的实施进度；关注推动各地区严格按照主体功能定位发展，推进构建科学合理的城市化格局、农业发展格局、生态安全格局。

（二）环境保护审计

污染防治是环境报告的重要方面，环境保护审计以污染防治审计为重点。污染防治审计主要包括水污染防治审计、大气污染防治审计、固定废弃物污染防治审计以及重金属污染防治审计。在这些环境保护项目中，都会涉及污染防治管理与政策审计、污染防治工程项目审计、污染防治资金使用审计等。

1. 水环境保护审计

水环境保护审计的目标是促进水环境的改善，审计时主要关注水环境资金、水环境法规政策、水环境管理、水环境项目四方面。其中，水环境资金要关注水污染防治专项资金、减排专项资金、排污费、污水处理费等的征收、分配和管理的真实性、合规性和效益性；水环境法规政策落实情况要关注相关法规政策执行情况及效果，废水环境政策的环境影响；水环境管理要关注各级政府及相关部门在水污染物排放控制、排污许可等方面的责任履行情况；水环境建设项目运行情况要关注工业污染防治项目、生活污染防治项目、农村面源污染防治项目、污水处理等项目的建设管理和运营绩效方面。另外，水环境环保审计还包括海洋倾废审计和海域使用情况、淡水资源的节约和有效使用等。

2. 气候变化应对审计

人类应对气候变化，一方面是要进行污染治理，另一方面要减缓和适应气候变化。为此气候变化审计就包括谦和变化污染治理审计、谦和保护减缓审计和谦和变化适应审计。具体讲，大气污染治理审计主要包括大气污染防治审计和大气环境审计，前者主要是看治理资金投入后，是否建设大气污染治理设施，设施是否正常运转，排放能否达标，其审计目标是促进大气排放达标；后者主要是审查污染防治资金的投入是否使影响区域的大气环境得到改善，其目标是促进大气环境质量好转。气候变化减缓审计主要是指对温室气体减排目标的完成情况的审计；气候变化适应审计主要针对为减少气候变化造成的灾害损失而制定的政策的执行情况的审计。

3. 固体废弃物管理审计

固体废弃物是“三废”中一种，一般包括危险废物、固体废物和放射性废物。不恰当的废物处理或排泄会造成水、土壤和空气的污染，进而影响公众健康（如中毒、传染病、致癌等）。废物管理审计的目标是帮助实现废物的合理处置和有效利用，降低公众健康风险。不同类型废物的管理模式不一样，审计人员在立项时应优先关注危险废物和放射性废物。废物管理审计应重点关注：废物管理相关政策是否存在？这些政策的遵循情况，废物风险管理情况、废物管理系统运行和效果，政府履行废物管理国际责任情况，废物管理的监督情况等。在废物管理审计中应考虑废物的产生、收集、运输、处理、回收等环节，分析各环节废物可能发生危害的可能性和严重性，进而确定审计重点。审计人员应熟知各行业企业可能产生的废物及其管理流程，熟悉清洁生产的管理方法，采用行业为导向的废物管理审计模式。

4. 土壤污染防治审计

开展土壤污染防治审计既是保护土地资源的重要举措，更是环境治理审计的重要内容。土壤污染属于隐性污染，具有隐蔽性、滞后性、潜伏性和不可逆转性等特点。土壤污染一般源于工矿业、农业生产中的化肥、农药、地膜，畜牧养殖等，另外，城镇居民生活垃圾、核工业的放射性物质等也是土壤污染的重要源头。土壤污染防治审计的目标是促进改善土壤质量，提高土壤修复效果。土壤污染防治审计的重点应结合相关行业、区域产业规划，关注高危土壤污染源的防治，如钢铁行业中的酸洗污泥污染，有色冶金行业的重金属污染、农业生产中的农药污染和城镇生活垃圾处理厂建设的效果性等。

（三）生态系统审计

生态系统审计重点关注水土流失严重、土地荒漠化和沙化扩展严重、生物多样性减少以及工程建设中存在的破坏生态环境等较为严重的问题。生态系统审计的目标是保障生态安全。生态系统审计主要关注森林、湿地和海洋三大生态系统。生物多样性是生态系统稳定的保证，可以给人类提供海鲜、野味等食物，提供木材、草药，净化空气和水，降解固体废物，减缓极端气候带来的影响。生物多样性审计是开展生态系统审计的主要表现形式。生物多样性审计的目标是促进生物多样性，保护生态平衡。审计人员开展生物多样性审计时应充分识别威胁生物多样性的各种因素如栖息地的退化、外来物种的入侵、资源（包括森林、生物、渔业、能源等）的过度采伐和捕捞、水污染、气候变化、非法交易、生物技术等，了解政府的应对措施如建立公园、保护区，制定相关政策、利用财政工具、进行环境影响评估等。生物多样性审计的重点一般包括国家生物多样性策略，保护区，濒危和入侵物种，生物栖息地，基因资源，国际合约履行情况等方面。生物多样性审计可以单独开展，也可以与水资源审计、森林资源审计、渔业资源审计等结合进行。

辅助阅读 4－3

关于太湖流域水污染防治情况审计调查结果的公告

根据《中华人民共和国审计法》的规定，2009 年 5 月至 8 月，杭州市审计局对杭州市太湖流域 2008 年度水污染防治情况进行了专项审计调查。现将审计调查结果公告如下：

1. 基本情况及总体评价

杭州市区域内主要有钱塘江和太湖两大水系，太湖流域水系主要包括苕溪和京杭大运河。杭州市太湖流域行政区域包括上城、下城、江干、拱墅、西湖 5 个主城区以及余杭区 14 个乡镇和临安市 3 个乡镇。

2008 年，按照国家和省要求，杭州市委市政府围绕年初制定的目标任务，针对太湖流域水环境综合治理工作实际，实施了多项有力措施，全市太湖流域水环境综合治理取得积极进展。

（1）涉太水域氨氮、总磷指标呈下降趋势，对太湖流域影响逐步减轻。近年来，杭州市进一步加大太湖流域水环境治理力度，投入大量环保资金和设施，作为太湖富营养化重要因子的氨氮、总磷等单个污染指标呈下降趋势，水质有所改善，对太湖流域的影响逐步减轻。

（2）超额完成主要污染物减排目标，为经济发展赢得空间。杭州市紧紧围绕太湖流域“十一五”规划达到化学需氧量削减率 15. 1% 的目标要求，积极实施主要污染物减排计划，取得较大成效。2008 年，杭州市太湖流域地区化学需氧量排放量比 2005 年削减 5 419. 64 吨，削减率为 10. 19%，超额完成三年应削减 9. 06% 的任务，为经济发展争取了环境容量，赢得了发展空间。

（3）加快城市污水集中处理设施建设，提高区域治污能力。结合城市化进程及市政基础设施建设，杭州市积极完善污水处理收集系统，提高城市污水截污率。2008 年，主城区共完成 493 个截污纳管项目，新增截污量 5. 3 万吨/日，污水集中处理率提升至 80. 1%。余杭区、临安市也先后建成、运行了一大批污水收集、处理工程。

（4）关停搬迁重污染企业，着力推进产业结构调整。2008 年度，杭州市共关停搬迁了印染、化工、纺织等污染较为严重的 74 家企业，并对 42 家企业进行提标改造，牺牲了重大的经济利益和眼前利益，为清洁太湖流域整体环境和长远发展做出了贡献。化学需氧量排放量最大的 20 个行业税收占比从 2005 年的 7. 92% 下降为 2008 年的 6. 95%，产业结构优化调整取得了一定成效。

审计调查表明，杭州市太湖流域水环境治理工作取得明显成效，但由于历史欠账较多，加上经济社会发展带来的污染物绝对排放量仍然较高，太湖流域水生态环境质量还没有得到根本性改变，取得的成果还比较脆弱。

2. 审计调查发现的主要问题

（1）部分污染物超标，水质总体不容乐观。根据浙江省生态12项考核指标对照，杭州市太湖流域9个省控断面中有6个断面没有达标，其中5个断面为Ⅴ类或劣Ⅴ类水质，水质总体情况不容乐观。氨氮、总磷指标近几年虽呈下降趋势，但仍为主要超标项目，溶解氧和生化需氧量也时有超标，运河水系断面水质仍处于劣Ⅴ类状态。

（2）污泥处置方法不合理。目前四堡、七格污水处理厂每年产生数十万吨的污泥，由于没有有效的处置方法，只能简单脱水后堆积在四堡污水处理厂，堆积场所现已接近饱和状态，极易产生二次污染问题。鉴于四堡污水处理厂即将搬迁，污泥处置问题已迫在眉睫。

（3）在线监测系统存在诸多问题。现行由省环保部门统一组织安装的在线监测系统存在诸多问题，影响了在线监测设施的使用绩效。一是应用范围不广，截至2009年6月底，对污染浓度较高、污水量大的中国石化集团等20家企业和主要污水干管沿线超标严重区域及重要结点的15个泵站仍未安装在线监测系统；二是监测指标不全，未能根据企业排污特性增加有针对性的监测指标；三是监测数据不准，根据杭州市环境监测中心站监测报告与在线监测指标比对发现，相关指标数据存在较多的差异率；四是缺乏预警功能，目前对相关数据主要采用事后人工比对分析的方法，导致排污超标企业的数据无法在第一时间被掌握。

3. 审计建议

针对审计调查发现的问题，市审计局提出以下建议：

（1）完善环境保护法规，健全污染治理体系。及时出台、修订相关水污染防治方面的规章，进一步完善环境目标责任考核机制，强化对总磷、氨氮等指标的考核。健全水环境污染治理体系，从项目源头抓起，加快结构调整步伐。省相关职能部门应制定“飞行监测”的操作规范，树立正确的评价导向，改革现有的结果利用机制，加大检查和处罚的力度，落实长效管理。

（2）加快基础设施建设，争取早日达标排放。进一步加大污水集中处理设施投入力度，加快项目建设进度，提高污水处理率，净化水环境。要重视对污泥处置技术的研究，妥善解决污泥处置问题，避免产生二次环境污染。对现有在线监测系统应进行改进、完善、提升，根据实际需求明确安装范围、指标内容、使用功能、运维费用，起到预警作用，真正发挥对重点污染企业的实时监管作用。

（3）树立全面统筹观念，避免顾此失彼现象。杭州市的污水处理厂大都将排放口设在环境容量大的钱塘江，有关部门应树立全面统筹的观念，在保护太湖水环境的同时也要重视对钱塘江水域水环境的治理，标本兼治，从源头上、根本上治理水环境污染，为杭州市实现可持续发展和建设生活品质之城提供良好的环境保障。

4. 审计调查发现问题的整改情况

审计调查反映的问题，引起杭州市政府及有关部门高度重视，并对相关问题采取了相应措施，完善了相关制度。

（1）杭州市环保局、市城管办、市城管执法局、市财政局和市城建投资集团拟订了《杭州市区重点纳管排污企业和泵站污水在线监测系统建设实施方案》，并由市政府办公厅转发各职能单位实施，明确规定对中国石化等20家单位和主要污水干管沿线超标严重区域及重要结点的15个泵站安装在线监测系统，对部分企业增加氨氮、总磷等监测指标。

（2）在七个污水处理厂三期工程的设计中，有关部门充分考虑了污泥处理问题，将建成日处理规模为100吨的污泥处置焚烧线，经处理焚烧后的污泥将实现无害化、减量化、资源化的目标。

——资料来源：杭州审计官网——杭州市审计局关于太湖流域水污染防治情况审计调查结果的公告，2009－12－18

第三节　注册会计师环境审计

一、注册会计师环境审计目标

注册会计师环境审计目标的确定，有助于为环境审计工作提供基本依据。环境审计目标是一个完整的系统，它主要取决于环境审计的实质、功能、审计授权以及委托人对审计工作的要求，可分为终极目标、总目标、具体目标和项目目标。

（一）终极目标

注册会计师环境审计的最终目标是指对环境审计最本质的要求。结合国内外环境审计的产生和发展过程，不难发现以注册会计师审计为代表的民间环境审计的产生是企业对日益增多的环境法律法规及日趋增加社会公众的环境意识的必然结果。在这样的社会环境中，企业为了规避不断增加的环境风险，将民间审计作为维护其绿色发展的有效方式。民间环境审计的开展在某种程度上虽然会不利于企业短期内利润最大化目标的实现，但是却能为企业创造良好的长期发展环境，民间环境审计就成为维护企业自身可持续发展的一种途径。

汤姆·李教授认为："要求人们的行为对他人负责是人类活动的一个共同特征，正是这一特征构成了从古到今审计功能之基础。在此意义上，审计正是作为强化受托经济责任过程之手段而被运用的。"弗林特教授更明确指出："审计是确保受托经济责任有效履行的手段……是一种保证或落实受托经济责任的控制机制。"所有这些论述都将审计的对象受托经济责任履行过程或状况作为审计目标来看待。因此，作为环境审计对象的受托环境责任的履行状况也可以作为环境审计目标。因此，我们认为，注册会计师环境审计的最终目标是协调企业与自然、社会之间的关系，实现企业自身的可持续发展。这既是注册会计师环境审计目标的最终目标，也是注册会计师环境审计目标的构建基础。

总之，环境审计的最终目标是建立和完善环境保护管理体系，实施有效的环境保护管理，促进社会和经济的可持续发展，确保环境保护和环境管理责任得到全面、有效的履行，共同维护人与自然的相互协调与统一的理想环境。

（二）总目标

审计产生的前提之一是受托经济责任，因此环境审计产生的前提之一是受托环境责任。环境审计的总目标是通过对企业环境活动的合规性、对有关环境资金流动的公允性检查，让受托环境经济责任的履行状况达到完美的状态。受托环境责任应该包括两个方面：执行和报告。由于受托环境是否确实执行、执行的怎样都要通过原始凭证、财务记录等相关资料来证实，所以受托人除了履行之外还需要进行相应的记录。这样，确定环境审计目标也应该从这两个方面着手。

（三）具体目标

1. 监督受托环境责任的公允性、合法性和效益性是环境审计具体审计目标

环境审计具体目标是最终目标的具体化。传统审计的目标研究认为，受托经济责任的存在是审计产生的前提，而审计正是作为保证受托经济责任的全面有效履行而存在的一种特殊的经济控制手段或机制。同时，环境审计因受托环境经济责任的产生而产生并因其发展而发展，因此环境审计的具体目标应该是监督受托环境经济责任的履行情况，从而完成受托环境经济责任循环中的重要环节，促进该循环的顺利进行。

环境审计的具体目标是按照本质目标的要求，结合实际情况来设计的，它是连接总体目标和项目目标的纽带，既是总体目标的具体化，又为项目目标提供纲领性的指导。所以环境审计的具体目标应该是监督受托环境责任的公允性、合法性和效益性。即通过检查环境会计账目及其相关环境资产、负债的公允性，监督相关的环境活动的合法性，以及经营活动的环境效益如何，确保受托环境经济责任的全面履行。这一目标适用于注册会计师环境审计的所有类型（环境财务审计、环境合规性审计、环境绩效审计）且反映了注册会计师环境审计的本质。所以，环境审计具体目标是监督受托环境经济责任的公允性、合法性和效益性。

为了促进受托环境经济责任的顺利履行，环境审计的具体目标应根据不同项目进行确定，主要内容包括：（1）被审计单位是否建立本单位的环境保护管理体系，是否遵循国家环境保护方面的有关法律法规；（2）环境会计报告是否客观、公正，环境管理系统是否充分有效；（3）环境管理活动是否具有适当性、效果性、经济性、效率性和环保性的效果等。以上概括为经济性、合法性和效益性三个方面。

2. 具体审计目标内容

（1）检验和审计环境会计报告。环境会计报告是对被审计单位履行环境保护和环境管理责任进行的全面、系统的反映，也是投资者进行决策的重要依据。通过审计环境会计报告并评价其真实性，有利于确保环境会计报告的可信度，增强投资决策的可靠性。此外，被赋予无保留意见的环境审计报告，有助于提高被审计单位在社会上的声誉和形象。

（2）评价环境管理系统的有效性和充分性。环境管理系统是被审计单位为实现既定的环境目标而设计实施的内部控制制度。环境管理系统的存在性、充分性和有效性是被审计单位全面履行环境保护和管理责任的基础和保障。对环境管理系统进行评价是环境审计具体目标中综合性最强的一项工作，其目的是对管理当局是否设计了一个完善的环境管理系统、是否可以依赖其环境管理系统和程序来达到一个特定目标的可能性提供合理的保证。比如，评价环境管理系统，一个合理保证环境控制系统与环境政策和所要达到的环境目标相符合等。通过环境管理系统的评价，能激励被审计单位在环境的改善上坚持不懈，同时也能确认环境风险之所在。

（3）评价环境管理活动的绩效，促进被审单位提高环境管理的效益。环境管理讲究绩效，即环境管理活动要符合经济性、效果性、效率性、适当性和环保性。环境保护、环境管理的真实、合法并不能够代表其合理性、有效性。因为一个错误的决策，往往会导致环保资金使用上的极大浪费。因此在真实性、合规性审计的基础上，环境审计还应对环境管理工作是否达到预期的效果进行审计和评价，以促进环境保护、环境管理资金的合理有效地使用，并激励被审计单位坚持不懈地改善环境管理，实现环境管理的目标。

（4）确保现行环境保护政策、法规、标准的贯彻执行，揭示违法政策、法规、标准的行为。当前，许多国家都制定了有关环境保护的政策、法规，如我国和德国的《环境保护法》、美国的《国家环境政策法》、日本的《公害对策基本法》等。国际标准组织（ISO）也于 1996 年颁布了环境保护与管理系统标准 ISO14000。这些法律、法规、标准的贯彻实施，能够促进自然资源的开发利用，调整环境与发展的关系，把目前利益和长远利益、局部利益和全局利益统一起来，实现可持续发展的最终目标。环境审计正是这些法律、法规、标准得以贯彻实施的有力保障。

（四）项目目标

注册会计师环境审计的具体目标是对企业受托环境责任的履行情况的监督，适用于注册会计师环境审计的所有类型和所有项目，如环境财务审计、环境合规性审计、环境绩效审计，都反映了注册会计师环境审计的最终本质。项目目标是对经济性、合法性和效益性的具体目标进一步阐述。一般内容包括：被审计单位是否遵守国家有关环境保护方面的法律法规，是否建立本单位的环境保护管理体系，环境管理系统是否充分有效，环境会计报告是否客观、公允，环境管理活动是否具有经济性（economy）、效果性（effectiveness）、效率性（efficiency）、适当性（equity）和环保性（environment），此所谓“5E 审计”。

具体目标就项目而言，阐述如下：

1. 环境财务审计

主要是对筹集环境保护资金的真实性进行审计对环境资产确认与计量进行审计、对环境成本费用支出进行审计、对环境保护资金使用的真实性进行审计。也就是说检查企业与环境相关的经济业务和经济事项是否符合实际，环境会计进行的记录是否完整，数额的记录是否准确，对与环境相关的具体事项是否完整披露。

因此，环境财务审计的总目标是检测企业环境报告信息的公允性以及政府环保资金筹集、使用的真实性。即通过监督评价企业环境会计账目及其相关环境资产、负债的公允性和政府各级部门环保资金的筹集、使用情况，确保受托环境财务责任的全面履行。环境财务责任主要包括环境行为责任和环境报告责任。环境报告责任主要是指企业是否遵照相关规定披露与环境有关的会计信息，其披露是否充分，是否公允等。环境财务审计的目标就是检查、监督企业是否全面有效地履行了上述两种责任。最高审计机关国际组织认为，环境财务审计注重财务报表披露的环境资产和负债情况。主要包括：预防、缓解和弥补环境损失的各项措施，对可再生资源和不可再生资源的保护，违反环境法律、法规的后果，对国家规定的各项间接义务的履行情况。

2. 环境合规性审计

环境合规性审计任务在于防止组织环境违规违纪情况的发生。主要审查有关环境保护资金的来源与流出是否符合法律法规，以及企业的经营活动是否遵循了有关环境规章制度、法律法规、相关准则。它主要包括对企业排污费进行审计、对污染物的运输和储存的机构进行审计、对污染预防工作进行审计、对产品的环境状况进行审计。环境合规性审计总目标是保证环境资源经营管理行为的合法性。即通过监督评价组织在环保法律法规方面的遵守情况，确保企业环境受托责任的全面履行。

环境经济责任主要包括环境行为责任和环境报告责任：在环境合规性审计中，环境行为责任主要包括企业是否设置了有利于环境法规、制度及合同等得以遵循的内部管理控制程序与手段。环境报告责任主要是指受托管理当局的相关经营活动及其信息披露是否全面遵守了各种与环境有关的法规、制度和政策等的要求。环境合规性审计主要审查这两种责任的履行情况。而环境合法性审计目标是保证环境资源经营管理行为的合法性，即通过监督评价企业在环保法律法规方面的遵守情况，确保企业环境受托责任的全面履行。

环境合规性审计主要涉及宏观和微观两个层面：第一，宏观层面上的环境合规审计，即为对各级政府履行受托环境责任的过程中合规性的评价。具体包括审核遵守国内环境法律的情况，审核环保政策法规的执行情况，审核环保资金管理符合相关规定等。第二，微观层面上的环境合规审计，即为对企业的环境合规性审计。包括审核企业的污染预防工作、产品的环保性等。

因此，环境绩效审计的总目标是确保被审组织的经济事项达到预定的环境绩效。而环境绩效审计正是为了审查受托经管人能否以经济节约适用和富有效率的方式筹集和运用受托环境资源，是否在为了实现企业自身的经营目标而努力，是否建立了有效的内部控制管理，以及对政策指标、经营指标的完成情况，被审单位所出具的环境报告是否公允、完整地反映经营活动过程中各种降低消耗、减少浪费、提高效率的措施的运用情况及其实际效果。

3. 环境绩效审计

环境绩效审计是民间审计组织根据环境绩效审计准则对被审计单位受托环境绩效责任履行的经济性、效率性和效果性的鉴证。主要表现为对政府组织的环境保护项目进行综合效益的审计，审计内容体现在政府和企业的环境绩效方面和环境行为经济性方面。

环境绩效责任审计。一部分包括政府环境绩效审计，主要是指对政府执行环境法规情况进行审计、对与政府环境相关的项目的重要性和效益性进行审计、对其他政府的一些项目对所审计的政府的环境方面的影响进行审计、对环境管理系统的完善程度进行审计、对政府与环境相关的计划的政策和项目进行评估。另一部分是企业环境绩效审计，主要包括对企业环境管理系统进行审计、对环境政策的合理性进行审计、对环境责任的绩效性进行审计、对环境项目成本效益进行审计。通过审计，评价被审计单位为促进经济性、效果性、有效性、适当性和环保性而采取的各项措施是否适当，确保与环境相关的效益指数能够公允地反映被审计单位的经营状况，确保环境项目能够经济、效益和有效地进行。

（1）经济性是指以最低费用取得一定质量的资源。

（2）效率性是指投入与产出的关系，是否以最低的投入取得一定的产出或者以一定的投入取得最大的产出。

（3）效果性是指在多大的程度上达到政策目标、经营目标和其他预期结果；环境绩效报告责任即审查它们是否公允地反映了经营活动过程中各种降低消耗、减少浪费、提高效率的措施的运用情况及其实际效果。

当然，本书论及的环境审计目标并非一成不变，它是随着针对我国目前环境审计所面临的外部及内部环境，审计的发展和环境审计理论结构其他要素的完善而不断补充和修正的。环境审计目标是一个系统的、多层次的有机整体，可将其划分为总体目标、中间目标和具体目标三个层次。

二、注册会计师环境审计的审计对象

未来我国社会环境审计对象应以环境报告审计为主线，上市公司环境报告审计为重点来开展环境审计工作，主要包括环境财务报告和其他形式的环境报告审计。

（一）表内环境信息审计

上市公司财务会计报告是对外报送的，是外部信息使用者据以了解公司环境财务信息和与其相关的环境管理窗口，更是信息使用者进行经济决策的主要依据，显然这是注册会计师对上市公司环境审计的主要内容，凡是财务会计报告中揭示和披露的环境信息，尤其是会计报表及其附表上环境信息，理所当然成为环境审计的具体对象。在经济的发展过程中，环境问题日益凸显出来，如何在经济的发展过程中把对环境的伤害降到最低日益引起社会越来越多的关注。上市企业面向社会公众，是社会环境责任承担者和执行者，而社会公众对企业披露环境绩效信息和与环境有关的财务信息的诉求。因此，企业有必要对外报送和反映环境信息，以塑造一个良好的环境形象，而目前企业环境报告就是这种信息披露的载体。

我国目前还没有建立起环境会计核算和报告法规和制度，而环境报告审计以环境会计核算为前提，因此现阶段环境报告审计还不难以完全纳入我国环境审计的范畴。但是从未来的发展规划来看，随着我国对外开发的脚步不断扩大，涉外企业增多，面对贸易环境壁垒，以及西方有实力的社会审计组织涌入我国争夺市场份额，作为环境审计重要内容之一的环境报告审计，包括独立的环境报告审计和非独立的环境报告审计，这一个有着较强潜力的审计市场有待开发，注册会计师的审计鉴证和服务市场亟待进一步拓展。因此，从现在起我们应对社会环境审计予以高度重视。

应当指出，在经济全球化发展的今天，伴随经济不断的飞速发展，我国的环境问题日益严重，使企业开始慢慢受到来自政府、投资人、消费者、民间组织等各方的压力。而这些源自环境问题的压力对公司的筹资活动、投资活动和经营活动甚至上市公司战略的影响都将直接或间接地反映在公司的会计报表和相关信息的披露上。当这些影响变得重大和重要的时候，对上市公司会计报表进行审计的会计师就应该实施有效的审计程序以确保没有与环境事项有关的重大错报和不当披露。在这样的背景下，这就要求企业增加会计表内和表外环境信息揭示和披露，随之而来的要求就是上市公司环境审计内容也要增多。

（二）表外披露环境信息审计

在我国，上市公司存在着众多已发生以及将来可能发生的环境事项，这些事项的存在会对企业的资产、负债、收益等方面产生一定的影响，但是由于事项的重要程度不同，加上没有一个对环境会计信息披露内容的统一规定，在对外披露环境会计信息的时候，上市公司就会根据自己的判断并结合特定的目的考虑哪些事项属于应该披露的事项。显然，上市公司环境报告中披露环境信息也构成了注册会计师环境审计的对象。它包括：

（1）上市公司环境保护政策、年度环境目标和成效。我国上市公司一般会在每个审计年度开始之前制定公司环境保护政策和年度环境目标，然后在每个审计年度结束之时，把本公司的环境保护政策的执行效果和年度环境目标是否实现或完成了多少计入其报表。

（2）上市公司年度不可再生资源的耗用量。不可再生资源是指人类开发利用后，在相当长的时间内，不可能再生的自然资源。主要指自然界的各种矿物、岩石和化石燃料，如泥炭、煤、石油、天然气、金属矿产、非金属矿产等。企业的耗用量越大，对自然环境的损害也就也大，所以企业在环境保护方面的资金也理应加大投入。

（3）上市公司环保投资和环境技术开发情况。一个企业在环保方面投入的人力、物力、财力的多少，一般代表一个企业对这方面的重视程度，表明其对社会责任感有多强。

（4）环保拨款和国家环保补贴。在我国上市公司中，有很多国企以及一些带着国企背景的企业，它们享受着环保拨款和国家环保补贴，环境审计就是要审计这些企业是否将环保拨款和国家环保补贴落到实处。

（5）因违反环境法律法规的罚款。在企业生产工程中，可能因为生产活动污染破坏了环境，遭到有关部门的罚款，给社会带来了极其恶劣的影响。例如，2010 年康菲公司漏油事故，在 3 个多月里，康菲公司坚持边漏油边生产，置中国的生态环境于不顾。如果对康菲公司出具明确的环境审计评估报告，对蓬莱 19—3 号井产生地环境污染加以信息披露，尽快封堵、及时停产，也许可以降低对渤海湾的污染。事件背后反映的是环境审计的缺失。

（6）三废收入与税收减免以及相关环境认证与奖励。从我国上市公司环境审计的对象来看，目前上市公司环境审计的对象主要是企业的环保方针和目标、环保投资、排污、绿化、环保拨款与补贴、环保措施对目前企业的资本支出和损益的影响以及对未来的影响等内容。希望在今后的发展中，能够涉及更多的内容，让我国的上市公司更有社会责任感起来，其中上市国企应该起带头作用。

三、注册会计师环境审计依据

1979 年美国环境保护署（EPA）发布的公告草稿中要求由独立的注册环境审计师向政府报告对工厂环境审计的结果。1992 年加拿大特许会计师协会（CICA）在其研究报告《环境审计与会计师职业界的作用》中详细分析了环境审计与会计职业界的关系，并提出了相应的建议。

在组织上，国外一些国际组织和国家成立了环境审计师协会。如北美的环境审计圆桌会议（EAR）成立了环境审计师协会，该组织于 1993 年出版《环境健康和安全审计标准》一书；加拿大环境审计师协会（CEAA）1991 年成立，它和加拿大标准协会（CSA）撰写了《环境审计的原理和实践》一书；英国注册环境审计师协会（EARA）1992 年成立，有上千成员；国际内部审计师协会和环境审计协商会议共同成立了环境审计师注册委员会（BEAC）。1992 年加拿大特许会计师协会（CICA）发布了一份题为《环境审计和会计职业界的作用》的研究报告，指出注册会计师在未来环境审计中发挥越来越重要的作用。国际注册环境审计师委员会制定的《注册环境审计师实务准则》也明确了环境、健康与安全审计实务准则是对"注册环境审计师"的要求。环境、健康与安全审计实务执行准则是注册环境审计师为贯彻一般准则应遵循的工作规范。

国际会计师联合会（IFAC）1998 年 4 月 30 日正式公告了完整、系统、权威性的《财务报表审计中对环境事项的考虑》，它主要针对环境法规、企业的环境风险评估和相关的内部控制。IFAC 的这份公告，使审计人员从事审计工作有了新的指导作用，它使环境与审计相结合，将环境核算纳入审计规范之内，使环境审计的发展有了广阔空间。与此同时，IFAC 还颁布了《环境管理会计（EMA）国际指南》，进一步对会计师的环境审计进行了解释和说明，规范了通行标准。

2006 年，中国注册会计师协会制定发布了《中国注册会计师审计准则第 1631 号——财务报表审计中对环境事项的考虑》，准则中定义环境事项性质为：（1）被审计单位按照有关环境保护的法律法规（以下简称环境法律法规）或合同要求，或自愿为预防、减轻或弥补对环境造成的破坏，或为保护可再生资源和不可再生资源而采取的措施；（2）因违反环境法律法规可能导致的后果；（3）环境的破坏对他人或自然资源造成的后果；（4）法律法规规定的代偿责任，包括由原使用者（或所有者）造成的环境破坏引起的责任。同时，规定了影响财务报表的环境事项主要内容：（1）因环境法律法规的实施导致资产减值，需要计提资产减值准备；（2）因没有遵守环境法律法规，需要计提补救、赔偿或诉讼费用，或支付罚款等；（3）某些被审计单位，如石油、天然气开采企业，化工厂或废弃物管理公司，因其核心业务而随之带来的环境保护义务；（4）被审计单位自愿承担的环境保护推定义务；（5）被审计单位需要在财务报表附注中披露的与环境事项相关的或有负债；（6）在特殊情况下，违反环境法律法规可能对被审计单位的持续经营产生影响，并由此影响财务报表的编制基础。

第四节　内部环境审计

一、企业内部环境审计的缘起与发展

在国内外已经掀起的节能减排、保护环境的狂潮下，环境审计作为保护环境的重要手段受到越来越多的重视。而在众多的环境审计类别中，企业内部环境审计作为源头上规范企业环境行为、规避企业环境风险、确保企业受托环境责任的有效履行的一种手段，在环境审计中是必不可少的。实际上，随着企业受托环境责任的增加，内部环境审计已经为大部分企业所认同，而内部环境审计在提前揭示环境风险、规划未来活动等方面的优势给企业带来了巨大的经济效益和社会效益。因此，作为外部环境审计的重要补充，企业内部环境审计的开展势在必行。

环境审计是20世纪70年代开始兴起的一个新兴领域，到20世纪90年代后，西方一些发达国家的环境审计已趋于成熟，由于我国的环境治理开展得比较晚，所以环境审计的研究相对落后，直到21世纪初，真正意义的环境审计才真正地在我国企业星星点点开展起来。总得来说，我国的企业内部环境审计还没有形成规模和效应，20世纪90年代在中国企业开展的清洁生产审计，从内容到形式、从主体到客体，还算不上真正意义的内部环境审计。我国企业内部环境审计虽然伴随着环境审计的发展而出现，但是相比政府环境审计来说，无论是理论还是实务都起步较晚。

1997年，内部审计师协会在《内部审计师在环境问题中的作用》中指出："环境审计是环境管理系统的一个组成部分，借此，管理部门可以确定组织的环境管理系统在确保组织的经营活动符合有关规章和内部政策的要求上是否充分。"这是首次从内部环境审计的角度对环境审计进行明确的定义。此外，ISO14000国际环境管理系列标准也对企业开展内部环境审计做出了具体的要求，这都在很大程度上促进了企业内部环境审计的发展。企业内部环境审计是"由企业内部设置的专职机构及人员对本企业的环境管理活动进行综合的、系统的审查与分析，依据有关环境法律法规、环境标准、企业各类环境管理政策和计划以及财务与会计核算准则，监督企业受托环境责任的履行，并对履行的公允性、合法性、效益性进行评

价，进而发现企业在环境保护和环境管理等方面存在的问题，对其发表意见并对企业如何提高环境管理提出建议，促进其环境管理改善和绩效提高的一种审计活动”，这是对内部环境审计的比较全面、深入的认识。

虽然企业内部环境审计已经有所发展，但是这远远还没有达到我们所期望的程度，而实际上，不仅是一般的企业，就是化工、制造业等与环境污染息息相关的企业也很少开展有效的内部环境审计，企业领导对于内部环境审计也不够重视。之所以会出现这种情况很大程度上是因为目前企业内部环境审计理论研究匮乏，没有形成统一的内部环境审计准则规范，内部环境审计技术落后，审计报告制度的不健全，正是因为存在上述情况，很多企业认为内部环境审计成本较高、缺少依据、效率低下，并且效果不明显。因此，需要通过对企业内部环境审计目标、内容、技术规范、报告制度等方面做出深入研究，以推动我国企业内部环境审计事业的发展。

辅助阅读 4 – 4

南京地产名牌“桂花牌”盐水鸭的尴尬

2001 年 9 月在南京举行的第五届世界华商大会期间，南京地产名牌“桂花牌”盐水鸭作为南京“秦淮小吃”八绝中的一绝，以开幕式晚宴上的一道特色菜，用于招待来自世界各地的 5000 名华商时，引来满堂喝彩。意大利华人协会会长当即要求南京市政府官员帮忙安排参观考察桂花鸭集团公司，并在考察后当即与该公司商定将此产品引进到欧洲市场（《扬子晚报》，2001 年 9 月 28 日）。其实早在 1999 年一家德国大公司就特地来南京要求进口桂花鸭技术至该国。就是这样一件对桂花鸭集团公司十分有利的喜事，却因国外对食品检验标准及认证方式与我国存在较大差异而流产，连桂花鸭这一国内公认的名牌产品也不例外。据悉，桂花鸭在国内早已获得有关部门“绿色食品”的认证，并通过了 ISO9002 国际质量认证，但要出口还须通过有关国家近乎苛刻的一系列食品安全性检测，不仅要检验食品本身，还要对生产基地的环境进行检测，特别是对食品生产过程中添加剂、污染物、重金属超标农药、兽药残留物等检测非常严格，国际标准要比国内的绿色标准要求更高。

作者不妨将桂花鸭集团走出国门所遇到的这一些难题称之为“桂花鸭式”尴尬，这种尴尬在国内其他企业中又有多少？这从一个侧面折射出国内企业与国际上的差距。随着中国加入世界贸易组织后，这个问题将会越来越显得突出，已到非解决不可的境地，否则势必影响到中国民族工业的发展和中外企业间的国际经济交流。企业环境审计作为企业管理的一个重要方面，虽然不能解决这其中所有问题，但通过审计可以发现包括环境问题在内的症结之所在，并提醒企业尽早避免和防止“桂花鸭式”的尴尬出现。

——摘自：袁广达．企业环境审计有关问题研究［J］．中国发展，2002（1）

南京“桂花牌”盐水鸭此前 10 年无外销

记者日前从南京出入境检验检疫局获悉，南京知名传统食品桂花鸭近日成功挺进海外市场——3.2 吨桂花牌盐水鸭进入香港市场后 40 天销售一空，这也是南京盐水鸭近 10 年来首次进入外销市场。根据中国香港消费者口味略淡的特点，桂花鸭公司对生产流程进行了微调：将桂花鸭的盐分适度下调，并延长了“货架期”——内地对盐水鸭的货架期要求一般是 2 个月，而香港市场的要求是 4 个月。为了进入香港市场，桂花鸭此次连闯企业自检、法定机构检测、第三方检测等 3 次“全检”，才顺利入港。桂花鸭（集团）有限公司总经理王进告诉记者，在内地，盐水鸭的主要检测指标有 10 多项，香港市场的主要检测指标则高达 30 多项，除了检测微生物、理化指标，还须检测重金属含量、兽药残留等指标。仅兽药残留一项指标，就要检测盐酸克伦特罗等多种药物成分。

桂花鸭此次进入香港市场，也是近10年来盐水鸭首次进入域外市场，但终究还没有出口国外。

南京出入境检验检疫局卫生与食品检验监督处副处长郑欣回忆说，20世纪90年代，南京国营肉联厂为了外汇创收，曾少量出口过芦花鸭。但随着境外市场食品安全标准越来越高，盐水鸭很难再满足现代化食品安全标准，出口之路逐渐受阻。

南京盐水鸭近10年无外销，主要还和中式卤菜难以满足食品安全检测要求有关。有关人士介绍，大部分鸭企的厂房难以满足出口验收要求，大量盐水鸭仍是作坊式生产，鸭子宰杀进车间后，全靠大师傅调制口味，高温煮多长时间、一只鸭子放多少盐等，都由大师傅凭经验掌握。一名业内人士提醒鸭企，现代化食品工业的关键是“安全”，海外市场尤其是欧美市场，对肉制品把关尤其严格，检测指标动辄四五十个。中式卤菜在提升硬件设施的同时，更应增强食品安全意识，才能将盐水鸭等中式卤菜销往更多地方。

——摘自：南京日报［N］. 2012-11-12

二、企业内部环境审计项目

内部环境审计准则的内容体现着环境审计的具体的实施依据，从环境管理的角度，首先应当进行环境风险评估，在风险评估的基础上，采取相应的控制措施对环境风险进行控制，最终达到环境管理的结果，因此，内部环境审计准则应当包括内部环境风险评估审计、内部环境控制审计以及内部环境绩效审计。

（一）内部环境风险审计

内部环境风险管理包括目标设定、风险识别、风险评估、风险应对，企业通过执行以上程序降低和控制风险。为了规范内部环境审计人员对企业环境风险管理状况的审查与评价，本部分准则的制定十分的必要和紧迫。环境风险管理是企业内部控制的组成部分之一，企业的环境管理人员负责环境风险的识别、评估、应对，而内部环境审计人员则应当充分了解企业的环境风险管理过程，在实施充分的环境审计程序后，对企业的环境风险管理进行评价，提出调整建议。在对企业环境风险管理的具体评价和审查方面，准则应当明确企业内、外部风险所引起的不确定性及其因素来源，规定审计人员在对内部环境风险管理审计中所应当关注的重点和主要应对措施，以确保内部环境风险评估审计的顺利、有效的开展。

（二）内部环境控制审计

内部控制通常是指企业为了达到一定的目的而设立的一系列政策与程序，在环境管理方面，企业为了实现设定的目标，同样要有相应的内部控制制度，即内部环境控制制度。在内部环境控制审计上，准则在一般原则方面可以将内部环境控制划分为控制环境、风险评估、控制活动、信息与沟通、监控五个角度。控制环境主要包括企业的类型、组织结构，管理者的经营理念以及组织的文化等方面，一般来说一个良好的控制环境可以从整体上影响着环境管理目标的实现。风险评估主要针对环境风险的识别和应对，建立起相应的环境风险管理机制。控制活动则是在具体事务中保证目标的实现，如不相容职务的分离，适当的授权，独立的审核程序等。信息与沟通包括对于一些环境管理的所有信息应当及时、准确、全面的记录，在信息的传达沟通上保持通畅，信息系统安全可靠、运行有序。监控除了保证管理层对内部环境控制的监督，还应当确保内部审计机构监控的独立性。准则除了在上述五个要素作出规定外，还可以就环境审计人员对内部环境控制的审查与评价的细节方面给予相应的阐述。

（三）内部环境绩效审计

环境资金的使用以及环境管理都存在经济性、效率性和效果性这三个方面的绩效问题。在经济性环境审计的内容上，准则可以规定审计的事项主要包括环境管理资金财产取得和使用是否节约，资源取得和配置在时间消耗上是否适当、是否符合相关法律法规的要求以及管理层提供信息的真实可靠性。内部环境审计人员进行经济性审计时必须有一定的标准，除了企业自身制定的标准外还应当根据实际情况确定标准，必要时可以向管理层汇报。效率性审计主要目的是通过审查评价环境管理活动的投入、产出关系，优化环境管理流程，提高环境管理效率，审计过程中可以运用多种方法，判断环境管理活动是否具有高效率。环境管理活动归根结底是要达到预期的目的，因此效果性审计主要关注的是既定目标的实现程度以及环境管理活动所产生的影响，在审计的一般原则、内容、方法和审计报告等规定方面，环境管理经济性、效率性、效果性审计准则可以互相借鉴，灵活运用。

三、内部环境审计内容

企业环境审计基本内容的构建主要应包括两个方面：一是环境会计核算信息系统审计，二是环境管理控制信息系统审计。

（一）环境会计核算信息系统审计

企业环境会计核算信息系统审计是对以货币表现的、财务信息为主的定量环境信息载体实施的审计，审计的基本内容主要为会计凭证、账簿、报表及其他相关资料。审计的基本依据是环境会计准则和环境审计准则或规范指南等。环境经济活动的产生和变化势必引起会计要素的增减变化，通过会计的确认、计量、记录和报告这一会计特有的方法和步骤，最终在企业会计报表中加以反映和揭示出来。对企业环境会计核算信息系统审计的目的主要是为了分析、判断和评价被审计单位环境会计信息的真实性、合法性和效益性，借以确认和解除被审计单位的环境会计责任。具体内容主要应包括：

1. 环境资产的审计

环境资产是由过去交易或事项形成的企业所拥有或控制的环境资源，该项资源能给企业带来未来经济效益。环境经济活动产生会导致资产的增加或减少，并进而引起企业现金的流入或流出。比如，环境污染导致企业资产的损害，从而引起企业资产的账面价值低于市价，产生资产减值损失，而计提部分或全部的资产减值准备。无论是实物资产还是非实物资产，流动资产还是长期资产都可能会发生这种损失，进而引起企业未来现金的流出。

2. 环境负债的审计

环境负债是企业过去的环境经济业务或事项形成的现时义务，履行该义务会使企业经济利益流出。环境活动产生会引起企业一种现实的或潜在的债务并为此付出代价，导致企业即期现金和未来现金流入或流出。环境负债的审计是环境审计的重点内容之一。

3. 环境权益审计

环境权益是所有者在企业环境净资产中享有的环境经济利益。企业环境活动在引起环境资产和环境负债增减变动时，也同时会影响企业环境权益的增减变动，这种权益是环境资产和环境负债增减变动后的静态表现和结果。

4. 环境收入审计

环境收入是企业积极参与环境污染治理等环境活动所形成的经济利益流入。环境收入具有现时收入和或有收入的两重性。前者属于形成企业的现时现金流入，后者属于可能产生的期后收益。按照谨慎会计核算原则和实质重于形式会计核算原则，在会计上对或有收入平时不加以确认，待实际收到时予以确认。这项收入主要包括：（1）税收减免或减税增加的收入；（2）低息或无息贷款节约利息所形成的收入；（3）政府或其他组织和单位给予的补贴收入；（4）降低或杜绝污染而节约的支出。

5. 环境费用审计

环境费用是企业在环境活动中所发生的经济利益流出，是企业付出或耗用环境资产的转化形式。环境支出也具有现时支出和或有支出的两重性，前者属于产生现时的现金流出而形成当期费用，后者属于可能产生的期后支出而给企业带来一种或有负债。这些费用包括：（1）环境管理费用；（2）环境监测费用；（3）废物排污规费；（4）环境罚款与赔付；（5）环境清理费；（6）停工损失；（7）无污染替代支出；（8）资产跌价或减值损失；（9）研究开发支出；（10）设备购建和折旧费用支出等。环境费用审计是环境审计的重点。

6. 环境效益审计

环境效益是企业环境活动产生的最终经济利益。环境效益包括直接效益和间接效益两方面。直接效益主要有：（1）生产成本的降低，如设备维护费用、生产控制费用、原材料消耗、能源和水消耗、废品减少以及人员的减少所带来的效益；（2）销售的增加，如增加产量、回收副产品以及优质产品和绿色产品的增值所带来的效益；（3）其他效益，如应税利润的增加、现金流量的增加、提高企业声誉和扩大市场占有率所带来的效益。间接效益主要有：（1）从环境方面产生的效益，如减少废弃物处理、处置费用和减少事故罚款和排污收费所带来的效益；（2）从废弃物回收利用方面产生的效益，如复用、循环利用和再生回收所带来的效益；（3）其他效益，如职工健康的改善而减少的医疗费用等。

7. 环境投资和环境基金审计

环境投资和环境基金是企业按规定提取和转入或者有相关部门和单位拨入的专门指定用于投资特定环境项目方面的资金。主要包括：（1）投资总额；（2）投资回收期或投资偿还期；（3）净现值；（4）净现值率；（5）内部收益率。

（二）企业环境管理控制信息系统审计

企业环境管理控制信息系统审计是对以非货币、非财务信息为主的定性环境信息载体和环境管理活动实施的审计。其审计的基本内容主要表现为提高环境管理工作绩效和环境质量所采取的管理措施、步骤、技术、方法和手段及其形成的文件和指标方面。审计的基本依据是环境法规、环境制度、环境质量标准和环境审计准则或规范指南等。对企业环境管理控制信息系统审计的目的主要是对被审计单位环境管理方法、手段和措施的合法性、合规性和有效性的分析、判断和评价，借以确认或解除被审计单位环境管理责任。企业环境管理是一项涉面非常广泛的系统工程，他们相互区别又相互联系，共同制约着环境活动对环境的破坏而使环境损失降低到最低限度，从而履行企业的社会责任和义务。对企业环境管理信息系统审计具体内容主要应包括：

1. 环境法规执行的合法性和合规性审计

企业开发和利用环境资源给企业带来了巨大的收益，同时企业也应承担因此造成的污染治理义务。基于受托责任理论，企业作为环境资源的受益者必须对委托应用管理的环境资源承担良好的经营之责并妥善地向委托人说明和报告职责的完成情况。这使得审计有可能也有必要对这种责任的履行情况加以验证和审核，以评价环境活动的合法性、合理性和一贯性。其具体内容包括执行环境法律、环境法规、环境政策、环境制度、环境准则、环境协议或合约情况。主要审查其各自执行的程度、方法、措施、结果，审查执行中和执行后存在的问题及其问题性质和原因。孟凡利的《环境会计研究》从会计信息披露的角度将其主要内容归纳为九项，具有参考价值。在我国，绝大部分企业环境责任大多通过政府或其主管部门与企业采用协议形式明确的，企业环境审计中首先应以此协议约定的条款为审查内容，并考虑企业在履行这一协议时一些不可克服非正常因素的影响加以综合评定和判析，给出恰当的评价意见和审计结论。

2. 企业环境质量管理的有效性审计

环境质量管理是为了保证人类生存和健康所必需的环境质量而进行各项管理工作。环境质量是指环境要素对人类生存和繁衍以及社会经济发展的适宜程度，包括大气环境质量管理、水环境质量管理、声学环境质量管理、土壤环境质量管理，其具体内容大体归纳为：废水、废气、废渣、噪声、放射性物质排放量，环境质量达标率，污染事故次数，能源耗用量，有害物质使用与储存量，绿地覆盖面积，等等。在此说明的是：对企业环境质量要求更多体现在政府和相关部门颁布的环境质量技术标准中，通过指标、参数形式加以表述的，企业环境审计中以其质量技术标准作为审计评价的主要依据，通过标准指标与实际指标进行比较分析，找出脱离标准的差异和原因，并进而分析和评价环境质量管理的措施、程序、方法和手段的可行性、可靠性、科学性和可操作性。

3. 企业自然环境管理的有效性审计

自然环境管理是对人类赖以生存、发展的自然资源或生态环境中各种要素之间存在着密不可分的物质的、能量的、信息的流动与联系的各项管理活动，包括水资源管理、土地资源管理、矿产资源管理、生物资源管理等。企业在利用和开发这些自然资源要素时，其要素的结构、状态的改变超过人类生存和发展限度就造成了环境污染。人类开发和利用这些资源时，应保证其“经济功效和生态功效的统一”，保证物料按平衡原理转换，遵循物料平衡和能量守恒原理。因此，分析、判断企业是否有效的利用和理性的开发这些要素，是否适时对造成的污染进行有效管理就成为企业环境审计内容的一个重要方面。其主要内容应包括：（1）环境方针的确定性；（2）环境规划严密性；（3）环境管理措施实施的有效性；（4）故障或隐患发现和排除的及时性；（5）内部检测手段可行性和先进性；（6）环保机构健全性和人员素质的合格性；（7）内部环境审计的经常性；（8）污染处理投资设施的完好性；（9）内部职能部门协调性；（10）职工环境意识性。总之，企业应当建立起与上述自然环境管理内容相匹配的组织机构、操作程序、会计核算制度、统计信息记录、岗位职责、内部稽核检查、奖惩办法、人员素质培训提高一系列行之有效的管理规程并有效执行。

在此需要说明三点：第一，对环境管理控制系统审计的内容大多是非货币非财务的定性信息，一般只在财务报表附注或财务状况说明书中加以披露和揭示，对其审计更多的属于管理审计范畴并应用管理审计的特性。为此审计人员在审计中应保持应有的职业谨慎，对审计风险作出合理的估计，并结合企业环境风险管理强度，加大对财务状况说明书中环境信息披露的恰当性审核，依据重要性原则和会计报告目标确定是否要求企业对财务报告重新作适当的表述和说明。第二，这种信息的披露大多采用以文字、图形、指标形式表现，计量属性也具有多元性，无论是审计人员还是会计人员，对企业环境管理控制系统信息表达都应首先树立社会责任会计意识，“从宏观经济角度计量和反映企业社会目标的执行情况”，并保证报告信息的真实、可靠。第三，企业环境管理控制信息系统审计与企业环境会计核算信息系统审计是相辅相成、缺一不可的。任何环境管理控制的好坏都会在环境会计核算信息中得到反映，环境会计核算信息的好坏都会体现在内部环境管理控制的水平和绩效上。

以上将环境信息从会计类别划分为有机完整体系并形成两大系统构建成的框架：环境会计核算信息系统和环境管理控制信息系统。这与环境信息利益相关者的划分相一致，并与企业组织所从事的环境发展方面最显著的两个方面，即：环境报告系统和环境管理系统，都需要会计师的全力支持才能有效是一致的，并且它具有一般的、普遍的和基础性意义上的特征。职业评估师对这些信息进行验证和测试，主要有审计师、会计师或环境评估师及其相应的职业组织或机构担负，他们出具权威性的真实而公允的环评报告并承担评估结论责任，以提供有助于利益关系人决策或作为反映公司受托管理责任的一种途径，满足各组织对公司经营活动对环境享有的“知情权”。从现代环境管理角度来说，一般可以认为，因环境影响导致的以下环境管理信息是重要的，应该予以充分而谨慎关注，它包括资本化或费用化、有关环境费用或支付、资产折旧和减值、负债和或有负债、可交易污染许可或备抵、管理当局的讨论与分析。我们将公司基础性环境信息管理内容概括，如表 4－1 所示。

表 4－1　　公司基础性环境信息管理

<table>
<tr><th>信息类别</th><th>信息容量</th><th>信息评估</th><th>信息使用</th><th>信息范围</th></tr>
<tr><td>环境会计核算信息</td><td>环境资产，环境负债，环境权益，环境收益，环境费用，环境财务绩效</td><td>估算环境负债影响、确认、计量正确性，验证记录和控制的合理性，验证履行环境纳税义务准确性，考核环境信息披露公允性和充分性</td><td>通过财务报告与股东沟通，评价纳税负担并与税务机关沟通，通过符合性验证报告向监管机构披露与沟通</td><td rowspan="2">与环境有关的经济活动，能源保护和利用方面的经济活动，矿产开采与保护使用经济活动，人力资源保护活动，产品质量保证活动，与环境有关的公益性经济活动</td></tr>
<tr><td>环境管理控制信息</td><td>环境成本核算，废物排放与产出控制，内部环境管理制度、财务政策和会计原则，环境管理绩效、环境技术措施和手段</td><td>查验环境法规、政策执行性，评价污染治理和环境管理活动成效性，验证排污收费制度执行性、污染治理项目目标、污染物排放量和能源消耗量指标完成性，审核环保技术手段先进性、可行性及其改善与创新</td><td>获利能力内部评价和报告，经理人员评价，自愿披露与社会公众沟通</td></tr>
</table>

四、内部环境审计模式

由于我国环境治理的起步较晚，企业内部环境审计工作的开展也较迟，当前我国并没有公认的内部环境审计技术，各个企业的内部审计工作质量参差不齐、效率差距也很大，内部环境审计技术的落后同样严重制约着我国内部环境审计事业的发展。内部环境审计除了政府环境审计和民间环境审计常用的技术和基本方法外，还要考虑创新和实施更适应于环境审计的内部环境审计模式，以一种或多种审计模式为引导，将个中是技术和方法有机地整合和应用，实现内部环境审计目标。

（一）环境风险导向式

1. 风险导向内部环境审计的适用性分析

随着社会经济的发展，审计环境愈加复杂，风险导向审计方法是近年来流行于审计界的一种审计方法，根据审计风险模型：审计风险＝重大错报风险×检查风险，建立于风险模型之上的审计方法被称作风险导向审计方法。审计风险模型的出现，使得审计人员可以将优势的审计资源集中在风险较高的领域，解决了审计资源分配的问题，避免了审计抽样的随意性，大大提高了审计工作的效率和效果。通过对风险导向审计内涵的了解可知，对于内部环境审计技术，应当充分借鉴风险导向审计技术经验，构建以环境风险为导向的审计技术。首先，环境审计具有复杂性和多样性，如果还是运用传统的审计方法为主，则会耗费大量人力物力，不符合经济性原则。其次，环境系统是一个开放的系统，环境审计范围、技术涉及多方面的领域，因此我们不必拘泥于传统的审计方法，要敢于将最新的审计方法运用到环境审计之中。

2. 环境风险导向环境审计程序

在执行风险导向环境审计程序时，首先通过对被审计单位的了解评估重大环境风险，把环境风险较高的领域视为重点审计领域，进而对这些领域进行重点审计。在进行环境风险评估时，我们可以从下列几个方面评估企业的环境风险高低：

第一，企业所属行业状况、法律环境及监管环境等外部因素。当行业状况好、法律法规比较健全、监管严格时，环境管理风险自然比较低。

第二，企业的性质。不同类型的企业环境风险肯定不同，一般大型公司和国有企业影响力比较大，对于自身的声誉很重视，环境风险较之于私有企业小得多。

第三，企业的主要经营业务。制造业和化工等行业是环境污染的重灾区，如果企业的业务涉及这些则应当提高警惕。

第四，企业的内部环境控制。内部环境控制在环境管理中起到重要作用，一个健全的内部控制可以有效地降低环境风险。

通过对上述几个方面进行了解，我们可以评估企业的环境风险，在实施环境审计程序后将环境审计风险降低至可接受的水平，以确保环境审计的质量。

（二）信息技术应用式

1. 利用计算机信息技术为内部环境审计服务

计算机作为20世纪最重要的发明之一，在当今的经济、科学研究领域都发挥着重要作用，信息技术在审计技术的发展过程中起到巨大的推动作用，甚至有的学者认为“信息系统的高度发展为风险导向审计产生提供了物质技术条”。计算机审计技术作为现代审计领域的新生事物，必将在以后的审计活动中发挥着越来越重要的作用，在内部环境审计中，我们应当充分认识到计算机审计技术的优势，重视引进、培养高素质的计算机审计人才，运用计算机审计技术为内部环境审计服务。

2. 连续审计在内部环境审计中的应用

随着信息技术的飞速发展，经济组织对于信息质量的要求大幅提高，特别是信息的时效性，而传统审计期间往往是年度或者半年度，故信息质量的及时性存在着天生缺陷。为了解决传统审计的弊端，审计界产生了一种新型的审计模式——连续审计（continuous auditing）。连续审计克服了传统审计报告时效性的缺陷，并且“报告的时间与事件的发生是同步的或紧跟其后的”。（AICPA/CICA，1999）。连续审计的最初应用也是在内部审计中，在内部环境审计中，连续审计可以为管理层提供最新的环境信息，及时采取必要的措施，将企业的损失降到最低。虽然连续审计在实务中的推行有着种种障碍，但是随着计算机审计技术的逐渐成熟，内部环境审计的信息化和自动化程度不断提高，为连续审计的开展提供了必要的条件，互联网审计技术的发展也为连续审计提供了技术上的支撑，可以肯定，将来连续审计一定会在内部环境审计中起到重要作用。

（三）环境责任识别式

审计师在规划审计方案、实施审计和鉴定审计责任时，必须把招致上市公司环境责任因素识别出来，有针对性地制定相应的审计策略，包括实施具体的符合性测试和实质性测试的性质、时间和程序，以降低审计风险，提高环境鉴证和评价的审计报告质量，促进上市公司环境责任的履行。

1. 识别企业环境文化

企业文化是企业及其员工在长期的生产实践中会逐渐形成并被全体员工认可的、共同遵循的带有企业特色的企业精神、价值观念、经营战略、职业道德、文化氛围及其他精神与物质文明建设的总和，是企业一种经营哲学和经营理念的延伸。企业文化作为一种软实力对公司经济活动具有调节和促进作用。传统的文化理念和运营方式因其滞后于社会经济发展步伐，制约了公司生产经营活动中对环境的治理，而绿色企业文化会引导企业坚定不移地走节约资源、保护和改善环境的可持续发展道路，实现经济、环境、社会三个效益的协调发展。在这里，上市公司的企业文化表现在特定的“环境文化”层面，它代表着希望和财富，也代表道德和责任，是上市公司面向21世纪的引擎，也是审计破解公司环境责任的密码。

2. 识别公司环境观念

可持续发展的核心理念是健康的经济发展，是建立在生态良性循环、社会公正和民众积极参与的自身发展。上市公司能否牢固树立以人为本、资源平衡、能量守恒的生产观、价值观和环境观，并将其具体落实到公司经营战略和经营活动上来，是影响上市公司可持续发展的重要因素。上市公司若无视环境因素，以牺牲环境为代价，盲目追求眼前的短期经济利益，在生产经营过程中无视烟尘、噪声、污水、废气、辐射等产生，不仅直接影响从业员工的身心健康、工作状态和劳动情绪，还将对外界区域生态环境造成严重后果，最终殃及整个经济社会的可持续发展甚至子孙后代的幸福。若上市公司能树立珍惜环境、节约资源、绿色循环发展的环境理念，从管理层到普通员工，在日常活动中坚持与生态环境和谐发展，与环境共存共赢，以环境为友，既能获得丰厚的经济效益和环境效益，也能取得良好的社会效益。从这个意义上讲，审计师对上市公司环境责任甄别的价值取向应当定位在环保促发展、发展促环保，并进而促进企业乃至整个社会生产力的发展基础之上，并固化成审计判断环境责任的基本思维方式。

3. 识别企业发展规划

企业开展环境保护活动，既是法律法规规定的企业社会责任和生存发展的前提，也是企业资本积聚体终极目标得以实现的保证。资本获利的本性最终是使获利者享受高品质的生活，包括享受清洁、优雅、益于健康的生态环境。为此，环境保护应成为企业应尽的社会义务，环保经营是企业必然的选择。当今世界发展的主旋律就是可持续发展，建立节约型社会。在资源环境的约束下，作为市场经济体系的主要构成元素的企业，必须将自身的生产经营活动纳入可持续发展体系和规划之中，尽快适应社会、政治、经济、文化和思想环境的变化，找到其生存与发展的正确道路，确立可持续发展的经营理念，建立环境保护责任的长远发展规划。所以，上市公司发展规划中是否科学且适当地嵌入了环境发展内容，是审计判断上市公司能否可持续经营和环境履约责任的首要依据。

4. 识别环境管理体系

一般而言，上市公司的管理层受利益的驱使或自身环保意识薄弱容易疏忽环境保护，因此影响整个利益集团的价值取向。如果公司内部监督机制不完善，参与管理的内部人员在巨大的利益诱惑下，更可能会与决策者“志同道合，不谋而合”，最终会导致错误决策的产生，形成公司决策与国家既定的环保政策制度背道而驰，环保信息不能公开透明，公司对废弃物遗弃、污水不达标排放，污染事故频发，环境问题愈加严重。改变这种被动局面，需要上市公司从内部管理入手，树立责任意识，强化内部控制，进行体制创新，按照国家政策建立和落实“清洁生产”制度，健全与公司生产、经营和技术系统密切关联的内部环境管理系统，加大环境保护的技术投入和技术改造，将关键的环境问题置于公司日常工作的前列，并贯穿于企业的生产经营每个作业阶段，从制度上建立环境保护的政策和措施，确保环境责任有效落实。所以，从上市公司的内部建立和健全严密而科学并能有效运行的环境管理体系，不仅是公司环境责任得以履行的保障，而且是公司获取审计师解除公司环境责任的审计报告的必要条件。

5. 识别企业盈利动机

上市公司追逐利益等一系列目标是通过上市公司对资本的有效运用实现的，但上市公司生产经营也给自然环境和生态环境带来极大的危害，并进而影响资本的运作。工业革命百余年的发展历史已经充分证明，上市公司在为我们创造巨大财富的同时也在严重地污染着我们的生活和生存环境，环境污染的最大污染源来自于上市公司的生产经营活动，上市公司特别是生产制造上市公司是环境质量恶化的最大责任者。按照“污染者付费”和“谁污染、谁治理”的原则，既然是上市公司造成了环境污染，那么它就应当承担起治理和恢复环境质量的责任，要么直接控制自身生产经营活动中的污染物排放和对环境的破坏，要么拿出足以治理和恢复环境交由相关机构进行统一处理的资金。没有良好的环境保护，连上市公司的正常生产经营都难以为继。也就是说，上市公司的生存和发展要求上市公司必须重视自己的环境活动和环境管理的水平，积极履行环境保护责任，这也是上市公司自身盈利性目标的需求。

6. 识别环境资源利用效率

从投入方面看，目前我国上市公司的经济增长和资源的生产消耗存在较强的依赖关系，即上市公司的发展主要以资源的消耗和环境的再生产为前提。但自然资源并非取之不尽、用之不竭。因其储量有限性和再生困难性，以及环境对资源消耗的有限承载力，一旦上市公司生产排出的污染物超出了环境的自净能力、自然资源的消耗量超过自然资源的再生能力，势必导致生态环境的恶化和阻碍生产发展。这不仅不利于资源的永续利用、生态系统的良性循环和促进上市公司的可持续发展，反而会陷入浪费资源和牺牲环境来换取上市公司短期发展的恶性循环怪圈。从产出方面看，粗放式的以高能耗低产出的经营模式，只能在资源型劳动密集型区域内短期维持上市公司生存，但资源的枯竭和较高的单位利润能耗比率必然会阻碍上市公司长远发展，迫使上市公司转向走集约型、节能型发展道路。可见，环境资源循环利用效率、单位利润能耗比率是考量上市公司生产管理水平和评价上市公司资产盈利能力的重要指标，且对类似这些环境资源利用绩效比率的验证结果是审计师衡量上市公司环境责任有无和轻重程度的最直接和最有效的量化工具。

7. 识别环境法规遵循性

我国环境审计起步较晚，环保法律不够完善。近年来，随着环境污染对人类生活带来的“天灾人祸”，国家开始重视环境问题，已着手制定和完善了不少有关上市公司的环境法规、政策和标准，用指导和规范资本市场上有关当事人在证券发行、上市和交易等一系列过程中保护环境的行为。最典型的是中国证券会开始要求上市公司财务报告中要披露与利益相关者的环境信息、增强资本市场信息的有用性和对潜在的环境事项关注。这些法规的制定与实施，有效地规范和制止了环境污染，改善了我国环境状况，提高了环境信息披露质量，也对政府有关部门及其他利益相关团体的环境影响行为提出了要求。按照我国目前的环境管理系统的做法，企业在环境问题上面临的风险已从小到缴纳税费、罚款及负债，中到限期治理或停业整顿，大到拆迁、关闭或撤销。开展企业环境审计是测算重大投资环境风险的重要组成部分。遵循性审计目的在于判断上市公司面对上述法规制度的限制和资源环境的约束，其行为和结果与之符合程度，以防止上市公司在对环境信息取舍和环境责任回避方面，利用环境报告出现道德风险和劣向选择。

8. 识别同行业竞争程度

上市公司尤其是跨国上市公司处在一个国际大环境中，面临国内外行业的各种竞争、垄断，需要应对全球性的经济危机、物价调整、政策变异、自然灾害等问题。在这样一个复杂多变的环境中，每个利益主体都希望将成本降到最低，从而攫取最大的利润。同行业之间的竞争者为了争夺市场的份额，往往又会选择粗犷式的生产方式，降低对污染处理的成本，加大污染排放速度和强度，又加剧了环境的恶化。在一个环保自律意识淡薄和外部监管缺乏的企业，同行业竞争越激烈，排污者选择放弃环境履约责任成本的可能性就越大。这是审计师在判断上市公司环境责任时应当持有谨慎态度和必须加以考虑的一个重要因素。

9. 识别会计政策

由于环境事项的复杂性，环境责任审计时需要审计师具备良好的职业判断能力，以应有的专业谨慎态度，从有效信息市场出发，通过对被审计单位会计政策和原则选择审核，识别其对上市公司财务状况、经济成果和现金流量的影响。比如，隐性环境成本发生直接影响到环境损害价值的核算和环境会计信息的质量，同时隐性环境成本确认和计量又是一项较为复杂的过程，是环境会计、环境审计绕不过的门槛，更是环境成本会计的重点和难点。为此，在面对某些特定以及不确定的情况下，当经济事项对环境可能产生重要影响时，审计师不仅要准确理解和深谙会计准则条文的内涵，判别环境活动的具体特征、表现形式和影响，而且要结合自身工作经验以及对相关经济活动产生隐性环境成本的认知能力和逻辑分析能力，判断公司可能存在利用会计政策的不当选择，对隐性环境成本加以掩饰和曲解。

五、内部环境审计报告

环境审计报告的研究应当立足于环境审计实践，并且处理好环境审计报告与一般审计报告的关系，当前我国环境审计报告研究仍然没有摆脱常规审计报告的影子，对于报告的具体内容很少进行深入的探讨。

（一）内部环境审计报告的种类

内部环境审计的最终成果是审计报告，内部环境审计最终可以形成三大报告：一是环境审计结果的内部环境审计报告；二是在环境审计过程中采用风险导向审计方法时，根据风险评估的结果形成内部环境风险评估报告；三是针对企业内部环境控制的内部环境控制报告。

（二）内部环境审计报告内容研究

内部环境审计报告在内容上必须全面、系统的反映出所有有关的重要事项，一个完整、有效的内部环境审计报告，至少应当包括以下几个要点：

（1）被审计单位对履行环境保护责任的声明，即被审计单位遵循相关规定，切实有效的承担了应有的环境保护责任。

（2）环境审计评价工作的总体情况，从宏观上阐述本次审计活动的概要说明。

（3）所采取的具体审计程序和方法，将环境审计过程中采用的具体审计程序和方法载入审计报告中可以使人们更加清楚了解内部环境审计活动，有助于提高报告的可读性和可信性。

（4）环境审计工作的范围，描述纳入环境审计范围的具体事项。一般来说环境审计工作的范围主要包括存在重大环境风险的领域。

（5）审计过程中发现的不符事项及其认定情况，以及拟采取的整改措施。本部分主要是根据环境审计相关准则，确定被审计单位在责任履行过程中存在的有意或无意的违规事项，并针对这些事项提出整改建议。

（6）审计结论，对于不存在重大缺陷的情形，可以出具肯定的审计结论，如果在审计过程中发现的缺陷比较重大，影响到环境保护目标的实现，则应当出具否定的结论。

（三）环境风险评估报告的编制与应用

内部环境审计人员通过实施询问、分析、观察和检查等必要的审计程序来识别和评估企业的环境风险，并以此为基础编制环境风险评估报告，风险评估程序本身并不足以为环境审计结果提供充分、适当的审计证据，但是风险评估报告可以指出存在重大环境风险的领域，为内部审计人员实施进一步审计程序提供依据，此时内部审计可以发挥风险管理的作用，因此在实施环境风险评估程序后及时编制环境风险评估报告还是十分必要的。环境风险评估报告不仅可以指导内部审计人员的审计工作，同时在为管理层制定决策、改善企业环境行为等方面发挥重要作用。

（四）内部环境控制报告

内部环境控制报告主要是揭示企业针对环境风险的内部控制是否合理，运行是否有效。为了实现企业环境管理，企业采取了一系列内控措施，如设置相应的监督机构，制定环境保护政策，这些内控措施是否存在缺陷，以及如果改进这些缺陷的，都是内部环境控制报告所应包括的内容。

辅助阅读 4-5

中国哈药污染事件与企业内部环境审计

作为年销售额近 50 亿元、年广告费用达 5 亿多元的制药巨头——哈药集团制药总厂，2011 年 6 月 5 日被曝光明目张胆偷排乱放：工厂周边废气排放严重超标，恶臭难闻；部分污水处理设施因检修没有完全启动，污水直排入河，导致河水变色；大量废渣要么不分地点简单焚烧，要么直接倾倒在河沟边上。而且，这种水陆空立体排污，已长达十余年。6 月 9 日黑龙江政协委员对药厂相邻区域空气质量检测结果显示，硫化氢气体超标 1 150 倍，氨气超标 20 倍。但两年前哈药就因厂址周围地区的污染物排放量超标接到了黑龙江省多位政协委员提案，却依旧水陆空全方位排放着超标污染物。

在 2010 年的哈药集团年报中，新增投入约 1 960 万元用于废水、气味、烟尘、二氧化硫减排等方面的治理。而关于“制药总厂气味综合治理项目”的预算则是 356.68 万元，当期投入 157 万元，每年各项环保设施的运行费用 5 000 余万元。但相对于 2010 年 1 960 万元的环保投入，哈药的广告费用却到达 5.4 亿元。2008 年、2009 年哈药股份的广告费用均在 4 亿元以上。由此推算，哈药的广告费用是环保费用的 27 倍。

在“哈药门”事件曝光之后，公司对存在的环保问题提出整改措施。针对废水排放问题，哈药集团表示将在检修期内通过对部分车间实施减产，以及加快污水处理厂的检修改造进度等措施，力争降低检修期内污水排放并在最短时间内完成检修。同时，将建设新的污水处理生化池，以确保在检修状态下保持合规排放。为最大限度减少废气排放对厂区周边居民带来的影响，年内将加快实施气味治理项目，进一步改善周边大气环境质量。对制剂厂燃烧固体废弃物问题，哈药集团表示已整改完毕，对责任人已进行处理，今后将严格按照规定进行垃圾销毁。

——摘自：王睿，钟飚，沈飘飘. 中国企业环境审计最新发展探析——以石油化工和制药为例 [C]. 中国会计学会环境会计专业委员会 2012 年学术年会论文集

第五节 企业环境报告鉴证主体定位

一、我国企业环境报告审计鉴证存在的问题

（一）环境报告成了一种“漂绿行为”

商道纵横网站下属的商道智汇 2014 年第 4 期发布的关于 2014 年第 4 季度企业社会责任报告的简报中显示，2014 年第 4 季度，我国共有 119 家机构发布了带有环境保护情况信息的社会责任报告。其中，3 家为上市公司，占总数的 3%；19 家为国有企业，占 16%；28 家为民营企业，占 23%；32 家为外资及合资企业，占 27%。另有 40 家非企业单位，占 34%，显示非企业发布报告良好势头。按行业，制造业、化工、电子制造等行业发布报告数

量达 79 份位居前列。然而，上述报告只有 5 份经过第三方独立审计，仅占 119 份报告的 4%。但看欧洲的格里姆和卡珀兰（Glimour G. & Caplan A.，2001）的报告表明，英国资本市场 100 强公司中有 49 家发布了用以说明环境问题或公众问题的单独报告，并包括一份外部审计人员或其他专家的外部保证声明。这简直是对中国企业巨大讽刺。

以上对中国企业分析中可以看出，中国制造、化工这样对环境影响较大的行业发布企业社会责任报告的良好趋势是令人欣慰的，然而金融行业发布企业社会责任报告的数量却远落后于工业企业发布报告的数量。虽然金融行业对环境影响较小，但这并不代表就可以将企业社会责任排除在外。更大的问题是，寻求独立第三方审计其报告真实有效性的企业数目屈指可数，流于形式较多，甚至可以被视为是一种“漂绿行为”，即将企业为树立支持环保的虚假形象而作的公关活动、捐赠等也算在内。柴静《穹顶之下》（2015）提到的那么多险象环生的环境破坏事实，毋庸置疑应当要求相关方承担环境保护、治理和恢复的责任。企业在发布的环境报告中也会说明已经履行的环境保护责任情况，披露与环境活动相关的关键环境绩效信息，但是这些信息的真实和合法性无从考证。据知加拿大注册会计师行业绩效审计 70% 份额属于环境审计内容，相比我国注册会计师到目前为止还游离于环境审计之外竟然是天壤之别。由于监督的缺失，即使是证监会早有了环境披露的要求，也很难避免这种报告的“漂绿行为”继续蔓延。

（二）滞后的环境会计成为环境报告审计鉴证的瓶颈

目前，我国基本形成了环境保护的法律监督体系，为环境审计提供了法律依据，但由于我国环境会计信息披露政策刚刚起步，企业对外公布环境报告的相关政策尚不完善，统一强制的环境报告披露要求及完整的环境报告制度、环境审计具体法规与准则还处于空白，造成环境报告审计鉴证时缺乏充分的审计依据。而现有的环境保护法规并没有具体明确审计机构在企业环境管理体系中的地位、权限、工作范围，也没有直接将审计与环境保护联系起来，缺乏对环境审计内容、评价标准等具体的规定，导致环境审计缺乏直接的法律依据。与英美等西方国家相比，我国的执法手段及能力和违法制裁力度远远落后于现实需要。

众所周知，会计是审计存在的前提，审计不能脱离会计而存在和发展。因此，环境会计信息披露的信息成为环境报告审计具体对象，因为环境活动信息通过会计系统的传导机制成就了具体的书面载体。环境会计在发达国家已进入操作阶段，污染损失、资源价格、环境效益等已列入核算科目。而我国监管证券会和环保部对环境信息披露虽有基本要求但不透明十分明显，财政部现行会计制度和会计准则对环境事项和交易会计确认、计量和披露也没有具体规定，我国还没有可遵循的环境会计准则用于会计核算需要，如环境成本还是隐藏在“长期待摊费用”“管理费用”“营业外支出”等核算科目中，更没有独立的环境报告规范要求，导致对环境绩效很少进行定量分析，年末公布的环境信息不全面且企业间的信息可比性差，信息定性描述的多定量的少，看不出花费的资金、取得的成果和规定指标之间的关系，滞后的环境会计已经成为环境报告审计鉴证的瓶颈。因此，要加强环境报告审计工作，充分发挥审计在审核企业环境信息方面的监督作用，首先要解决环境会计问题。

（三）政府环境报告审计鉴证质量堪忧，鉴证主体力不从心

我国目前仅有的环境报告鉴证工作几乎全部由政府审计和政府环保部门的环境评价中心

的环境评价职业师来做，并且这种环境报告鉴证机制所造成的鉴证两方貌合神离、分道扬镳，集中体现在环境报告鉴证实务中出现的主体不明、胜任能力差，难免存在两个问题。一是政府角色错位，二是胜任能力。

首先，政府既是环境报告的鉴证者又是环境报告政策的制定人，其独立性和公正性不仅会受到被评价方的企业怀疑，也会收到社会公众的质疑，何况对大量非国有企业的环境报告鉴证既没有力量支撑，又没有法理基础，更不符合国际惯例。其次，环境报告审计与传统的财务报告审计有较大的差异。环境报告审计鉴证对环境专业知识的要求要高得多，政府审计人员必须拥有更多的环境专业知识和技术，否则难以保证鉴证报告质量。最后，环境评价职业师难以从资金链上进行环境影响财务的业绩评价，即便他们也是公正的评判，也缺乏从事环境报告应有的专业胜任能力。同样，因环境问题造成的财务影响具有许多不确定性，需要会计确认和计量时有更多的会计判断和估计，自然也增加了审计是认定环境报告风险的谨慎态度，这显然对环境审计师提出了较高会计业务和审计业务能力的要求。从某种意义上讲，注册会计师就是天然的会计专业判断高手，这与注册会计师国际化程。

（四）简单“移植”财务审计方法和技术

账项基础审计方法是审计基本方法，理所当然也是环境审计必需的方法，但不是唯一方法，如同经济绩效审计一样，环境审计需要应用到几何代数、概率统计、信息与电子技术、大数据处理系统等。不仅如此，环境审计常与“环境”专业知识和术语有关，比如，为验证污染物排放量和识别超排量，污染物浓度和流向及流量，PM2.5 数值和疾病关联关系等指标的真实性，就需要环境一定测量技术和方法；对环境报告披露的环境资产、负债要素确认和计量会计政策应用恰当性需要环境会计专业知识；对环境损失费用或环境效益信息分析和评价，需要运用经济评价法验证其合理性；对污染造成人身伤害和财产损失需要基本的医学常识和生活常识，等等。因此，具体到环境事项和环境报告审计，其审计技术和方法也会因环境事项在报告中填列项目不同而不同。独立的环境报告环境信息识别和非独立的环境报告环境信息辨别，尤其是表内披露信息和表外信息是否与环境系统有关联、关联程度等，是常规的审计中观察法、函证法、检查法、分析性符合、重新执行和重新计算无法达到的。在控制测试时，环境事项导致的经济数据变化与公司治理结构、管理层信誉程度、企业环境文化、环境保护技术手段的关联成度及其可能导致的环境风险程度判断，只有审计人员足够的专业知识和联想的所谓方式，通过应用综合审计手段才能查出环境报告中信息的真实、合法、公允和恰当。所以，环境审计除运用一般常规审计方法外，也要求运用一些不同于常规审计的技术与方法，财务审计方法和技术更不能简单“移植”到环境报告审计中，这就需要环境审计人员转换审计角色。

金国、邢小玲（2002）认为，除账项基础常规审计方法（观察、函证、检查、计算等）必须应用到环境报告审计外，还需包括“非审计技术”（如环境工程学、环境经济学、环境管理学等学科）方法的应用，同时认为“常规审计方法要紧密联系环境问题的产生和治理，才能适用于环境报告审计”。汤普森和威尔逊（Thompson D. & Wilson M. J.，1994）在《环境管理》（*Environmental Management*）中发表文章《环境审计：理论与应用》（*Environmental auditing：theory and applications*），他们达成共识，环境审计因包含验证公司对有关监管要求和行业标准的遵循性等，而不是仅仅限于设备审计、废料审计、财产转让审计。这至少说明，环境报告审计是一种较为特殊的审计种类与常规审计有着明显不同，实际上西方有些发达国家的民间环境审计就被视作是专业会计师咨询业务而非审计业务。比如，所谓环境费用效益分析它不同于纯财务上的分析，而是要从全社会角度考虑费用效益问题，在分析时不仅要考虑到显性成本费用，还要考虑隐形成本费用；不仅要考虑既有的费用的分摊，还要考虑未来很能发生的或有负债的预提；不仅要用到传统会计计量方法对成本和费用计量，还可能要应用生物化学工程技术物量计量方法。然而，尽管近年来我国政府审计机关为主体开展的为数不多环境审计中，尝试着对重大环境投资项目的环境报告的专项审计，但究其报告的内容和方法来看，基本上还是以财务收支为主的经济事项审计方法的移植，难以对较为复杂环境活动引起的经济交易和事项造成经营成果、财务状况和环境绩效进行深入细致的验证、查实和评价。

二、注册会计师的企业环境审计的主体地位

中国这几年来，仅有的少量的企业环境审计项目都是以政府审计为主导的，并且一般是以审计调查形成呈现，当然这种状况近一两年有所改变。企业内部开展环境项目是企业的自觉行为，各个企业基于对环境社会责任的认识和达到规避环境风险、提高企业环境绩效目的，根据企业自身审计开展内部环境审计工作。但民间环境审计还没有涉及企业环境审计业务，这种局面亟待引起重视并加以改变。理由如下：

（一）委托代理理论

首先，以一般意义上的委托代理关系主要是指物权关系，且这种代理关系并不局限于股东于经营者之间，可以扩展为整个社会与企业之间。环境资源如河流、山川、草原、油田等在会计学科被定义为“环境资产”，其内涵和外延应当与一般资产相同，但又是一种特殊形态的物权。环境资产具有价值性，能够给企业带来未来的经济利益；具有稀缺性，多数自然环境资产不会永无完结，善待持续利用。但环境资产最大的特点还在于产权性。由于环境资产大多数是天然形成的，通常只有国家以所有者的形式占有，为全民所享有，但国家会赋予特定主体（如企业）经营开发、支配、管理和使用。因此，从环境资产产权收益出发，存在着两重产权的收益：一方面是资源所有权收益；另一方面是经营开发投资的所有权收益。前者主要表现为企业上缴给国家的税收并被产权实体的全民所有，后者表现为被环境资产所有者的国家授予企业开发、利用或管理的企业的经营收益。因此，环境资源或资源，国家对于企业来讲就是委托人，企业就是代理人，国家将全民共有的环境资源交由企业，通过企业的对其经营产生收益，在通过国民经济分配和再分配实现整个社会的利益最优化和资源使用的可持续性。

企业自然环境资产的使用或者人工环境资产的再造，是一种环境活动但其本质还是经济活动。经济活动形成的环境信息进入会计系统加以处理形成财务会计信息。显然作为环境资产的委托人的国家或受托资产经营的企业具有掌握和了解环境受托和委托责任的需要，且这种责任时通过契约形式成立的，具体表现为环境财务信息和环境非财务信息的监督和被监督关系。由于环境资源的公共性，企业在利用、管理和报告时存有较大的舞弊动机，不披露、错误披露、误导性披露企业环境信息。然而，企业利益相关者和社会公众需要使用企业环境

报告中披露的信息来做出相应的经济决策，这些报告必须是完整、准确和可靠的。因此，解决企业和利益相关者之间环境报告信息不对称矛盾，需要经过企业外部专业的独立第三方检验。而第三方的注册会计师审计恰恰是一项专门的监督工具，评价受托经营、使用和管理环境资源责任的履行情况，并通过审计鉴证报告来制约企业忽视环境责任而做出短期行为，最大程度度的降低环境报告的虚假陈述对企业利益相关者的威胁。所以，对于环境信息使用者来说，引入注册会计师实施环境报告审计是必要之举。

基于上述环境资源的委托与受托关系存在，也给注册会计师环境报告审计鉴证带来了新机。在国外自愿聘请注册会计师对环境报告进行审计并将其作为内部管理和风险控制的重要手段的企业数目逐渐增多，这无疑为注册会计师拓展业务带来了契机，更有甚者，如法国、瑞典和丹麦等西方发达国家，基于社会环境责任负责，要求对企业环境报告必须通过第三方审计以向外披露环境信息提出了强制性的要求。再如，KPMG 对世界范围内企业责任报告的发布及其是否经过第三方鉴证等情况一直在进行持续研究。其 2013 年的报告中指出，正如社会责任报告本身已成为一项标准的商业惯例，社会责任和可持续发展数据进行外部鉴证也成为一项商业惯例，企业社会责任报告的鉴证已不再是一个可选项而成为必需。2013 年，企业社会责任报告的鉴证发生了重大变化，从世界范围看，超过一半（59%）的全球市值最大的 250 家公司（G250）的企业责任报告经过了鉴证，和 2011 年的 46% 相比有了显著提高，且这些企业的 2/3 都是选择会计师事务所来进行社会责任报告的鉴证服务，这一趋势将带动其他企业的效仿。耿建新、房巧玲（2003）也曾指出，与“环境审计”所具有的宽泛含义相对应，西方国家所称的“环境审计师”也超出了传统意义上审计师的概念。

（二）期望理论

美国行为科学家维克托·弗鲁姆（Victor H. Vroom，1964）期望理论告诉我们，人们行为选择的激励因素或动机在一定程度上取决于他们对这一行为的期望和实现这一结果预估的概率可能性。期望公式可表示为：激励力 = 期望值 × 效价。对环境污染制造者而言，为了达到追求更多盈利的目，理性生产者会追求自身价值最大化，环境的负外部性十分明显，导致环境污染日趋严重。可为了提高盈利的概率，企业很容易通过隐藏关键的环境信息、不披露、漏披露以非法牟利。而对于企业利益相关者来说，他们需要排污者披露真实、可靠的报告信息，以便作出相应决策。但基于会计知识的匮乏，也难以识别虚假信息的会计报告，这为引入外部独立的第三方对环境报告进行专业的审计，并出具独立可靠的审计报告提供的市场，审计师公正客观的环境审计报告成为信息使用者的期盼。

公司经济发展的过程与环境资源消耗获再生的过程之间必然存在有机的联系。通常情况下，经济发展的持续性要受环境资源消耗和再生能力的制约，这两者相互影响，相互制约。不仅如此，环境是人类财富而不得独有，使用环境资源产生环境信息也应该为公共熟知，公共信息不仅需要披露，更需要接受公众查验，甚至是问责。穹顶之下，概莫能外。但披露信息种类和容量、提供的时间、信息质量，环境资源所有者和使用者很难达成一致。信息供给者的企业面临着逃避披露、欺骗披露或者真实披露的两种选择。而对于信息需求者而言，选择有时是一种奢望。解决的根本办法就是环境资源所有者委托中介方的注册会计师，对企业环境审计信息进行甄别和判断，一旦查实企业隐瞒关键环境信息导致不良后果，必须对这类企业曝光，用手和用脚投票方式，引导信息供给者提供真实可靠的环境报告信息。正是从这个意义上来看，注册会计师同样担负着社会的期望，公正且无偏见地发表环境鉴证报告，以维护企业利益相关者和社会公众的利益，同时提高环境报告的可信度，实现环境报告效用的最大化。

（三）利益相关者理论

传统的公司财务理论及治理理论主要是以“股东利益最大化”为理论基础和目标的，然而，随着人们价值观的不断提升以及对环境问题的不断重视，这种观点越来越显得“自私”、“狭隘”和“脱离现实”，利益相关者理论得到越来越多的推崇。该理论认为主要包括两个方面：一方面，公司应具有更强的责任感，它的责任范围不应仅局限于股东，而应该有利于更大社会范围的群体——所有与公司利益有关的主体，而这些主体（即利益相关者）包括公司员工、债权人、政府部分、社会机构、社区成员等；另一方面，公司也应该将其决策基于伦理、道德的考虑——保护生态环境、履行社会责任。现代会计认为，会计的目标是向会计信息的使用人提供以财务为主的经济信息，而提供哪些信息主要取决于会计信息使用者的需求。对于环境信息而言，其利益相关者就是使用环境报告信息进行投资、信贷决策的使用者。信息的载体就是环境报告，或是独立的环境会计报表，或是列报和披露环境信息的综合财务报告。

人类社会到今天，人们对成功企业的考量，除了经营持续发展、生产蒸蒸日上，利润节节攀升外，更重视企业在资源合理利用、生态得以保持，节能减排和保护环境方面的努力，使企业的业绩建立在经济效益、环境效益和社会效益三方共赢基础之上，实现经济、社会和环境的良性循环。这就要求企业在创造自身的经济效益的同时，也应履行广泛的社会责任，其从事的生产经营活动，既要符合企业履行环境责任目标和社会公众的期望，又要严格遵循各项环保法规、制度和标准。其所提供给会计信息使用者的会计报表，必须顾及环境社会责任、环境道德责任和环境经济责任履行。这些信息使用者包括证券持有者、政府环境政策制定者、社区居民和企业自身的员工、社区和社会公众。而独立的环境审计就是实现这一目标的最有效方式。因此，企业要想秉持可持续发展理念、维护更多利益相关者的利益，公司治理就应当以“利益相关者理论”为前提，这就要求我们能够开展有效的环境报告审计鉴证，为相关主体的决策提供有价值的信息支持。

三、环境报告审计鉴证的第三方具有的优势

李玉兰（2010）认为，随着中国经济社会的发展，注册会计师参与环境信息披露审计有其必要性及可行性，政府和事务所都要采取措施发展第三方环境审计业务，完善我国环境审计体系，从而更好地使审计服务于经济。以作者之见，注册会计师参与环境报告审计具有客观独立、人员众多力量强大、专业能力强、审计效率高等特有的优势，从而可以在环境报告审计鉴证中发挥至关重大的作用。

（一）客观与独立品质

首先，注册会计师执行审计或鉴证业务时能够保持形式上和实质上的独立，这一点是政府审计和企业内部审计所不具备的，因此独立的第三方发布的审计报告更加客观公正，从而

增加环境信息的可信度，使其更具有说服力，也提高了环境报告的有用性。其次，注册会计师是独立于企业的外部第三方，能够客观公允地检查和评价企业环境保护和社会责任的履行情况，迫使企业尽职尽责地披露环境信息以使公司通过审计师获取理想的环境审计报告。这对依赖于中国日益成熟的资本市场进行融资的上市企业，从而帮助企业树立良好的环保形象十分重要。最后，根据委托代理理论，要使利益相关者和社会公众认可环境报告审计的结果，减少企业与外部之间信息不对称的问题，防止公司管理层和经理人粉饰环境业绩，就必须由独立于企业的外部第三方来实施环境报告的审计，保证信息的公允性。所以，只要注册会计师完全满足了独立性要求，能够客观公正地实施企业环境报告审计。

（二）职业群体规模庞大

注册会计师由于人员众多，参与企业环境报告的审计，有助于解决国家环境审计人员紧缺的问题，从而高效地配置审计资源。近年来，全球范围内专业的注册会计师协会发展迅速，会员人数不断增加，如世界著名的职业会计师团体，包括英国特许公认会计师公会（ACCA）、美国注册会计师协会（AICPA）、加拿大特许专业会计师协会（CPA Canada）、澳大利亚注册会计师协会（ASCPA）等。这些国家和专业会计组织，制定和发布了具体的环境会计和环境审计专业规范和标准，为注册会计师承接环境鉴证业务提供良好的平台，而在加拿大环境审计的主体主要是民间会计。综观我国，注册会计师人员数量也众多。截至2014 年年末，中国注册会计师协会个人会员突破 30 万，在会计师事务所的从业人员有 15 万以上，非职业会员有不少散布在环境教育高等院校和环境保护企业，更是环境审计的主力。当然，目前我国环境报告审计仍然还是由政府部门主导，但由于其成本高昂和效率低下，政府部门能够承担的环境报告审计任务十分有限，难以承担日益增长的环境报告鉴证业务，企业缺乏环境审计和风险评估方面的专业人士的指导，即使有这方面的专家，也因缺乏独立性所以他们的意见不具有说服力。同时也应当看到，目前中国对外开放步骤加大，资本市场日益成熟，会计是市场经济的基础性设施，资本市场不可能也离不开注册会计师，这已经是被众多发达国家和地区市场经济建设证明了的客观事实。为保证资本市场信息的真实、可靠和完整，提高市场对资源有效配置和运行效率，完备且稳固的监管体系必不可少，在这个体系中注册会计师无疑是最重要组成部分。齐昂和莱特博迪（Chiang & Lightbody，2004）通过调查研究发现参与环境审计的财务审计师人数不断上涨。加拿大注册会计师协会（CGA）发布的《环境审计和会计职业界的作用》（1992）研究报告中指出，注册会计师在未来环境报告审计领域将会扮演举足轻重的角色。我国学者郑俊敏（2006）也认为，随着社会公众对环境信息的需求逐渐增加，未来环境审计的主导应是民间审计组织。袁广达、袁玮（2012）更加明确指出，企业环境审计主体注册会计师缺位导致政府审计错位必然会达到改变。而面对日益吃紧的国家审计力量和知识结构不尽合理政府审计人员，决定了注册会计师成为环境审计的主体。不难想象，一支庞大的中国注册会计师参与环境报告审计，不仅可以加快我国民间环境审计发展，也可以使其业务范围得以扩大，最终满足社会各界和企业各层次利益相关者不断上涨的环境管理与保护的需求。

（三）专业胜任能力强

无论中国还是国外，且不说注册会计师准入门槛的之高，更不说注册考试知识之深之广，单就每年全球成千上万的考证大军对进入注册会计师行业的期盼就可足以说明，注册会计师的优良素质和过硬本领。大凡通过注册会计师证书考试并进入这个大门的幸运者，无疑都是未来审计报告的鉴证人，并通过其审计报告的质量再一次受到审计市场洗礼，环境审计师和环境审计报告也不例外。玛格丽特·莱特博迪（Margaret Lightbody，2000）在《环境审计：审计理的差距》（*Environmental Auditing*：*The Audit Theory Gap*）中对注册会计师的专业知识与环境报告审计进行了相关性分析，指出注册会计师开展环境报告审计能够利用自身的专业性克服现有环境报告审计的空白。摩尔和比尔迪（Moor P. D. & Beelde I. D.，2005）从环境审计与财务报表审计的关系的角度分析了注册会计师在环境报告审计中的作用，认为注册会计师平时涉及的业务范围就比较广，同时又具备很好的适应性，经过一定的培训之后可以对企业的环境报告进行有效审计，从而满足各种不同类型的利益相关者的需求。注册会计师参与环境报告审计，不仅能对企业管理系统进行独立、客观的评价，而且还可以与环境专业领域的科学家一起对企业开展深入地了解和评价，从而进行全面审计业务。中国目前正在打造一支高素质、专业化的会计审计专业队伍，随着国家对环境保护更加重视及注册会计师对环境审计认知程度的加深，提高自身过硬的环境技术知识和本领，会成为审计师的自觉追求，这也是会计师行业的国际惯例。

（四）较高的审计效率

根据以上的分析，注册会计师规模较大，经验丰富，具备极强的客观独立性，他们的加入无疑能大大提高我国企业环境报告审计的效率和质量。注册会计师作为独立的第三方对企业进行审计，保证了资本市场信息的真实性、可靠性和完整性，能够起到重要的监管作用，从而完备资本市场监管体系，有效控制市场风险，提高市场运行效率。

效率的提高来自注册会计师行业淘汰机制，也来自注册会计师个人自我认识，更来自会计师事务所对员工素质提升的投入，而聘请外部专家参与环境报告审计更是直接对注册会计师自身专业胜任能力和工作效率的提高。国外，国际四大会计师事务所也逐步开始拓展企业环境报告审计的业务，且审计深度不断加强。1995 年，英国社会和伦理责任研究院（ISEA），一家非营利机构，着力进行环境标准体系研究和制定适合自身组织环境审计发展的 AA1000 系列标准。负责企业环境报告或企业社会责任发展报告审计的项目经理接受访谈时谈起自己的组织和强有力的环境审计团队，自 2005 年与国际审核员注册协会（IRCA）合作，启动了认证可持续审计从业者项目，为审计从业者特别是注册会计师提供了专业的资格认证。通过一系列步骤实施，将原来只要依靠专门环境报告验证公司来实施的业务基本揽在自己独立开展业务范围。这不仅要靠审计师过硬的环境知识支撑，更来自高效且质量可靠的、赢得社会信赖的鉴证报告。

本章小结

1. 环境审计是指审计机关、内部审计机构和注册会计师，对政府和企事业单位的环境管理系统以及经济活动的环境影响进行监督、评价和鉴证，使之积极、有效，得到控制并符合可持续发展的要求的审计活动。环境审计本质上是确保受托环境责任全面有效履行的一种特殊控制，其目的是为了环境管理活动的合法、效益与控制以及环境报告的公允。从环境审计的内容来看，环境审计可以划分为环境合规审计、环境绩效审计和环境责任审计。从三大主体的角度，环境审计可划分为政府环境审计、注册会计师环境审计和企业内部环境审计。

2. 政府环境审计包括资源审计和环境保护审计。我国的资源包括土地资源、水资源、矿产资源、海洋资源和林业资源等，政府审计机关主要针对这些资源开展相应的审计活动。独立第三方环境审计包括道德准则和专业能力框架，企业内部环境审计包括内部环境审计准则，内部环境审计技术和内部环境审计报告。

3. 注册会计师环境审计目标的确定，有助于为环境审计工作提供基本依据。环境审计目标是一个完整的系统，它主要取决于环境审计的实质、功能、审计授权以及委托人对审计工作的要求，可分为终极目标、总目标、具体目标和项目目标。未来我国社会环境审计对象应以环境报告审计为主线，主要包括环境财务报告和其他形式的环境报告审计。具体包括表内环境信息审计、表外披露信息审计及其他环境财务和管理信息报告形式审计。

4. 内部环境审计准则的内容体现着环境审计的具体的实施依据，内部环境审计准则应当包括内部环境风险评估审计、内部环境控制审计以及内部环境绩效审计。企业环境审计基本内容的构建主要应包括两个方面：一是环境会计核算信息系统审计，二是环境管理控制信息系统审计。这两者相辅相成、缺一不可的。任何环境管理控制的好坏都会在环境会计核算信息中得到反映，环境会计核算信息的好坏都会体现在内部环境管理控制的水平和绩效上。

本章练习

一、名词解释

1. 环境审计　2. 政府环境审计　3. 资源审计　4. 注册会计师环境审计
5. 内部环境审计　6. 环境绩效审计　7. 环境审计报告　8. 环境财务审计
9. 环境审计准则　10. 环境合规性审计

二、问答题

1. 环境审计的本质与目标是什么？
2. 政府环境审计的对象是什么？
3. 结合资源产权制度，谈谈对自然资源审计和生态资源审计应当是政环境审计的主要内容的理解。
4. 注册会计师环境审计的目标是什么？
5. 注册会计师表内环境信息审计内容包括哪些方面？
6. 民间审计为什么应当成为企业环境审计主体？其理论与实践依据是什么？
7. 内部环境审计内容包含哪些方面？
8. 环境审计有哪几种模式？审计如何识别企业的环境责任？
9. 政府环境审计、民间环境审计与内部环境审计之间有什么区别与联系。

三、计算题

国家相关法律规定，矿产开采者必须在完成开采后恢复地区原貌，这会产生一笔费用。为此，某矿产开采公司应该为今后恢复地区原貌提取准备金 500 万元，计入矿山成本，并在矿山使用期限内提取折旧，但该企业财务都没有按照规定执行。某年，政府强制要求企业对矿山进行减值测试。公司资产组为矿山、挖掘机、铁轨等，矿山的账面价值 1800 万元，挖掘机账面价值 600 万元，铁轨账面价值 100 万元，另外，公司总部资产统一分配负担 100 万元。目前，公司销售净值 1500 万元（已考虑表土覆盖成本今后由买方承担)，已考虑恢复费用时的未来现金流量现值1700万元。

要求：

(1) 请审计该企业在某年应当计提多少资产组减值准备。企业财务该如何处理并在财务报告中加以反映和披露?

(2) 就本题而言，分析说明采矿企业应如何进行环境风险管理，对该企业提出管理审计意见。

四、阅读分析与讨论

一则我国政府环境审计调查揭示出的问题

项目背景：为了检查地方政府和企业贯彻落实党中央、国务院的部署和要求，开展完成节能减排工作的情况。2010年，审计署对河北、山西等20个省（区、市）电力、钢铁、水泥等行业2007～2009年的节能减排情况开展了审计调查。

审计目标：地方政府和企业是否认真贯彻落实国家关于节能减排工作的部署和要求；是否加大节能减排资金投入、完善有关规章制度、建立健全责任机制，有效推进节能减排工作。

审计调查中发现的问题：(1) 11户企业挤占、挪用0.57亿元专项资金，用于企业经营等支出；14户企业采取编造虚假申报资料、多头重复申报等手段，套取0.86亿元专项资金；15户企业因有关部门审核把关不严，多得节能减排0.62亿元专项资金。(2) 2002年以来，42户企业违规建设44个火电项目，97户企业违规建设143个钢铁项目，47户企业违规建设47个水泥项目。(3) 截至2009年年底，8户企业存在多报关停装机容量、淘汰落后产能设备处置不彻底等问题，121户企业存在多报淘汰落后产能等问题，54户企业存在应淘汰落后产能未淘汰等问题。

——摘自：新华网，2011-10-11

讨论要点：

(1) 根据案例，讨论分析20省市节能减排工作存在问题的主要原因。

(2) 根据审计结果发现的问题，提出相应的审计建议。

摘自：深改组：干部任期内损害生态环境将终身追责

2015年7月1日召开中央全面深化改革领导小组第十四次会议审议通过了《环境保护督察方案（试行)》《生态环境监测网络建设方案》《关于开展领导干部自然资源资产离任审计的试点方案》《党政领导干部生态环境损害责任追究办法（试行)》《关于推动国有文化企业把社会效益放在首位、实现社会效益和经济效益相统一的指导意见》。

(1) 督察重大环境事件频发之地。会议强调，生态文明建设是加快转变经济发展方式、实现绿色发展的必然要求。深化生态文明体制改革，关键是要规范各类开发、利用、保护行为，让保护者受益、让损害者受罚。

会议指出，建立环保督察工作机制是建设生态文明的重要抓手。要明确督察的重点对象、重点内容、进度安排、组织形式和实施办法。要把环境问题突出、重大环境事件频发、环境保护责任落实不力的地方作为先期督察对象，近期要把大气、水、土壤污染防治和推进生态文明建设作为重中之重，重点督察贯彻党中央决策部署、解决突出环境问题、落实环境保护主体责任的情况。要强化环境保护“党政同责”和“一岗双责”的要求，对问题突出的地方追究有关单位和个人责任。

会议强调，完善生态环境监测网络，关键是要通过全面设点、全国联网、自动预警、依法追责，形成政府主导、部门协同、社会参与、公众监督的新格局，为环境保护提供科学依据。要围绕影响生态环境监测网络建设的突出问题，强化监测质量监管，落实政府、企业、社会的责任和权利。要依靠科技创新和技术进步，提高生态环境监测立体化、自动化、智能化水平，推进全国生态环境监测数据联网共享，开展生态环境监测大数据分析，实现生态环境监测和监管有效联动。

（2）干部离任审计：追责无论其是否调离提拔退休。会议指出，开展领导干部自然资源资产离任审计试点，主要目标是探索并逐步形成一套比较成熟、符合实际的审计规范，推动领导干部守法守纪、守规尽责，促进自然资源资产节约集约利用和生态环境安全。要积极探索离任审计与任中审计、与领导干部经济责任审计以及其他专业审计相结合的组织形式，发挥好审计监督作用。

会议指出，开展领导干部自然资源资产离任审计试点，主要目标是探索并逐步形成一套比较成熟、符合实际的审计规范，推动领导干部守法守纪、守规尽责，促进自然资源资产节约集约利用和生态环境安全。要积极探索离任审计与任中审计、与领导干部经济责任审计以及其他专业审计相结合的组织形式，发挥好审计监督作用。会议强调，生态环境保护要坚持依法依规、客观公正、科学认定、权责一致、终身追究的原则，明确各级领导干部责任追究情形。对造成生态环境损害负有责任的领导干部，不论是否已调离、提拔或者退休，都必须严肃追责。各级干部要"守住环保的底线"，也就是"生态环境红线"，即不发生重大环境事故、节能减排任务完成、没有重大违规违法事件、环境质量未恶化至威胁到人民生活等。

——摘自：深改组：干部损害生态环境终身追责［N］. 新京报，2015-7-2

讨论要点：

（1）阅读中央全面深化改革领导小组第十四次会议决定，请分析政府环境审计对象和目标是什么？

（2）干部离任审计对环境损害责任有哪些规定？

天津滨海新区天津港危险化学品仓库瑞海公司发生特大爆炸

无独有偶，2015年8月12日10点35分，天津滨海新区天津港危险化学品仓库瑞海公司发生特大爆炸事故，现场出现了火光冲天，升起了巨大的蘑菇云。截至9月11日遇难人数165人，失联8人。这起事故造成17 000多户家庭的房屋受到不同程度的损害，涉及1 700多家生产企业，3万多人受到影响，仅仓储公司被烧毁的3 000多辆汽车损失就高达几十亿以上。大爆炸在瑞海国际物流公司的园区内炸出了一个约60米直径深6~7米的巨大深水坑，直到爆炸发生两三天之后，在航拍照片中，爆炸留下的这个"大窟窿"才露出真容。坑内剧毒氰化物平均超标40多倍，浓度最高处超标甚至达800多倍，预计需要3个月才能处理完毕。几天后滨海新区塘沽渤海海河河口大面积鱼群死亡。

——摘自：天津日报［N］. 2015-9-12

讨论要点：

联系天津"8.12"大爆炸及其最后处置结果，分析对政府官员和企业管理层环境审计问责的主要依据。

第五章　环境财务管理

【学习目的与要求】

1. 了解绿色财务管理基本内容，熟悉可持续发展与绿色财务的关系，掌握可持续财务学的概念、目标及管理方法，理解可持续财务学的内容与本质。

2. 了解财务学的方法论基础，理解环境外生型财务系统的理论基础，熟悉和掌握嵌入环境因素的财务系统构建思路。

3. 掌握企业环境财务管理方式和管理内容，了解企业环境财务管理目前面临的困难，理解建立现代财务管理方式的推进机制。

4. 理解环境财务预算对于环境财务管理的重要作用，掌握企业环境财务预算的主要内容和预算编制基本方法，初步领悟企业环境预算对于环境正确决策的重要性。

5. 理解工业环境绩效进行综合评价基本方法，掌握其主要评价指标构成，熟悉并理解环境保护与经济发展之间的相互关系。

第一节　可持续发展财务

一、财务、财务学与绿色财务管理

企业财务活动是以现金收支为主的企业资金收支活动的总称，企业财务关系是指企业在组织财务活动过程中与各有关方面发生的经济利益关系，这两者恰好是企业财务的范畴。而财务学则是对上述范畴的研究，即财务学是研究企业中如何组织企业财务活动，处理财务关系等经济管理工作的一门学科。

（一）企业财务活动

企业资金的收支，构成了企业经济活动的一个独立方面，这便是企业的财务活动。企业的财务活动主要分为以下四个方面：

1. 企业筹资引起的财务活动

在商品经济条件下，企业要想从事经营，首先必须筹集一定数量的资金。企业通过发行股票、发行债券、吸收直接投资等方式筹集资金，这是企业资金的收入；企业偿还借款，支付利息、股利以及付出的各种筹资费用等，则是企业资金的支出。这种因为资金筹集而产生的资金收支，便是由企业筹资而引起的财务活动。

2. 企业投资引起的财务活动

企业把筹集到的资金投资于企业内部用于购置固定资产、无形资产等，便形成企业的对内投资；企业把筹集到的资金用于其他企业的股票、债券或与其他企业联营进行投资，便形成企业的对外投资。无论是企业对内投资还是对外投资，都需要支出资金，而当企业变卖投资时就会产生资金的收入。这种因为投资而产生的资金的收支便是由投资而引起的财务活动。

3. 企业经营引起的财务活动

企业在正常的经营活动中，会发生一系列的资金收支。首先，企业要采购原材料或商品，以便从事生产和销售活动，同时还要支付工资和其他经营费用；其次，当企业把产品或商品销售出去后，便可取得收入，收回资金；最后，如果企业现有的资金不能满足企业的经营需要，企业还要采取借款的方式来筹集所需的资金。上述各方面都会产生企业资金的收支，这是企业经营活动而引起的财务活动。

4. 企业分配引起的财务活动

企业在经营过程中会产生利润，也可能会因为对外投资产生利润。企业的利润要按照规定的程序来进行分配。首先，要依法纳税；其次，要用来弥补亏损，提取公积金、公益金；最后，要向投资者分配利润。这种因利润分配而产生的资金收支便是由利润分配而引起的财务活动。

（二）企业财务关系

企业的筹资活动、投资活动、经营活动、利润分配活动与企业上下左右各方面都有着广泛的联系。企业的财务关系可概括为以下几个方面。

1. 企业筹资活动所产生的财务关系

企业在资金市场上筹资时，会通过发行股票、债券或向金融机构贷款等直接融资方式，或者采用租赁、应收账款抵借等方式，所有这些筹资方式都会引起企业同投资者及债权人之间产生财务关系，即企业筹资活动引起的财务关系主要有企业与其股东之间的财务关系、企业同其债权人之间的关系。

2. 企业投资活动引起的财务关系

企业为了获得本经营活动以外的经济利益，或者为了有助于本企业的经营活动，有时会将本企业的资金投资于其他单位，或购买政府、其他单位的债券或股票。这种由于对外投资而引起的财务关系主要有短期投资关系、长期投资关系等。

3. 企业经营活动引起的财务关系

企业的经营活动会涉及许多利益主体，其中有企业外部的，也有企业内部的，它们之间的财务关系主要表现在企业与其供应商之间的财务关系、企业与其客户之间的财务关系、企业与国家之间的财务关系、企业与其内部员工之间的财务关系、企业内部各单位之间的财务关系等。

4. 企业分配活动引起的财务关系

分配活动引起的财务关系主要是指与企业分配主体所发生的经济利益关系。参与企业分配的主体包括股东、债权人、国家、职工等。

以上财务活动与财务关系均是企业财务的内容，与之不同的是，企业财务是一项具体的经济管理工作，主要包括企业的筹资、投资、经营和分配，而财务学是一门学科，是专门对上述经济管理工作进行研究的一门学科，主要培养具备管理、经济、法律和理财、金融等方面的知识、能力以及能在工商、金融企业、事业单位及政府部门从事财务、金融管理以及教学、科研方面工作的工商管理学科高级专门人才。

（三）绿色财务管理

自20世纪70年代以来，全球掀起了一场绿色革命，它对整个世界和人类生活产生了巨大的冲击和影响。1992年联合国在里约热内卢召开的环境与发展会议制定了《21世纪议程》，该《议程》指出：地球所面临的最严重的问题之一就是不适当的消费和生产模式导致环境恶化、贫困加剧和各国发展失衡。若想达到合理的发展，则要提高生产效率，改变消费习惯与结构以最高限度地利用资源和最低限度地生产废弃物。在这个过程中企业和消费者都是关键的决定力量，尤其企业更是起到了主导的作用。企业的行为直接影响了环境的变化。因此，企业如何建立绿色观念，进行清洁生产，进行绿色会计核算，进行绿色营销对于环境保护有重大的影响，而这一切必须在企业财务管理手段和资金投向合理有效的安排下才能实现，将环境管理融入财务管理的始终，建立起嵌入绿色理念的财务管理新模式。

1. 绿色财务管理的重要性

绿色财务管理适应了市场发展的要求。公众环境意识的增强，越来越多的消费者在消费过程中开始考虑如何避免生态破坏和环境污染；非关税绿色壁垒使我国企业国际市场竞争能力下降，绿色财务管理理论能使变革后的经济模式获得政府的支持，绿色财务管理理论是与企业的长远利益相统一的，因为绿色财务管理的前提也是企业盈利。

2. 绿色财务管理的必要性

绿色财务管理是国家实施可持续发展战略的需要，是企业参与国际市场竞争的需要，是满足绿色消费的需要，是企业自身发展的需要，是适应新的社会形势、新的经济形势的需要，是绿色会计深入研究的必然。

3. 绿色财务管理的必然性

绿色财务管理是绿色管理理论发展的必然结果，是企业财务管理实践活动的必然要求，通过生态环境因素对企业成本、费用、筹资及投资的影响说明有效的生态环境管理与企业财务管理目标是相容的，企业绿色财务管理应是必然的。

二、可持续发展与绿色财务

（一）可持续发展的基本内涵

19世纪初，世界资本主义经济进入迅速发展的时期。随着经济的高速发展，资源浪费、环境污染、生态破坏伴随着经济高增长而一同出现，严重影响经济的可持续发展。“可持续发展”是1987年世界环境与发展委员会在“布伦特兰报告”中首次提出的，挪威前首相布伦特兰夫人主持的世界环境与发展委员会，在对世界重大经济、社会、资源和环境问题进行系统调查研究的基础上，提交了《我们共同的未来》的专题报告，并提出可持续发展的问题。布伦特兰报告将可持续发展定义为：“既满足当代人的需求，又不对后代人满足其需求的能力构成威胁的发展。”该定义包括两个关键性的问题：一是满足人们的需求，特别是世界贫穷者生活上必须的需求；二是环境的限度，即由于技术和社会组织现状使环境满足当代和后代需求能力受到限制的问题。总之，不能以牺牲环境和浪费资源为代价，为了满足当代人的需求而使后代人失去经济发展的条件，从而降低生活水平。

可持续发展从大的范围来看，应包括经济可持续发展、社会可持续发展、文化可持续发展、生态可持续发展等多个层面，但经济的可持续发展是其重要方面。一方面，经济可持续发展是整个可持续发展问题的核心，因为只有经济可持续发展，才能使社会与文化可持续发展；另一方面，社会与文化的可持续发展，又为经济可持续发展服务，提供必不可少的条件。

（二）绿色财务的基本内涵

经济的快速发展产生了资源过度消耗、废弃物过度排放以及空气和水污染日益严重等许多环境问题。严峻的环境问题已经成为影响人类社会持续发展的严重障碍。环境问题是一个复杂的综合性问题，它更为直接地表现在经济领域，尤其突出地表现在企业组织的生产经营行为及其附带行为上。企业作为现代社会经济的基本细胞、发展生产力的主要执行者和完善生产关系的主要体现者，其行为直接影响环境问题的解决以及社会、企业和环境的协调发展。因此，企业在经济活动中取得成果的同时，也应该担负起一定的维护并改善生态环境的责任，这种全面的责任也是可持续发展理念的要求。一般认为，企业所承担的环境责任必然会使企业存在大量的环境活动如环境污染治理活动、环境预防活动和环境改善活动等，进而产生大量与环境有关的财务活动。但传统的财务模式侧重于经济活动，未将这些纳入研究范围，缺乏对环境资源、环境成本和环境责任的计量和对环境收益的确认，忽视了环境自身的物质补偿过程和企业从环境中取得资源或向环境排放污染物引致的对环境的补偿责任，导致企业的环境风险加大。因而，现代财务要求企业将环境因素纳入到传统的财务体系，建立以可持续发展为导向的新的财务模式，从微观角度探讨解决可持续发展中污染治理和环境保护的突出问题，这对于扭转生态恶化趋势，实现经济社会可持续发展以及企业的可持续发展都具有十分重要的现实意义。

（三）绿色财务与经济可持续发展的关系

社会再生产过程既是使用价值的生产与交换过程，同时也是价值的形成和实现过程。经济可持续发展不仅要求使用价值生产与交换活动的可持续发展，也要求价值的形成与实现活动的可持续发展。现代财务是资本的投入与产出活动及其所形成的经济关系体系，是价值的形成与实现活动的核心。因此，经济可持续发展必然要求现代财务的可持续发展，现代财务的可持续发展是经济可持续发展的基本内容之一。二者存在密切的关系：经济可持续发展与财务可持续发展是辩证统一的关系，经济可持续发展是财务可持续发展的前提；财务可持续发展又是经济可持续发展的保障。二者相互依赖，互为前提，共同发展，推动着企业和整个社会的可持续发展。

同时，财务在促进经济可持续发展中的作用表现在多个方面：（1）提高可持续发展筹资能力，促进经济可持续发展。财务可持续发展能够使企业做到财务诚信，实现给投资者的回报；财务可持续发展要求企业按筹资方案规定的用途合理使用资金，获得预期效益，兑现对投资者的承诺。（2）提高可持续发展投资能力、盈利能力、支付能力和财务治理能力，促进经济可持续发展。现代财务对经济可持续发展的作用，表现在宏观层面与微观层面两个方面，这两个方面是密切联系的。只有当宏观财务战略与政策措施有利于促进国民经济可持续发展，才能使企业财务可持续发展具备前提条件，从而促进企业可持续发展；另一方面，宏观财务战略与政策措施又必须具体落实到微观财务战略与政策措施上，才能发挥效力，否则会变成无源之水、无本之木。

三、可持续财务学概念及目标

（一）绿色财务学的概念

众多周知，财务学是研究如何组织企业财务活动、处理财务关系等经济管理工作的一门学科，那么可持续财务学的概念就清晰明了了，可持续财务学就是在经济、社会、生态可持续发展的条件下的财务学，它是以整个社会的可持续发展为前提，以公司股东利润最大化为动力，在此基础上对企业财务活动、财务关系的研究，主要包括企业在可持续发展视角下的筹资、投资、经营、分配等活动。

良好的生态环境和充足的自然资源是经济增长的基础和条件。经济增长的最终目的是富民强国，提高人民的生活水平。良好的环境是高质量生活的必要条件，而环境污染和生态破坏有悖于促进经济增长的初衷。严重的环境污染和资源短缺，反过来会制约经济的增长，甚至制约一些产业的发展，影响经济增长的质量和效益。由此可见，从长远来看，只有有了社会经济的可持续发展，不以损害环境为代价，相反，发展经济与保护环境并行，才能达到永久性发展，这不仅是企业自身的事，也是行业发展、社会发展的大事。

（二）绿色财务学的目标

企业的财务目标是指企业组织财务活动、处理财务关系所要达到的根本目的，它决定着企业财务管理的基本方向，同时也是企业发展的核心与灵魂，它对企业的发展具有定向、规范、激励与检测作用，因此，正确的财务目标是做好财务活动的前提条件。企业是一个以盈利为目标的组织，其出发点和归宿均是盈利，我们知道，企业的财务目标是追求企业价值的最大化。

可持续发展财务学是综合考虑资源有限性、社会效益、环境保护与生态平衡、企业盈利的财务学，可持续发展财务学的目标是在保护环境和资源可持续利用的基础上，合理地组织资金运动和协调企业与有关各方面的财务关系，促进经济效益、社会效益、生态效益的平衡协调发展。

四、可持续财务学的内容与本质

（一）有关可持续发展的相关概念

1. 环境成本与外部性理论

环境成本又称环境降级成本，是指由于经济活动造成环境污染而使环境服务功能和环境质量下降的代价。环境降级成本分为环境保护支出和环境退化成本，环境保护支出是指为保护环境而实际支付的价值，环境退化成本是指环境污染损失的价值和为保护环境应该支付的价值。自然环境主要提供生存空间和生态效能，具有长期、多次使用的特征，也类似于固定资产使用特征。这样，由经济活动的污染造成环境质量下降的代价即环境降级成本，也就具有了“固定资产折旧”的性质。

环境问题的解决需要环境成本的控制，而环境成本的经济学基础就是外部性理论。外部性又称溢出效应，外部影响或外差效应，是指一个人或一群人的行动和决策使另一个人或一群人受损或收益的情况。经济外部性是经济主体（包括厂商或个人）的经济活动对他人和社会造成的非市场化的影响，即社会成员（包括组织和个人）从事经济活动时其成本与后果不完全由该行为人承担。经济外部性又分为经济正外部性和经济负外部性，经济正外部性是某个经济行为个体的活动使他人或社会受益，而受益者无须花费代价；经济负外部性是某个经济行为个体的活动使他人或社会受损，而造成负外部性的人却没有为此承担成本。对于环境而言，外部不经济性的表现非常明显，由于产品生产者并不承担生产过程中的全部费用，即产品生产的边际私人成本要低于产品生产的边际社会成本。因此，生产者根据边际私人成本所确定的最佳产量并非社会最佳产量，由此导致了资源的不合理分配（市场失灵）以及社会福利的丧失。外部性理论说明，解决外部性问题主要可以通过两个方面的途径加以解决：一是外部效应内部化，使企业生产中对外部社会所产生的效应纳入生产者的经济行为中，利用经济杠杆或市场机制有效地控制外部不经济，扩大外部经济；二是通过政府行为或法律的手段控制外部不经济的发生，鼓励对社会生产额外效应的生产行为。

从经济学方面来探讨环境成本论的目标，就是效率与公平，以此达到经济效益与环境效益的结合，经济效益与社会效益的结合，走可持续发展道路。效率观就是提高环境资源的使用效率，力求人类创造的每一份成果都尽可能少地消耗能源、水、环境自净能力、土地和其他再生资源，或者说，要求我们用尽可能少的环境资源创造尽可能多的 GDP、就业机会和生活质量的增量；公平观就是保证同代人之间以及代际人之间都能公平地享受到环境资源的效用和生活的高质量。

这就要求我们要经济效益与环境效益的结合，就要从管理角度尽可能充分利用环境资源，降低成本，谋求成本效益最大化，同时要保护好环境资源，着眼于长远看待环境成本的投入与产出。

2. 环境投资决策论

投资决策是否恰当，对企业有长远的影响，如果项目期长，则决策一旦作出，企业在较长时期内就将采用同种技术承担同类的环境影响。如果环境法规发生变化，往往需要追加成本才能对技术进行调整，是产生的环境影响符合新法规的要求。随着环保意识的增强和企业管理系统的推行，每年企业都在进行一些以控制、减少或预防污染为目的的环境投资，以达到生态效益的要求。

要在投资决策中充分考虑环境因素，使得环保投资与一般投资项目评价建立在相同的基础上，保证资源的有效分配，必须对传统的投资评价方法进行改进，将环境因素考虑进去，其中，最常用的方法有全部成本评价法（TCA），全部成本评价法是由美国环保局提出的，是一种在资本预算分析中综合考虑环境因素的方法，是对项目的全部成本和收益所进行的长期、综合的财务分析。包括四个基本因素：成本清单、成本分配、时间范围和财务指标。成本清单是指在投资的项目中应包括所有的成本和收益，即直接成本、间接成本、未来负债成本、无形效益和非环境成本，这就是要求采用生命周期的观点，对项目的整个寿命周期的价值链的各个环节上的成本和效益进行充分考虑，包括外部成本和外部收益；成本分配是指在生产过程中把所有的成本分配到特定的产品或生产流程中；时间范围是指在环境投资项目中，时间要长，包括项目的寿命周期，以充分反映所有成本和收益；财务指标是指在核算中通常采用折现金流量的方法，包括净现值法、内含报酬率法和净现值系数法。通过上述四个指标的综合，我们能够更好地控制生产成本，特别是将环境成本纳入考核范围，这将为环境因素下制定新的财务系统提供参考。此外，除了全部成本评价法，还有多标准评价法（MCA）、环境风险评价与不确定性分析、利益关系人价值分析法（SVA）等。

3. 生态金融论

金融的发展与环境之间存在着密切的关系。一方面，自然环境是金融的发展的基础，也是人类社会生存和发展的基础，它为金融发展提供了生产条件和对象，同时它又是人类生产生活中产生的废物的排放场所和自然净化场所。另一方面，金融发展也对自然环境产生重要影响，金融发展为环境的保护和改善提供资金和技术，促进生态环境的优化。两者是良性循环、协调发展的，基于此，“生态金融”应运而生。

到目前为止，国际上生态金融的实施主要有这几个阶段：引入“生态”因素，为实施生态金融构建一套新的核算体系；在企业融资中大力加强环保评估，为实施生态金额构筑技术平台；创建环保银行，为实施生态金融筹集专门资金；发行环保有价证券，为实施生态金融建立更为广阔的筹资渠道，如环保债券、环保股票、环保产业投资基金等；建立有利于环保企业上市的“三板市场”，为实施生态金融创造规范的市场环境。

（二）可持续发展财务学的内容构成

1. 可持续筹资决策

投资者、银行对企业的环境风险越来越关注，特别是在欧美国家，环境风险高的企业不易得到融资，用于资金筹措的费用也会有所增加，而积极采取环境措施的企业其环境风险较低，用于资金筹措的费用也比较少。目前，国外已经产生了一些以环境等问题作为确定投资方向前提条件的道德投资组织、绿色银行、环保银行。同时许多国际金融组织，如世界银行、亚洲开发银行，也对提供资金的环境要求做出了明确的规定。BIE、道·琼斯可持续发展全球指数等机构纷纷对企业的环境业绩或可持续状况进行评价，从而使企业的主要利益关系人如借款人、投资者和保险公司，可以在对企业的贷款、投资和保险决策中对潜在的环境风险和利益进行评价。在中国，中国人民银行已经就金融部门在信贷工作中落实国家环境保护政策发出了《关于贯彻信贷政策与加强环境保护工作中有关问题的通知》，规定各级银行发放贷款时必须配合环境保护部门把好关，对环保部门未予批准的项目一律不予贷款。由于金融市场是企业融通资金的场所，直接决定着企业所获资源的多少，因此金融市场的这种变化对企业的影响是巨大的。企业的融资能力对企业的可持续发展具有重要的决定作用，因此对企业而言，要想在金融市场上获取发展所需要的资金，必须顺应金融市场的这种变化，在进行融资时将环境因素纳入决策范围，走可持续发展之路，特别是要提高企业的环境业绩并定期对外发布高质量的相关环境信息，以提高获得低成本的融资能力。

2. 可持续投资决策

投资在企业的财务活动中具有非常重要的地位，投资决策在财务决策中处于核心的地位，筹资是为了未来的投入，而投资的目的则是为了实现企业价值增值的最大化。可持续投资除了以取得投资收益和降低投资风险之外，还要承担一定的社会义务，这其中，最重要的就是减少资源浪费，保护环境，实现资源的可持续发展。进行可持续投资活动，必须将对投资对象进行资源、环境影响评估，将资源、环境的影响评估结果纳入到投资方案的可行性分析中。

为了加强对环境的保护，世界各国政府采取了一系列环境保护政策，不仅加强了环境立法工作，同时还采取一些经济手段来规范、引导企业的行为。在20世纪中期，环境政策以“命令和控制”为主，主要采取尾端治理技术，这种政策虽然可以在一定程度上减少环境污染，但并不能从根本上解决环境污染问题。随后，人们逐渐认识到应当从源头上控制污染的产生，采取“源头控制、预防为上”的环境政策，推行清洁生产，要求企业采取有效措施，对其生产的全过程实行污染控制。如中国在2003年实施的《清洁生产促进法》中明确规定“国家鼓励和促进清洁生产”。因此，企业为了做好源头控制，必须在投资决策时充分考虑环保措施的投入。通过对先进的工艺和设备进行投资，将企业对环境的负面影响降到最低，同时减小了企业未来的不确定性，降低了风险，增加了企业价值。总之，企业在进行投资时需要把自然资源和生态环境纳入投资决策和监管范围，改变传统的投资决策理念，进行绿色投资。绿色投资注重对生态环境的保护及对环境污染的治理，创造经济和生态的多重投资效益，实现长期价值和企业的可持续发展（见表5-1）。

表5-1　　中国近年工业污染源治理投资额　　单位：亿元

年份	废水治理	废气治理	固体废物治理	噪声治理	其他治理
2001	72.9	65.8	18.7	0.6	16.5
2002	71.5	69.8	16.1	1.0	29.9
2003	87.4	92.1	16.2	1.0	25.1
2004	105.6	142.8	22.6	1.3	35.7
2005	133.7	213.0	27.4	3.1	81.0
2006	151.1	233.3	18.3	3.0	78.3
2007	196.1	275.3	18.3	1.8	60.7
2008	194.6	265.7	19.7	2.8	59.8
2009	149.5	232.5	21.9	1.4	37.4
2010	129.6	188.2	14.3	1.4	62.0
2011	157.7	211.7	31.4	2.2	41.4
2012	140.3	257.7	24.7	1.2	76.5

资料来源：根据国家统计局、中国产业信息网数据整理。

3. 可持续经营决策

商品市场是企业价值实现的场所。可持续消费的兴起对企业提出了新的要求：一方面，“可持续产品”的单价通常要比“非可持续产品”高，因此企业及其产品是否为“可持续”决定了其能否获得更高的利润；另一方面，商品市场的可持续化将使那些不符合要求的企业的销售受到影响，这决定了企业生产的商品能否完成周转，从而决定了企业能否持续经营下去。因此，企业应积极进行“可持续”化转变，把“可持续”作为提高企业竞争力的重要内容，并从中寻找有利的发展机会。只有当企业产品生产和环境保护、资源节约协调的发展时，企业才会有旺盛的生命力，并能保持持久的价值成长。同时，企业做好生态与环境保护工作，其行为会得到税务部门、政府环保部门与其他监管部门的支持，一方面可使企业获得税率上的优惠，另一方面可以减少或避免环保部门的罚款甚至停产的威胁，从而增加企业的经营现金流，为企业创造价值。

4. 可持续分配决策

企业合理的利润分配活动对维持公司良好的资本结构和保持持续协调的发展能力具有重要的意义。因此，依然是在可持续发展的指导原则下，企业应进行环保绿色的分配活动，包括对企业利润进行一定比例的环保、节能资金的提取，形成可持续资本积累；向股东支付环保、节能股利；提取可持续公益基金等。这更加有利于企业长远发展，同时还保证可持续活动后续资金的来源，如此一来，可以在企业财务管理活动中建立一个良性的循环过程，保证企业能够良好地发展下去。

（三）可持续发展财务学的本质

人们对于生态环境在可持续发展中的作用的认识在不断深入，要求经济、社会和自然环境协调发展，企业应当成为与社会和谐、人类相融、人环相安、持续发展的经济组织。企业的生存发展除了依赖物质和人的可持续发展之外，还越来越多地依赖环境的保护和改善、自然资源的循环利用和低碳发展。现代财务学的发展也不可避免地要与社会经济可持续发展相适应，其本身也成为社会经济可持续发展的基本内容，二者密不可分。这就要求企业必须以“环境友好”和“资源节约”为导向，对发展战略进行调整，有别于传统财务学的理论架构和发展模式，现代财务学在可持续发展的推动下正开创和呈现新的战略思维，即将环境因素纳入到财务体系，创新以可持续发展为导向的财务模式，从企业层面探讨解决可持续发展所必须应对的生态环境保护和资源效率、节能减排、低碳发展的问题，从而实现经济和企业的可持续发展以及企业财务目标与社会责任的协调统一。

五、可持续财务学的管理方法

企业为了有效地在可持续发展的条件下组织、指挥、监督和控制财务活动，并处理好因财务活动而发生的各种经济关系，以达到经济、社会、生态的和谐统一，就需要运用一系列科学的财务管理方法，它通常包括可持续视角下的财务预测、财务决策、财务预算、财务控制、财务分析等方法，这些相互配合、相互联系的方法构成了一个完整的可持续财务学方法体系。

（一）可持续财务预测

财务预测是指根据活动的历史资料，考虑现实的条件和今后的要求，对企业未来时期的财务收支活动进行全面的分析，并做出各种不同的预计和推断的过程，它是财务管理的基础。具体来说就是企业根据以往的活动资料，并结合现阶段环境资源的限度、环境污染的程度等条件来预测企业在可持续发展下的财务目标。财务预测的主要内容有筹资预测、投资收益预测、成本预测、收入预测和利润预测等。财务预测所采用的具体方法主要有属于定性预测的判断分析法和属于定量预测的时间序列法、因果分析法和税率分析法等。

（二）可持续财务决策

财务决策是指在财务预测的基础上，对不同方案的财务数据进行分析比较，全面权衡利弊，从中选择最优方案的过程，它是财务管理的核心。具体来说就是根据预测的不同方案，选择环境受损程度最小的方案，以满足环境友好型的条件，走可持续发展之路。财务决策的主要内容有筹资决策、投资决策、成本费用决策、收入决策和利润决策等。财务决策所采用的具体方法主要有概率决策法、平均报酬率法、净现值法、现值指数法、内含报酬率法等。

（三）可持续财务预算

财务预算是指以财务决策的结果为依据，对企业生产经营活动的各个方面进行规划的过程，它是组织和控制企业财务活动的依据。可持续财务预算具体来说就是对上述决策的结果进行预算，对实施该方案的投资等费用以及环境恢复等成本费用进行评价，已找到使得利润最大化和环境成本最小化相一致的实施方案，以满足节能环保的条件，走可持续发展之路。财务预算的主要内容有筹资预算、投资预算、成本费用预算、销售收入预算和利润预算等。财务预算所采用的具体方法主要有平衡法、定率法、定额法、比例法、弹性计划法和前期实绩推算法等。

（四）可持续财务控制

财务控制是指以财务预算和财务制度为依据，对财务活动脱离规定目标的偏差实施干预和校正的过程，通过财务控制以确保财务预算的完成。可持续财务控制就是要不断并时时对财务活动中环境成本费用方面的偏差进行纠正，以达到经济、环境两手抓的目的，实现经济效益、社会效益、生态效益的协调发展。财务控制的内容主要有筹资控制、投资控制、货币资金收支控制、成本费用控制和利润控制。财务控制所采用的具体方法主要有计划控制法、制度控制法、定额控制法等。

（五）可持续财务分析

财务分析是指以会计信息和财务预算为依据，对一定期间的财务活动过程及其结果进行分析和评价的过程，财务分析是指财务管理的重要步骤和方法，通过财务分析，可以掌握财务活动的规律，为以后进行财务预测和制定财务预算提供资料。可持续财务分析就是在经济、生态、社会可持续发展的前提下，对该财务活动的过程和结果进行分析，判断是否有利于促进企业、社会的永久性发展。分析财务分析的内容主要有偿债能力分析、营运能力分析、获利能力分析和综合财务分析等。财务分析所采用的具体方法有比较分析法、比率分析法、平衡分析法、因素分析法等。表 5－2 列示了我国近年城市环境基础设施建设投资情况，根据此表进行横向和纵向分析，就可看出国家对城市环境相关项目的投资概况，从中分析政府对环境保护资金的投资方向和投入力度。对于企业尤其是重污染企业也应当在一定时间内进行环保资金的财务分析。

表 5-2　　中国近年城市环境基础设施建设投资额　　单位：亿元

年份	燃气	集中供热	排水	园林绿化	市容环境卫生
2001	81.7	90.3	244.9	181.4	57.5
2002	98.9	134.6	308.0	261.5	75.4
2003	147.4	164.3	419.8	352.4	110.9
2004	163.4	197.7	44.8	400.4	122.5
2005	164.3	250.0	431.5	456.3	164.8
2006	179.2	252.5	403.6	475.2	217.9
2007	187.0	272.4	517.1	601.6	171.0
2008	199.2	328.2	637.2	823.9	259.2
2009	219.2	441.5	1 035.5	1 137.6	411.2
2010	357.9	557.5	1 172.7	2 670.6	423.5
2011	444.1	593.3	971.6	1 991.9	556.2
2012	551.8	798.1	934.1	2 380.8	398.6

资料来源：根据国家统计局、中国产业信息网数据整理。

第二节　公司环境财务学的构建

一、财务学的方法论基础及其批判

主流的公司财务学是环境外生型的，其方法论基础是新古典分析范式，理论基础是按照新古典分析范式建构的企业理论。这些理论及方法论基础远离现实世界，并且诱致环境和生态问题的恶化。把环境问题纳入公司财务学体系，需要突破新古典分析范式，创新企业理论，修正公司目标函数，调整财务决策标准，探讨相匹配的公司治理理论，建构环境嵌入型的公司财务学体系。

新古典分析范式往往是与个人主义或个体主义、自由主义及新自由主义、形式主义、经济人、均衡、边际分析等概念联系在一起，这些概念，也正是理解主流财务理论必备的钥匙。可以这样说，不懂新古典就不懂财务学。令人遗憾的是，这个位居主流的新古典财务理论，恰是环境外生型财务学体系的理论渊源和方法论基础。

财务的核心问题是投资，注重的是投资而不是融资。而应用新古典分析范式构造的财务投资理论，正是环境外生型或环境冷落型的投资理论。在新古典投资理论中，环境是外生性变量。即使现实中投融资标准的设定中内含环境要素，并且现实中环境问题与投资决策紧密关联，甚至正是众多不科学的投资决策导致了环境的严重污染，主流的新古典投资理论也是视而不见、忽略不计、搁置不用的。

新古典分析范式的另一个重要思想基础是新自由主义。尽管有些西方学者坚定地支持把社会责任和利益相关者纳入公司目标结构，并且实践中很多公司事实上也已经践行了这样的思想，但在新自由主义的思想体系中，公司的唯一责任或目标就是为股东赚钱，公司的社会责任（包括环境责任）是被排除在公司行为目标体系之外的范畴。即使那些遵循新古典范式的财务学或教科书牵强附会的把公司社会责任纳入公司行为目标体系来安排，甚至刻意描述公司社会责任的重要性，但实际上没有哪一本教科书是真正将社会责任嵌入到财务决策体系之中的，只是挂羊头卖狗肉而已。即使是那些声称要维护社会责任的财务学教科书，在设定财务投资决策标准时依然是排除环境和社会责任的单一价值标准，而这个价值标准又是根据与股东利益有关的、以净利润为基础计算确定的现金净流量折现而来，社会责任和社会成本、环境责任与环境成本历来没有被任何一本财务学教科书所设定的财务决策标准体系所考量。不仅如此，附加的社会责任还导致了公司目标理论与财务决策理论的脱节，造成目标与手段呈现两张皮状态。在正统的教科书中，我们经常能够看到这样一种矛盾或困惑：一方面，面对现实世界，在设定公司目标函数时不得不附加一个次要的或辅助的社会责任；另一方面，为了更好地进行数量分析，在设定公司财务决策标准时又不得不舍掉社会责任，专注于体现股东价值的现金净流量。在以新自由主义为思想基础的新古典财务决策分析框架中，环境保护和生态维护只能被设定为“外生性变量”，只能被排除在财务学体系之外。

其实，承袭新古典分析范式建构的财务理论本身就是污染诱致型财务理论。当环境与利润之间出现矛盾时，那些损害环境而增加利润的行为，实际上正是新古典财务理论所默许甚至提倡的行为。新古典分析范式的核心是经济人模型，依照经济人模型，每个企业和个人都是具有独立行为能力、独立利益驱动的个体，每个个体的利益都是自身效用的最大化，为了个体效用最大化，每个个体只从自身利益出发选择和设计行为，完全不需要考虑和兼顾他人的利益。按照经济人的逻辑，即使现实中存在环境代价，投资人也应当视而不见，假设它是不存在的。新古典经济人所关心的只是“自己”而不是“他人”，所关注的只是“利己”而不是“利他”、是公司“个体”而不是生命“群体”。因此，新古典分析范式所塑造的经济人，实际上就是“不讲道德的人”“不理环保的人”。经济人的自利行为，公司对利润或股东价值的疯狂追求，在很多时候正是以牺牲环境为代价的。观望现实世界，与企业对“利润最大化”或“价值最大化”的狂热追求相伴而生的，是生态环境一次次遭遇空前浩劫，我们正是在这样一种悖谬的财务逻辑中延续着公司财务学的发展历史和学术沿革。当所谓的“主流”们至今仍津津乐道于投资对“GDP 的重大贡献”并为财务造就出多如牛毛的“土豪”而沾沾自喜时，却忽视了“黑色利润”“黑色股东财富”“黑色 GDP”给世人带来的一颗颗“苦果”，面对现实，我们不得不反思和警醒。

然而，不顾环境代价坚守股东财富至上的理念，正是新古典财务学所默许和所教导的，新古典分析范式不可避免地会导致这样的一种现实困境：那些明显有违正义、损害生态、破坏环境的侵权行为，会被人们误认为是正当的行为。面对现实，我们不能不反省，以利润论英雄、以股东财富论豪杰的时代该结束了，长期误导我们的新古典分析范式及依此建构的企业理论、公司财务学理论也该重新反思、批判并尝试创新、超越了。固守半个世纪乃至几个世纪前的学术传统而不敢越雷池一步，并不是科学的研究态度，只会导致思想的僵化和理论滞后于时代的步伐。

二、环境外生型财务系统的理论基础及其超越

从理论基础看，主流公司财务学对环境和社会责任的拒斥是与经济学家们对企业性质的

认定有关。长期以来，新古典经济学只是把企业看成是生产函数的载体，商品生产任务的执行者，理性的决策单位。英国经济学家科斯 1937 年发表的《企业的性质》一文所引发的“科斯革命”，将企业由一个生产函数演变为一组契约关系或利益分配机制。可以肯定地说，科斯的企业理论打开了企业内部行为特征这个“黑箱”，并从交易费用的角度揭示了企业存在的根据，提升了经济学对复杂多变的现实世界的解释力度，引发了经济学领域的一场新革命——企业理论和新制度经济学的兴起。问题是，科斯的企业理论同样沿袭了新古典范式的，也就是说是持“零嵌入性”立场的，这可以从科斯企业理论的基本范式构件中透析。首先，虽然科斯以“交易”作为分析的基本单位，强调企业的契约性本质，但是科斯的企业契约仍是遵循着“资本雇佣劳动”的逻辑确立起来的，而按照这个逻辑，股东以外的其他利益相关者及其利益是外生于企业契约结构的。其次，科斯强调了企业作为价格机制替代物的存在是为了节约交易费用，或者说对交易费用的节约是企业存在的动力所在，从而对“在市场中为什么这种组织会存在”这一经济学难题给出了一个天才性的答案，但是这样的答案显然是经济理性的，并总是带有功能主义的逻辑：企业是“自发形成的”，只要经济环境的变化导致这种组织的存在成为一种必要的话，这种组织就自动产生了。科斯的解释明显地把社会和文化结构在企业这种等级性组织形成中的促进或限制作用，实际上也就是企业的社会建构属性而非原子化属性，给搁置到了一边，由此导致的“社会化不足”问题引发了交易费用理论的局限性。最后，科斯虽提出了交易费用的概念，并开创性的利用交易费用来分析企业本质的方法，但在“企业—市场两分法”和经济理性的逻辑之下，交易费用的范围仅局限于“利用价格机制的成本”，包括发现价格的成本、单个交易谈判和签约的成本以及利用价格机制的机会成本等，交易的社会成本以及借助企业这种组织方式的社会成本，被科斯排除在交易费用之外了，虽然科斯于 1960 年发表的《社会成本问题》一文中从交易费用的角度研究了交易费用、产权与社会成本的关系，并在批判“庇古税”问题的基础上主张用自愿协商形式解决外部性问题，但还不是将社会成本嵌入到交易费用之中进行研究的文献。

主流的企业理论是从科斯开始的，其中的许多缺陷在其后发展起来的委托代理理论、不完全契约理论和剩余控制权理论中得到克服，但对待企业问题上的“零嵌入性”立场基本没有改变。在新古典的范式框架内，零嵌入性的问题是得不到解决的，而若使我们对企业性质的认识逼近现实世界，就需要扬弃新古典范式，按照实体主义的分析框架，将企业这种组织嵌入到社会系统结构中去，确立企业的社会建构性质。

实际上，新古典分析范式及承袭该范式的企业理论根基于美国式的自由主义社会，是美国式的自由政治体制及自由经济和文化模式的产物。如同美国学者理查德·T·德·乔治所描述的：“‘非道德性神话’部分地反映同时也部分地忽略了这样一个事实：美国的企业根植于美国社会之中，它所映射出的是整个美国社会的共同价值观和文化。这一神话反映了自由经济环境下所形成的根深蒂固的个人主义思想、竞争行为的消极方面、美国人固有思维模式中功利主义的特征。”但是，即使是在美国，零嵌入性的企业观也已经受到了很多批评与挑战，并且越来越多的学者将企业与社会联系到一起。理查德·T·德·乔治在考察了现实的美国企业后发现，尽管流行的观点是“企业的职责就是经营”，但“有越来越多的证据表明，美国企业的职责正在发生变化，越来越多的人要求企业在决策过程中不仅考虑财务方面的因素，还要充分认识各种影响，制订更全面的行动方案。事实上，企业职责的核心内容就是其自身的一项道德决策，而决策的基本内涵由社会制订并加以实施”。企业具有社会的属性，“企业的社会性体现在其基本职责与行为限制均由社会规定”。乔治·斯蒂纳和约翰·斯蒂纳对企业的分析融入了政府和社会的因素，所提出的多边制衡理论大大扩展了企业契约的内涵。多边制衡理论认为，在高度社会化的、开放的市场经济体系中，即使公司的经济利益有着强大的影响力，也必须受到其他有影响力的利益团体和组织的制衡，包括政府、社会利益团体、社会价值观、市场与相关经济法律四种力量约束，这些力量对公司的行为施加性质、阻挡和挑战，并对公司的利益进行分享。在多边制衡理论看来，社会就像一个太阳系，公司就像行星，行星可以自由地运转，但却不能脱离轨道。由于多边利益的制约，大公司都会沿着既定的轨道运行。“在任何一个时点上，公司和社会之间都存在一种基本的协定，被称为社会合约，这个合约反映了企业与社会之间的各种关系，并部分地以立法和法律形式表现出来。它还基本反映了支配企业行为的习惯和价值观。”因此，撇开新古典的分析范式、用嵌入性的立场重新审视企业，则企业实际上就是一系列经济性和社会性契约的集合体或契约网络。

用嵌入性的观点将社会契约纳入企业契约网络结构，势必会动摇关于企业存在的资源或资本基础的解释以及相关的公司地位理论。依恃主流的观点，也就是资本雇佣劳动的观点，企业存在的资源基础是财务资本，并且是股东提供的财务资本，因此企业也就是股东的企业，其所有权归属于股东，公司或企业不是一个实体，仅仅是依附于股东的“法律假设”或“法律虚构”。尽管陆续听到国内外经济学家们的质疑音，诸如将经理的人力资本纳入企业契约框架，把市场里的企业定义为“一个财务资本与人力资源缔结的特别合约”等，但位居主流地位的仍是财务资本主导理论和公司系法律虚构假说。不过，有一个问题被学术界忽视了，那就是“企业为什么能够存在”，即使是科斯的企业理论，主要关注点也是“企业为什么会存在”的问题。要回答“企业为是什么能够存在”的问题，就需要从资源入手。事实上，资源是企业存在的基础，而现代公司与古典企业所不同的地方在于现代公司的存在依赖于多种资源的集合。股东和债权人提供的财务资本、经营者和员工提供的人力资源、客户和供应商提供的市场资本、政府和社会公众提供的公共资本等，实际上都是企业或公司存在的资源基础，而所谓的现代企业或公司实际上也就是这些资本的集合，用契约论来解释，现代企业是财务资本、人力资本、市场资本和公共资本达成的一组合约，是依赖于资源提供者而又独立于资源提供者的实实在在的社会实体，而不是法律上的一个虚构。

从“社会嵌入性”和“多元资本”的角度重新解释过企业的契约理论，等于给公司财务学的建构提供一种新的分析范式和理论基础。依照经济人模型，生态经济是无效率的，环境损失和社会成本也可以忽略不计或假定为零的。而按社会经济人模型，传统经济是低效率而生态经济是高效率的。比较而言，社会经济人模型更逼近现实世界。固守远离现实世界的经济人模型，公司财务理论必定是环境外生性的，而要将环境嵌入于公司财务理论框架，就需要在自然人和公司法人两个层面上去突破经济人模型，实现从经济人模型到社会经济人模型的重大转换。

三、嵌入环境因素的财务系统的建构思路

在西方财务学界，财务学历来被认定为应用经济学的一个分支。然而，相对于经济学，

财务学已经落伍了，财务学的发展大大滞后于经济学的发展。斯密之后，经济学一度按照经济主义的路径发展，但是，1972 年罗马俱乐部推出的研究报告《增长的极限》把资源、生态、环境纳入经济学的视野，从此也改变了经济学的发展路径，经济学从寻求“增长”向寻求“发展”转变。发展经济学、人口经济学、环境经济学、生态经济学、可持续发展经济学、经济社会学等一系列经济新学科的相继诞生，标志着经济学已从人类中心主义向生态中心主义转型。类似的“绿化”转型也发生在社会科学的其他领域，诸如哲学呈现“荒野转向”、人类学和历史学出现“生态视角”、社会学确立“环境范式”、绿色政治学走上历史舞台。甚至是靠我们最近的会计学和审计学，也相继被“绿化”，诞生了环境会计学与环境审计学。唯独财务学，仍与环境绿化相隔万水千山。作为应用经济学重要分支的财务学，显然没有跟上经济学发展的节奏。

把环境嵌入到公司财务学体系是很有必要的。从实践看，环境是公司财务行为的内生性因素，环境与公司财务行为（尤其是投资行为）之间双向互动、关系密切。一方面，公司财务行为及运行的后果中内含环境影响。尤其是在实体性的项目投资行为，多数都有环境影响的直接后果。基于此，各国都制定有环境影响评价制度，对规划和建设项目实施后可能造成的环境影响进行分析、预测和评估，提出预防或者减轻不良环境影响的对策和措施，并进行跟踪监测。我国的《环境影响评价法》规定，国家根据建设项目对环境的影响程度，对建设项目的环境影响评价实行分类管理：可能造成重大环境影响的，建设单位应当编制环境影响报告书，对产生的环境影响进行全面评价；可能造成轻度环境影响的，建设单位应当编制环境影响报告表，对产生的环境影响进行分析或者专项评价；对环境影响很小、不需要进行环境影响评价的，应当填报环境影响登记表。另一方面，环境需要保护性投资。也称环境保护投资或环境投资，即以企业单位为主体、以环境污染防治为目的的投资。环境投资与主体投资紧密相连，这就是通常所说的“三同时原则”的基本精神。国家的环境保护法律规定，建设项目与环境保护设备必须同时设计、同时建设、同时投入使用。

但是，必要归必要，实践归实践，现实世界里环境与公司财务行为的互动关系，要在财务学理论中真正体现出来，并构造环境内生性的财务学理论，除了需要在逻辑前提、方法论和理论基础上实现创新、超越和转换外，还需要搭建环境嵌入型的公司财务学的理论框架。依笔者之见，搭建新框架时至少应该考虑三点：

一是公司财务目标函数。新古典公司财务学理论设定的目标函数是纯粹经济性函数，主要表述有利润最大化、价值最大化、EVA 最大化等，说到底都是股东财富最大化。目标函数理论与企业性质理论是逻辑一贯的。在企业的社会经济契约理论和社会经济人分析模型中，企业财务行为的目标函数应突破股东财富的限定，向经济性以外的社会性或公共性目标及股东以外的其他利益相关者目标扩展。从环境内生性的角度考虑，有必要借鉴“绿色GDP”（GDP－资源耗减成本－环境降级成本）的经验，在微观公司财务学理论中引入“绿色绩效”的概念，具体表现形式有“绿色利润”、“绿色 EVA”等，计算的方法是在现有经济利润或经济 EVA 的基础上扣除环境成本。其实，早在 20 世纪初期就有“绿色利润”的理论了。美国经济学家克拉克在《管理成本经济学》一书中曾提出，私人企业的成本计算应包括两部分，即生产成本和环境损失（或社会成本），利润应在扣除了全部生产成本和环境损失之后才能计算出来。面对越来越严峻的生态环境危机，宏观层面有必要确立“绿色GDP”概念，微观层面也有必要把“绿色利润”或“绿色 EVA”等概念纳入公司财务目标函数。

二是财务决策分析的标准设置和分析方法。逻辑上要与目标函数的设置保持一致。问题是，环境损失如何确认和计量。值得注意的是，环境损失与环境成本是两个不同的概念。联合国跨国公司委员会发布的《环境成本和负债的会计与财务报告》和《企业环境业绩与财务业绩指标的结合》两份报告，所称环境成本是指“依据对环境负责的原则，为管理企业的活动虽环境造成的影响而采取的或被要求采取的措施的成本，以及因企业执行环境目标和要求而付出的其他成本”，其内容包括资源成本、水成本、固体及液体废弃物的处置成本等。报告所说环境成本，实际上仍是企业“内部成本”的概念，而在计算绿色利润或绿色EVA时使用的“环境损失”，是指企业环境污染给社会造成的损失，属于企业“外部成本”或企业的“社会成本”的概念，也就是经济学上应用的“外部性”概念。关于环境损失的计量方法，学界和实务界已经进行了许多探索，相继设计出多种计量模型并被应用于测度宏观的和微观的环境损失。这些探索和方法对于构造环境内生性的投资决策标准理论提供了有益的启示和借鉴。如若采用贴现现金流量的方法进行投资决策分析，贴现现金流量计算必须以“绿色利润”为基础确定，才能体现环境内生性的理论建构要求。

三是财务决策机制。投资决策需要一套有效的运作机制。这种运作机制的设计与公司财务学理论所选择的分析范式是相关的。新古典财务学理论信奉“资本至上”和“资本雇佣劳动”的逻辑，其所设计和选择的财务决策机制是“股东至上”的单边决策机制，该机制以股东会和董事会为主要决策机构，而董事会又是由股东代表构成的，即使是股东以外的独立董事也是以股东代表的身份出现的。嵌入环境要素的财务决策机制至少有两个要求：其一，作为决策机构的董事会的构成应该是多元化的，包括各类主要的利益相关者代表，是一个共同决策的机构；其二，决策过程和决策结果应该是公开透明的，尤其是那些对环境具有重大影响的投资项目，决策过程和结果应当面向社会或社区公开征求意见，取得所在社区成员的认同。资料显示，自1996年来以来，环境群体性事件一直保持年均29%的增速，尤其是2007年的厦门事件、2011年的大连事件、2012年的南通启东王子排海工程事件和宁波镇海炼化事件、2013年的昆明3 000名市民抗议PX（对二甲苯）和PTA（对苯二甲酸）项目事件等，无一不产生强烈的社会震动。这些环境群体性事件的出现，一定程度上说是与公司和政府的决策机制不合理、决策过程不透明有关。如果决策机制透明，治理机制合理，兴许不会引发如此众多和如此激烈的环境群体性冲突事件。

财务决策机制的变革涉及公司治理问题。与环境内生型公司财务学相匹配的是利益相关者共同治理理论而不是股东单边治理理论。若要把环境因素嵌入公司财务学体系，主流的公司治理理论也必须换位，从股东单边治理理论让位给共同治理理论。

辅助阅读5-1

面对社会责任的财务管理创新

这里所述的社会责任是指企业通过企业制度和企业行为所体现的对员工、商务伙伴、客户（消费者）、社区、国家履行的各种积极义务和责任，是企业对市场和相关利益群体的一种良性反应，也是企业经营目标的综合指标。它既有法律、行政等方面的强制义务，也有道德方面的自愿行为，包括经济责任、法律责任、生态责任、伦理责任和文化责任。

面对社会对企业社会责任要求的日益增强，为了实现更优的经济效益，企业必须对财务管理进行创新与探索。要实现“股东权益至上”到“利益相关者共赢”的历史转变，必须对企业财务目标、财务治理机制、财务政策、财务评价指标和财务报告内容等方面作出符合时代要求的变革。

1. 企业财务目标的转变

企业财务目标的导向作用使其颇受财务学界的广泛关注，但至今未形成统一的认识，其中最流行的观点是“股东财富最大化”。这种观点认为，在资源有限的情况下，凡是有利于实现股东财富最大化的财务决策与行为才是最优，否则就是不优。但是，在现实生活中由于不存在万能的市场、无瑕的制度环境以及企业的风险不是全部由股东承担等相关前提条件，因此追求股东财富最大化就会导致企业忽视社会责任，损害其他利益相关者的利益。而按照利益相关者理论，考虑到企业社会责任，应把企业财务目标确定为“企业价值最大化与分配公平化”。

所谓财务管理目标，是指企业在特定的理财环境中，通过组织财务活动和协调财务关系所期望达到的目标，它决定着企业利益协调的基本方向。传统的理财目标可以归纳为利润最大化、股东财富最大化、企业价值最大化、综合现金净流量最大化、经济增加值最大化、相关者利益最大化等多种描述。这些理财目标各有优劣，学界对此众说纷纭。笔者认为，基于社会责任观视角的企业理财目标当属相关者利益最大化、相关者利益最大化是指企业的财务活动必须兼顾和均衡各方利益，使全体利益相关者的利益尽可能达到最大的满足。所谓利益相关者，一般是指包括股东、债权人、员工、管理者、供应商、顾客甚至企业所在社区、社会公众在内的、所有与企业生产经营行为和后果有利害关系的群体、相关者利益最大化是在市场经济条件下，遵守市场竞争规则，利益相关者各方所应得到的最大利益，而不是相关者各方都必须均等得到最大的利益。而要做到这一点，就必须建立起相应的财务治理机制。

2. 企业财务治理机制的变革

企业财务治理机制是指各治理主体为了维护其产权权益，基于一组契约关系，对企业财务行为施加有效控制和积极影响的一套制度安排。它直接关系到各利益相关者之间的利益分配是否公平和有效率。长期以来，受“股东财富最大化”财务目标的导向作用，有关企业财务治理机制的研究，主要是基于“股东至上”逻辑，认为一种有效的企业财务治理机制，是“资本雇佣劳动”式的单边治理模式，把企业财权（包括财务收益权和财务控制权）集中地分配给股东是一种最有效的财务治理机制。毫无疑问，这种“股东至上”的财务治理机制，难以保护其他利益相关者的利益。要突破这种财务治理机制，就必须在企业财务方面建立起共同治理与相机治理相结合的财务治理模式。

企业财务的共同治理机制，就是通过建立一套有效的制度安排，使企业财权安排能够平等地对待各利益相关者，它取决于企业所有权安排的对称性。企业财务共同治理机制的内容主要包括：（1）共同的财务收益分享机制。即为企业投入了专用性资产的股东、债权人、经营者和员工等利益相关者都应该从企业财务收益中获得相应的报酬。（2）共同的财务决策机制。一方面通过采取累计投票制度、表决权行使制度和股东诉讼制度等制度安排，在股东大会中建立相互制衡的议事机制，以抑制控股股东的“掏空”行为，保护中小股东及其他利益相关者的利益；另一方面通过在企业董事会中建立共同的财务决策机制，来保证各利益相关者都有平等机会参与企业财务决策，其内容应该包括股东董事制度、独立董事制度、银行董事制度、员工董事制度、政府代表董事制度等。（3）共同的财务监督机制。即主要通过在企业监事会中建立共同的财务监督机制，来保证各利益相关者对企业财务行为实施有效监督，包括股东监事制度、银行监事制度、员工监事制度、政府代表监事制度等内容。

3. 企业财务政策的创新

企业财务政策是指企业在特定时期，为了实现一定的财务目标所采取的财务行动或所规定的行为准则。每一项财务政策都有其特定的价值取向，而这种价值取向则主要取决于企业的财务目标。也就是说，在不同的财务目标下，便会形成不同的财务政策。长期以来，受“股东财富最大化”财务目标的影响，企业一般都会采取风险较大、对股东有利的财务政策，尤其是在投资政策方面注重选择对股东有利的投资项目，而忽视对企业社会责任的投资。

社会责任观视角下，企业财务目标的重新定位必然要求企业财务政策发生相应的变革。其内容主要表现在两个方面：（1）要选择稳健的财务政策等，如选择比较稳健的资产结构、融资结构、债务水平、信用政策和股利政策等，以支持企业可持续发展。（2）要兼顾企业的经济责任和社会责任。也就是说，在考虑企业经济责任的同时，要考虑企业的社会责任。只有这样，企业才能从各利益相关者那里获得各种专用性资产和良好的经营环境，从而实现可持续发展。

4. 企业财务评价指标的变动

长期以来，受"股东财富最大化"财务目标的影响，企业财务评价指标主要是从企业经济责任方面来评价企业经营业绩这一点来设置，而没有考虑企业承担社会责任对企业经营业绩的积极影响。即财务分析指标体系以企业经济责任分析为核心，忽视了企业的法律责任、生态责任和伦理责任等分析。这种忽视不但使依赖于现行财务分析指标结果决策的相关决策不科学，而且带来企业可能因没有履行必要的社会责任而被停业整改甚至终止经营的巨大风险。

为了克服这种风险，企业应将法律责任、生态责任和伦理责任等纳入企业财务评价之中。只有这样，才能全面地评价企业的整体价值和可持续发展潜力。否则，就会低估一些有发展潜力的公司的价值，同时也会看不到一些繁荣的公司存在的潜在危机，从而导致决策失误，造成不必要的损失。

5. 企业财务报告内容的改进

企业社会责任对企业财务报告内容的变革要求主要体现在社会责任会计领域，最主要的是社会责任会计信息的披露研究。社会责任会计应当反映的内容至少应该包括以下几方面：（1）企业收益方面的贡献。任何一个企业组织首先要获得财务上的盈余，可持续地生存下去，才有可能进一步履行社会责任。因此，收益目标是企业效率和素质的全面检验，它既是一个财务目标，又是一个社会目标，因而应该在社会责任会计报表中加以反映。（2）人力资源方面的贡献。21 世纪最重要的是人才，人力投资不仅对于提高职工素质有重要的意义，对整个社会的发展也是非常重要的。由于人力资源会计的发展，企业招募录用、技术培训、改善劳动保护和职工福利等等这些举措都能恰当地反映出来。（3）改善生态环境的贡献。企业有责任采取有效措施防止对环境的污染。企业活动对环境的破坏，如污染、资源浪费，对环境的保护如财务上所反映的对生态环境和资源的保护支出及实际取得的成效，都应该成为社会责任会计报表中的重要内容。

——摘自：张兆国．企业财务管理变革：基于企业社会责任研究［J］．会计之友．2008（9）

第三节　企业环境财务管理方式

自 20 世纪 70 年代以来，全球掀起了一场绿色革命，它对整个世界和人类生活产生了巨大的冲击和影响。1992 年联合国在里约热内卢召开的环境与发展会议制定了《21 世纪议程》，该《议程》指出：地球所面临的最严重的问题之一就是不适当的消费和生产模式导致环境恶化、贫困加剧和各国发展失衡。若想达到合理的发展，则要提高生产效率，改变消费习惯与结构以最高限度地利用资源和最低限度地生产废弃物。在这个过程中企业和消费者都是关键的决定力量，尤其企业更是起到了主导的作用。企业的行为直接影响了环境的变化。因此，企业如何建立绿色观念，进行清洁生产，进行绿色会计核算，进行绿色营销对于环境保护有重大的影响，而这一切必须在企业财务管理手段和资金投向合理有效的安排下才能实现，将环境管理融入财务管理的始终，建立起嵌入绿色理念的财务管理新模式。

一、环境财务管理方式

随着环境资源可持续发展和永续利用的理念不断深入人心，社会公众也加强了对保护环境以利于地球的可持续发展的重视程度，企业环境财务管理是为了协调企业发展与社会生态的共生问题，当今大部分的企业在发展过程中是以损害社会生态和牺牲社会环境为代价的，因此企业构建环境财务管理体系，无论是对企业的可持续发展还是实现社会的和谐进步，都具有非常重大的现实意义。总而言之，现代企业构建环境财务管理不但要关注企业自身的可持续发展，还要注重社会环境和生态环境的可持续发展，在这种情况下，企业管理者不仅要把眼光局限于企业自身的经营和发展，还要兼顾与企业长远发展和企业应该肩负起的各方社会责任。现阶段发展较为新兴的、受到广泛关注的环境管理方式主要有三种。

（一）绿色管理

从20世纪中叶开始，绿色思想便开始在一些发达国家中产生，到20世纪70年代左右，由于全球能源危机和环境状况的恶化以及环境污染日益严重，各国的绿色消费意识得到了大大的增强，可持续发展理论也日益成熟，直到20世纪90年代，在全球“绿色运动”的推动下，绿色管理应运而生。

概括地讲，随着人们对环境保护的愈发重视，企业经营者的经营管理理念也随之得到升华，绿色管理就是为适应现行经济状态与生态环境的和谐发展而产生的一种新兴管理方式。绿色管理即是将把环境保护与清洁生产的观念融入企业的生产经营管理之中，在保证企业获得经济效益的同时，兼顾到社会效益和环境保护效益。

（二）低碳管理

如今，有着“高能效、低能耗、低排放”特征的低碳经济被国际社会公认为是避免灾难性气候变化的重要手段，低碳管理模式是一种新兴的经济发展模式，并有可能成为各国经济的主导发展模式。高能耗产业不能停止运营，只能通过改革和创新来满足低碳经济的发展要求，才能实现人类社会可持续发展。在企业的经营管理中引入低碳财务管理观念就是一个创新途径，它可以使高耗能产业在实现价值增值的同时，最大程度上减少对生态环境的破坏，在经济发展中采取低碳管理方式，是大势所趋，也是势在必得。

（三）循环管理

循环管理方式是按照资源消耗的减量化、再利用和资源再生化的原则，使传统产品“资源消耗—产品—废物排放”的单循环形式发展成为新兴的一种“资源消耗—产品—再生资源”的反馈式流程。其目标是追求资源的可持续发展，实现总体资源的永续使用和特定资源的可持续使用，循环管理所倡导的是一种经济利益和环境利益协同发展的经济发展模式。

循环经济与传统经济的一个最大不同是其资源反馈式流程，即通过资源的低量投入，采取一定的技术对资源进行高效利用，尽可能少的产生环境废弃物，低量排放减少对环境的污染和破坏，尽量减少经济活动对生态自然的破坏，遵循自然界的循环规律，保证从根本上缓解经济发展和环境污染之间的巨大矛盾，在降低企业进行绿色项目成本的同时，还能获得可观的环境效益和生态效益。

随着大气污染、臭氧层破坏、环境温度上升等各种环境问题的出现，人们的环保意识逐渐增强，更多的公众在享受物质的同时也十分重视如何避免生态破坏和减少环境污染。在当今社会，仅以获利为目的的企业很难在市场竞争中做到如鱼得水，要想取得公众的支持，必须在生产经营中深深渗入环境意识，把循环管理理念渗透到企业管理的各个环节。

辅助阅读5-2

碧水源污水处理工艺及财务效益

碧水源是2001年在中关村国家自主创新示范区创办的高科技企业，也是国家首批高新技术企业、国家第三批创新型企业和首批中关村国家自主创新示范区创新型企业，公司注册资本8.91亿元，净资产超过40亿元，在全国拥有近30家下属公司。2010年4月21日在深交所创业板挂牌上市，公司以自主研发、国际先进的膜技术解决“水脏、水少、饮水安全”的水环境问题，提供以膜法水处理为核心的整体技术和工程解决方案，业务领域涵盖水务全产业链。膜技术研发以及膜设备制造、城市污水和工业废水处理、固废污泥处理、自来水处理、海水淡化、水务工程建设、水务投融资，以及民用商用净水设备。商业合作模式上，可采用BT/BOT/TOT等方式，利用资金和技术优势，覆盖设计、施工、安装、运营等环节，实现端到端服务，全方位满足客户需求。

碧水源以技术创新为核心竞争力，目前已形成年产400万平方米的微滤膜（用于污水处理）和150万平方米的超滤膜（算上在建可达200万平方米，用于自来水深度处理）以及相应膜组器规模化生产线，年产200万平方米反渗透膜生产线（用于海水、苦咸水淡化等）正在建设中，已经成为世界最大的膜技术研发、膜工艺应用和膜产业基地。公司模式先进，混合所有制的PPP模式，有望在全国各省份推进。作为全国环保龙头企业，碧水源的资金优势是其他膜技术企业所不具备的；而具备资金实力的投资型水务公司（如北控、首创等），膜技术又并非他们的强项。

碧水源财务绩效非常可观，比如北京地区公司从2011年成立至2014年年末，收入净利润均在50%以上。近期订单情况：获北京门头沟和密云两座再生水厂的BOT订单，合计规模14.5万吨，投资为8.76亿元。据计划，北京在2013~2015年3年内将新建47座再生水厂，污水处理能力由398立方米/日提高到626立方米/日，新增污水处理能力228万立方米/日。目前北京已建成高品质再生水厂25座，未来再生水将成为北京的重要水源之一。升级改造污水处理厂20座，其中中心城区新建再生水厂12座，污水处理能力由278万立方米/日提高到412万立方米/日，碧水源北京中心城区和郊区都有很高的市占率，资金实力更可帮助其以BOT形式获取订单。

正是由于公司注重技术创新，模式先进，2013年公司实现收入31.33亿元，同比增76.87%；营业利润10.67亿元，增52.9%。详见表5-3。

表5-3　碧水源主要环境财务指标　　单位：元,%

		营业收入	营业成本	毛利率	营业收入比上年同期增减	营业成本比上年同期增减	毛利率比上年同期增减
分行业	环保与市政行业	3 130 572 799.66	1 967 711 094.79	37.15	76.99	94.32	-5.6
分产品	污水处理整体解决方案	1 956 968 232.89	1 071 188 686.09	45.26	40.15	49.74	-3.51
	净水器销售	81 559 570.64	33 547 410.53	58.87	160.48	269.8	-12.16
	市政与给排水工程	1 092 044 996.13	862 975 000.17	20.98	220.16	199.48	5.46
分地区	北京地区	1 745 793 630.06	1 188 466 010.55	31.92	82.94	125.74	-12.91
	外埠地区	1 384 779 169.60	779 245 084.24	43.73	70.01	60.29	3.41

——摘自：上市公司财务分析报告——北京碧水源科技股份有限公司［R］.2014

二、环境财务管理内容

（一）绿色筹资管理

绿色筹资就是利用本企业的可持续发展的绿色战略去吸引投资者的注意，有效筹集企业发展所需资金。企业筹资的基本目的是为了满足其资本结构调整的需要和企业自身正常生产经营的需要。科学的绿色的、理财观念要包含绿色筹资活动。一方面是因为企业为了进行清洁生产而进行筹集资金，另一方面在筹资过程中要注重自身的社会责任，不使用不注重生态环境企业的资金。企业在实现自身资本运营的同时还要肩负起资源环境建设的责任，在生态系统的保护中尽到自己应尽的社会责任，因此，企业应该在循环经济理念的指导下，遵循“3R 原则”即减量化原则、再利用原则、再循环原则，科学、绿色地进行绿色筹资活动。

当然，进行绿色筹资管理必然使企业面临着一定的困难，一方面是企业进行清洁生产所增加的成本，能否给企业带来同比的经济效益；另一方面，当前进行生产中注重生态环境问题的企业仍是少数。因此，建议增加绿色股和绿色负债两种筹资方式，同时减少资源浪费多的项目筹资，增加绿色项目的筹资，充分利用国家财政的扶持性拨款、企业银行贷款筹资渠道，缓解绿色筹资压力，满足绿色筹资的资金需求，帮助企业树立良好的社会形象。

辅助阅读 5－3

兴业银行绿色金融：“8＋1”融资模式

兴业银行在深入分析节能减排产业链布局的基础上，综合运用信贷和非信贷方式，打造出节能减排全产业链的“8＋1”融资模式。

1. 信贷方式

（1）节能减排技改项目融资模式

模式概述：客户为提高能源使用效率或减少温室气体排放，实施节能减排技改项目，对现有设备及工艺进行更新和改造，或引进高效节能的生产线，从而产生资金需求。兴业银行直接与客户建立融资合作关系，通过对项目技术和企业综合实力的审核，设计融资方案、提供融资服务。

（2）CDM 项下融资模式

模式概述：CDM 系清洁发展机制（《京都议定书》中的灵活履约机制之一）允许发达国家通过资助发展中国家开发具有温室气体减排效果的项目，因此产生的减排指标可以用于发达国家完成其在议定书下的承诺。兴业银行通过引入专业的合作伙伴，促进项目的开发、注册、交易。项目开发单位可以向兴业银行提出融资需求，本行审核后，以 CDM 项下的碳减排指标销售收入作为融资的重要考量因素，设计融资方案、提供融资服务。

（3）EMC（节能服务商）融资模式

模式概述：节能服务商作为融资主体，节能服务商对终端用户进行能源审计并向兴业银行提出融资申请，兴业银行通过对项目技术和企业综合实力的审核，设计融资方案、提供融资服务。节能服务商为项目企业提供节能技术改造服务，包括节能减排设备的选择和采购，项目企业无须出资，只需将合同期内的部分节能效益与节能服务商进行分享。

（4）节能减排设备供应商买方信贷融资模式

模式概述：节能设备的采购方作为融资主体，节能减排设备供应商与买方客户签订买卖合同后，买方向兴业银行提出融资申请，经由兴业银行对项目技术和企业综合实力审核后，为客户设计融资方案、提供融资服务。

(5) 节能减排设备制造商增产融资模式

模式概述：节能减排设备制造商作为融资主体，向兴业银行申请贷款用于生产专业节能设备，经由兴业银行对项目技术和企业综合实力审核后，设计融资方案、提供融资服务，用于支持在中国境内实施的节能减排项目。

(6) 公用事业服务商融资模式

模式概述：公用事业服务商下游终端用户作为融资主体，由终端用户向兴业银行申请节能减排融资，用于向公用事业服务商支付相关设施建设费用以使用清洁能源，该融资模式的应用有助于清洁能源的推广应用。

(7) 融资租赁模式

模式概述：融资租赁公司作为融资主体，融资租赁公司与节能服务商合作，为项目业主或节能服务商提供节能设备的融资租赁服务，并根据实施的项目向兴业银行申请融资，兴业银行在对项目技术和实施能力审核后，设计融资方案，提供融资服务。

(8) 排污权抵押融资模式

模式概述：排污企业以自身已购买的排污权作为抵押向兴业银行申请融资，或排污企业向兴业银行申请融资专项用于购买排污权并以该排污权作抵押。兴业银行在审核企业综合实力和排污权价值后，设计融资方案，提供融资服务。该模式有助于排污权有偿使用及交易制度的推广，促进节能减排。

2. 非信贷融资模式

模式概述：兴业银行充分发挥自身作为综合性金融服务平台的作用，积极运用金融租赁、债务融资、信托等非信贷融资工具支持节能减排项目。

——摘自：崔文馨，胡援成．商业银行绿色金融信贷模式剖析——基于兴业银行的案例视角［J］. 武汉金融，2014（12）

（二）绿色投资管理

投资在企业的财务活动中具有非常重要的地位，投资决策在财务决策中处于核心的地位，筹资是为了未来的投入，而投资的目的则是为了实现企业价值增值的最大化。绿色投资除了可以取得投资收益和降低投资风险之外，还要承担一定的社会义务，其中最重要的就是减少资源浪费，保护环境，实现资源的可持续发展。进行绿色投资活动，必须对投资对象的资源、环境影响进行评估，将评估结果纳入投资方案的可行性分析中。尽管绿色项目投资会增加企业的投资成本，但从长期发展来看，绿色投资项目无论对企业、消费者还是整个社会整体，都具有非常深远的意义。

辅助阅读 5-4

中国企业参与绿色投资实践

1. 低耗清洁的制衣企业——溢达集团

溢达集团是一家年生产超过 1 亿件纯棉成衣制品，年销售额超过 12 亿美元的大型制衣企业。

全球金融危机给中国的纺织服装行业带来了巨大的冲击，但溢达通过管理的提升、对研发和环保的投资，获得了大量优质客户的信任，业务保持稳健发展。溢达投资 360 万美元的污水处理厂年处理污水 32 000吨，生产过程中的废水 100% 得到处理，废水排放 COD（化学需氧量）为 70mg/l，远低于国家标准 100mg/l。生产过程必需的蒸汽由自建的热电厂完全供应，并且生产过程中的废碱液被用于电厂的脱硫，使发电厂 CO_2 年排放量减少 600 吨。2005～2011 年，溢达的能耗下降了 42%，相当于 60 000 个家庭 1 年的能源总需求，用水量减少了54%。溢达和环保NGO合作进行供应链的管理和核查，并因环保问题与其中50多家供应商终止了合作。

2. 低碳、资源循环利用、高密度的绿色立体城市——万通集团

万通集团成立于1993年，是中国规模最大的地产公司之一。万通的雄心已不限于地产开发，而是转向更复杂的低碳和资源循环利用的、高密度的立体城市的规划和建设。在成都和西安，立体城市已经完成了综合规划。其中节水、节能和固废减量是万通在城市设计中的核心。通过污水处理、雨水处理以及中水回用的各项措施，立体城市比传统城市节水50% ~60%。通过加强建筑外围护、辐射式冷却、机电设备优化、再生能源（沼气）、高效灯具、日照及先进的公共基础设施，立体城市的耗能比中国规范的设计基准线减少50%。通过施工期间的工业固废和建筑渣土的合理回用和处理，以及城市运营期间对餐厨垃圾的生化处理，生活垃圾的分类回收利用和处理，让立体城的固废减量达50% ~60%。

3. 节能低碳的卫浴产品——西旺集团

西旺集团是一个利润丰厚的铁矿石企业，用10年时间投入自有资金3亿元人民币，研究一种非金属矿的用途。最终研制成功了以这种非金属矿为主要原料的新型卫浴产品，用于取代传统的陶瓷卫浴。传统陶瓷卫浴产品的烧制工艺需在1 200℃高温下成型，消耗大量的能量，并排放大量二氧化碳。国内陶瓷企业一年消耗约2亿吨陶瓷原料，和近4 000万吨煤炭。相比之下，这种新型卫浴产品可以采用不到200度的低温注塑成型工艺，生产一个浴缸只需10分钟左右。经国际认证机构通标国际SGS核算，这种新型卫浴产品生产过程中的碳排放仅为传统陶瓷卫浴行业的14%。并且其产品经过简单的粉碎就可重新用作卫浴产品的原料，循环使用。保守估计，这种非金属矿的价值将得到近50倍的提升。

——摘自：北京绿色联盟：中国企业参与绿色实践案例［C］. 2012

（三）绿色经营管理

绿色经营管理就是在资金安排时要考虑保证不发生生态环境问题所用资金的情况。在营运过程中主要是保证合理调配资金，保证资金使用的动态平衡。不发生额外的绿色成本如：因违反相应的环境、环保法律、法规而受到的处罚；企业环保形象差而失去市场占有份额而使收益减少等；要保证资金供应充足；保证资金的使用效率。这就要掌握一定时期内的现金流入与现金流出情况，以便动态安排资金实现财务管理的平衡性原则，从而达到提高资金使用效率的目的。

除此之外，绿色经营管理一个重要环节就是绿色分配管理。企业合理的利润分配活动对维持公司良好的资本结构和保持持续协调的发展具有重要意义，因此，依然是在循环经济的指导原则下，企业应进行绿色分配活动，包括对企业利润进行一定比例的绿色资金提取，形成绿色资本积累，向股东支付绿色股利，提取绿色公益基金等，这更加有利于企业长远发展，同时还保证了绿色活动后续资金的来源，如此一来，可以在企业财务管理活动建立一个良性的循环过程，保证企业能够良好地发展下去。

辅助阅读5-5

日本佳能绿色经营宪章

20世纪60年代，日本开始迈入工业化的快车道。由于在发展工业的过程中没有注重对环境的保护，日本社会出现了严重的环境问题。东京湾一带是60年代日本工业的主要分布地。那里的河流受到的污染很严重，经过30多年的治理才基本恢复，但是花费的成本太大了，这是一个痛苦的教训。80年代后期，佳能开始向多元化和国际化迈进。为了让佳能顺利地在全球开展业务，佳能公司提出了“共生”的发展理念。

如今，“共生”理念已经贯穿了佳能从产品研发、原材料采购到生产、销售的全部企业经营活动。这家有 70 年历史的公司，将环保问题视为生产产品的前提，提出了“EQCD”原则——把保护生态环境（E）放在比质量（Q）、成本（C）、交货（D）更重要的位置上。

在研发方面，佳能着力于利用多种环保技术，开发和生产出环保型产品。比如，其开发出新的防锈工艺来替代可能污染环境的铬酸盐，解决了镜头中含铅材料的污染难题。佳能开发的二氧化碳干燥式清洁及土壤净化等新一代环保技术也已经投入商业应用。

在材料的采购上，佳能与日本电气（NEC）、索尼、理光、日立、富士通、东芝、夏普及日本电报电话公司（NTT）等统一建立了一个不含有害化学物的原材料优先“绿色采购”标准。

以新型的佳能 iR4570 一体复印机为例，其研制着眼于使用最少的原材料，仅 56.5 厘米宽。此外，按照欧盟限制使用某些有害物质（RoHS）的指令，佳能通过绿色采购过程来供应 iR4570 中使用的所有零部件。

同样，对于生产过程中的化学制品采用，佳能也十分谨慎。佳能的目标是减少 2173 种有害化学物质以及 CO_2 等废气的排放，最终实现零有害物质排放。因此，佳能大量采用安全的能够减少乃至消除有害物质排放的制品。以佳能产品中广泛应用的机片为例。为了避免机片接电之后发生氧化，机片的原材料一般选择不容易氧化的镀金产品，但镀金就需要添加可致环境污染的化学品。佳能巧妙地采用了一款不锈钢材料来取代一部分镀金，以减少给环境带来的影响，同时还可以节省金的用料。

佳能从 1998 年开始在内部推广单元式生产方式，这种新生产方式在提高效率、节约生产空间的同时，还大大降低了空调等设备的能源消耗以及 CO_2 气体的排放。2003 年，佳能发起“因子 2”计划，将 2000 年作为基准年，确定到 2010 年营业额与二氧化碳排放量之比至少增长 1 倍的目标。

在物流方面，佳能每年都有相应的控制二氧化碳排放量的目标。每个生产部门和每个物流部门都要根据这个指标来安排运输。比如在中国，佳能尽量用船运来代替汽车运输，同时在 4 年前设计了一种“循环型运输方法”，把物品货物尽量集中起来运输，以减少运输的次数，减少 CO_2 排放。

——摘自：谢鹏．佳能绿色经营宪章［J］．商务周刊．2007

三、建立现代财务管理方式的推进机制

（一）环境财务管理方式面临的困难

现阶段，我国已初步具备了实施绿色财务管理的基础条件，企业领导及财务人员素质及观念的提升、绿色会计理论的发展、科技的进步、相关管理制度的完善以及我国绿色标志制度的实施对绿色财务管理的促进作用、行业的约束、监督机制的完善等，为实施绿色财务管理提供了现实条件。理论基础主要集中于两个方面，一是绿色财务管理指标的科学设计，二是绿色财务管理评价指标的科学设计。然而，研究表明，现阶段实施绿色财务管理必然会面临一些问题。(1) 环境资源的产权认定及货币计量困境。首先是，环境因素和自然资源的很难进行产权认定，无法使其商品化，会计也就很能难将其完全纳入计量范围，造成绿色财务管理的片面性。其次是，不仅环境效益很难计量，而且不完全适用市场经济的价值规律。(2) 生态环境问题的国际转移。发达国家污染的转移以及发展中国家只能出口自然资源或初级产品而造成的资源浪费及环境污染都阻碍着绿色财务管理前进的步伐。(3) 发展中国家经济困境。由于发展中国家技术落后，产品的国际竞争力弱，如果实行环境保护并推行绿色财务管理无疑会增加产品成本，将进一步削弱发展中国家产品的国际竞争力，从而引起失业率高、经济发展缓慢，使发展中国家难以接受。(4) 社会支持不够。主要是政府部门使

用环境资料信息来制定相关的政策法规，广大的社会公众对环境问题的认识不够，起不到应有的监督和推动作用。

（二）面向未来的现代财务管理方式建立

走可持续发展之路是企业为适应社会发展的潮流而做出的必然选择。在实现可持续发展目标的过程中，企业的经营管理不可避免地要考虑环境因素的影响。企业既是微观经济运行的主体，同时也是导致环境问题产生的主体，因此在进行相关决策时，不能仅考虑自身的经济利益最大化，还要兼顾企业活动对环境造成的影响。因此，必须以可持续发展理论为基础，将资源和环境纳入财务学，构建面向可持续发展的现代财务管理方式，其关键点体现在以下几方面：

1. 企业要重新认识财务的内涵

企业认识的转变归根到底是管理人员认识的转变，由于企业的经济本质不可能改变，企业管理人员认识的转变主要是体现在短期利益与长期利益的权衡，企业个体利益与社会整体利益的统一上。

经济增长不足或增长方式不当是造成环境污染、资源枯竭、生态破坏的重要原因。粗放式的经济发展方式，把环境成本外部化，不考虑资源更新的速度及生态服务价值，低成本的工业扩张，是造成环境严重污染和资源浪费、短缺的根源所在。生态环境问题是发展带来的也只有通过发展才能加以解决。没有必要的经济增长、缺乏改善环境的条件和资金的支持，保护环境难以奏效。生态环境问题的产生和解决与经济发展阶段和技术进步程度密切相关，只有在发展经济的同时，重视环境保护问题，才能使问题得到妥善解决。

良好的生态环境和充足的自然资源是经济增长的基础和条件。经济增长的最终目的是富民强国，提高人民的生活水平。良好的环境是高质量生活的必要条件，而环境污染和生态破坏有悖于促进经济增长的初衷。严重的环境污染和资源短缺，反过来会制约经济的增长，甚至制约一些产业的发展，影响经济增长的质量和效益。由此可见，从长远来看，只有有了社会的整体利益才会有企业的个体利益，只有注重长远利益才会使企业有长远的发展。这不仅是企业自身的事，也是行业发展、社会发展的大事。

2. 合理安排绿色财务资金的预算

筹资方面。进行绿色财务管理会增加绿色成本而加重筹资负担，建议增加绿色负债和绿色股两种筹资方式且以这两种方式筹集到的资金主要用于绿色成本支出，还可考虑用绿色借款，国家财政的扶持性拨款、企业自筹资金、利用外资。

投资方面。确定的投资方案生产的产品不能破坏生态环境，投产时要尽量利用废弃物，在对投资风险分析时，要考虑投资方案的实施给资源环境是否带来破坏的绿色风险的分析，考虑对资源的充分利用与机会成本的关系，同时，要进行绿色收益率的分析。

分配方面。在分配时一定要注意后续绿色资金使用的问题，建议提取绿色公益金，支付绿色股利，在特殊情况下，可用绿色公益金支付绿色股利。考虑分配顺序，使绿色股利的分配在普通股利之前。

3. 企业要转变财务管理目标

企业目标是企业行为的核心与灵魂，它首先对于企业行为具有定向作用。企业行为是受企业目标导向和支配、为实现企业目标而设定和展开的，财务管理是企业管理的核心，企业财务管理目标与企业目标相一致，财务管理目标既是企业资本运作活动的出发点，又是其归宿点，任何正式的企业行为可以说都是由企业目标来规定、内控和定向的，财务管理行为也是如此。

企业财务管理目标对于企业行为主体具有激励作用。企业财务管理目标具有超前于企业实践行为的主观性，但它却是企业行为主体的直接动机，而且在其中整合着企业主体的理想和志向，因此它能够促使企业主体产生一种为理想而拼搏的强烈情感和顽强意志。这种情感和意志能够极大地调动人的积极性，为其进行企业行为提高精神内驱力。特别是在现代市场经济条件下，目标管理已经被广泛引入和推广到了企业管理领域之中，企业财务管理目标的界定以及奖惩责任制度越来越严格，它对于企业人员的压力和激励作用呈现出明显的增大趋势。可以说，企业财务管理目标的定值越高，其对于企业行为主体的激励作用就越大。这可以充分被利用作为企业推行绿色财务管理的一个手段。

企业财务管理目标对于企业财务管理行为具有规范作用。企业财务管理行为是企业主体在企业财务管理行为中所运用的方式、方法、策略、工具的总和，它可以说是展开企业财务管理行为的凭据、达到企业财务管理行为目标的中介桥梁和决定企业行为效果的重要条件。就企业财务管理行为与企业财务管理目标的关系来说，一般是企业财务管理目标决定企业财务管理行为，企业财务管理行为服从企业财务管理目标。

企业财务管理目标对企业行为绩效具有检测作用。企业财务管理行为绩效即企业财务活动所取得的成绩和效果，这种绩效是企业财务管理行为主体工作业绩的客观体现，也是衡量和判断企业财务管理行为是非优劣的基本标准。企业财务管理行为绩效作为企业主体的自觉活动结果实质上也就是企业财务管理目标的对象性外化和显现，对于企业财务管理行为绩效的成败与得失，只有以其对于企业财务管理目标的实现程度为依据才能得到准确的解答。离开了特定的企业财务管理目标，我们既无法判断具体的企业财务管理行为是成功还是失败了，也无法鉴定企业财务管理行为绩效的完成情况和先进程度。所以，在企业财务管理目标中加入社会及生态效益利于企业绿色财务管理的实现。

4. 协调会计与财务在环境管理中的功能

会计与财务管理是两个不同的学科，是相互独立的，但二者又有着不可分割的联系。会计是经济管理的重要组成部分，它是通过收集、加工和利用以一定的货币单位作为计量标准来表现的经济信息，对经济活动进行组织、控制、调节和指导，促使人们比较得失、权衡利弊、讲求经济效益的一种管理活动。而财务管理是组织企业财务活动、处理财务关系的一项经济管理活动。

会计是以财务活动及其结果为对象的情报处理活动。会计的机能是组织情报，不处理资金筹集、供应与运动，仅在必要时反映其结果。这就是说，财务是进行有关资金筹集供应和运用的意向决定，会计是为这种意向决定提供情报的。由此可知，没有资本在企业里循环往复、周而复始的不断运动，就不可能产生千姿百态的经济信息。同时，只有通过对资本运动所发出的信息进行加工、处理，才能了解资本运动的规律，也就是说，只有通过会计对经济信息进行采集、确认、分类、计量、变换、输出、反馈等，使人们清晰地认识资本信息的运动频率、流量，才能对资本运动进行间接的指导和协调。正是由于会计对象是价值信息，决定了会计应该研究采用什么方法和手段对信息进行加工处理，会计也必须研究应该为谁提供信息、提供多少数量的信息，及提供什么质量的信息。

可见，会计系统是一个决策支持系统，它提供的信息准确与否直接关系到决策的正确与否。财务管理工作的有效进行必须依赖于会计所提供的信息，财务管理的各个环节都依赖于会计信息。财务管理对企业财务活动进行前景预测时，必须了解会计的历史信息。会计信息的提供要满足财务管理的需要，财务管理工作的好坏可以通过会计信息得以提示和反映（会计报表），财务制度与会计制度的相互配合可以起到全面监督企业行为的作用。财务管理离开会计就会成为空中楼阁，但是，如果会计离开财务活动，离开本金运动，离开价值运动的实体，就不会存在确认、计量、报告的行为，会计信息也就不存在。

会计与财务管理都是经济管理工作。会计部门的形成是由于专业化分工的结果，会计部门作为服务部门起因于控制的需要。由于会计和财务管理研究的领域都是价值运动，这就决定了它们在理论和方法上存在相互吸收、相互渗透的关系。因此，当前绿色会计的产生与发展必然要求绿色财务管理与之相适应。

5. 内在化环境成本

企业制造和出售产品，同时也在制造污染物。不论是其对环境的负面影响，还是必须付给受影响团体的赔偿都没有计入生产成本，自然也没有如实记录在会计账簿。因此，对生产者来说，环境起着两个作用：一方面为生产过程提供自然资源，另一方面成为生产过程中残渣、废物和污染物的载体。企业在进行成本核算时，材料的获取成本以及投入的资本和劳动的成本通常被确定为实际总成本的一部分，而对资源造成的不可逆的损耗这一外部成本却被忽视了。如果一个企业想让它的所有资源都发挥最大的效用，就必须在环境变化和资源使用所带来的效益与将这些资源和要素作为他用所带来的效益之间进行权衡，然后根据权衡的结果，对环境和资源的配置进行适当的调整，以增加企业价值。

环境成本内在化就是进行环境成本管理的重要方式。它将环境成本分为两部分，一部分是生产者在提供生产和劳务的过程中为防止和消除对环境的负面影响而实际支付的环保费用；另一部分是生产者在提供生产和劳务过程中造成环境降级的虚拟环境成本。

实施环境成本内在化有多种政策途径：一类侧重于通过“看得见的手”，即政府干预来解决环境问题，称之为庇古手段。政府通过制定环境标准直接对厂商环境成本和生产成本产生影响，厂商为了满足标准会主动投入用以控制污染、治理环境的技术和设备，从而实现环境成本内在化；同时，政府也可以通过污染税费、补贴等手段将环境成本内在化。另一类侧重于通过“看不见的手”，即市场机制来解决环境问题，称之为科斯手段。科斯定理表明，只要把环境产权明确，外部成本可以通过当事人之间的自愿谈判、排污权交易而达到内在化。由于现阶段环境的产权问题还未能有效地解决，因此，主要通过政府干预来实施环境成本内在化。企业在进行财务决策时必须充分考虑这一影响因素。

6. 建立纳入环境因素的企业财务评价体系

传统的财务评价体系主要反映了财务方面的业绩，只承认那些能以货币计量的、能用价值确认的经济业绩，而不包括资源和环境耗费等非财务绩效，其结果虚夸了企业的收益，鼓励了以牺牲环境、透支未来而取得当前收益的做法。为了衡量企业的经济生态效益，可以建立两个层次的指标体系——经济业绩指标和生态业绩指标。经济业绩指标是衡量企业绩效的财务指标，生态业绩指标是反映经济收益对环境影响的非财务指标。然后将两类指标通过一定的方法如综合评价方法、数据包络分析方法等进行融合，从而对企业财务业绩进行综合评价。将环境因素纳入企业财务评价体系中，可以使企业经营者的视野由关注短期效益转向关注长期效益，使企业的经营责任由财务责任扩大到社会责任和环境责任，有利于真实客观地反映企业的绩效。尽管在将环境纳入企业的财务决策中的过程中会存在障碍，例如，如何将环境成本内在化的技术制约以及相关政策不完备带来的经济政策的制约等，但是我们不能否认，在可持续发展的大背景下，任何一个企业都必须为应对新的规定和满足更多的环境需求，重新制定战略规划，而纳入环境因素的财务决策便是其中之一。

辅助阅读 5-6

美国环境财务成本管理制度、成本信息及功能

美国财务会计准则委员会（FASB）从 1989 年起制定工作小组（EITF）专门研究环境事项的会计处理，就环境支出的相关问题发布公告。如第 89-13 号公告《石棉清理成本的会计处理》对建筑物拆除中产生的石棉引发的相关支出是资产化还是费用化做出了详细的说明。第 90-8 号公告《处理环境污染成本的资产化》，提供了详尽的关于成本费用化和资本化的标准，例如该公告要求对他人造成环境污染而发生的成本费用化，如对漏油事件负责的企业承担海岸线清理工作发生的费用支出；将要发生的用于缓解和预防环境污染的费用，或用于未来生产和业务活动而产生的费用，如购入污染控制设备支出应予资本化。

美国证券交易委员会（SEC）于 1993 年专门就会计与报告问题发布第 92 号会计公报，要求确认可能由其他方面承担的环境成本，并在财务报表中披露或有事项、场地清理与监控成本。美国环境保护署（EPA）于 1995 年发表了《企业管理的工具——环境会计介绍：关键概念及术语》的报告，详细列举了企业可能发生的环境成本，并进行了分类，同时分析了如何运用环境会计进行成本分配、资本预算、流程和产品设计等。EPA 将环境成本分为传统成本、潜在隐藏成本、或有成本、形象与关系成本。

可见，环境成本分类和核算结果，对于企业进行未来环境资金预算、当期产品定价、资源分配和再利用、环保资金投向和业绩考核、工艺流程的重组和再造，都具有十分重要的作用。

——摘自：王立彦，蒋洪强．环境会计［M］．环境科学出版社，2014

第四节　城市污水处理企业环境财务预算设计

一、城市环境财务预算意义

（一）环境财务预算的内涵

财务预算是利用预算对企业内部各部门、各单位的各种财务及非财务资源进行分配、考核、控制，以便有效地组织和协调企业的生产经营活动，完成既定的经营目标的一项管理活动，它在整个财务管理过程中的地位举足轻重。首先，预算能够实现对资源的有效配置。预算的编制是企业对各类资源如何利用进行的事前控制，预算的执行是企业对各类资源参与生产经营活动进行的事中控制，预算的差异分析和考评是对资源利用效率的事后控制。其次，预算以企业的发展战略为出发点，对战略目标做进一步细化和量化，从而使战略目标具有可实现、可操作和可检验的特性。另外，预算系统与改善人的行为结合，能够产生更好地管理业绩。总之，预算的沟通功能和激励功能更加得到企业的重视。预算兼具有计划、沟通、资源配置、激励、业绩评价等多种功能，奠定了它在企业内部控制系统的核心地位。

企业作为现代社会经济的基本细胞、发展生产力的主要执行者和完善生产关系的主要体

现者，其行为直接影响环境问题的解决以及社会、企业和环境的协调发展。因此，企业在经济活动中取得成果的同时，也应该担负起一定的维护并改善生态环境的责任。而企业环境责任的承担必然会使企业存在大量的环境活动，如环境污染治理活动、环境预防活动和环境改善活动等，进而产生大量与环境有关的财务活动。因而，将环境因素纳入到传统的财务体系，实施具有可持续发展特征的财务模式是未来企业发展过程中财务管理变革的重点。体现在财务预算管理上，企业财务预算的制定应以发展战略为依据，将“环境”因素纳入企业发展战略，坚持可持续发展是必然趋势。因此，企业应当对环境财务进行预算管理。

基于上述讨论，我们将环境财务预算定义为，在传统的基于企业利润和个体利益最大化的财务管理目标的基础上，通过兼顾企业发展对环境、生态的影响，统筹企业经济价值、社会价值、环境价值、生态价值协调发展的资金筹划方式。具体来说，是对企业经济决策的结果进行预算，对实施该方案的投资等费用以及环境恢复等成本费用进行评价，以找到使得利润最大化和环境成本最小化相一致的实施方案，以满足节能环保的条件。环境财务管理的目标是减少企业污染排放、提高企业能源利用效率，保证企业经济价值的基础上实现企业生态价值最大化。这就决定了环境财务预算在整个企业财务管理环节的重要作用和地位。

（二）城市污水处理企业的环境财务预算

中国过去经济增长模式不可持续，其增长的代价在中国的城市中日益显现，人们说得最多的是呛人的雾霾和严重的水污染。虽说城市化是中国未来经济增长和繁荣的核心，如今却也成了一种令人烦恼的环境挑战，北京等城市 2015 年末就拉响了多次从未有过的雾霾红色预警。据此，中国领导人已经将建设更多可持续性城市、推动中国向新的经济增长模式转型作为主要任务，而其中一项重要的改革是治理有缺陷的城市财务预算系统。传统的城市财务系统缺乏有效的环境预算控制，导致不断出现不可持续的建设项目，既破坏了环境，也影响了市容。为了克服这一缺陷，中国有必要将城市环境预算提上日程，使环境账适应城市快速发展新要求。

在众多的城市污染中，水污染是最与市民息息相关的。而污水处理厂作为重要的市政公用设施，肩负着改善水环境的重任，在实现可持续城市目标中具有不可替代的作用。随着环保理念的推广，污水处理厂在运营过程中注重节能降耗、降低污染物排放，提升社会效益成为必然趋势。作为污水处理厂更新改造的重要环节的财务预算，涉及有关资金的筹措、使用、分配等环节，一个具备合理有效，与可持续发展相匹配的环境财务预算设计，会给城市环境改善带来极大的利好。

二、城市污水处理厂环境财务预算必要性

（一）城市发展带来的用水需求大量增加

伴随近年来我国城市人口增加、经济发展和城市化进程加快，我国水资源短缺、水环境污染、水生态受损情况触目惊心。据调查，我国 661 个城市中，有一半以上属于联合国人居署评价标准的“严重缺水”和“缺水”城市。水利部资料显示，我国人均水资源量仅为世界人均水平的 1/4，全国年平均缺水量高达 500 多亿立方米。随着经济社会发展和全球气候变化影响加剧，水资源供需矛盾将更加尖锐，除了水少，水还在变脏。城市永久性居民和外

来人口的激增，导致用水需求急剧上升，城市用水总量仍在迅速增加。与此同时，全国城镇生活污水排放量逐年增加，并且在总废水排放量占比上呈现上升趋势，从 2004 年的 261.3 亿吨，增加到 2014 年的 496.5 亿吨。

（二）城市水源质量变差得不到应有资金支持

伴随城市发展带来的工业和生活用水量增加，城市废水排放也再增加。为了保障城市清洁水源水质保障，就需要加大对污水处理厂的建设。众所周知，污水处理厂能够有效地降低污水中大量污染物，使经处理后的污水达到可排放的标准。污水处理厂作为污水排放入河流的最后一道关卡，在改善城市居民生活环境、保持生态平衡方面发挥了至关重要的作用，是促进生态文明建设的重要部分。近几年来，政府加大了对城市污水处理厂的建设投资，从 1998 年到 2014 年，我国已建成的污水处理厂从最初的 266 座增加到 1797 座，日污水处理能力从 1136 万吨提高到了 1.31 亿吨。然而，现如今我国城市污水处理厂普遍存在以下问题：老化的机器仍在运作，耗电量大；经费吃紧，设备未能做到及时更新，只能简单去除部分污染物；缺乏处理深度污染物的工艺，污水排放不达标等等。环境问题是一个复杂的综合性问题，它更为直接地表现在经济领域，尤其突出地表现在企业组织的生产经营行为及其附带行为上。污水处理厂现存在的问题，究其根本原因在于企业缺乏环保意识，未对资金的筹集和使用做科学合理的预算。

（三）促进城市水环保运营及规范减排主要手段

污水处理行业作为一个朝阳行业，肩负着环境保护的重任，环保运营及规范减排是污水处理行业经营活动的首要目标，而环境财务预算是实现该目标的一个重要手段。环境财务预算的重点是促进财政资金、社会资金能够顺利地服务于污水处理企业的环保运营，并且贯穿于筹资活动、投资活动、经营活动、分配活动等过程。污水处理企业财务预算引入“环境”因素后，可以利用自身环保产业的优势，通过市场机制筹措资金，克服仅靠政府财政投入导致的项目建设资金短缺问题。另外，环保意识的提高促使企业加大在环保设备、环保工艺开发等方面的资金投入，重视资源循环利用，不仅会提高企业排污效果、降低运营过程中的能耗，还会变相增加企业的经济效益。因此，对污水处理企业进行环境财务预算，能够提高企业运营资金，促进企业降低污染物排放量，提高企业能源利用效率，保证企业经济价值的基础上实现企业生态价值最大化，有效地缓解了我国水环境污染、水资源利用率不高的问题，加快我国城市的生态文明建设进程。

三、城市环境财务预算编制理论分析

（一）环境财务预算编制成本论

1. 财务预算的环境成本最小化

环境财务预算成本是指对企业环境废水废气处理、生产废料处理、噪音处理等方面成本以及企业投入生产的资源利用成本的预测，以追求环境成本的最小化。环境财务预算的主要对象就是环境成本，要获得有效的环境预算方案必须先进行财务资金预算的编制，对直接引用环保设施以及处理污染废物等成本做出估计，便能根据预算编制的结果，选择较低的成本方案，以发挥预算前的控制作用。大多数企业环境问题得不到解决的主要原因就是担心环境预算成本过高，影响企业的利润收入，因此宁愿选择花一定的成本去处理污染而不愿意事先投入环保资金和设备进行基于企业生命周期的全方位的环保财务预算安排，甚至更有压根不进行环境污染处理的。倘若能降低环境财务投入成本，编制环境预算，达到环境成本最小化，那些企业自然会愿意选择这种环境预算方案。

2. 预算成本最小化的合理性

企业环境成本最小化并不意味着成本的零化，任何一个预算编制都不可能做到，在编制环境预算时必须考虑最终预算方案的可执行性，预算方案合理，企业才会采用，因此在编制预算成本最小化方案时，要考虑企业的实际情况，包括企业的资金能力、生产能力以及销售市场等，在企业可接受的范围内把企业的环境成本降到最低。同时，在对环境预算方案进行审计时，其需要遵循的基本原则就是必须保证预算的合理性和有效性，否则预算方案必须加以修改和调整，直至可行为止。

（二）环境财务预算编制控制论

1. 环境财务预算编制现金流控制

企业的现金流包括企业经营、筹资、投资活动中的现金流入流出，是与企业实际生产密切相关的资金流。在企业环境财务方面，现金流的控制是预算编制的基础，主要指控制企业投入环境成本的现金支出收入，合理安排资金的调度，预估资金结余。现金流的控制理论能够直接影响环境财务预算编制的结果。现金流的调度是整个现金流中最为复杂的，从生产到销售，环节较多，每一个环节基本都与现金流相关，因此对现金流调度的控制也最为麻烦，其控制主要表现在控制现金流调度金额，避免某一环节资金过于富余或某环节急缺资金。同时要控制调度次数，过于频繁调度资金易导致资金流失，应按照生产结构有序调度。现金流控制的正常运作，环境预算才会顺利进行。

2. 环境财务预算编制的生产内部控制

生产内部控制即生产的原材料、加工、包装等方面的控制。环境的预算是对环境生产的控制，而这种控制需要生产内部的控制加以支持，从企业最基本的环节入手并以降低生产的环境成本而不是降低生产力为前提。生产内部控制，首先原材料方面，从环境角度，预算编制要控制材料的环保质量，降低材料在之后环节的污染废料产出，同时还要控制原材料的购入数量，购入过多材料会增加处理废物成本。在加工方面，预算方案需要预估污染废物的产出，控制加工的环境成本。在包装方面，包装产生的环境垃圾数量惊人，因此，环境财务的预算编制必须控制产品的包装，从包装材料的品种到包装成本，各个方面都需控制在环境财务接受的范围内，避免造成过大的环境成本压力。

（三）环境财务预算编制方法论

1. 环境财务预算编制的全面预算方法

环境财务预算的编制方法包括固定预算编制、弹性预算编制、定期预算编制、滚动预算编制等。固定预算编制指在正常生产情况下，在某一时期内的预算结果可以确定，按照固定的核算预估可以实现固定的预算结果，这种方法操作简单，但适应性不强，尤其不适用流动性强的企业。而弹性预算可以应对企业业务生产的变动，一定范围内的生产变动，弹性预算能够进行合理的核算预估。定期预算编制是指在不变的会计期间进行预算，该方法适合生产期稳定的企业，便于企业对预算结果的分析，但缺少一定的长远目标。滚动预算编制是一种流动的预算，预算期不断地滚动，保证预算编制的连续性，便于企业根据预算结果进行分析，确立长远目标，对企业未来的发展能起到很好的指导作用。环境预算编制的方法有很多种，企业在选择时需要考虑自身发展情况，考虑是否符合环境财务的要求，在全面预算过程中，既要为企业谋得利益，同时又要做到降低企业环境成本，以实现环境财务预算编制的价值。

2. 方法论对环境财务预算编制的作用

方法论代表了环境预算编制的基本方式，一种方法代表一种预算编制。一般一个企业在选择一种方法进行预算编制后便不会改变，以保证预算体系的连续性和完整性。在整个环境财务预算编制过程中，每一环节的编制都必须依照合理的预算方法和程序进行，否则预算方案会显得缺乏依据，内容混乱，预算质量会大大降低。

四、城市污水处理厂环境财务预算内容

为了有效地支持企业的环保运营，可持续发展环境下企业财务预算可以通过传统企业财务预算内容框架所涉及的融资预算、投资预算、经营预算、分配预算进行设计，通过对企业财务运作流程中的每个细分功能的再设计来实现企业环境财务预算的改造。现就城市污水处理厂在筹资、投资、经营和分配方面的环境财务预算进行框架设计。首先将对环境财务预算涉及的四个方面具体内容做阐述。

（一）环境筹资预算

在传统的筹资预算中，企业无须考虑为可持续发展提供必要的资金准备，因而其筹资模式和筹资渠道的安排往往集中关注于资金的来源和融资效率等纯经济因素。而在环境财务预算的筹资活动中，企业必须提前对自身有关环保投入计划进行设计和安排，从而形成企业筹资活动中为环境保护所额外增加的资金需求量的估计。只有如此，企业才能形成一个清晰的筹资资金需求结构，从而实现对企业环保运营的支撑。

第一，污水处理企业可以寻求政府环保财政投入。城市污水处理设施属于非经营性公共基础设施建设，环境保护投入的产出大多是没有直接收益的公共产品，它的主要效应是社会公共收益，这种投入产出特征决定了国家和地方财政的环保投入始终是环保融资的主渠道之一。政府财政投入的主要途径包括公共环保财政拨款和绿色国债融资。中央和地方公共财政支出具有稳定的环保投入机制，在年度财政支出预算科目中，环境保护支出作为一级预算科目进行列示，主要用于城市污水处理设施等重大污染防治和环境保护工程的投入。另外，政府的绿色国债主要针对环保节能的企业。因此，污水处理厂的环保运营很大程度上得益于政府环保投入。

第二，污水处理企业可利用本企业可持续发展的绿色战略，申请商业银行绿色贷款。现如今，在全社会倡导环保生产、创建和谐社会的浪潮下，商业银行纷纷推出绿色信贷，以促进企业的环保运营。所谓的绿色信贷是指商业银行在贷款决策过程中，注重资源消耗和环境保护，追求贷款生态效益，促进生态建设和经济可持续协调发展的一种融资方式。污水处理

厂可以大量增加符合环保要求的新设备、新技术方面的投资，以降低污染物排放，提升社会效益的运营理念寻求商业银行的绿色贷款。

第三，发行绿色债券和绿色股也是污水处理企业环保筹资的重要途径。环保行业作为近年获得政策支持最多的行业之一，行业板块在整体市场表现突出。污水处理企业作为国家重点扶持的环保型企业，应当抓住机遇，利用自身的内在优势，发行绿色环保股，增加资本。另一方面，绿色债券作为一种既可以满足发行方融资需求及可持续发展需要，又可以满足投资方积极致力于环境保护的双赢手段，不断得到资本市场的持续关注。因此，污水处理企业本着节能减排，清洁运营的理念，可通过发行绿色债券集资，用以绿色项目的投资。

（二）环境投资预算

在传统的财务预算投资实践中，企业需要关注的只有投资项目的成本效益比例，其财务管理和运作方法以提升投资项目所带来的运营效率的提高为主要设计目标。而新型的绿色经济环境下的财务投资预算还必须考虑投资项目所带来的生态利益提升或损害。

污水处理厂环保投资预算可分为环保项目预算和环保支出预算。

1. 环保项目预算

环保项目投资涉及的是投入大、时间长、作用范围广的项目。为了达到政府对废水、废气等污染物的强制性治理要求，污水处理企业首先必须加强环保设施建设，耗费大量资金建立污水、废气处理系统，而对于那些老旧的、耗费大量能源的设备应当进行及时改造再利用。其次，降低污染物排放的重点在于污水处理工艺的升级，因而企业应当将大量资金投入工艺的研发环节。最后，企业还需建立一套环境监控系统，实时了解企业环保设备的运行成效。

2. 环保支出预算

环保支出是企业在运行过程中发生的环保费用，包括环保物料的购买、环保税的缴纳，对环境严重污染受害方的巨额环保赔付费用，为提高员工环保意识、传授环保新技能所花费的员工培训费等环保支出。

污水处理厂的环保投资用途，具体会表现在以下三个方面。第一，减少污水中污染物的排放量。污水处理厂的主要任务是有效地降低污水中大量污染物。然而，现如今污水处理厂的排污水平并不尽如人意。因此，有必要投入资金致力于研究降低污染物的工艺，主要包括污水中的 COD 含量、氨氮含量等等。第二，节能降耗。污水处理厂处理废水涉及机械设备的运行，必然耗费大量的能源，而电耗的费用占到城市污水处理处理厂的运行费用的 60% 左右，我国城市污水处理厂的能耗比起发到国家来说，电耗水平高出很多，具有较大的节能降耗空间。如何节约能源，提高利用率成为环保改造的一个重点。另外，污水处理厂可对处理完的中水进行二次利用，如设备的冲洗、场地的清洁等等，加强水资源的循环利用。第三，提升社会效益。有些污水处理厂建于居民区旁，机械设备运行的噪声和污水本身散发的臭气，严重影响人们的生活水平，因此，污水处理企业还应将提升社会效益纳入预算范围。

表 5 -4 和表 5 -5 是环保投资财务预算表。

表 5－4　　环境保护投资财务预算表（按环境要素主体）

企业名称：　　年度　　单位：万元

环境要素主体	水环境			大气环境			固体废物			预算总额
	COD	氨氮	其他	SO_2	NO_X	其他	工业固废	生活垃圾	其他	
运行费用： 中间消耗 原料、动力等 …… 工人工资 环境保护税费 资源税 排污费 培训费等										
运行费用合计 投资性支出： 基本建设投资 固定资产购置等 投资性支出合计										
环境保护投入总计										

表 5－5　　环境保护投资财务预算表（按环境费用性质）

企业名称：　　年度　　单位：万元

环境保护投资				治理运行费用				预算总额
水污染	大气污染	固体废物	投资合计	水污染	大气污染	固体废物	运行费用小计	

（三）环境经营预算

在传统的污水处理厂运营中，企业的经济来源主要是政府的资金投入和排污费的收取。而引入绿色运营理念之后，企业可以根据节能减排、资源的循环利用等方式变相获取经济收益。因此，在企业运营之前，有必要对环保运营形成的经济收益做出估算。污水处理厂的环境收益包含下列内容：

1. 合理利用中水，减少水耗支出带来的收益

厂区用水尽量使用处理完的中水，以节约自来水的使用量。中水还可以用于工业回用，市政园林和生活小区，实现废水处理的资源化，增加企业经营收入。因此，企业需对节约的和再利用的水资源所带来的经济效益做预算。

2. 污泥的有效使用带来的收益

将污泥集中进行厌氧消化，产生的沼气经发电后可供污水处理厂自身照明、鼓风、曝气等机械使用。污泥还可用作城市绿化花草的肥料。经改良后的污泥中含有丰富营养物质，可用于改良矿区土地。企业应根据污泥的量值和具体用途，估计其产生的经济效益，形成该部分的收益预算。

3. 节能减排增加的政策性补贴收入

国家对节能环保、污染物超量削减的污水处理厂有额外的补贴，比如《“十二五”节能减排工作实施方案》及《污染物减排补贴政策实施方案》、《节能减排专项资金管理办法》等政策，都规定了政府在财政预算中安排一定资金采用补助奖励等方式，支持节能减排重点工程、高效节能产品和节能新机制推广、节能管理能力建设和污染减排监管体系建设等，引导鼓励企业参与节能减排工作，为环保做贡献。政府补助主要分为财政拨款、税收优惠、财政贴息、无偿划拨非货币性资产。为此，污水处理厂可通过环保运营，削减污染物排放量，获取政府的补助，并因此根据国家上述政策规定，做出可取得的国家补贴收入预算。

（四）环境分配预算

在企业的分配预算中加入环保设计预算，对企业的环保升级进程可以起到极大的推动作用。环境分配预算着重要做好两项工作：

1. 确定可供分配的资金，即环境净收益

污水处理企业在环保进程中既能够利用自身优势取得绿色筹资，并在节能减排中变相获取收益，又会发生相应的环保投资和环保支出的环保成本。收益与成本的差额即为企业最终可供分配的绿色净收益。

2. 实行环境保护专用基金制度

为保证企业环保运营的后备资金，污水处理企业应当实行环境保护专用基金制度并在权益类账户中增设“环保专用基金”账户，实行环保专用基金预算管理，列入环保专用基金的资金应实行专项管理、专款专用。“环保专用基金”主要包含以下内容：

（1）政府环保补助基金。政府环保补助基金是企业为了鼓励污水处理企业节能减排、循环利用资源、走可持续发展而进行的补助，通常政府在拨款时明确规定了资金用途。比如政府拨付给企业用于购建环保设施的资金、资助企业进行工艺研发的专项资金等等。污水处理企业应当建立政府环保补助基金账户，并预估政府补助金额，根据补助的不同用途，进行专款专用。

（2）环保留存基金。由于污水处理企业的机器设备等固定资产占企业资产的比重较大，在财务资源的分配过程中，企业也会依照各个不同部门和业务的固定资产数量适当向固定资产较多的单位适当倾斜，从而保证各个部门的维护费用供给不受影响。但是随着污水处理企业环保升级进程的加快，传统的财务分配预算应当随之改变。在环保经济环境下的财务分配中，企业必须实现对自身环保升级进程的长期规划的制定，并以该计划为基础预估在未来几年内企业在内部运作环保升级进程中需要筹备的投资资金，并将该资金减除前期由银行绿色融资获得的资金数额，从而得到企业的环境财务分配预算中必须划拨给环保改造工程的环保留存基金。通过将该资金需求总额均匀分布到环保改造的所有时间段内来确认在企业的每一期运营利润中需要的预留资金额度。

（3）环保风险基金。随着污水处理厂数量的增多，选址也越发靠近居民区。污水处理厂机械设备的运行中难以避免的会产生噪音，集中待处理的污水本身也会散发臭气，影响居民的生活，由此企业很可能就此遭到周边居民的起诉而面临巨额赔偿费用的支付。另外，若污水处理企业的减排效果达不到国家的标准水平，将不达标的污水排放江河，势必将面临罚款。基于此，企业有必要事先估算出可能面临的赔款和处罚的概率和金额，并将其作为环保风险基金进行计提，以备应急处理。

【例5-1】

康世富科技环保有限公司（加拿大）的康世富可再生胺脱硫技术。该公司属电力环保企业，主营由原联合碳化物公司（现属陶氏化学公司）研发的“康世富可再生胺脱硫”技术并拥有世界领先的脱硫脱硝脱汞一体化技术及二氧化碳捕获等专利技术。可再生胺液脱硫技术不同目前通用的石灰石-石膏脱硫法，而使用液胺选择吸收烟气中的二氧化硫，然后利用废热将二氧化硫从液胺中分离出来，副产品为高价值的液态二氧化硫或硫酸，液胺再生后又可循环再使用7~10年。这项技术有无二次污染、脱硫率高、占地少、节水节能、副价值高的特点，目前已在美国、加拿大、欧洲得到了很好的推广，产生了可观的生态效益。

假设康世富科技环保有限公司拟从可再生胺液脱硫技术和石灰石—石膏脱硫法这两种方法中进行比较，从中选择较优的方案扩大生产。两个方案资料如下：（1）可再生胺液脱硫技术（甲）方案需投资20 000元，使用寿命5年，采用直线法计提折旧，5年后设备无残值，5年中每年销售收入为12 000元，每年的付现成本为4 000元。（2）石灰石-石膏脱硫法（乙）方案需要投资24 000元，使用寿命也是5年，采用直线法计提折旧，5年后残值收入4 000元，5年中每年收入为16 000元，付现成本第一年为6 000元，以后随着设备陈旧，逐年将增加修理费800元，需另垫支营运资金6 000元。假设所得税率为40%，资金成本率为10%。

要求：

（1）计算两个方案的投资回收期。

（2）计算两个方案平均投资报酬率。

（3）计算两个方案的净现值。

按照上述资料计算，应当选择可再生胺液脱硫技术（甲）方案需投资方案。计算如下：

（1）计算两个方案的投资回收期

甲年折旧 $=20\ 000\div5=4\ 000$（元/年）

乙年折旧 $=(24\ 000-4\ 000)\div5=4\ 000$（元/年）

甲 $NCF_0=-20\ 000$（元）

甲 $NCF_{1-5}=12\ 000-4\ 000-(12\ 000-4\ 000-4\ 000)\times40\%=6\ 400$（元）

乙 $NCF_0=-24\ 000-6\ 000=-30\ 000$（元）

乙 $NCF_1=16\ 000-6\ 000-(16\ 000-6\ 000-4\ 000)\times40\%=7\ 600$（元）

乙 $NCF_2=16\ 000-6\ 800-(16\ 000-6\ 800-4\ 000)\times40\%=7\ 120$（元）

乙 NCF_3 = 16 000 − 7 600 − (16 000 − 7 600 − 4 000) × 40% = 6 640(元)

乙 NCF_4 = 16 000 − 8 400 − (16 000 − 8 400 − 4 000) × 40% = 6 160(元)

乙 NCF_5 = 16 000 − 9 200 − (16 000 − 9 200 − 4 000) × 40% + 4 000 + 6 000 = 15 680(元)

甲回收期 = 20 000/6 400 = 3.125(年)

乙回收期 = 3 + (24 000 − 7 600 − 7 120 − 6 640) ÷ 6 160 = 3.43(年)

(2) 计算平均投资报酬率

甲平均报酬率 = 6 400/20 000 = 32%

乙平均报酬率 = (7 600 + 7 120 + 6 640 + 6 160 + 15 680) ÷ 5 ÷ 30 000 = 28.8%

(3) 计算两个方案的净现值

甲 NPV = 6 400 × (P/A, 10%, 5) − 20 000 = 24 262.4 − 20 000 = 4 262.4(元)

乙 NPV = 7 600 × (1 + 10%) − 1 + 7 120 × (1 + 10%) − 2 + 6 640 × (1 + 10%) − 3 + 6 160 × (1 + 10%) − 4 + 15 680 × (1 + 10%) − 5 − 30 000 = 31 720.72 − 30 000 = 4 262.4(元)

五、城市污水处理厂环境财务预算的编制

(一) 预算基本要素

城市污水处理厂环境财务预算体系中包含的筹资、投资、经营、分配四个方面，在预算的编制过程中，存在一个平衡公式：本期绿色筹资预算额 + 本期绿色经营预算额 − 本期绿色投资预算额 = 本期绿色净收益预算额。这促使在企业进行环保运营决策时，考虑衡量决策方案的经济性。在可持续发展的环境下，企业需充分考虑自身的节能减排能力，积极采取适当措施促进环保运营，增加期间可获得的绿色融资金额和节能减排、循环利用资源所带来的收益。在运营过程中会产生环保支出，也会有因环保带来的收益。相反的，若企业不考虑环保运营，则企业不存在额外的环保投资和环保支出，虽节约了部分成本，但企业的环境不作为会给企业带来额外的损失，如能源的浪费、政府罚款等。因此，企业需根据自身的环保能力和技术条件、市场条件，合理地进行决策。一旦确定了环保升级方案，则需通过环境财务预算的形式，从整体上规划活动安排，以有效落实环境预算。

上文提及了污水处理企业环境财务预算在筹资、投资、经营和分配四个方面的主要内容，这构成了环境财务预算的基础。而要想构建完整的环境财务预算体系，真正落实环境财务预算的实施，还离不开预算方式的选择和预算步骤的设计。以上共同构成环境财务预算的基本要素。

1. 预算对象和预算内容

作者构建了污水处理厂的环境财务预算基本组成要素，主要包括预算对象、预算内容、预算步骤和方法四个方面。其具体对象和内容见表 5 − 6。

表5-6 污水处理厂环境财务预算内容

项目	对象	内容
绿色筹资	1. 预防污染支出。为了预防污水处理过程中发生污染问题的支出。主要包括环保工艺研发、环保设备购进等。 2. 治理污染支出。对已造成的污染进行治理的支出。主要包括环境赔付、污染物治理等。	1. 政府环保财政投入。国家和地方财政的环保投入是环保融资的主渠道。 2. 商业银行绿色贷款。通过增加环保设备、技术方面的投资，以降低污染物排放，提升社会效益的运营理念寻求商业银行的绿色贷款。 3. 绿色债券和绿色股。污水处理企业是国家重点扶持的环保型企业，可利用自身的内在优势，发行绿色股。亦可通过发行绿色债券集资，用以绿色项目。
绿色投资	1. 污染物减排。主要包括减少污水中COD、氨氮和污泥等的排放。 2. 节能降耗。主要涉及改造机械设备以降低能源耗费，以及能源和水资源的循环利用。 3. 提升社会效益。主要解决污水处理厂运营过程中产生的噪声、臭气等影响居民生活水平的问题。	1. 环保投资。环保投资涉及的是投入大、时间长、作用范围广的项目。如环保设施建设、固定资产改造、环保工艺研发、环境监控系统等。 2. 环保支出。环保支出是企业在运行过程中发生的环保费用。主要涉及环保物料的购买、环保税的缴纳、专业人员的培训费等。
绿色经营	1. 资源循环利用。合理利用中水和污泥，提高企业经济效益和社会效益。 2. 完成主要污染物超量削减任务。通过环保运营，削减污染物排放量，获取政府的补助。	1. 中水回用收入。中水可用于厂房，也可用于工业回用，市政园林和生活小区，实现废水处理的资源化。 2. 污泥有效利用收入。利用沼气发电，节约能源耗用。污泥也可用于肥料等。 3. 减排补贴收入。把握国家优惠政策机遇，节能减排，寻求补助收入。
绿色分配	1. 政府发放补助时所规定的用途。 2. 长期环保改造工程所需资金。企业依据指定的环保升级进程的长期规划，预估在未来几年内企业在内部运作环保升级进程中需要筹备的投资资金。 3. 企业运营过程中可能面临的赔款、罚款。	1. 绿色净收益。企业因环保运营而取得的净收益。 2. 环保专用基金。主要涉及政府环保补助基金，保证政府补助的专款专用。环保留存资金，支持环保改造长期规划。环保风险基金，预防污水处理企业因居民投诉和相关部门处罚而面临的赔款和罚款。

2. 预算方法和步骤

（1）零基预算和滚动预算方法

污水处理厂环境财务预算体系中包含的筹资、投资、经营、分配四个方面，在预算的编制过程中，存在一个平衡公式：本期绿色筹资预算额+本期绿色经营预算额-本期绿色投资预算额=本期绿色净收益预算额，这就促使在企业进行环保运营决策时，考虑衡量决策方案的经济性。在可持续发展的环境下，企业需充分考虑自身的节能减排能力，积极采取适当措施促进环保运营，期间可获得的绿色融资金额和节能减排、循环利用资源所带来的收益也会随之增加。在运营过程中会产生环保支出，也会有因环保带来的收益。相反的，若企业不考虑环保运营，则企业不存在额外的环保投资和环保支出，节约了部分成本，但企业的环境不作为会给企业带来额外的损失（如能源的浪费、政府罚款等）。因此，企业需根据自身的环保能力和技术条件、市场条件，合理地进行决策。一旦确定了环保升级方案，则需通过环境财务预算的形式，从整体上规划活动安排，以有效落实环境预算。

污水处理厂环境财务预算主要采用零基预算法和滚动预算法。由于企业将环境因素纳入财务预算体系中，而针对每一年的环境投资、筹资、经营和分配的实际情况各有不同且差别相对较大，因此采用零基预算，不考虑以往情况，可避免受到上年数的影响，从而使所编制出的预算与实际情况比较相符。另外，环境改造是个长期工程，采用滚动预算法不但可做到长计划短安排，远略近详，且可减少预算工作量。

（2）预算步骤

现列示的环境财务预算主要步骤如下：第一，环境预算委员会下达预算编制目标；第二，各级预算单位申报预算草案并交由预算管理部门汇总；第三，环境预算委员会审核草案并提出意见，修改草案；第四，董事会审议核算，并形成预算申报定案；第五，环境预算管理部门下达申报定案；第六，各级预算单位执行预算。

（二）预算的编制

1. 环境财务预算嵌入传统预算体系

环境财务预算和传统预算体系的纽带是企业环保运营活动所引起的财务收支活动。若将环境财务预算嵌入传统预算中，可通过资本预算、经营预算等接口。如图 5－1 所示，污水处理厂的环保支出和绿色经营等影响企业的经营预算；环保投资以及绿色筹资等增加企业的资本性支出，影响企业资本预算，可纳入企业资本预算表。同时，绿色收益、环保专项基金的计提，可进入企业财务预算的利润表。通过引入环境预算，可以升级企业传统预算，并通过环境财务预算体系驱动污水处理企业谋求更大的社会效益。

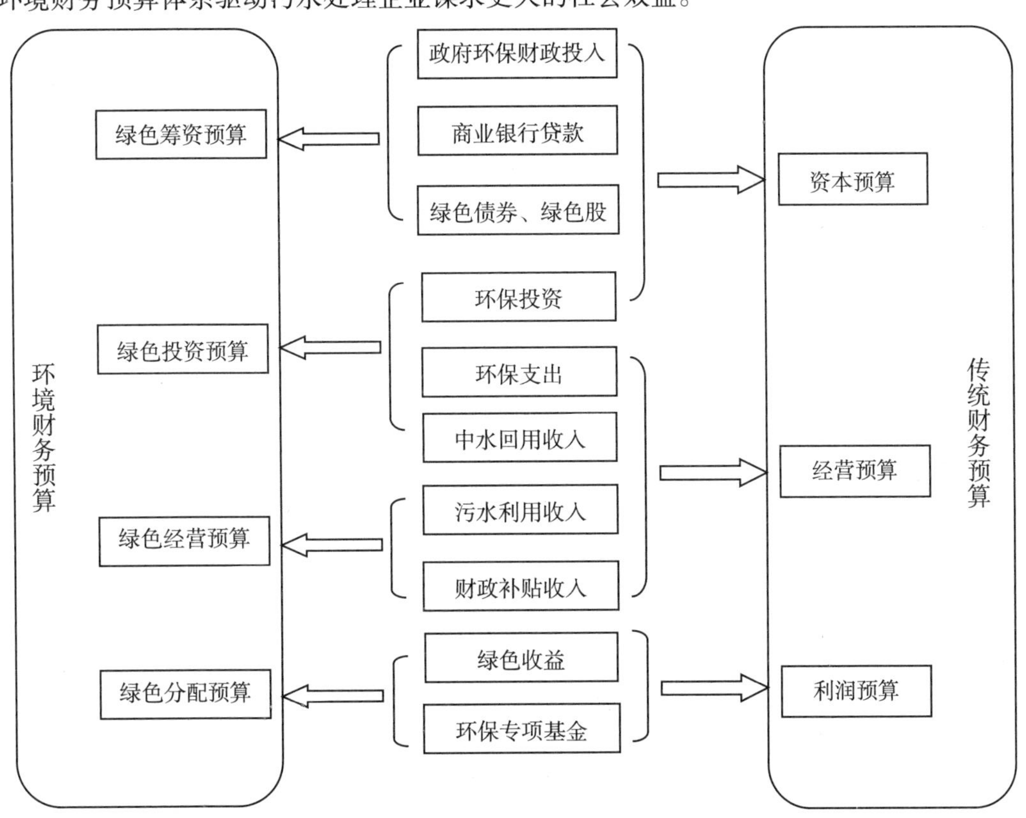

辅助阅读5-7

环境责任　绿色金融

人类面临着严峻的环境问题，金融行业正积极探讨企业如何履行社会责任，如何正确履行环境责任，探讨在现行体制下的绿色金融保护和治理环境的方法。

1. 民生银行（600016）——有效应对气候变化，促进客户节能环保

2010年，民生银行出台《中国民生银行绿色信贷政策指导意见》，要求总行有关部门和经营机构积极开展多元化、多层次的绿色信贷产品开发和创新；针对低碳产业的金融需求和风险特征，根据产业发展阶段开辟信贷支持领域，开发适宜本行特点的绿色信贷产品。

2010年6月5日，民生银行在北京设立首家绿色金融专营机构，集中优势资源增加绿色金融产品的供给。专营机构将优先支持东城区"北京绿色金融商务区"的发展，并为北京环境交易所"合同能源管理投融资交易平台"，提供包括基金托管服务，并购贷款业务、分离交易业务、短期融资融券、中期票据等多种信贷产品，加大"绿色信贷产品"供给、建立绿色审批通道，与北京绿色经济共同发展。同时，银行将加大信贷产品和衍生产品的创新力度，为企业提供投资理财、财务顾问、结构化融资、融资租赁等金融服务；研究并试行绿色股权、知识产权、碳排放权质押等标准化贷款融资模式和低碳金融产品，有效解决中小型环保企业融资难问题，为节能环保提供更多金融支持。

2. 浦发银行（600000）——打造金融业低碳银行

浦发银行善用金融资源，通过信贷投向政策指引，把更多的信贷资源投放到绿色环保行业。自2006至2009年，浦发银行三年累计向绿色环保行业投放信贷总额达1000亿元。2010年，浦发银行投入节能环保行业贷款214.61亿元，退出高污染、高耗能行业存量贷款227亿元。

浦发银行积极金融创新，不断推出特色绿色金融服务：继率先推出《绿色信贷综合服务方案》；率先试水碳金融，成功开展首单CDM财务顾问项目；率先联合发起成立中国第一个自愿减排联合组织等行动。2010年，浦发银行持续创新：推出合同能源管理融资；创新排放权（碳权）交易金融服务，推出以化学需氧量（COD）和二氧化硫排污权为抵押品的抵押贷款。作为业内引领者，参加国家发改委《能效及可再生能源融资指导手册》编写项目。作为牵头行，为国内首个海上风电示范项目东海海上风电成功实施银团融资和清洁发展机制应收账款质押相结合的创新融资方式。

早在2008年，浦发银行就在全国商业银行率先推出针对绿色产业的《绿色信贷综合服务方案》，其中包括法国开发署（AFD）能效融资方案、国际金融公司（IFC）能效融资方案、清洁发展机制（CDM）财务顾问方案、绿色股权融资方案和专业支持方案，旨在为国内节能减排相关企业和项目提供综合、全面、高效、便捷的综合金融服务。

2010年，发布《上海浦东发展银行信贷投向政策指引（2010年度）》，明确提出对节能减排领域的信贷支持。

——摘自：2011年12月2日《证券时报》第10版

2. 按照内容编制的环境预算表

预算的编制一般采用预算表的方式。环境财务预算可采用独立式报表，也可作为传统预算表的一部分，嵌入传统预算体系中。若以独立式报表呈现，则编制的污水处理厂环境财务预算表如表5-7所示。

表 5-7　　污水处理厂环境财务预算表

绿色筹资预算		绿色投资预算		绿色经营预算		绿色分配预算	
项目	预算金额	项目	预算合计	项目	预算金额	项目	预算金额
一、政府环保财政投入		一、环保投资		一、中水回用收入		一、绿色收益	
公共环保财政拨款		环保设施建设		工业用水		二、环保专项基金	
绿色国债		固定资产改造		市政园林		政府环保补助基金	
……		环保工艺研发		……		环保留存基金	
二、商业银行贷款		环境监控系统		二、污泥利用收入		环保风险基金	
降污工艺改造融资		……		电能		……	
环保设备融资租赁		二、环保支出		肥料			
节能减排技术融资		环保药剂		……			
……		环境赔付		三、财政补贴收入			
三、绿色债券筹资		员工培训费		税收优惠			
四、绿色股筹资		……		财政贴息			
……				……			
合计		合计		合计		合计	

伴随着我国经济发展方式的转型，城市污水处理企业需要建立一套科学有效的环境预算体系。环境预算所带来的环保资金管理理念，使得污水处理企业的资金利用能够更加合理，企业对于筹资、投资、经营和分配的过程更加注重环保效益。城市污水处理企业想要获取长足的发展，必须顺应当前节能减排、环保运营的行业发展现状，并结合企业内部实际运作情况、内部人员素质、企业文化等自身特点，为企业如何实施环境财务预算做出过程上的安排，由此方能保证重新改造后的环境财务预算能够顺利转变成实际运行的财务管理制度。

辅助阅读 5-8

一家大型造纸企业的环境财务预算

A 是一家大型造纸企业，主要生产铜版纸。其主要经营活动大致可以概括为能源供应、制造产品（即铜版纸）和处理废水、废渣、废气等污染物。当前 A 纸业在环保方面的设备投资涵盖废水处理站、白水过滤机、废弃物焚烧炉、电场静电除尘器、噪音控制等，投资总额逾 12.5 亿元。A 企业的造纸主要流程如图 5 - 2 所示。

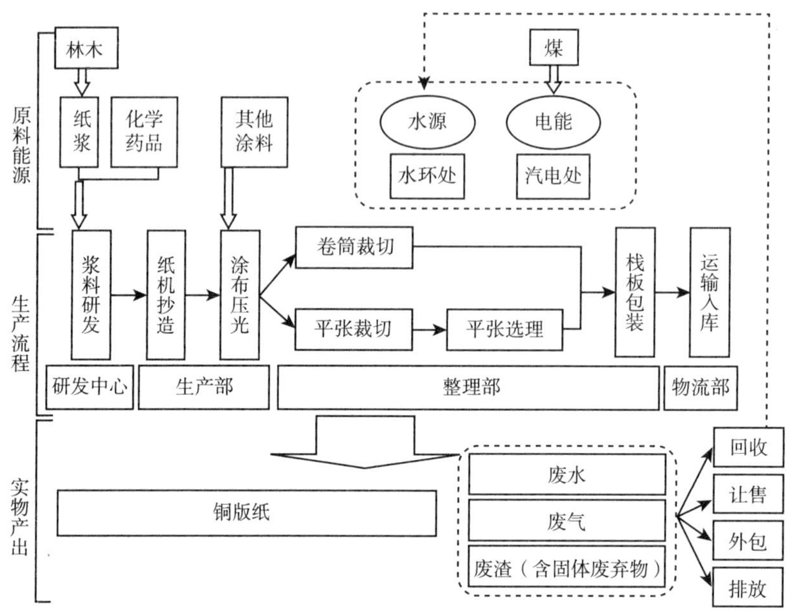

图 5 - 2　A 企业的造纸主要流程

能源方面，A 企业具有 29 万千瓦热电厂，能够输出蒸汽 1 000 ~ 1 200 吨/时，作为能源供应的保障。此外，公司多余的热点产能依然可以在企业间进行传输或转移能源以实现经济效应。汽电处作为企业公共服务部门，其经过采购处进行的原料煤集中采购，通过热电厂的处理加工，实现电能的传输与外售。热电厂的实物流转主要是从原料煤等的处理转化成为成品“电能”和“废气”。这种电能首先可以作为企业内部各部门所需，如对纸机生产提供能源，而多种部门之间的电能分配比例将“废气”产出归集到各个部门。生产部的实物流转主要是从纸浆、水、化学药品和填料等原料的处理转化为成品“铜版纸”、“废水”和“废渣”。铜版纸生产成本（其中也包含电厂的电能成本）主要流转至外部门形成主营业务收入；“废水”的处理途径有回归水环处进行过滤处理后循环至纸机使用，有经过处理后排放，水环处处理后的“废水”具有使用价值并且外包给环保部门指定的下游处理企业。

根据上述资料分析，现对 A 企业制定环境治理财务预算的思路归纳如下：

A 企业可采用作业成本法具体编制环境预算。生产导致作业发生，产品耗用作业，作用耗用资源，从而导致成本发生。在企业全面预算管理过程中嵌入环境预算，其基本思路可以是：企业分析内外部市场经营需求和国家环保政策→制定企业销售战略目标→预测企业生产产量→预测企业作业需求量→预测企业环境活动成本→预测企业产品生产总成本→预测企业环境源消耗量→控制和评价→反馈和修正。划定本年度的环境目标成本，并作相应分解成“经营成本”和“投资成本”，根据成本分配计量相应的原料、能源使用量，拟定出与 A 企业排放权相关的环境排放量和节能减排量，最终确定环境总排量。其中，环境排放形成“污染成本”，“环境减排”会形成排污权交易而获取收益，二者差值形成环境损失/收益，并对目标成本的制定起反馈调整作用。

A 企业环境财务预算模型如图 5 - 3 所示。

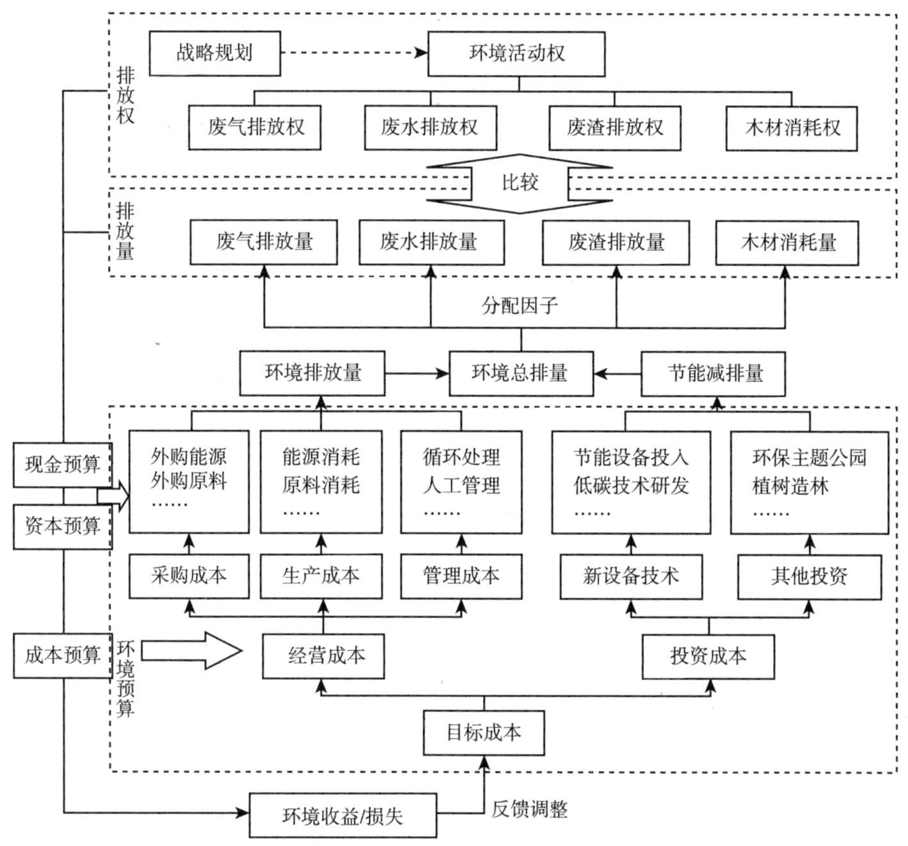

图5-3 A企业环境财务预算模型

第五节 我国各省工业环境财务绩效综合评价方法

一、导入环境财务思想的环境绩效评价

随着我国各地工业行业节能减排战略的不断开展及对环境保护和治理项目的不断投入，人们越来越关心这些投入与产出的效率，因此，目前急需对工业行业的环境财务绩效的现状和影响因素进行深入透彻地分析，以帮助相关主体（如政府、企业）审时度势、有的放矢、改善现状。传统的环境绩效是指相关主体在环境保护、污染治理及资源循环利用等方面所取得的环境治理与保护成绩，它主要是站在单纯的环境角度来考量环境问题的，反映的是纯粹的环境质量情况。而本书研究的环境财务绩效是站在财务角度来讲的，指相关主体过去和现在的环境行为对其过去、现在和未来的财务成果所产生的影响，是相关主体环境管理直接体现的外在结果和成效。与传统的环境绩效和财务绩效相比，环境财务绩效实现了经济效益、生态效益和社会效益三者的有机统一，更加强调自然再生产与社会经济活动再生产的相互协调，能够有效地反映相关主体是否实现了环境与财务双赢的目标，在环境会计研究中处于核心地位。因此，要想解决当下经济发展与环境保护的矛盾、实现经济发展与环境保护双赢的

局面，单纯地关注财务绩效或环境绩效已是远远不够的了，必须全面深入了解环境财务状况的综合效益，以采取具有针对性的措施来实现经济发展与环境保护双赢的局面。环境财务绩效研究既是当代社会进行环境管理的需要，也是现代会计主体进行财务管理的需要。然而，至今为止，我国尚未形成一套统一而规范的环境财务绩效评估体系，这在一定程度上制约着相关主体进行环境管理和履行社会责任的主动性。

基于中外现有相关研究成果分析，针对环境财务绩效研究中遇到的实用性、导向性和激励性等瓶颈问题，我们尝试着将财务思想合理地融入到环境绩效研究之中，通过确立一套较为全面且具有实用性的工业环境财务绩效评估体系，并对目前我国环境财务绩效现状和影响因素进行多角度的深入剖析，可以揭示抑制绩效提升的原因以及改善方法。

二、中外现有研究成果综述

早在20世纪70年代，西方会计学者就开始研究环境保护与会计处理技术相结合的问题，先后提出了“环境污染会计”的概念和“生态会计”的构想（例如，比蒙斯，1971；马林，1973）。到了90年代，西方已初步形成了环境会计的理论框架，并开始关注环境业绩与财务业绩的融合（例如，Bennett等，1998；Epstein，1996），联合国国际会计和报告标准政府间专家工作组（1998）还专门发布了文件《企业环境业绩与财务业绩指标的结合》。与此同时，在我国，葛家澍等（1992）将西方绿色会计的思想引入中国，并提出构建具有中国特色的绿色会计理论和方法，这成为我国环境会计研究史上的里程碑。随后，一些学者（李祥义，1998）提出了增设适当绿色财务管理评价指标的构想。

21世纪以来，随着财务会计理论的不断完善，大量研究发现，环境绩效与财务绩效密切相关（例如，吕峻，2011；Hiroki Iwata，2011；Nicola Misani et al.，2015），国内外学者越来越清楚地认识到将环境与财务会计相结合的重要性，环境财务会计思想得到了发展。罗伯·格瑞（Rob Gray）等（2004）提出，当财务和环境标准发生冲突时，最有效的方法是明确地将环境融入奖励系统中，在投资评估时，环境道德和财务因素都应予以特别关注。李心合提出将财务环境理论纳入整个财务环境体系（2001），公司财务理论应突破主流的社会责任外生型理论，将社会责任内生化（2009），并提出了“绿色财务绩效”的思想（2014）。秦春玲（2008）、郭海芳（2011）先后对绿色财务管理和绿色财务绩效的相关概念、内容体系、实施策略、现阶段面临的问题进行了详细阐述。

在环境财务及环境财务绩效理论框架的发展下，一些学者具体针对环境财务绩效评估进行了初步的理论研究，主要包括评估的指标体系和方法两大内容。评估的指标体系方面，陈璇等（2010）从资源消耗、治理和投资三个方面设计了一套包含制造企业环境财务绩效和环境管理绩效的综合评估体系。评估方法方面，袁广达等（2008）证明了模糊聚类分析方法在环境财务绩效评估时的科学性和应用价值。

环境财务绩效研究的具体内容可以包括环境财务绩效评估研究、影响环境财务绩效的因素研究、受环境财务绩效影响的因素研究以及环境财务绩效的提高方法研究等等，其中，环境财务绩效评估研究又可具体分为理论研究（包括指标体系的设置、评估方法的选择等）和实证研究两部分。由上述文献综述可见，目前有关环境财务绩效的研究仍处于初探阶段。就研究内容来看，大多只是关于环境财务绩效评估方面的理论研究，而其他方面的研究极少。就研究成果来看，虽然指标体系的构建以及评估方法都很多样，但大多都只是基于纯粹的理论基础和自己主观设想的未来理想财务报表，缺乏实际应用价值，很难落实到对当下具体地区、行业或企业的评估上去；即使有极少数进行了实证研究，但由于数据的可得性较弱，所选取的评估指标单一且多为绝对数，分析结论易片面，并不具备对被评估对象的指导和激励价值。此外，大多数研究在构建评估指标时忽视了被评估对象发展潜力和对废弃物的循环再利用能力；在对评估结果进行研究时，仅局限于静态分析而缺少动态分析。

三、我国省际工业环境财务绩效评估方法

（一）理论依据

随着人们对资源和环境问题的不断重视以及绿色 GDP 思想的提出，生产经营主体的外部不经济性逐渐受到关注。联合国环境与发展委员会（1987）在提出可持续发展观时就初步指出了经济、环境和社会发展的关系：经济规模×产出结构×排污强度=环境质量，此所谓投入产出模型。该理论认为，在评估一个主体的整体效益时，不能再仅仅关注系统内部的消耗与产出，而应该也有必要将环境因素加入到投入产出模型中，构建可以反映资源、环境和经济关系的投入产出评估体系。改进后的投入产出理论指出，在考虑“投入”和“产出”时，必须考虑经济系统对资源的消耗以及对环境的影响，将“投入”的概念从单一的经济生产过程中对各生产要素的消耗和使用扩展到包括经济、资源和环境三部分的全部社会成本范围，并将经济系统对资源和环境造成的影响加入到“产出”概念之中。投入产出理论应用于环境保护领域又衍生出“物质均衡”概念，这一概念明确指出了“循环利用”在经营生产中对提高环境绩效的重要性。然而恰恰是“循环利用”这一点，在现有的环境绩效研究中常常被忽视，却又极为重要。此外，根据生命周期理论，工业实体在产品生命周期的每个阶段（生产、销售、使用和后处理），产品都会以不同的方式和程度影响着环境，例如，原材料提炼和加工、再利用和维护、废旧物处置等等，都是环境财务绩效评价内容的必不可少的重要组成部分，有助于大部分的评价指标建立，尚且其提出的开展评估的三个主要阶段也对环境财务绩效评价方法和评价步骤有着较强的指导和借鉴作用。除了评估的基本思想和具体内容，由世界可持续发展企业理事会（WBCSD）提出的生态经济效率理论还给出了生态经济效率指标的计算公式：生态效率=产品或价值服务÷对环境的影响。

基于可持续发展理念，在构建环境财务绩效评估体系时，需以投入产出理论为基本思想，在确定具体评估内容和指标时以被评估对象的“投入—产出”流程为主线，并加入物质均衡理论和生命周期评估理论中提出的“循环利用”等内容，将环境与财务因素相融合；在设置具体指标公式时，以生态经济效率理论为指导思想，并对其原始公式进行合理改进，以确保环境因素与财务因素相结合的合理性。此外，在构建评估体系时，不仅遵循了全面性、科学性、客观性等传统原则，还秉持了环境管理理论中的环境管理过程全控制原则和双赢原则以及国际上的 CERES 等原则，并考虑了被评估对象的发展潜力，以充分考察被评估对象的环境财务综合效益。CERES 原则是在埃克森·瓦尔迪兹（Exxon Valdez）悲剧后由美国社会投资论坛下的环境责任经济联盟（CERES）项目发展起来的，并在世界许多国家得以推广，旨在提高环境绩效和可持续发展。该原则对能源节约、废弃物的减少和循环利用等多项内容提出了具体要求。

（二）评估指标体系的构建

按照上述思路，构建的几类工业环境财务绩效评估指标。

1. 能耗指标

能耗指标也称能源效率指标，是站在生产节约和广义的可持续发展的角度而言的，用来考核能源的利用效率。从生产经营的全过程来看，能耗属于投入要素，那么势必需要了解这些投入所带来的产出、经济效益以及对环境造成的影响，因此，设计如下二级指标：

（1）能耗产值率。该指标用来反映能耗的产值效率。在能耗一定的情况下，较多的产值意味着投入的减少和产品成本的减少，最终导致财务效益的上升和竞争能力的增强。因此，该指标值越高，环境财务风险越小，环境财务绩效越好。具体计算公式如下：

$$能耗产值率=\frac{总产值}{能源消耗量}\times 100\%$$

（2）能耗收益率。该指标用来反映被评估对象的能耗收益能力。在能耗一定的情况下，较多的利润意味着收益能力的增强。因此，该指标值越高，说明环境财务绩效越好。具体计算公式如下：

$$能耗收益率=\frac{利润总额}{能源消耗总量}\times 100\%$$

2. 排污指标

与能耗指标相比，排污指标反映的是有害于环境系统的废弃物（即通常所说的“三废”，包括废水、废气和固体废弃物）排放情况，是站在环境保护角度来看的，它的目的是考核生产活动中产出的废气有害物值的排放水平，是客观反映环境质量状况与财务效益之间内在相关性的表征值，属于产出指标。同能耗指标的原理相似，对排污指标设计如下二级指标：

（1）废弃物排放产值率。该指标反映废弃物排放带来的产值效率。在废弃物排放一定的情况下，产值越高，说明生产对环境的破坏越小，生态经济效率越高。因此，该指标值越高，环境财务绩效越好。具体计算公式如下：

$$废弃物排放产值率=\frac{总产值}{废弃物排放量}\times 100\%$$

（2）废弃物排放收益率。该指标反映废弃物排放带来的收益情况。在废弃物排放一定的情况下，利润越高，说明经济发展对环境的破坏程度越小。因此，该指标值越高，环境财务绩效越好。具体计算公式如下：

$$废弃物排放收益率=\frac{利润总额}{废弃物排放量}\times 100\%$$

3. 治理指标

治理指标反映的是被评估对象环境治理情况对环境系统和财务系统的综合影响，它是站在环境保护角度而言的，用来考查被评估对象的环境治理水平。工业行业的环境治理主要体现在治理投入和治理成效两个方面，其中，治理投入可以通过环境治理投资和费用来反映，治理成效可以通过治理投资回报率和废弃物的循环利用情况来反映。因此，治理能力指标可以分为如下4项二级指标：

（1）环境治理投资率。该指标反映被评估对象对环境治理的投资力度，用来考查其对环境治理的态度是否积极、为了治理环境污染占用多少资金。工业环境治理投资包括环保设备投资、环境治理工程投资、环保项目投资等等。因为这些被投资对象最终都属于被评估对象的资产，所以采用环境治理投资总额与资产总额之比（即环境治理投资率）来反映环境治理资金投入情况。该指标值越高，说明环境治理资金投放比例越高，治理态度越积极。其计算公式如下：

$$环境治理投资率=\frac{环境治理投资总额}{资产总额}\times 100\%$$

（2）废弃物治理设施运行成本费用率。该指标反映被评估对象在环境治理中发生的资金消耗情况。工业行业的环境治理资金耗费主要体现为各项废弃物治理设施的运行费用，且在会计上具有成本和费用的性质，因此，就用各项废弃物治理设施本年运行费用与营业成本之比（即各项废物治理设施成本费用率）来反映环境治理资金的耗费情况。该类指标值越小，说明环境治理成本越小，治理水平越高。具体计算公式如下：

$$废弃物治理设施运行成本费用率=\frac{废弃物治理设施本年运行费用}{营业成本+期间费用}\times 100\%$$

（3）环境治理投资收益指标。该指标反映被评估对象环境治理投资的收益率，是环境治理投资率指标的必然发展和延伸，是对其的必要补充。在治理投资规模一定的情况下，其带来的利润越高，说明投资越有效。因此，该指标值越高，说明治理投资的成效越好。具体计算公式如下：

$$环境治理投资收益率=\frac{利润总额}{环境治理投资总额}\times 100\%$$

（4）废弃物循环利用成本率。该指标用来反映被评估对象的资源回收再利用的能力。虽然该类指标常常在环境效益研究中被人们所忽视，但与对废弃物的处理相比，废弃物的循环再利用是一种更好的环境资源节约行为。因此，有必要将该指标加入到评估体系中，使评估体系更加全面系统。在废弃物循环利用量一定的情况下，成本越高，生态经济效益越差。因此，该指标值越高，说明废弃物的循环利用能力越强。具体计算公式如下：

$$废弃物循环利用成本率=\frac{营业成本}{废弃物综合利用量}\times 100\%$$

4. 发展指标

发展能力指标也称成长能力指标，指被评估对象在环境财务管理中所表现出的增长能力。如果说，能耗指标、排污指标和治理能力指标三大类指标是静态指标的话，发展能力指标则属于动态指标，主要反映被评估对象在能耗、排污及治理方面的好转情况，是这三方面指标的扩展和延伸。无论是被评估对象的内部管理者还是外部利益相关者，在研究其环境财务绩效时，都会十分关注其发展能力。发展能力的分析有助于预测未来的环境财务效益，可以为相关部门制定合理且长期的政策制度和管理决策方案提供依据，避免决策失误带来的巨大经济和环境损失。因此，虽然目前绝大多数研究在构建环境财务绩效评估体系时未考虑发展能力，但作者认为加入这类指标是十分有必要的。其二级指标如下：

（1）能耗收益变化率。该指标反映本年度能耗收益效率的变化情况。因此，该指标值越高，说明能耗收益能力增强。具体计算公式如下：

$$能耗收益变化率 = \frac{本年能耗收益率 - 上年能耗利益率}{上年能耗收益率} \times 100\%$$

（2）废弃物排放收益变化率。该指标反映本年度废弃物排放收益率的变化情况。因此，该指标值越高，说明排放带来的经济效益增加。具体计算公式如下：

$$废弃物排放收益变化率 = \frac{本年废弃物排放收益率 - 上年废弃物排放收益率}{上年废弃物排放收益率} \times 100\%$$

（3）环境治理投资变化率。该指标反映本年度环境治理投资力度的变化情况。因此，该指标值越高，说明治理力度加大、治理态度更加积极。具体指标计算公式如下：

$$环境治理投资变化率 = \frac{本年环境治理投资总额 - 上年环境治理投资总额}{上年环境治理投资总额} \times 100\%$$

综上所述，我们构建了较为完整且具有实用性的工业环境财务绩效评估体系，如图5－4所示。

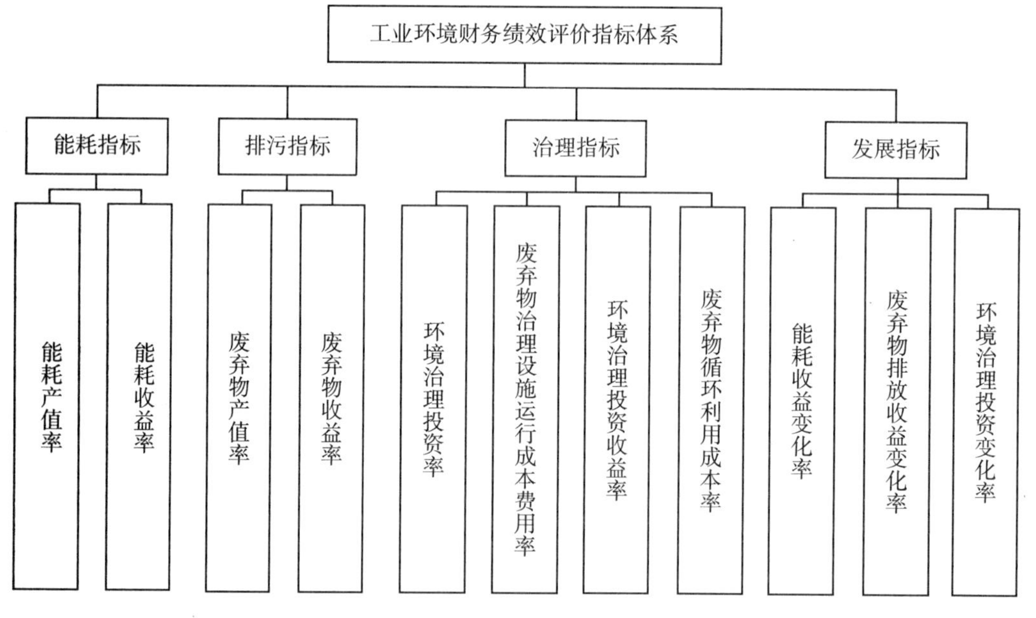

图5－4　工业环境财务绩效评估体系框架

（三）评估方法的确定

工业环境财务绩效评估指标数量较多，且量纲不一、意义不同。因子分析法能够深刻地反映出指标的综合效用价值，比专家经验评估等方法更具可信度，适合对多元指标进行综合评估。因此，采用因子分析法对工业环境财务绩效进行综合评估。

因子分析法的基本思想是用少数的互相独立的因子来反映原有变量的绝大部分信息，其一般数学模型如下：

$$
\begin{cases}
x_1 = a_{11}f_1 + a_{12}f_2 + a_{13}f_3 + \cdots + a_{1n}f_n + \mu_1 \\
x_2 = a_{21}f_1 + a_{22}f_2 + a_{23}f_3 + \cdots + a_{2n}f_n + \mu_2 \\
x_3 = a_{31}f_1 + a_{32}f_2 + a_{33}f_3 + \cdots + a_{3n}f_n + \mu_3 \\
\cdots\cdots \\
x_m = a_{m1}f_1 + a_{m2}f_2 + a_{m3}f_3 + \cdots + a_{mn}f_n + \mu_m
\end{cases}
$$

其中，$x_i(i = 1,2,\cdots,m)$ 为样本的 m 个实测变量（已经过标准化处理过后的）；$f_i(i = 1, 2,\cdots,n)$ 为不可观测的随机变量，是出现在各个变量中的共同因子，这 n 个变量在高维空间中是 n 个相互垂直的坐标轴；$\mu_i(i = 1,2,\cdots,m)$ 为特殊因子，表示实测变量与估计值之间的误差；a_{ij} 称为因子荷载，是第 i 个变量与第 j 个因子的相关系数，荷载越大则表示第 i 个变量与第 j 个因子的相关性越强，反之，则表示第 i 个变量与第 j 个因子的关系越疏远；$\sum_{j=1}^{m} a_{ij}$ 称为各变量对应的共同度，是公共因子对 x_i 的方差贡献。

（四）评估结果与分析

1. 数据来源

以下研究各省份 2008 ~ 2012 年的工业环境财务绩效。所有指标数据均据《中国统计年鉴》、《中国环境统计年鉴》以及《中国能源统计年鉴》中的数据整理和计算得出。部分数据的可得性较弱，做了如下处理：（1）部分省份的剔除。由于西藏的能源数据未完整披露，故在实证研究时剔除。剔除对研究结论分析的影响微乎其微。（2）个别缺失数据的模拟。由于 2008 年各省份工业行业的“财务费用”和“销售费用”并未披露，现利用2009 ~ 2012 年的数据，采用 GM（1，1）模型和 Verhulst 模型对 2008 年的这两项数据进行模拟，所有数据的模拟精度均超过 90%，且其中大部分精度都在 98% 以上，精确度极高，无论从技术层面还是分析结果来看都切实可行。（3）工业行业循环利用的废弃物主要指固体废弃物，因此采用固体废弃物的综合利用量来反映废弃物的综合利用量。

2. 计算结果

首先，由于能源和废弃物的相关数据都是按能源和废弃物的种类分项披露的，各项的单位、量纲均有差异，故本处先采用熵值法对各项能源和废弃物的指标值进行计算整合，然后采用计算整合后的综合值作为能源和废弃物相应的最终指标值，以避免过分夸大某类指标的作用、使评估结果更加客观全面；其次，采用因子分析法并利用 SPSS20.0 对每一年的各项指标数据进行计算，得出各省份每一年的工业环境财务绩效得分和排名；最后，对各年得分再次进行因子分析计算，得出 5 年的综合得分和排名。在每一次使用因子分析法时，都能通过 KMO 检验，即每一次使用因子分析法都是适合的。具体排名结果如表 5 - 8 所示。

表 5-8　　2008~2012 年我国省际工业环境财务绩效得分及排名

序号	省份	2012 年		2011 年		2010 年		2009 年		2008 年		综合情况	
		得分	排名	得分	排名	得分	排名	得分	排名	得分	排名	综合得分	综合排序
1	北京	1.4805	1	1.9850	1	1.0041	3	1.0863	2	1.8393	1	3.1845	1
2	天津	0.7050	3	0.5446	5	0.5847	4	0.3556	6	0.9141	2	1.3301	4
3	河北	0.0249	13	-0.0892	15	-0.0429	15	-0.0268	15	0.8104	3	0.2344	8
4	山西	-0.5157	24	0.0048	10	0.0514	11	-0.6608	28	0.6445	4	-0.2854	18
5	内蒙古	-0.1821	21	-0.0814	13	0.0372	12	-0.2499	18	0.5685	5	-0.0131	13
6	辽宁	-0.0074	15	-0.4942	26	-0.0080	14	0.0337	12	0.5227	6	-0.0209	15
7	吉林	0.1661	11	-0.1850	18	-0.1063	17	0.0230	13	0.4755	7	0.1338	12
8	黑龙江	-0.1642	18	0.1934	8	-0.2089	20	-0.3179	20	0.2098	8	-0.1529	17
9	上海	0.6916	4	0.3489	6	1.0804	2	1.0286	3	0.1454	9	1.4788	3
10	江苏	0.4138	5	0.8869	2	1.4255	1	1.3818	1	0.1370	10	1.8873	2
11	浙江	0.2058	8	-0.0410	12	0.3843	5	0.3496	7	0.0632	11	0.4308	7
12	安徽	0.1804	10	-0.0090	11	0.3594	6	-0.0677	16	-0.0256	12	0.2049	9
13	福建	-0.1432	17	-0.1877	19	-0.2809	22	-0.0066	14	-0.0373	13	-0.2938	19
14	江西	0.2622	7	-0.1957	21	-0.4362	25	0.0982	10	-0.0411	14	-0.1245	16
15	山东	0.9269	2	0.6642	4	-0.1567	18	0.1252	9	-0.0544	15	0.7086	5
16	河南	0.2036	9	-0.0839	14	0.1528	9	0.1593	8	-0.0606	16	0.1789	10
17	湖北	-0.0234	16	-0.5456	29	-0.3957	24	-0.4336	24	-0.0628	17	-0.6421	23
18	湖南	-0.1812	20	-0.1892	20	0.0038	13	-0.2738	19	-0.1091	18	-0.3300	20
19	广东	0.4136	6	-0.1492	17	0.1504	10	0.7442	5	-0.1119	19	0.4913	6
20	广西	-0.2851	22	-0.3979	23	0.2556	7	-0.3353	21	-0.1299	20	-0.3947	22
21	海南	-0.5497	25	0.7266	3	-0.3431	23	0.7738	4	-0.1836	21	0.1749	11
22	重庆	0.1454	12	-0.5150	28	-0.2411	21	-0.0791	17	-0.2188	22	-0.3771	21
23	四川	0.0153	14	0.1705	9	-0.0999	16	0.0957	11	-0.2718	23	-0.0179	14
24	贵州	-0.4279	23	0.2722	7	-0.5919	28	-0.6068	27	-0.3227	24	-0.7372	24
25	云南	-0.6741	29	-0.4916	25	-0.5802	27	-0.3925	22	-0.4365	25	-1.1338	27
26	陕西	-0.1811	19	-0.1277	16	-0.5033	26	-0.4779	25	-0.5377	26	-0.7740	25
27	甘肃	-0.5787	28	-0.6813	30	-0.8994	30	-0.5329	26	-0.7157	27	-1.4760	30
28	青海	-0.5581	27	-0.3646	22	0.2526	8	-0.7060	30	-0.8576	28	-0.9407	26
29	宁夏	-0.8093	30	-0.4982	27	-0.6789	29	-0.3984	23	-0.8964	29	-1.4150	29
30	新疆	-0.5539	26	-0.4697	24	-0.1689	19	-0.6889	29	-1.2568	30	-1.3093	28
离差系数		0.2567		0.2744		0.2616		0.2749		0.3027		0.5000	

3. 结果分析

由表5-8综合排序可见，京津冀、长三角和珠三角地区的工业环境财务绩效整体较好，东北和中部地区的工业环境财务绩效较一般，西部地区的工业环境财务绩效相对较弱，即，我国的工业环境财务绩效具有极强的区域性，总体上呈由东向西逐步下降的趋势。因此，就区域特征来看，我国的工业环境财务绩效特征与我国的经济发展特征相符，而与环境污染特征相悖。这也从另一方面说明，虽然我国在经济发展的同时对环境造成了很大破坏，但经济的发展程度总体上是远大于对环境的破坏程度的。

此外，为解各省份环境财务绩效的差距，作者还分别计算了2008~2012年中每一年各省份工业环境财务绩效得分的离差系数（为了避免“正负性”对离差系数的影响，作者对各年得分进行了“去负化处理”，即，将所有得分统一加2，以使所有得分都变为正数），结果如表5-8所示。由离差系数可知，我国各省份工业环境财务绩效的差距总体上是在不断缩小的。

要想进一步了解各省份的环境财务绩效变化情况，还需对各省份工业行业在2008~2012年的排名进行动态的比较和分析。由评估结果可知，在2008~2012年这5年中：（1）工业环境财务绩效始终保持较好的有北京、天津、江苏、上海，它们的绩效每年都排在前10位；（2）工业环境财务绩效始终较弱的有甘肃、宁夏、云南、新疆，它们的绩效每年基本都排在最后10位；（3）工业环境财务绩效总体呈好转趋势的省份只有陕西、山东；（4）工业环境财务绩效不断下降的省份只有内蒙古；（5）工业环境财务绩效先有好转然后又有所恶化的有青海、湖南、广西；（6）工业环境财务绩效先恶化然后又有所好转的有湖北、江西、福建、吉林、辽宁、河北；（7）其他10个省份的工业环境财务绩效起伏不定。

四、我国省际工业环境财务绩效影响因素研究

（一）研究设计

1. 研究假设

为深入了解导致我国工业环境财务绩效现状的原因并寻求改善措施，下面针对工业环境财务绩效的影响因素进行研究。追溯国内外有关经济与环境影响因素的研究，我们从经济、政治、科技、教育、地域等方面着手，具体研究经济发展、产业结构、对外开放和国际贸易、环境政策、科技水平、教育水平以及人口密集度对工业环境财务绩效的影响。研究假设如下：

（1）在上述评估研究中，我们已初步得出结论，认为我国工业环境财务绩效与我国经济发展的地域特征相符。环境库兹涅茨曲线环境偏好理论也认为，随着人们生活水平的提高，人们对环境也会提出更高的要求，与就业和收入相比，人们更有意愿且有更多的资源来改善环境，提高环境绩效。据此，提出研究假设1：工业环境财务绩效与经济规模正相关。

（2）一个地区工业比重的提高一方面会带动经济的发展，另一方面也会对环境造成污染，但上述评估研究表明，工业行业经济的发展程度是远大于对环境的破坏程度的，据此，提出研究假设2：工业环境财务绩效与工业产业结构正相关。

（3）从经济角度来看，随着我国本土企业的不断崛起，外资对我国经济发展的正面影

响会有所减弱；从环境角度来看，“污染避难所”假说认为，外资对我国的环境具有明显的负面影响。据此，提出研究假设3：工业环境财务绩效与对外开放程度和国际贸易水平负相关，具体可以表现为以下两个方面：

研究假设3－1：工业环境财务绩效与外资依存度负相关；

研究假设3－2：工业环境财务绩效与贸易依存度负相关。

（4）国家制定经济环境政策的主要目的就是促进经济的发展和环境的保护，据此，提出研究假设4：工业环境财务绩效与国家相关政策力度正相关。

（5）科技越发达的地区，生产率水平和环保技术水平越高，据此，提出研究假设5：工业环境财务绩效与科技水平正相关。

（6）教育水平越高的地方，经济水平越高，环保意识也越强，据此，提出研究假设6：工业环境财务绩效与教育水平正相关。

（7）一些研究表明（Selden & Song，1994），人烟稀少的地区对降低人均排放的关注更少，而在相同的收入水平上，人口密度越高的国家越关心环境，从这一角度可知，人口密度大对于改善地区环境绩效水平是有利的。同时，在我国，人口密度越大的地区，经济发展水平越高。据此，提出研究假设7：工业环境财务绩效与人口密度正相关。

2. 变量的设定

结合相关研究，此处设定的变量及其相应的具体指标选择如表5－9所示。

表5－9　　变量定义及指标选择

变量种类	变量名称	变量指标选择	英文缩写
被解释变量	工业环境财务绩效	工业环境财务绩效得分	EFPE
解释变量	经济规模	人均GDP（万元/人）	PGDP
	产业结构	第二产业GDP与GDP总量之比（%）	IS
	对外开放	外资依存度：工业行业中外商投资企业数与企业总数之比（%）	DC
		贸易依存度：进出口贸易总额与GDP总量之比（%）	DT
	环境规制强度	工业污染治理投资完成额与就业总量之比（亿元/万人）	SER
	科技水平	工业行业专利申请数（个）	PI
	教育水平	普通本专科在校学生数量（万人）	EDU
	地域特征	人口密度：年末人口与地区面积之比（人/平方公里）	DP

3. 研究方法及模型的构建

根据研究假设，采用多元线性回归模型来分析工业环境财务绩效的影响因素，具体回归模型如下：

$$\ln(EFPE)=\beta_0+\beta_1\ln(PGDP)+\beta_2\ln(IS)+\beta_3\ln(DC)+\beta_4\ln(DT)+\beta_5\ln(SER)+\beta_6\ln(PI)+\beta_7\ln(EDU)+\beta_8\ln(DP)+\mu$$

其中，β_0为常数项，$\beta_i(i=1,2,\cdots,8)$为回归系数，μ为残差。

4. 样本选择及数据来源

这里以评估研究中研究的30个省份在2008～2012年中的数据来构建面板数据，共计150个样本。其中，工业环境财务绩效值为评估研究中的得分值，其他变量值均由《中国统计年鉴》、《中国工业经济统计年鉴》中的数据整理和计算得出（为了避免工业环境财务绩效值中负数对模型中取对数的影响，和上述计算离差系数一样，对其进行"去负化"处理）。

（二）实证结果

1. 回归结果

根据样本数据，对变量按照不同年份以及5年的整体情况进行回归计算，回归结果见表5－10。

表5－10 多元线性回归模型

自变量	2008～2012年	2008年	2009年	2010年	2011年	2012年
ln（PGDP）	0.304*** （0.000）	0.376*** （0.005）	0.199** （0.014）	0.434*** （0.000）	0.274** （0.040）	0.229*** （0.001）
ln（IS）	－0.157 （0.147）	－0.149 （0.561）			－0.702*** （0.005）	－0.004 （0.977）
ln（DC）	0.039 （0.234）		0.060 （0.211）			
ln（DT）	－0.042* （0.093）			－0.059 （0.283）	－0.051 （0.453）	－0.013 （0.742）
ln（SER）	－0.058** （0.024）		－0.152*** （0.000）	－0.112** （0.015）		－0.111*** （0.003）
ln（PI）	－0.041* （0.099）	－0.155** （0.035）	0.003 （0.934）		－0.001 （0.990）	
ln（EDU）	0.097*** （0.006）	0.238** （0.014）	0.017 （0.736）		0.052 （0.531）	0.088** （0.028）
ln（DP）	0.061*** （0.003）	0.104* （0.066）	0.048* （0.096）	0.032 （0.311）	0.030 （0.504）	0.049* （0.086）
F值	22.126*** （0.000）	6.432*** （0.001）	22.633*** （0.000）	10.454*** （0.000）	5.082*** （0.002）	19.283*** （0.000）

注：***、**、*分别表示在1%、5%和10%的水平上显著，最后一行的括号中为F检验值，其余各行的括号中为t检验值。

2. 多重共线性检定

导致共线性问题的主要原因是存在两个以上的解释变量间具有高度相关性。当共线性存在时，会降低解释变量能力，从而影响回归模型的有效性。本书以 VIF 值来检定是否存在多重共线性问题（见表5－11）。由表5－11 可知，每一模型中各项自变量的 VIF 值均小于10，这表明不存在多重共线性问题，不会影响到回归模型中母数估计值的正确性及稳定性。

表5－11　　VIF 值

自变量	2008～2012 年	2008 年	2009 年	2010 年	2011 年	2012 年
ln（PGDP）	3.238	1.903	2.958	2.400	2.650	2.100
ln（IS）	2.008	1.229	—	—	1.926	1.790
ln（DC）	3.068	—	3.068	—	—	—
ln（DT）	4.027	—	—	3.192	4.189	3.609
ln（SER）	1.614	—	1.425	1.164	—	1.364
ln（PI）	6.712	5.233	6.499	—	7.959	—
ln（EDU）	3.887	3.182	4.091	—	4.238	2.126
ln（DP）	3.126	2.618	2.930	1.671	3.067	2.785

3. 实证结论与研究假设验证

现以0.1 作为显著性水平，各自变量只要在显著性水平为0.1 的情况下通过 t 检验，即说明其与因变量之间具有显著的相关性。根据5 年的整体情况，得出研究假设验证结果和结论，具体见表5－12。

表5－12　　研究假设与结论汇总表

研究假设	预期结果	实证结果	研究假设成立与否
1. 经济规模对工业环境财务绩效具有显著影响	+	+	成立
2. 产业结构对工业环境财务绩效具有显著影响	+	?	不成立
3－1. 外资依存度对工业环境财务绩效具有显著影响	－	?	不成立
3－2. 贸易依存的对工业环境财务绩效具有显著影响	－	－	成立
4. 环境规制强度对工业环境财务绩效具有显著影响	+	－	不成立
5. 科技水平对工业环境财务绩效具有显著影响	+	－	不成立
6. 教育水平对工业环境财务绩效具有显著影响	+	+	成立
7. 人口密度对工业环境财务绩效具有显著影响	+	+	成立

注：“?”表示没有显著相关性，“+”表示具有显著正相关性，“－”表示具有显著负相关性。

（三）结果分析

虽然各年份的结果不尽相同，但从总体上看，经济规模、教育水平和人口密集度对工业环境财务绩效具有促进作用，国际贸易、环境规制和科技水平会抑制绩效的增长，而外资依存度和产业结构对绩效并无显著影响。据此，作者认为目前制约我国工业环境财务绩效提升的原因主要有：

（1）国际贸易对环境的破坏程度要比其对经济的促进作用更大。导致这一现象的原因主要是部分国际贸易将污染产业向我国转移。从短期来看，这类贸易会促进经济的增长，但从长期来看，给我国带来的环境成本远大于带来的经济效益，最终会导致我国环境经济效益的整体下降。

（2）部分有关经济环境的政策规定（如环境规制）缺乏有效性。虽然近年来我国出台了一系列有关经济环境的政策规定以促进经济发展和环境保护，但这些政策对促进工业环境财务绩效的提高缺乏有效性。我们认为，造成这一结果的主要原因有四：一是部分政策的制定缺乏合理性和实施性，不能有效达到经济发展与环境保护双赢的目的；二是部分政策的执行力度不够；三是环境政策实施效果具有一定滞后性，需要经过一段时期才能反映出来；四是部分政策朝令夕改，无法起到长期有效的指导和规范作用。

（3）我国工业行业科技发展缺乏全面性，环保技术创新能力较弱。虽然科技发展有利于经济的发展，但目前工业行业在发展科技时并没有注重对环境的保护，我国科技发展缺乏全面性，环保技术发明能力较弱，科技发展政策和研究方向有待调整。

五、研究结论与政策建议

（一）研究结论

第一，工业环境财务绩效总体上呈由东向西逐步下降的地区特征，但各省份间的差距是在不断缩小的。其中，京津冀、长三角和珠三角地区的工业环境财务绩效整体较好，东北和中部地区的工业环境财务绩效较一般，西部地区的工业环境财务绩效相对较弱。

第二，经济发展、教育水平提高及人口密度增加有利于工业环境财务绩效的提升，贸易依存度、科技发展及环境规制强度对工业环境财务绩效具有抑制作用，而外资依存度和产业结构对工业环境财务绩效并无显著影响。

第三，环境财务绩效并不是环境绩效与财务绩效的简单加总，它们所站的角度和反映的内容是不同的。环境财务绩效评估可以通过货币量化和财务数据分析的方式有效地揭示被评估对象的环境财务综合效率，用来准确判断被评估对象是否实现环境与财务双赢的目标。

（二）政策建议

针对研究结果，现提出如下政策建议以提高我国工业环境财务绩效：

第一，提高对外商的“环境准入”门槛，加强对“两高一资”行业的出口控制。政府应加强对进出口贸易的环境审查，提高对外商的环境准入标准，并通过加大税收等方式严格控制“两高一资”企业的进出口额，大力实施“绿色”“一带一路”战略。

第二，进一步完善环境规制，加强执法和监管力度。各省份应加快建立多层次环境财务绩效提升体系，推进环境规制的制定和完善工作，并大力加强环境规制的执法力度、推动相关鼓励或处罚措施的落实，从根本上解决违法成本低、守法成本高、依法治污、依法管理方面存在的长期问题。

第三，调整科技发展政策和研究方向，积极推动环保技术的创新和应用。严格科技发明的环境标准，通过政策鼓励、政府补助、建立环保创业基地和创意园等方式推动环保科技的发展。

第四，大力发展环保教育事业，努力提高环保意识和环保能力。各地区应加大对企业和公民的环保教育和宣传工作，积极开展环保公益活动，并鼓励相关教育单位大力开展环保教育研究工作。

第五，加大不同区域间的经济与环保交流，促进经济和环境的区域互补。各省份间一方面可以通过产业转移、共同投资等方式促进地区间经济的互补，先富带动后富；另一方面可以通过研发合作等方式加强区域间的环保技术交流，并建立健全的区域协作机制，通过联合执法、信息共享等措施有效防治污染。

本章小结

绿色财务管理适应了市场发展的要求，经济可持续发展与财务可持续发展是辩证统一的关系，经济可持续发展是财务可持续发展的前提；财务可持续发展又是经济可持续发展的保障。

可持续财务学就是在经济、社会、生态可持续发展的条件下的财务学，它是以整个社会的可持续发展为前提，以公司股东利润最大化为动力，在此基础上对企业财务活动、财务关系的研究，主要包括企业在可持续发展视角下的筹资、投资、经营、分配等活动。

可持续发展财务学的目标是在保护环境和资源可持续利用的基础上，合理地组织资金运动和协调企业与有关各方面的财务关系，促进经济效益、社会效益、生态效益的平衡协调发展。

可持续发展财务学的内容包括可持续筹资决策、可持续投资决策、可持续经营决策、可持续分配决策四大部分。可持续财务学的管理方法主要有可持续财务预测、可持续财务决策、可持续财务预算、可持续财务控制、可持续财务分析。

企业可以从绿色管理、低碳管理、循环管理几方面入手对企业环境财务进行管理，企业环境财务管理涉及绿色筹资管理、绿色投资管理和绿色经营管理。由于环境财务管理理论尚未成熟，因此现阶段实施绿色财务管理必然会面临一些问题，如环境资源的产权认定及货币计量困境、生态环境问题的国际转移、发展中国家经济困境、社会支持不够。为了解决这些困难，企业要重新认识财务的内涵、合理安排绿色财务资金的预算、企业要转变财务管理目标、实行低碳财务管理措施、协调会计与财务在环境管理中的功能、内在化环境成本、建立纳入环境因素的企业财务评价体系。

企业环境财务预算一种重要工作内容就是环境财务预算，它是环境财务管理的重要手段。也是实现环境财务的目的的首要环节。其内容包括环境筹资预算、环境投资预算、环境经营预算和环境分配预算四大项内容，并有自身的预算编制方法和步骤。

环境财务绩效指相关主体过去和现在的环境行为对其过去、现在和未来的财务成果所产生的影响，是相关主体环境管理直接体现的外在结果和成效。与传统的环境绩效和财务绩效相比，环境财务绩效实现了经济效益、生态效益和社会效益三者的有机统一，更加强调自然再生产与社会经济活动再生产的相互协调，能够有效地反映相关主体是否实现了环境与财务双赢的目标，在环境会计研究中处于核心地位。将财务思想合理地融入环境绩效研究之中，并通过确立一套较为全面且具有实用性的工业环境财务绩效评估体系，对目前我国的环境财务绩效现状和影响因素进行多角度的深入剖析，可以揭示抑制绩效提升的原因以及改善方法。

本章练习

一、名词解释

1. 可持续发展理论　2. 绿色财务　3. 绿色管理　4. 低碳管理
5. 循环管理　6. 绿色筹资　7. 绿色投资　8. 绿色经营
9. 环境财务预算　10. 环境筹资预算　11. 环境投资预算　12. 环境经营预算
13. 环境分配预算　14. 环境财务绩效

二、简答题

1. 简述现代财务学与传统财务学的联系与区别。
2. 简述可持续发展财务学的内容与目标。
3. 简述可持续发展财务学的管理方法。
4. 现代环境管理方式有哪些?
5. 建立现代财务管理方式的推进机制有哪些?
6. 城市污水处理企业的环境财务预算的重要内容和具体项目有哪些？谈谈它对其他类型企业环境财务预算的启示。
7. 工业环境绩效如何进行综合评价？其主要评价指标有哪些？就此你认为环境保护与经济发展之间的关系应如何正确处理。

三、计算题

某电厂2008年拟采用低真空热水循环技术，将排汽加热后的循环水由循环泵送至采暖用户，实现用户循环水供热。这项循环水供热工程充分利用了现有的设备，节约了能源，减少烟尘、二氧化碳等污染物对大气环境的影响。经评估，该方案总投资3 500万元，设施使用年限20年。如方案实施后，每小时增加供热量30吨，每吨电量价格200元，供热期12月1日到次年3月10日。项目年运行费用451万元，年上交税金及其他费用329.3万元。

要求计算：

（1）该项目投资的年直接收入和年净利润是多少?

（2）改方案投资后年净现金流量是多少?

（3）该项投资偿还期为多长？如果项目运行期限为10年，请对该项目经济可行性进行分析。

四、阅读分析与讨论

企业环境设备投资目标成本管理的成本预算和成本控制

项目成本管理包括项目成本预测、计划、控制、调整、核算、分析和考核等管理工作。以下是环保设备制造企业会计实务中的项目成本管理中预算环节和控制环节基本做法。

1. 环保设备制造企业项目成本管理的流程设计

大型的环保类设备如锅炉烟气治理设备、水污染治理设备等涉及的往往是一个系统，包含了设备的设计、制造、安装和调试，因此大型环保设备制造企业的成本管理普遍采用项目成本管理制。在各种项目成本管理实务中，基于项目成本预算的成本控制具有较强可操作性，在流程设计上分四个阶段：预算制定、预算分解、预算控制、预算执行结果分析反馈。

会计实务中基于项目成本预算的成本控制明显要弱于项目进度和项目质量的控制，究其原因是由成本控制的各流程自身缺陷造成的：预算制定的精确性、预算分解的合理性、预算控制的及时性和预算执行结果反馈的完整性。

2. 环保设备制造企业项目成本控制流程各环节衔接解决方案

预算制定和预算分解即为项目成本预算与成本核算的数据相互参照对比而形成的项目成本控制，预算执行结果分析反馈的结果形成项目成本决算报告。各环节的衔接需解决以下问题：首先是项目成本总预算的额度控制和分解；其次是项目成本核算过程中与各预算成本责任部门的沟通协作；最后是建立项目成本控制的考核机制。

（1）为解决项目成本总预算的额度控制问题。企业应成立项目管理部门，作为企业全部项目执行计划和成本预算的制定部门。具体到某项目，由其召集各部门就该项目申报部门计划和预算，经汇总平衡后形成该项目的执行计划和成本总预算，项目成本总预算不得超过该项目合同评审总成本，以确保企业利益。项目预算分解由企业财务部承担，财务部根据该项目料、工、费定额将项目成本总预算细化分解为料、工、费等成本预算。以上两个环节体现在流程图（见图5－5）上即为项目执行计划和项目成本预算的制定。

（2）实现基于项目成本预算的成本关键是要解决项目成本预算与成本核算数据的及时对比分析和反馈问题。各部门掌握由其控制的项目成本预算数据，但项目的即时成本核算数据却只掌握在财务部，如反馈不及时必将使成本预算的过程控制失效，因此财务部应就项目的预算成本和核算成本差异从金额和数量两方面进行动态统计，如发生任何一方面的差异（含正向和负向），均应向预算成本控制部门反馈，促使该部门分析原因，及时解决。该问题作为重点将在下面第三部分进行专门阐述。

（3）项目成本控制考核机制的建立基础是完善的项目决算报告制度。项目完工后，由项目管理部组织各职能部门对完工项目进行成本分析和成本考核，分析数据由财务部提供，考核依据为预算成本，各职能部门均对其可控成本负责，并就差异原因形成“项目成本差异分析报告”，由项目管理部负责整理汇总，最终形成项目决算报告提供给公司决策层。项目决算报告是公司对项目成本控制业绩考核的基础资料，也是公司项目管理的决策参考资料。

3. 如何实现企业项目成本预算与成本核算数据对比分析及反馈，从而完成项目成本控制

（1）实现成本控制需要成本数据对比及时。由于成本核算数据与成本预算数据的对比应保持及时性，因此要求所有成本核算资料的收集、整理、分析和反馈需及时，这就要求各部门均应对其项目执行计划和项目成本预算执行情况负责。如营销部不能按计划收款、技术部不能提供技术支持、供应部超预算价采购、制造部不能按计划生产、财务部发现成本或税费超预算均应及时向项目管理部通报，由项目管理部及时召集各责任部门分析原因，实施有效的控制措施。财务部负责项目预算成本与实际发生成本进行对比，一旦发生超预算情况，即向该项目管理部和公司决策层发出成本预警。

（2）实现项目成本控制要求项目成本核算数据完整。成本核算数据的完整性体现在数据的取得是基于项目成本控制的全过程和所有环节。项目成本的发生涉及项目的整个周期，因此成本控制工作要伴随项目的每一阶段，使项目成本自始至终处于有效控制之下。

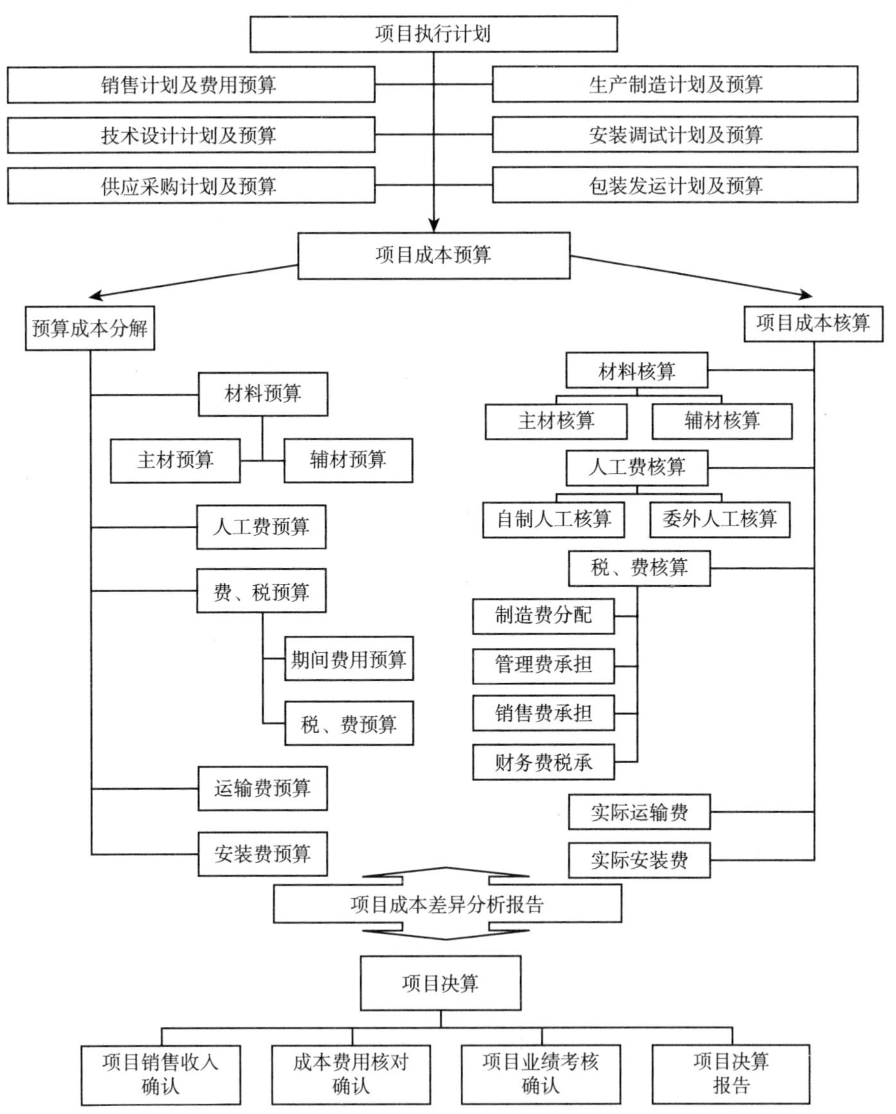

图 5－5 项目执行计划和项目成本预算流程

(3) 实现项目成本控制目标的基础是成本核算数据的准确性。确保成本核算数据的准确对各个成本责任部门和成本发生节点的资料提供有很高的要求，这就要求成本核算数据对应的成本核算资料来源具有可追溯性，从而对所发现的成本产生流程中不合理的部分进行修正，以达到控制成本的目的。

(4) 项目成本预算和项目成本核算的对象是一致的，都包括项目的材料（主材、辅材）、人工、费用（制造费用、运输安装调试费用、管理费用、经营费用和财务费用等），因此两种成本数据的取数基础是一致的，只要实现正确的数据差异分析和差异调整，就能完成基于项目成本预算的项目成本控制。

在环保设备制造企业会计实务中，项目材料成本预算和核算控制要点是项目材料定额制定、定额审核、定额控制。企业的技术工艺部门应严格按各项目图纸编制材料定额，由项目管理部门组织定额审核，供应部门严格根据材料定额进行采购，财务部门根据材料定额严格进行领料控制，任何违反材料定额事件都将及时反馈进行项目材料成本超预算预警。而材料价格从原则上而言是完全市场化的，因此需更多地从材料价格趋势分析和企业材料需求趋势分析上进行采购时机和采购量控制。

项目直接人工费控制要点是人工工资定额和人工工时定额双重控制。各岗位的人工平均工资是有较充分和公允的市场价格作为参考的，人工工时定额由于产品的工艺不同和质量标准不同会有较大的差异，但作为专业的环保设备制造企业，除了应有长期的经验数据积累，还应有科学的工时定额制定标准。企业制定工时定额的程序应以制度的形式加以确定，使工时定额具有一定的稳定性。在执行阶段，企业人事部按实际产量和工时定额编制实际应发工资，财务部根据定额工资进行复核，如发现不符合定额立即进行差异分析并反馈。

在环保设备制造企业会计实务中，项目费用（制造费用、运输安装调试费用、管理费用、经营费用和财务费用等）控制建议采用严格的预算定额制，如发生超预算情况，应立即启动费用超支申报程序，按企业财务审批权限表报各有权负责人审批后转财务部，财务部按批准后的标准核算。

4. 项目成本决算

（1）企业制定项目决算标准：如各项目按合同约定已全部发货并安装调试完毕取得项目 168 试运行合格报告，项目已收款达到除质保金之外的全部款项时，该项目进入决算程序。

（2）项目决算程序：项目管理部负责确定符合决算条件的项目，并由其召集相关部门进行项目决算，决算数据（含预算、核算数据及差异分析数据）由财务部提供，各部门进行协商澄清，达成一致后形成项目决算报告报总经理审批确认。如各方不能协商一致，则由项目管理部将情况报总经理，由总经理审核确认后形成项目决算报告存档。项目决算报告应载明业绩考核事项。

——摘自：林祥．环保设备制造企业会计实务中基于项目成本预算的成本控制浅探［J］．中国总会计师，2013（8）

讨论要点：

（1）企业对环境设备投资项目财务规划中，如何确保将项目实际成本控制在预算内？

（2）企业对于环境项目投资预算的财务安排，如何控制预算与实际的差异以保证预算落实？

第六章　排污权交易会计与交易管理

【学习目的与要求】

1. 理解排污权、排污权交易概念，了解排污权交易与排污权交易会计产生过程。

2. 理解排污权交易相关会计的理论基础。

3. 熟悉和理解排污权特征及国家无偿划拨的排污权的性质和排污权专用基金设计思想。

4. 掌握和应用排污权初始计量和与后续计量方法及账务处理。

5. 掌握企业排污权交易国家政策和排污权管理的基本内容，了解排污权交易的国际趋势。

第一节　排污权交易概述

一、排污权与排污权交易定义

排污权，又称排放权，是指生产和服务排放污染物的权利，即排放者在环境保护监督管理部门分配的额度内，在确保该权利的行使不损害其他公众环境权益的前提下，依法享有的向环境排放污染物的权利，权利的大小体现在排污总量的额度。所谓排放污染物一般是指“三废”（废水、废气和固体废弃物）。排放额度一般以质量单位来表示。如，废水：万吨/年、毫克/升；废气：万标立方米/年、吨/年；固体废弃物：吨/年、千克/年。

排污权交易（pollution rights trading）是指在一定区域内，在污染物排放总量不超过允许排放量的前提下，内部各污染源之间通过货币交换的方式相互调剂排污量，从而达到减少排污量、保护环境的目的。它主要思想就是建立合法的污染物排放权利即排污权（这种权利通常以排污许可证的形式表现），并允许这种权利像商品那样被买入和卖出，以此来进行污染物的排放控制。

企业作为经济活动的主体对环境的影响，主要集中在企业排放的废水、废气、废渣等废弃污染物。排污权交易就是利用经济激励手段促使企业减少污染物排放的一种环境制度，被称为排污权交易制度。排污权交易制度实施后，排污权交易必然会对企业的资产、负债和所有者权益等会计要素产生影响，并影响贸易往来，构成环境会计的一个分支——排污权会计。《联合国气候变化框架公约》、《京都议定书》最早将排污权交易引进到解决温室气体的国际排放贸易，并将其视作减少温室气体对全球变暖影响的一种国际机制，从而使排污权会计确认、计量、记录和披露成为国际会计界在解决全球温室气体排放行动中取得了一致的看法，发挥了会计在应对全球气候变化一项全新功能，由此排污权会计也越来越受到广泛重视。

二、排污权交易会计

20 世纪中后期，随着经济的高速发展和物质产出的迅速增长，水源污染、大气污染、土地沙化、森林锐减、物种资源短缺等环境恶化现象在全球范围内不断发生，同时，酸雨、二氧化碳过度排放造成全球变暖、臭氧层破坏等环境问题也越来越严重。为了妥善解决这些问题，各国政界和学术界纷纷寻求可以改善环境质量的政策和经济管理手段，以解决环境污染外部性带来的市场失灵。但政策的重点在于强调政府干预环境问题的重要性，因此解决环境污染问题的主要措施普遍地放在命令控制政策手段的实施上，这一政策手段取得的效果并不理想，效率太低，政策实施成本与取得成效不成比例。因此各国理论研究者和决策者开始将经济激励机制纳入环境管理，采用了排污收费制度。相对于命令控制手段，排污收费制度有较大的灵活性和技术改进的激励性，但存在排污收费过低、难以有效刺激污染物减排、收费成本太高、不适合小企业等问题。鉴于传统环境政策的这些问题，人们开始寻找成本较低、更有效率的经济激励手段，一个创造性的思想——“排污权交易”机制应运而生。与命令控制政策和排污收费相比，排污权交易能够更好地解决外部性带来的市场失灵，降低污染治理成本，促进污染治理技术的进步并达到企业减少排放的目的，有利于加强政府对环境问题的宏观调控。

三、排污权交易会计研究的国际进展

美国是排污权交易的发源地，排污权交易最初被美国联邦环保局应用于大气污染源和水污染源管理，特别是自 1990 年被用于二氧化硫总量控制以来，至今已经形成了一套较为完整的有政策支持的排污权交易制度。在长达 10 年对酸雨广泛深入研究计划基础上，《清洁大气法修正案》于 1990 年在美国国会上通过并开始实施酸雨计划，国会批准可以用排污权交易作为实现削减的手段。酸雨计划的核心就是建立在市场机制上的二氧化硫总量控制和排污权交易制度，据美国总会计师事务所估计，美国的二氧化硫排放量得到明显控制的同时，其治理污染的费用节约了约 20 亿美元，可见排污权交易在酸雨计划中取得了一定的效果。至此之后，德国、澳大利亚、英国等国家相继借鉴了美国的排污权交易制度，逐步建立了完善的交易体系。目前，排污权交易已经成为受到各国高度关注的环境政策之一。

依据国际财务报告委员会（IASC）对资产的定义，大多数研究者认为排污权应该被确认为资产，但对其在财务报表中的分类却有不同认识。瓦姆斯冈斯（Wambsganss）和桑福德（Sanford）认为应被确认为存货（1996）；亚当斯（Adams）、桑德尔（Sandor）和沃尔什（Walsh）认为应被确认为有价证券，他们甚至认为可交易的排污权可以被划分为期权。随着交易市场的出现，未来的排污权认证有必要当作期货处理（Adams，1992；Sandor & Walsh，1993）。由于排污权具有无形资产的某些特征，尤尔（Ewer）等（1992）认为应被确认为无形资产。是以历史成本、现行成本还是以市场脱手价格作为计量基础是排污权计量的主要争议点。从经济和环境的角度看，史迪芬·肖特嘉（Stefan Schaltegger）和罗杰·布里特（Roger Burritt）认为应重视现行市场价值，而不是历史成本会计。只有运用现行市场价值，才能使污染预防的边际成本与排污权的当前边际成本进行比较（Stefan Schaltegger &

Roger Burritt, 2000)。莫尔·地腾侯尔弗(Mor Dittenhofer, 1995)对排污权的会计确认和计量亦有与上述相同的论述。因此大多数研究者都认为，需要一个具体的会计准则对排污权进行单独而系统的确认、计量和披露。2003 年 5 月国际财务报告解释委员会(IFRIC, 2003)对参与政府减少温室效应计划的企业提出了相应排污权交易的会计建议。由于所涉及排污权交易的公司有相关会计披露方法的需求，国际财务报告解释委员会和国际会计准则委员会(IASB, 2003)将致力于减少由于这一领域会计反映的随意性而带来的风险。

辅助阅读 6 - 1

荷兰审计院碳减排环境审计的实施情况

温室效应是一个全球性的环境问题，它的严重后果是导致海平面上升。荷兰是低于海平面的国家，对温室效应尤为关注，所制定的气候变化政策涉及经济事务部、交通部、环境部、农业部和财政部等多个部门。在荷兰审计院的审计规划里，非常重视温室气体排放问题，将审计力量集中在减灾政策（目标是防止气候变化）和适应政策（目标是应对气候变化带来的后果）的评估上。

1. 审计目标

1999 年，荷兰排放的温室气体中 CO_2 占 80%，CH_4 和 N_2O 等其他温室气体约占 20%。针对这种情况，荷兰审计院的工作重点主要是促进 CO_2 减排管理和报告的改进完善，通过审计政府政策措施、项目和资产等来提高 CO_2 减排成效，通过评估 CO_2 排放规划和政策来促进政府科学决策等。荷兰审计院于 2007 年 12 月至 2008 年 10 月，对 2000 ~ 2005 年的削减 CO_2 排放情况进行了审计，目的在于：(1) 有关温室气体减排的政策目标是否明确可行；(2) 有关政策制定和实施效果的信息提供是否充分可信；(3) 相关政策的协调配合情况。

审计范围涵盖了工业、能源、交通、农业和个人家庭等温室气体排放政策涉及的主要关系人。

2. 审计结果

荷兰审计院的碳减排审计具有典型的政府绩效审计的特征，包括对政策的法定目标实现程度的评价（效果审计），也包括对政策措施、协调、实施效率的审计（管理审计）。荷兰审计院研究分析了各个行业的政策措施，审核了执行气候变化政策所用的一般财政工具，并检查了荷兰政府依据《京都议定书》的承诺制定的各项政策等。审计院的审计结果包括如下方面：(1) 政策目标：削减 CO_2 排放问题的政治意义很大，但政策目标并不清晰。自 2000 年起就没有确定具体的行业分解目标，2002 年后各部门也不再负责其主管行业的削减目标，而把工作重点放到提高能源利用效率上，这样一来，政策目标就弱化了许多。相比而言，能源、农业和个人家庭等的目标明确程度总体好于工业或交通行业。(2) 政策制定：相关政策工具缺乏对不同行业的问题研究、事前评估和成本分析等，许多政策措施没有支持证据分析。与其他行业相比，工业和交通行业的政策分析质量较差。(3) 政策实施：削减 CO_2 排放的政策措施实施滞后。从 2000 年起该项计划的专项预算为 4.25 亿欧元，到 2005 年才允诺了 1.973 亿欧元，而实际只拨付了 2 100 万欧元。(4) 政策效果：2005 年 CO_2 排放与 2000 年相比削减 3% 的目标未能实现，相反还上升了 8%。审计院认为，在 2008 ~ 2012 年间能否完成削减目标无法确定。分项而言，只有能源和农业可以完成。

荷兰审计院于 2008 年底向议会提交了审计报告，并于 2009 年 3 月在官方网站公告了审计结果，该审计院在审计公告的结论中指出：现行政策缺乏一致性，政策制定环节存在缺陷，一些政策实施缺乏可行性，缺少惩罚措施，大型能源用户可能会逃脱惩罚；负责政策协调的住房、自然规划和环境部在为其他部门制定具体措施上工作不力。如沿袭现在的政策，能否实现 2008 ~ 2012 年间的 CO_2 减排目标将无法确定。

3. 审计建议

荷兰审计院在审计建议指出，鉴于 2012 年能否完成削减目标尚不能确定，当前政府一项重要工作就是详细制定并落实 CO_2 减排的有关政策，包括：(1) 政策的协调和实施，对有关部门分配任务和职责；

（2）加强政策的一致性和连续性，停止新项目的审批，确保各项政策目标的统一归口；（3）重视政策支持和实施成效；（4）充分考虑外部因素和其他有关政策的影响；（5）努力改善各部门的政策制定工作，尤其是事前评估和成本分析；（6）制定制度以衡量国内政策实施对 CO_2 排放的影响；（7）赋予负责政策协调的政府部门以更大的权力，实行适当收费，根据政策目标制定排放削减指南，并扩大到其他行业和部门。

4. 审计问责

针对荷兰审计院的审计报告，政策采取了如下措施：（1）政府有关部门向议会汇报了削减 CO_2 排放的政策制定、执行与职责履行情况，回答了议会公共管理最高委员会的质询；（2）荷兰审计院的大部分审计建议得到采纳，并在新一轮（2008～2012 年）碳减排规划中予以体现，特别是强调了各行业减排政策目标的明确与政策实施过程的协调；（3）审计结果公告涉及的有关部门主动公布了涉及自身职能的落实整改情况。

——摘自：黄溶冰，王丽艳．环境审计在碳减排中的应用：案例与启示［J］．中央财经大学学报，2011（08）

第二节　排污权交易会计理论依据

排污权交易会计的理论基础是指对构建排污权交易会计理论与方法起着支撑和指导作用的理论。排污权交易会计的理论基础除了外部性理论、科斯定理、稀缺资源理论外，还包括可持续发展理论、环境资源价值理论、会计理论等。

一、资源价值理论

排污权交易制度在环境管理中属于经济手段，而经济手段使用的理论依据是首先要承认环境作为一种资源具有可依市场调节而存在的特有形态。环境资源价值的概念是由美国经济学家于 20 世纪 60 年代提出的，其内容主要体现在环境为人类生产活动提供再生和不可再生资源、为人类及其他生命体提供生存场所、环境对污染物有净化作用等。

环境资源价值理论主张按环境的效用性和稀缺性确定环境资源的价值，使环境资源无价变为有价，从而为具有遏制生态环境恶化的环境因素的会计计量奠定了价值基础。环境资源价值理论的内涵包括：一是环境资源具有效用性，它具有满足人类的生存和发展的效用；二是环境资源具有稀缺性，存在着如何合理有效地使用环境资源的问题。

环境资源价值理论是对传统经济理论的补充，为企业在进行环境会计核算时正确进行环境资源的计量和计价提供了指导。根据环境资源价值理论，企业进行会计核算时，应加强生态环境经济评价和资源资产化研究，合理评估环境资源价值，将其反映到企业产品市场交易价格中。排污权交易实际上是将环境容量作为一种稀缺资源，使其具有商品属性并可在市场上进行交易。环境资源价值理论说明环境不但有效用，而且有效用价值。企业获得排污权是为了在正常生产经营过程中排放污染物，可见排污权是有效用的，它能够保证企业的正常生产经营活动或通过出售剩余的排污权获得经济利益。排污权不但有效用，还有效用价值，效用价值是可以计量的，可以根据排污权发挥效用的方式评估其效用价值，这就为排污权交易会计的计量理论的建立提供了可能性，并为排污许权的会计计量提供了一般方法。

二、外部性理论

外部性概念最早可追溯至马歇尔 1890 年发表的《经济学原理》，但对此概念进行深入分析与探讨，并将其发展成一套完整理论的却是庇古。庇古运用边际分析方法，即通过比较某一物品的边际私人净产值和边际社会净产值的差异，来说明外部性问题。他将外部性分为正外部性与负外部性。正外部性是指边际私人净产值小于边际社会净产值的情况，即私人的行为产生了有益于他人的效果却没有因此得到相应的收益；负外部性则刚好相反，指私人行为损害了他人利益却没有因此付出相应的成本。庇古认为，由于经济活动中外部性的存在，市场机制无法自动实现资源的帕累托最优配置，此时就需要政府采取适当措施，将外部性内部化。具体来说，对于具有正外部性的经济行为，可以采用政府补贴的形式予以鼓励支持；而对于具有负外部性的经济行为，可以运用税收的方法进行限制，从而在整体上实现社会效益最大化。

温室气体排放又叫碳排放，是排污中一种，它无疑具有典型的负外部性：任一国家排放的过量温室气体，都将促使全球气温升高，改变地区传统气候类型，对农业甚至是整个经济社会造成冲击。那么，根据庇古的理论，能否使用碳税的方式将企业碳排放的外部性内部化呢？我们以为，这种方式虽看上去简单，只需征税即可，但其中需要处理的问题却相当复杂。通过征收碳税的方式来克服温室效应，必须解决以下几个问题：首先是国际协调的问题。碳排放的影响是全球性的，需要所有国家共同参与。但不同国家地区间经济发展阶段和技术水平不同，各国利益存在差异，因此很难制定一个将大部分国家纳入体系的税收政策。其次是税率制定的问题。一个合理的税率水平既要顾忌经济的承受力，又要考虑减排目标：税率过高，将制约经济的发展；税率过低，又起不到减排作用，故理想税率的制定难度很大。最后是税收的转嫁问题。不同行业、不同企业都有各自的税收转嫁渠道，那些转嫁能力较强的行业会因征碳税获得额外的竞争优势，这既不利于促进市场主体间公平竞争，也使减排目标的达成大打折扣，因为这些企业可通过优势地位将税负转移到企业外部，这种对赋税的免疫性使得企业毫无压力进行减排投入。

三、产权理论

马克思是较早对产权进行系统阐述的学者之一。他认为，产权是在一定生产资料所有制基础上产生的人与人之间的关系。与现代产权理论不同，他是从所有制角度去理解产权的，即马克思的产权概念是“一个生产概念而非交易概念”。

1960 年，罗纳德·科斯《论社会成本问题》一文的发表，标志现代产权理论正式形成。该理论认为，产权私有化即产权明晰化，将使产权所有人有较强的自利动机去提高产权的价值，进而提高社会整体价值水平。清晰的产权不仅能唤起市场主体向社会提供财富的积极性，更为重要的是，它能有效地解决外部不经济问题。对于这个结论，科斯的理解是：市场失灵是由于产权不清晰造成的。在产权明晰的条件下，市场可以不借助政府力量，依靠自身的价格机制消除外部性。

讨论现代产权理论的过程中必须考虑的一个因素是交易费用。因为交易费用的差异会导致不同产权界定方式存在成本差异，从而影响资源配置的效率。后文将介绍配额交易体系较之项目交易体系在成交量及成交额方面都占有绝对优势，其原因就在于项目交易体系中较高的交易费用制约了交易的进行。

自然环境具有自我净化的能力，但这种能力在一定时期内是有限的，当人类活动排放的污染物超过这个限度，就表现为生态环境恶化。全球“温室效应”便是由于人类过度排放温室气体而引发的环境问题。当今严重的环境问题，是人类对环境的影响力随着科技进步而显著提高造成的，根据产权理论，也是长期权利不明确造成的。污染排放具有外部性，在没有相关制度安排的情形中，理性的市场主体不会主动承担减排责任，甚至是推诿、逃避处理污染的义务；受污染影响的人们出于“搭便车”心理，也不会主动帮助企业减排，最终的结果就是负外部性的延续和积累。但是，如果将排污行为作为一项可交易的权利赋予企业（或者赋予居民清洁权），同时让市场对这种权利的价值进行判断，并通过价格机制对其进行配置，那么，社会将在该权利框架的范围内，以最小的代价将此外部性“消化掉”。

由于无须对诸多行业复杂的情况进行调查研究，产权理论较之庇古税方案有明显的执行成本优势。同时，通过理论推导，它还能保证社会消除外部性的总成本最小，因而极具理论吸引力。然而产权理论只能在社会整体层面上实现资源最优配置，但不能保证使所有成员都受益。那些在权利配置中的利益受损方将对权利明晰的尝试进行阻挠与破坏，最终使得权利归属依旧模糊不清，帕累托最优状况将无法实现。如何通过权利分配使得交易实现由“零和”模式向“双赢”模式的转化，成为产权理论运用于实际时必须解决的一大难题。

四、排放交易理论

排放交易思想最早是由约翰·戴尔斯（John Dales）在其著作《污染、产权和价格》（Pollution，Property and Prices，1968）中提出的，并在其后的一系列排放权交易实践中被发展、完善。凯文·凯利在《失控：全人类的最终命运和结局》中写道：“均衡即死亡。”尽管该观点是在分析生物生态圈时提出的，但在说明排放交易理论时同样适用：由于不同行业、不同企业的技术水平、管理方式存在差异，它们的减排成本也是不同的，而减排成本的非均等正是排放交易能够得以进行的前提。在强制减排框架内，当减排成本较低的企业能够将实际减排量多于强制减排量的部分出售给减排成本较高的企业，用以帮助其实现减排目标，在减排额度的售价低于减排成本情况下，排放交易便能发生。在排放权交易中，供给方受到排放市场的价格激励，超额减排以获取收益，而需求方能通过购买排放额度来履行其减排义务，降低减排成本。排放交易制度的设计使得权利买卖双方都能从中受益，从而调动了双方参与交易地积极性。在企业互惠互利的同时，社会减排目标得以实现，外部性问题得到解决。

碳排放权交易是排放交易理论的具体应用。由于温室气体排放造成的负面影响已超出一国和局部区域的范围，具有全球性，需要广泛的国际合作和相互协调来应对。1997 年的京都气候大会通过了具有法律性质的强制减排计划，即《京都议定书》。在京都路线图设定的总减排量目标下，各国按照“共同而有区别的责任”原则制定各自的阶段性减排指标，并通过京都议定书三大交易机制来进行碳排放权贸易，以相互调节碳减排量，促进全球的减排行动健康平稳地进行。

第三节 排污权交易会计方法

在排污权交易制度逐步被各国所接受的同时，其重要性决定了它在经济活动中应该予以反映。排污权交易作为一项利用经济激励手段促使企业减少污染物排放的环境经济管理政策，自设立以来在各国企业间迅速推广，已被越来越多的企业纳入项目规划中。排污权交易必然会影响企业的财务状况、经营成果以及现金流量，相关的会计信息日益受到政府和社会公众的关注。为了满足信息使用者了解排污权交易的相关会计信息的需求，特别是国家宏观调控对此类会计信息的需求，促使企业利用此信息实现环境管理的目标，有必要在现行会计理论框架下探讨排污权交易的会计相关问题。本节的排污权的会计确认、计量和账务处理当属于环境财务会计范畴，只因其涉及更多对排污权管理具体对象和方法的运用，故在此集中阐述。

一、排污权交易的会计确认

排污权是一种资产，在会计确认时被称为一种特殊的资产，将排污权的特征与资产的定义及特征比较，不难发现排污权符合资产的定义也具备资产的特征。

（一）排污权是由过去的交易或事项形成的

排污权的特征揭示了排污权可以从政府处无偿获得，也可以在企业间自由交易获得。美国于 1990 年修订的《空气清洁法》中规定，排污权可以通过以下三种方式获得：无偿分配、拍卖和购买、减少排放的额外奖励。我国早期的排污权交易多数采用无偿分配方式，近年来开始采用有偿分配方式或者排放者之间买卖交易的方式。因此，排污权完全具备是由过去的交易或事项形成这一特征。

（二）排污权是由企业拥有或控制的一种经济资源

排污权本质是对环境资源的一种使用权，是企业作为市场主体在生产经营过程中，经政府或环保机构许可向环境直接或间接排放污染物的权利。在排污权交易制度下，政府保留排污权的最终使用权，企业主体通过政府或环保机构以无偿赠与、拍卖、销售等方式获取这种环境资源的使用权。企业获得排污权后，可以在政府允许的范围内自主地支配和行使排污权，如使用、出售。由此，排污权作为一种经济资源，通常是由企业持有或控制的。

（三）排污权是会给企业带来预期经济利益的资源

据排污权的特征所知，对其持有者而言，企业获得的排污权意味着拥有在特定的时间内排放特定污染物的特殊权利。由于环境经济的瞬息万变，与资源有关的经济利益能否流入企业具有很大的不确定性。排污权交易作为一种环境经济管理政策，将环境资源转化为一种特殊的经济资源，由于环境资源具有有限性和稀缺性的特征，使得排污权成为一种有价值的稀缺资源。如果某些企业无法获得这种稀缺资源，那么就有可能面临缩小生产规模或被迫关闭。也就是说，排污权也应当作为企业正常生产经营活动的必要条件，同企业的其他资源（厂房、机器、工人等）共同发挥作用，企业才得获得经济利益。即使企业并不是在当期或以后的经营活动过程中使用排污权，而是将剩余的排污权出售给其他企业，那么此时的排污权与企业持有的以供出售的有价证券、存货及其他资产带来未来现金流量方面上没有区别。因此，同其他资产一样，排污权对企业来说代表着一定的未来经济利益。

（四）排污权的成本或价值能够可靠地计量

若企业通过有偿分配或购买获得排污权，可以采用购买时实际支付价款或公允价值作为排污权成本的初始入账金额；无偿分配获得的排污权，可以采用公允价值确定初始入账金额。排污权作为一种商品，在排污权交易市场上可以自由买卖，如果交易市场是活跃的，排污权的公允价值能够可靠取得。然而，目前我国的排污权交易实施时间不长，尚未形成活跃的交易市场，合理的市场价格难以确定，但是政府机构可以根据治污成本等因素确定排污权的市场指导价格，企业则可以根据这一价格确定排污权的成本作为初始入账金额。因此，排污权的成本或价值能够采用历史成本或公允价值进行可靠的计量。

至于排污权是属于流动资产还是长期资产，取决于排污权的使用期限。一般认为，排污权是政府按照年度预算核定拨付的，在年度内使用，过期作废，那么这时的排污权就是一种流动资产，类似于存货。但排污权如果按照项目运营周期或生产周期一次核定拨付跨年使用，则这时的排污权就是长期资产，类似于无形资产。这后一种会计分类虽然目前比较常见，不过最好还是应根据具体情况具体对待。

二、排污权交易的会计计量

（一）排污权的计量属性

排污权应采用多重计量属性。当企业从交易市场上有偿购买排污权时，由于具有交易双方认可的实际市场交易价格，因此可以此价格作为排污权的历史成本入账；当企业的排污权是由政府或环保机构无偿授予或仅收取较低的名义价款授予时，应采用公允价值进行计量。

（二）排污权的初始计量

排污权的初始分配一般是政府在评估出某区域的环境容量以及污染物的最大排放量后，根据一定的标准（如污染物的排放绩效）计算后，采用无偿分配或招标、拍卖等方式分配给排污者的。政府也允许排污者可以根据自己的排污情况自由买卖排污权。因此我国排污权的初始计量可以根据取得方式的不同来分析确定。企业通过购买或拍卖取得排污权时，其初始确认金额为企业的购买或拍卖时实际支付的价款和相关税费，确认为无形资产并在资产负债表中单列列项反映。公开拍卖方式是指将排污权出售给出价最高的买者，其入账方式与购买相类似。

排污权专用基金设计。当排污权由政府无偿划拨排污权时，实质上市政府授予了企业使用一定当量环境容量的使用权。就是说，无偿获取的排污权为国家所有而无偿转让给企业使用，这与资源性的“公共产品”属性是一样的，因为排污权也是“国有资产”，国家可以无偿授予企业使用。因此，企业以此方式取得的排污权，实质上可视作是一种政府对企业支持，如同政府补助一样形成企业一项环保专用基金而不应该作为收入。为此，会计核算也应当体现这种思想，将无偿获得的排放权视为一项环保专用基金，而不应该作为一项收益，起码不是即期收益。因为企业只有在使用无偿获得的排放权时才可能产生经济利益，这也是我们在设计排放权基金时的特别考虑，而将企业无偿获得的排污权与直接作为政府拨付给企业的环境辅助收入相区别，因为它们在性质上不完全一样。

上述对无偿获取排污权作为企业环境保护专用基金的财务处理，姑且就称为“排污权专用基金设计”。因为，无偿获得排放权时，企业应当在实际取得并办妥相关受让手续后按照其公允价值计量；若公允价值不能可靠取得，按照类似权利价值或评估价值计量。排放权取得确认一项无形资产和环保专用基金，使用这项排污权时，按其规定的持有期限（一般为一年）内和当期的使用额度计算出的价值进行平均分摊，计入环境成本或当期损益。如果排污权没有注明价值或公允价值，则可以名义金额计量，在取得时直接计入当期损益，待活跃的排污权交易市场逐渐形成后，再作调整。如果企业当期排污权的实际排放超过了核定标准，要以有偿支付方式购买超额部分的排放权，从而使企业拥有超额排污权，无偿分配排污权按照交易时市场价值计量；有偿获得排污权如果无法计量也可参照有偿获得的排污权计量，但要分开核算。如果国家最初按照有偿方式拨付或分配给企业排污权，那就按照市场交易价计量，但也必须进入市场按照市场规则进行交易。

（三）排污权的后续计量

1. 排污权的摊销

《国际会计准则第 38 号——无形资产》（IAS38）和我国《企业会计准则第 6 号——无形资产》均规定，企业应自取得无形资产当月起在预计使用寿命内对其进行分期摊销，对无形资产摊销的方法选择应当反映与该项无形资产有关的经济利益的预期实现方式。

如上所述，排污权一般都有持有期限，一般是一年，每年预算核定只一次，超过有效期限，排污权的价值将不再存在，这样排污权就具有流动资产的性质，可视同存货。如果排污权按照生产周期和项目营运周期超过一年的，排污权具有长期资产性质，可视同无形资产。因此，排污权的价值同其持有的有效期间有关，但是排污权的价值并不是严格地随着排污权持有的有效期的流逝而逐渐损耗，而是只有在企业实际发生污染时损耗。就排污权作为无形资产而言，应在其持有时到排污权交易规定期结束时的期间摊销。反映与排污权有关的经济利益预期实现方式是企业持有排污权配额对应的低于或等于累计排污量，因此，企业的污染物排放量是排污权交易实现未来经济利益的动因，企业应在每个会计期末依据与持有的排污权配额内的本期实际污染物的排放量占持有的排污权配额的总排放量的比例进行摊销。如果企业持有的排污权配额数量在不同时间发生变化，应将其账面余额合并且按排污权配额合并后进行摊销，但应当将有偿获得和无偿拨付排污权分开核算。

基于无偿获得的排放权基金制度设计思想，无偿取得的排污权摊销直接冲减环保专用基金而不列入成本费用，同时计提排污权折耗价值。而有偿取得的排污权摊销按期受益对象计入环境成本或环境费用，并计提排污权折耗价值；年末将已全部摊销完毕的无论无偿获得还是有偿获得的排污权，冲减已计提的排污权折耗价值并转销排污权，这意味着排污权价值已经结束，减至到零值就意味排污权使用到期，已经没有使用价值。如果当年是超标排放，就必须到市场上购买予以补足，否则将面临严厉处罚。无论有偿还是无偿获得的排污权，余额也可以结转到下年继续使用，或者在市场进行交易。但政府要对企业年末结余的排放权进行真实性和合理审核，以防止企业在排污权预算申报时，采用不当的或虚假的手段骗取多余排放权，如果这样，就扣减下年排放权指标或给予经济处罚。

2. 排污权的重估

持有的排污权期间，可能受技术进步、有效期限、市场变化等因素的影响，导致排污权取得未来经济利益的能力减少。因此，企业应对排污权在资产负债表（年度或半年度）进行减值测试，确定可收回金额。可收回金额有两种确定方法：一是排污权的公允价值减去处置费用后的净额；二是排污权预计未来现金流量的现值。二者有一项超过了排污权的账面价值，就表示没有发生减值的迹象。如果排污权的可收回金额低于其账面价值，应当将资产的账面价值减记至可收回金额，减记的金额确认为资产减值损失，计入当期损益。若已提减值准备的排污权价值得以恢复，流动资产性质的排污权，应按不考虑减值因素情况下确定的账面价值与其可收回金额的较低者，与恢复的账面价值的差额进行转回，并且排污权减值测试可以采取半年度测试，因为大部分排污权的期限在一年之内且市场价值较其他资产较活跃，除非国家拨付排污权使用期限延长至一年以上，否则年末是没有余额的。由于流动资产性质的排污权期限短，一年一核，到期转销，为简化核算，也可以不考虑重估价值的变动。

对于长期资产性质的排污权，按照我国企业会计准则的规定，每年年末应对企业拥有的资产进行减值测试，存在减值迹象的，要计提减值准备，并且减值损失一经确定，以后期间不得转回。这种处理方法主要是出于谨慎性原则的考虑，但是容易会导致企业资产价值被低估，不能真实、及时地反映企业所拥有的资源。《国际财务报告解释公告第 3 号——排污权》（IFRIC3）认为，应根据公允价值对排污权进行后续计量，当公允价值上涨时确认为所有者权益，当排污权的公允价值低于成本时，资产应予减值，同时先冲销原确认的所有者权益，超过原确认所有者权益的部分则确认为损失，列示在利润表中。但排污权是一种特殊的资产，可以根据实证重于形式原则加以处理。

随着我国排污权交易市场的日渐活跃，会形成一个公开活跃的交易市场，其市场价格将会受多种因素的影响不断地发生变化，而排污权作为一种稀缺性的环境资源，社会经济的高速发展对资源的需求有增无减，因此排污权将会在交易市场上获得增值。只用通过公允价值对排污权进行价值重估，才能反映污染排放主体持有排污权机会成本的变化情况。为此，对长期资产性质的排污权，在排污权的公允价值可以可靠取得且存在活跃市场的前提下，可参照《国际会计准则第 38 号——无形资产》对排污权进行价值重估调整，使排污权的账面价值能真正反映其经济实质，在无形资产价值重估方面指出两种后续计量模式："第一种模式是在初始确认以后，企业的基本处理模式是成本模式，即不进行重估增值的计量，无形资产的账面价值就是成本减去摊销金额和减值准备后的余额；第二种模式就是重估价模式，即如果存在活跃市场的公允价值，允许无形资产以重估价作为账面价值，重估增值在不超过以前确认的重估损失的范围内确认为权益。"同时出于稳健性的考虑，将排污权的重估增值部分在冲销以前确认的减值金额之后计入权益。

3. 排污权的转销

会计准则规定，当有充分的证据表明企业拥有的资产不再符合资产的定义或其不能为企业带来未来经济利益的流入时，该资产就应该终止确认，与其对应的项目就应从资产负债表中剔除。因此，当发生以下两种情况时，企业拥有的排污权就应该终止确认：排污权到期（含递延后到期）或企业实际排放污染量达到规定的排放限额，或者因到期无法继续使用的剩余排污权，根据不同来源给予不同转销处理。对无偿获得的排污权，应在账面上核销排污权和排污权专用基金。对有偿获得的排污权应转销排污权，同时对属于长期资产性质的排污权，应冲减已经计提的排污权折耗，差额作环境营业外收支；对属于流动资产性质的排污权，应冲减其摊余价值，差额作环境收益或支出。

4. 排污权的出售或转让

在排污权的有效期内，企业将节约的排污权对外转让出售。

（1）有偿获取的排污权。流动资产性质的排污权转让或出售应作为企业环境收益计入环境保护收入，同时要将转销排污权摊余价值计入环境保护支出。长期资产性质的排污权转让或出售时应转销排污权初始价值和已计提的排污权累计折耗、减值准备，出售或转让收入与排污权折余价值之间的差额计入环境营业外收支。

将长期资产性质的排污权出售或转让发生的收支，不作为环境保护收入和环境保护成本，而是作为环境营业外收支，是考虑与传统财务会计无形资产对外销售处理的衔接，而且排污权指标无非来源于国家无偿划拨或预计超支而从市场上有偿购买，一般是不会有多余的。如果有也只能是企业通过自身多种努力节约而来的，如进行自我技术改造、更新以及工艺和流程再造等，那么这种情况下出售的排污权收益作为企业的利得比较恰当。

（2）无偿获取排污权。将无偿获得的流动资产性质的排污权出售收入作为企业环境保护收入，长期资产性质的作为环境营业外收入。这样处理，以体现节约排放的环境保护绩效。但既是无偿获取无非是政府计划划拨或捐赠人有指定用途捐赠，计入环境收益的无偿获取的排污权收入最终应作为环保专用基金，以体现环境保护专款专用的要求。由于环保专用基金属于环境权益为投资者享有，尽管环保专用基金为国家所规定，只能专门用于环境保护项目支出，但同样具有激发企业节约使用排污权指标积极性的功能。

排污权业务的具体账户设置和处理可参见上册《环境财务会计》相关章节。

三、排污权会计账户和账务处理模式

我们以为，排污权指标按照来源有政府无偿划拨和从二级市场交易有偿获得两个渠道，不同来源的排污权目的一样，使用方式一样，但性质不完全相同。

无偿获得的排污权具有国家补助的性质，不体现市场价值且必须专项管理和使用。只有在国家划拨的排污权指标适当合理前提下，且企业通过技术更新和技术改造、严格排放管理和存在多余的排污权时，才可以在市场交易。为此，国家划拨的排污权作为一项环保专用基金，如果到年末有结余，既可以留用，也可以由国家有偿回收（实际相当于国家对企业的一种奖励），或由企业在市场上自行交易。如果无偿获得排污权结余留用，国家应规定使用用途，可先弥补亏损，然后在二级市场交易，最后转增资本，除此不得他用。

对无偿获得的排污权的划拨、折耗摊销、出售交易、期间增值减值等会计处理，通过设置权益类账户“环保专用基金”进行，折耗摊销并不列支环境成本和费用，而冲减环保专用基金。处置的收益在不超过无偿划拨排污权账面价值时只作为增减环境专用基金，超过部分才作为当期损益，计入“环境保护收入”或“环境成本——环境保护成本”。

相反，有偿获得的排放权通过市场购买获取，一般来说用国家无偿划拨的排污权指标不够用，却又无任何正当理由申请无偿追加时的不得以行为，否则超排和偷拍都要面临超排放的高额管理和罚款。对此购买、折耗摊销、出售交易、期间增值减值等会计处理，同其他商品交易一样，进行会计处理。折耗摊销应列入“环境成本”和费用，处置损益作为环境营业外收支。

具体排污权资产的账户设置和处理可参见上册《环境财务会计》。

（一）企业获得排污权时

（1）企业无偿获得政府排放权时，按当时排放权的市场价价格，作如下会计处理：

属于流动资产的：

借：环境流动资产——排污权

　　贷：环保专用基金——排污权基金

属于长期资产的：

借：环境无形资产——排放权

　　贷：环保专用基金——排污权基金

（2）企业在交易市场上购入排放权，以成交时的市场价格，作如下会计处理：

借：环境流动资产——排污权

　　环境无形资产——排放权

　　贷：银行存款

（二）排污权摊销

企业使用排放权指标时，在每个会计期间末，依据对应的持有排污权配额数量内的本期实际污染物排放量占持有排污权配额对应总排放量的比例进行摊销。如果企业持有的排污权配额数量在不同时期有变化，应将其账面余额合并且排污权配额合并后进行摊销。

当期排放权摊销额＝本期实际污染物排放量÷总量控制排放量×期初确认的排污权

（1）对无偿获得的排污权摊销

属于流动资产的：

借：环保专用基金——排污权基金

　　贷：环境流动资产——排污权

属于长期资产的：

借：环保专用基金——排污权基金

　　贷：环境资产累计折旧折耗——排放权折耗

（2）对有偿获得的排污权摊销

借：环境成本——环境保护成本——排污权摊销

　　环境费用——其他环境费用——排污权摊销

　　贷：环境流动资产——排污权

　　　　环境资产累计折旧折耗——排放权折耗

（三）排污权资产公允价值的变动

（1）对从国家无偿获得的长期资产性质的排污权
第一，期末排放权市价上涨时，按市场价值变动部分，调整账面记录：
借：环境无形资产——排污权（市场价值变动）
　　贷：环保专用基金——其他权益基金——排污权重估增值
第二，期末排放权市值下跌时，按市场价值变动部分，调整账面记录：
借：环保专用基金——其他权益基金——排污权重估减值（冲减原确认的权益部分）
　　环境营业外支出——其他支出（超过原确认的权益部分）
　　贷：环境无形资产——排放权（市场价值变动）
（2）对在交易市场交易获得的长期资产性质的排污权
第一，期末排放权市价上涨时，按市场价值变动部分，调整账面记录：
借：环境无形资产——排污权（市场价值变动）
　　贷：环境营业外收入——其他收入——排污权重估增值
第二，期末排放权市值下跌时，按市场价值变动部分，调整账面记录：
借：环境营业外支出——排污权重估减值（市场价值变动）
　　　　　　　　　——其他支出（超过原确认的权益部分）
　　贷：环境无形资产——排放权（市场价值变动）

（四）年末不准备出售节约的长期资产性质的排污权

（1）将余额结转到下年
借：环保专用基金——其他权益基金——排污权重估增值（重估增值部分）
　　贷：环保专用基金——排污权基金
或者：
借：环保专用基金—排污权基金
　　贷：环保专用基金——其他权益基金——排污权重估减值（重估减值部分）
（2）年末将出售和转让的无偿划拨节约的排污权转为专用基金
借：环境利润——利润调整
　　贷：环保专用基金——排污权基金
（3）用于弥补亏损和转增资本
借：环保专用基金——排污权基金
　　贷：利润分配——未分配利润——排污权基金补亏
　　　　环境资本

（五）排污权在二级市场买卖

基于排污权是履行法定义务的手段和交易的非日常性，应将收入确认为利得，并结转相应排污权的账面价值。

（1）对获得的排放权收入，按结算部分的市场价格
借：银行存款

贷：营业外收入——排污权交易收入（出售净收入）

同时：

借：营业外支出——排污权成本金

——其他权益基金——排污权重估减值（重估减值部分）

贷：环境无形资产——排放权

（2）支付交易税费

借：环境成本——环境管理成本——环境税

环境费用——其他间接费用——交易费

贷：应交环境税费——排污权税费

（3）缴纳环境税费

借：应交环境税费——排污权税费

贷：银行存款

（六）将使用期满的排污权进行结转

借：环境资产累计折旧折耗——排污权折耗

贷：环境无形资产——排放权

【例 6－1】

A 企业经环保部门审核，没有超过排放总量控制指标，环保部门允许企业通过排污权交易市场上购买排污权，该地区的排污权有效期限为 2 年。

2009 年年初，环保部门无偿授予 A 企业期限为 2 年的 12 000 吨二氧化硫排污权，每份排污权代表 1 吨二氧化硫排放指标，即企业拥有 12 000 份排放额度，当日每份排污权的售价为每吨 100 元。至期中报告日（即 6 个月后），A 企业已排放 5 500 吨的二氧化硫，当日的市场价格上升为每吨 120 元。至年末，A 企业由于新上扩产项目导致二氧化硫排放量增加，需要购买二氧化硫排放指标，该企业与当地环保部门签订了排污权有偿使用合同。合同规定，A 企业向环保部门购买 4 000 份二氧化硫排放指标，每份排污权的售价降为 80 元，缴纳交易税 30%。实际当年下半年排污量统计为 2 500 吨的二氧化硫。

2010 年 6 月 30 日，A 企业实际统计排放量为 5 000 吨。同时 A 企业引进先进的技术实施减排措施，预计二氧化硫总排放量将减少 2 000 吨，决定将此富余的 2 000 吨二氧化硫排放指标销售给其他机构，当日市场价格为每吨 150 元。2010 年 12 月 31 日，A 企业排放 1 000吨的二氧化硫，两年内的二氧化硫总排放量为 14 000 吨。

根据上述资料，A 企业的账务处理如下：

1. 在 2009 年初获得排污权

由于 A 企业获得排污权时环保部门无偿授予的，按当时的排污权市场价格确认获得了一项排污权

借：环境无形资产——排污权　　1 200 000

贷：环保专用基金——排放权基金　　1 200 000

2. 到期中报告日（即 6 个月之后）摊销排污权

（1）A 企业对排污权每半年进行一次摊销，摊销基数为 A 企业实际污染物排放量。计算为：实际排放量 ÷ 总量控制排放量 × 期初确认的排污权 = 5 500 ÷ 12 000 × 1 200 000 =

550 000（元）。

借：环保专用基金——其他权益——环境权基金　　550 000

　　贷：环境资产累计折旧折耗——排污权折耗　　550 000

（2）当期排污权的市场价格发生变动，对排污权的公允价值进行重估增值调整。计算为：（12 000 − 5 500）×（120 − 100）＝130 000（元）。

借：环境无形资产——排污权　　130 000

　　贷：环保专用基金——其他权益——排污权重估增值　　130 000

3. 到2009年年末

（1）A企业购买新的排污权指标，按购买时的市价确认，计算为：4 000×80＝320 000（元）

借：环境无形资产——排污权　　320 000

　　贷：银行存款　　320 000

（2）A企业对当期排污权进行摊销。计算为：当期实际排放权摊销＝2 500÷12 000×1 200 000＝250 000（元）。至此，无偿取得的排污权余额＝12 000 − 5 500 − 2 500＝4 000（吨），有偿取得的排污权余额＝4 000吨，两者合计为8 000吨。

借：环保专用基金——排放权基金　　250 000

　　贷：环境资产折旧折耗——排污权折耗　　250 000

（3）当期排污权的市场价格变动，对排污权进行公允价值重估减值调整，冲回原来确认的重估增值部分，并确认减值损失计算为：4 000×（120 − 80）＝160 000（元）。

借：环保专用基金——其他权益——排污权重估减值　　130 000

　　环境营业外支出——其他支出——排污权减值损失　　30 000

　　贷：环境无形资产——排污权　　160 000

4. 到2010年6月30日

（1）A企业对当期排污权进行摊销。根据当期已知实际排放5 000吨，那么实际累计排放量为：12 000 −（5 500 − 2 500 − 5 000）＝ −1 000（吨），这说明当期使用的5 000吨中，有无偿获得4 000吨价值400 000元（4 000×100）和有偿获得的1 000吨价值为80 000元（1 000×80）。尚有结余的只是有偿获得的排污权：4 000 − 1 000＝3 000（吨），价值为240 000元（3 000×80）。

则：当期计算出的实际排放费用，有偿的为：4 000/12 000×1 200 000＝400 000（元）；无偿的为：1 000/4 000×320 000＝80 000（元）。

借：环保专用基金——排污权基金　　400 000

借：环境成本——环境保护成本　　80 000

　　贷：环境资产累计折旧折耗——排污权折耗——有偿　　400 000

　　　　——排排污权耗——无偿　　80 000

同时，对摊余价值为零的无偿获取的排污权进行转销，使用数量：5 500＋2 500＋4 000＝12 000（吨），累计计提折耗：550 000＋250 000＋400 000＝1 200 000（元）。

借：环境资产累计折旧折耗　　1 200 000

　　贷：环境无形资产——排污权　　1 200 000

（2）当期排污权的市场价格变动，对结余3 000吨有偿获得的排污权进行重估增值调整，计算为：3 000 ×（150 −80） =210 000（元）。

借：环境无形资产——排污权 210 000

贷：营业外收入——排污权重估增值 210 000

（3）A 企业将富余有偿获得的 2 000 份排污权出售，按当日的市场价格计算，确认公允价值超出历史价格，计算收益为 2 000 × 150 = 300 000（元），出售成本为 = 2 000 × 80 = 160 000（元）。

借：银行存款 300 000

贷：环境营业外收入——出售排污权收入 300 000

同时：

借：环境营业外支出——其他环境成本——出售排污权成本 160 000

贷：环境无形资产——排污权 160 000

（4）计算应交纳环境税

借：环境成本——环境保护成本 90 000

贷：应交环境税费——环境税 90 000

5. 到 2010 年 12 月 31 日

（1）A 企业排放 1 000 吨的二氧化硫，实际排放费用：1 000/4 000 × 320 000 = 80 000（元）。

借：环境成本——环境保护成本 240 000

贷：环境资产累计折旧折耗——排放权折耗 240 000

（2）A 企业对有偿的排污权进行结转。累计使用和出售量 4 000 吨（100 + 2 000 + 100），累计计提排污权折耗为：80 000 + 80 000 = 160 000（元）。

借：环境资产累计折旧摊销——排放权折耗 160 000

贷：环境无形资产——排放权 160 000

第四节 排污权交易规范管理

一、严格排污权指标预算

（一）排污权指标预算管理

排污染指标的预算管理实质上是对无形的环境资源的量化，将其转化为有形的总量指标，有利于发挥环境保护对经济增长的优化作用。它主要涉及控制排放量、总减排量、预支增量三个指标。其中，控制排放量、总减排量主要根据国家下达的减排任务和环境质量状况、环境容量、排放总量、经济发展水平来确定；预支增量主要根据经济社会发展需求、环境容量、主要污染物总量减排量来确定。

控制排放总量一般由环境主管部门根据区域的环境质量标准、环境质量现状、污染源情况、经济技术水平等因素综合考虑来确定。排污权总量虽是一个技术指标，但对排污权交易市场影响显著。排污权总量如何核定不仅对一个区域的环境质量有着很大的影响，并直接关系到排污权交易能否顺利开展。排污权数量过大，会使区域内污染物的排放超过环境容量，并使排污权交易价格偏低，甚至无价，交易无法开展。排污权数量过小，会使排污权交易价格过高，可能造成排污成本超过社会经济技术承受能力，导致排污者不购买排污权，而采取非法排污，或偷排等冒险行为。为此，科学核定区域内排污权总量意义重大。

控制排放量主要通过目标责任书和排污许可证的形式，分解落实到各级政府和重点排污单位；总减排量主要通过省、市政府批准的污染减排工作实施方案，将年度工程减排、结构减排和管理减排具体措施予以明确，逐级分解落实到各级政府和重点企业；预支增量主要通过与建设项目审批挂钩，把预支增量作为环评审批的前置条件，建立环评审批与污染减排联动的管理机制，真正从源头上减少污染物排放。

（二）排污权指标管理级次

排污权指标的预算管理可实行分级管理、动态管理。控制排放量、总减排量实行省、市两级预算，省、市、县三级管理；预支增量实行省级预算，省、市两级管理，即省环保厅负责核准火电、钢铁、造纸、印染、化工等行业和国家审批建设项目的主要污染物排放量，市环保局负责除省环保厅核准外建设项目的主要污染物排放量，县环保局负责建设项目主要污染物排放量的初始审查。未经核定主要污染物排放量的建设项目，不得批复环境影响评价文件；没有预支增量的地方，原则上不再核定建设项目的主要污染物排放量。建立严格的预算指标动态管理体系，设立统一联网的预支增量管理平台，实行建设项目主要污染物排放量网上申请、核定和备案制度等能使企业的排污权落实到实处。

二、管好用好无偿获得的排污权环境基金

（一）企业获得排污权主要途径

一是由政府部门无偿划拨，这一般是在排污权初始分配时取得，可作为企业的排污权环境基金；二是通过向政府部门购买或者在二级交易市场向其他企业进行购买取得；三是通过与其他企业进行资产交换取得；四是通过并购某企业或债务重组取得。《国际会计准则》对企业排污权的初始成本计量往往采用的是公允价值进行计量，但公允价值计量在应用过程中具有很大的局限性。我国现有的会计环境还无法满足公允价值应用的条件，加上国内企业排污权交易才刚处于试点阶段，运用公允价值来计量企业的排污权交易显然是不现实的。因此，在我国新会计准则的规定下，结合当前企业排污权交易试点的实际情况来对排污权环境基金进行管理。

（二）实行排污权专项基金管理制度

政府无偿划拨的排污权指标，企业可以视为政府补贴，纳入企业环保基金进行专项管理和使用。在这种排污权取得形式下可以有两种计量方式：向政府索取排污权并办完相关手续后根据市场公允价值进行计量，也可以按照当前排污权的名义金额进行计量。对使用多余和节约的无偿获得的排污权，可以进行市场交易或由政府有偿收回，其交易所得收益仍然作为利得，但必须按期计交排污权交易税。

（三）排污权指标回收和回购

（1）指标收回。企业有下列情形之一的，市储备管理中心应当无偿收回其剩余或者骗取的排污权指标，环境保护行政主管部门应当依法注销其排污许可证：无偿获取排污权指标后，迁出相应行政区域的；被依法责令关闭或者取缔的；弄虚作假，骗取排污权指标的；法律、法规和规章规定的其他情形。

（2）指标回购。企业有偿购买排污权指标后，如有下列情形之一的，环保部门应当按照其购买当年的排污权指标出让价格的指导价强制回购其剩余的排污权指标并出具回执，环境保护行政主管部门应当依法变更或者注销其排污许可证：除因不可抗力或者国家政策、产业结构调整等原因造成排污权指标暂时无法使用或者无法按期按量使用外，排污单位因自身原因造成排污权指标闲置的；迁出相应行政区域的；法律、法规和规章规定的其他情形。

三、规范排污权交易市场

排污权交易是市场经济国家重要的环境经济政策之一。20 世纪 70 年代，经济学家提出排污权交易的概念后，美国国家环保局首先将其运用于大气污染和河流污染的管理。此后，德国、澳大利亚、英国等也相继实施了排污权交易的政策措施。从国外实践看，排污权交易的一般做法是：政府机构评估出一定区域内满足环境容量的污染物最大排放量，并将最大允许排放量分成若干规定的排放份额，每份排放份额为一份排污权。政府在排污权一级市场上，采取一定方式，如招标、拍卖等，将排污权有偿出让给排污者。排污者购买到排污权后，可根据使用情况，在二级市场上进行排污权买入或卖出。

（一）明确排污交易对象

首先在法律上对可交易的排污权作出具体规定。法律或相应的法规对每持有一份排污权所拥有的权利明确界定，如允许排放的污染物的种类和数量、排放地点和方式、有效时间等。法律还确保持有排污权者的合法权益，排污权持有者可按规定排放污染物。从美国等国外情况来看，排污权交易对象主要有二氧化硫、温室气体二氧化碳，以及较少的污水等。

（二）建立排污权交易市场

排污权交易市场分为一级市场和二级市场。一级市场是政府与排污者之间的交易。从美国等国家的情况看，一般情况下，政府就某种污染物排放权每年定期与排污者进行交易，交易形式主要有招标、拍卖、以固定价值出售、甚至无偿划拨等。一般来说，对社会公用事业、排污量小且不超过一定排放标准的排污者，可以采取无偿给予或低价出售的办法；而对于经营性单位、排污量大的排污者，多采取拍卖或其他市场方式出售。一级市场一般不需要固定的交易地点，交易时间也是由政府主管部门临时确定。二级市场是排污者之间的交易场所，是实现排污权优化配置的关键环节。排污者在一级市场上购买排污权后，如果排污需求大，排污权不足，就必须在二级市场上花钱买入；相反，如果企业减少排污，购买的排污权得到节省，则可以在二级市场上售出获利。二级市场一般需要有固定场所、固定时间和固定交易方式等。据悉，欧盟将设立专门的二氧化碳排放权交易中心，计划把伦敦国际石油交易所作为其交易平台。

（三）遵守交易权利和义务

卖方所享的权利有：按照自己意志出售排污指标权；因出售节余排污指标而请求对方给付一定数额的金钱作为补偿的权利；协商确定转让节余排污指标的期限的权利。

买方所享的权利有：按照自己的意志确定选择购买种类、使用期限的权利；协定金额、付款方式、付款期限的权利；请求转移排污指标的权利；对所购买的排污指标排他性的使用权；排放相应种类的污染物的权利等。买方所应履行的义务有：按照双方协定的交易价格支付价款；将所购买的排污指标用于同种类的污染物的排放；及时到所在地环境保护主管机构办理变更、申报备案；采取有效措施防治环境污染等。

（四）制定排污权交易规则和纠纷裁决办法

交易规则和纠纷裁决是排污权交易不可或缺的重要保障。由于排污权本质上是排污者对环境这种公共产品的使用权，因此，除了要建立一般市场的交易规则和纠纷裁决办法外，还要充分考虑如何防止“地下交易”和“搭便车”等行为。交易规则和纠纷仲裁办法没有统一标准，从国外的经验看，不同地区不同种类的排污权其交易规则均有差别。

（五）充分利用税收等手段建立和完善排污权交易的政策调控体系

要充分利用税收、信贷等手段对排污权市场进行必要的宏观调控，对排污权交易要给予一定的税收优惠政策，以鼓励企业参与排污权交易。逐步提高排污费收费标准，改变违法成本低于守法或治理成本问题，促使企业参与排污权交易。一是在区域环境容量范围内的排污，要提高排污费征收标准，至少使排污费征收标准不低于排污权交易价格；二是进一步采取“总量控制”的管理策略，严格禁止企业超过区域环境容量的排污行为。企业要多排污，就只有到排污权二级市场上去购买。

对政府部门来说，还要加强环境标准、监测和执法等能力建设，为排污权交易创造必要的宏观环境同时，督促企业按时交纳交易税收。

四、遵循交易程序

（一）出让程序

（1）企业通过减排措施，有剩余的化学需氧量（COD）和二氧化硫（SO_2）等污染物的交易量；

（2）企业提出主要污染物出让申请；

（3）排污权储备交易中心受理；

（4）环保局对出让方提出的申请进行审核确认；

（5）审核通过后，出具审核联系单；

（6）到交易中心签订排污权交易受让合同、支付交易款项；

（7）重新核发排污许可证和排污权许可证。

（二）申购程序

（1）企业向环保局提交环评报告书（表）；
（2）环保局核实主要污染物可交易量，并出具排污权交易联系单；
（3）到交易中心签订排污权转让合同、支付交易款项；
（4）交易中心出具排污权交易终结联系单；
（5）环保局出具环评批复；
（6）试生产后进行“三同时”验收；
（7）发放排污许可证和排污权许可证。

【例6-2】

2003年的夏天，一股罕见的热浪席卷我国南方地区，空调等降温设施的大量使用，使得城市的电力供应紧张，江苏、上海等省市在电力紧缺的情况下不得不一度拉闸限电。事实上，位于长江三角洲的江苏省，经济发展突飞猛进，用电需求量与日俱增，扩建、新建电厂的呼声越来越高。江苏太仓港环保发电有限公司就是因苏州市电力需求缺口较大而兴建的重点发电工程。由于公司需要扩建发电供热机组，因此每年将增加2 000吨的二氧化硫排放量。在建厂中间，太仓港环保发电有限公司虽然搞了二氧化硫的脱硫装置，仍然还有1 700吨的二氧化硫排放量指标的缺口没有解决。

根据江苏省二氧化硫排放总量分配方案，太仓港环保发电有限公司因扩建造成的二氧化硫排放许可指标的缺口在南京的下关发电厂那里找到了解决办法。

南京的下关发电厂由于引进了先进的芬兰治理技术，使下关电厂每年排放的二氧化硫实际量比环保部门核定的排污总量指标减少了3 000吨。一个因扩建将造成排污量突破许可指标的上限，一个因脱硫成功而实现了排污量指标剩余，面对两个不同地区的发电企业，经江苏省环保厅牵线，两家企业经过几轮协商，最终达成了二氧化硫排污权的异地交易。

按照协议，从2003年7月至2005年7月，太仓港环保发电有限公司每年将从下关发电厂购买1 700吨的二氧化硫排污权指标，并以每千克1元的价格，向下关发电厂支付170万元的交易费用。双方还商定到2006年之后，将根据市场行情重新决定交易价格。

本案例分析如下：

（1）案例中法律上的主客体组成：主体是太仓港环保发电有限公司和下关发电厂、交易中介机构和政府环境保护行政主管部门，客体是有可供交易的环境容量资源。

（2）案例中缺乏一个重要角色：排污权交易市场或是中介机构的交易中心，即能够进行的交易平台。

（3）如果按照标准流程，这个交易程序应当经过如下基本流程：排污权进入交易市场—购买方出价竞标—签订交易协议—缴纳税收—支付交易款项—交换成功—登记注册。

（4）从这个案例可以看出我国的排污权交易在当时存在如下问题：一是排污权交易的政策和法律滞后，二是缺乏完善的市场机制，三是排污总量难以确定，四是排污权初始分配存在障碍。

本章小结

排污权是指排放者在环境保护监督管理部门分配的额度内，在确保该权利的行使不损害其他公众环境权益的前提下，依法享有的向环境排放污染物的权利。排污权交易是指在一定区域内，在污染物排放总量不超过允许排放量的前提下，内部各污染源之间通过货币交换的方式相互调剂排污量，从而达到减少排污量、保护环境的目的。

20世纪中后期出现的环境质量问题促进了排污收费制度的产生，排污权交易最初被美国联邦环保局应用于大气污染源和水污染源管理，之后德国，澳大利亚、英国等国家相继借鉴了美国的排污权交易制度，逐步建立了完善的交易体系。目前，排污权交易已经形成了一套较为完整的有政策支持的排污权交易制度。

排污权交易会计的理论基础除了外部性理论、科斯定理、稀缺资源理论外，还包括可持续发展理论、环境资源价值理论、会计理论等。

排污权符合资产的定义也具备资产的特征，根据不同的获得方式和市场条件能够采用历史成本或公允价值进行可靠的计量。排污权的初始计量可以根据取得方式的不同来分析确定，排污权的后续计量包括摊销、减值、重估、处置几个环节。

我国目前对于排污权会计的研究较多，众多学者的研究成果丰富了排污权会计的相关理论基础，也为相关实践提供了有效的指导。同时，我们应当建立和健全排污权交易管理制度，完善交易市场机制，严格企业排污权指标预算和审批，执行交易程序和按时交纳交易税费。

本章练习

一、名词解释

1. 排污权　2. 排污权交易　3. 环境资源价值　4. 外部性理论
5. 资源价值理论　6. 排放权交易理论　7. 排污权专用基金设计　8. 排放权交易市场
9. 当期排放权摊销额

二、简答题

1. 什么是排污权交易？建立排污权交易制度的目标是什么？
2. 简述排污权交易的产生背景与发展原因。
3. 简述排污权交易的理论基础。
4. 排污权专用基金设计思想是什么？
5. 简述排污权后续计量会计处理方法。
6. 简述排污权划分为有偿获取和有偿取得、流动资产性质和长期资产性质的会计意义。
7. 排污权交易市场应该如何规范？交易的程序是什么？

三、计算题

作下列甲公司排污权交易业务会计处理分录：

1. 公司2013年1月1日从当地政府获得无偿划拨12 000立方米五级污水的排污权，单位五级污水排放权公允价格为1元，企业准备使用一年。

2. 2013年6月30日，公司已经使用9 000立方米排污权，感觉当年排放权不足使用，于是又从二级市场购买3 000立方米五级污水的排污权，单位交易价格1.2元，并且对结余的排污权进行账务调整。

3. 2013年9月30日，公司统计出的三季度累计使用五级污水5 000立方米的排放权，需要账务处理。

4. 2013年12月31日，公司统计出的四季度累计使用排放五级污水500立方米的排放权，并将企业未使用的五级污水的排污权500立方米全部在二级市场上售出，出售价格为1.5元/立方米。

5. 2014年1月10日，该企业利用夜间环境，出于侥幸心理向外偷排放五级污水200立方米，因当年没有排污计划未再申请获得当地政府排污权的无偿划拨，后被政府环境保护部门发现罚款每立方20元，付款单已于月底收到。

四、阅读分析与讨论

南通市做成国内首例二氧化硫排污权交易

2001年南通市天生港发电有限公司收到了该市一家大型化工有限公司的第一笔二氧化硫排污权转让费20万元，这是我国首例二氧化硫排污权的成功交易，标志着中美合作项目"运用市场机制控制二氧化硫排放"取得了开拓性成果。卖方南通天生港发电有限公司多年来一直是电力系统的"一流火电企业"，近年来通过技术改造和加强管理，使排污总量不断下降，每年二氧化硫实际排放量与环保部门核定的排污指标相比，有数百吨富余空间。而买方是一家年产值数十亿元的大型化工企业，急需更多的环境容量来扩大生产规模。根据双方达成的协议，天电公司将1800吨的二氧化硫排放权有偿转让给了买方，供买方在今后6年内使用；买方得到的是排污权的年度使用权，合同期满后排污权仍归卖方所有。

排污指标可以像其他商品一样买卖，是美国等发达国家广泛采用的一种控制污染物排放的市场运作方式，近年来我国已在水污染物排放指标交易方面作了尝试，但二氧化硫排污权交易仍为空白。1999年国家环保总局与美国环保局签署合作协议，在中国开展"运用市场机制减少二氧化硫排放的研究"，南通市被列为该项目试点城市之一，而南通天生港发电有限公司则是南通市的首批试点单位。在中美专家的指点和南通市环保局、天电公司等单位的积极配合下，经过近一年的技术准备和协调磋商，终于促成了此次排污权交易的成功进行。省环保部门有关人士在谈到这一新生事物时表示，总量控制是削减一个地区排污量的有效方法，而在市场经济条件下实施排污权交易，通过信用的有偿转让，有可能达到治理费用的最佳配置，同时还降低了企业的管理和治污成本，有助于实施污染物排放的总量控制。此次交易的成功，不仅首次确立了排污权的概念，强调了环境作为一种资源的有偿性，也为排污权交易今后在我国的全面实行积累了宝贵经验。

——摘自：扬子晚报［N］. 2002-05-10

讨论要点：

（1）结合案例谈谈排污权交易对资源优化配置与减排的促进作用。

（2）碳排放交易是排污权交易的一种。结合碳排放交易内容，谈谈排污权交易的基本程序，并对排污指标确定依据加以讨论。

第七章　气候变化应对的会计方法

【学习目的与要求】

1. 了解气候与气候变化概念，理解气候变化对社会经济及人体健康的影响。

2. 理解和掌握会计方法嵌入自然科学领域的理论依据，理解气候变化造成环境问题的实质和气候变化带来的会计责任。

3. 理解将碳排放权确认为无形资产的原因，了解不同市场条件下的碳排放权期货定价模型，掌握碳排放权交易会计核算方法。

4. 熟悉和理解区域大气环境治理综合绩效评价一、二层指标内容及区域性的综合评价必要性。

5. 熟悉和掌握我国碳排放交易管理制度内容以及国际减排行动的最新进展。

第一节　气候变化及其负面影响

一、气候与气候变化

气候是地球上某一地区多年时段大气的一般状态，是该时段各种天气过程的综合表现。气象要素（温度、降水、风等）的各种统计量（均值、极值、概率等）是表述气候的基本依据。气候与人类社会有密切关系，许多国家很早就有关于气候现象的记载。中国春秋时代用圭表测日影以确定季节，秦汉时期就有二十四节气、七十二候的完整记载。

由于太阳辐射在地球表面分布的差异，以及海洋、陆、山脉、森林等不同性质的下垫面在到达地表的太阳辐射的作用下所产生的物理过程不同，使气候除具有温度大致按纬度分布的特征外，还具有明显的地域性特征。按水平尺度大小，气候可分为大气候、中气候与小气候。大气候是指全球性和大区域的气候，如热带雨林气候、地中海型气候、极地气候、高原气候等；中气候是指较小自然区域的气候，如森林气候、城市气候、山地气候以及湖泊气候等；小气候是指更小范围的气候，如贴地气层和小范围特殊地形下的气候（如一个山头或一个谷地）。

气候变化是指不同时间区段气候平均状态和距平（离差）两者之一或者两者都出现了统计意义上的明显变化。这种变化越大，表明气候变化的幅度也越大，气候状态也越不稳定。传统意义上，气候变化多用于表述历史时期数千年间的自然气候变化，有时也泛指任何时期的气候变化。对新进发生或正在发生的气候事件，与历史时期的气候平均或气候极端比较，如果都没有超出其数据范围，一般称为气候正常；如果远超其范围，则称气候异常。

气候变化的因素多种多样，但研究气候变化一定会涉及能源。因为能源消耗产生大量有毒有害物质，尤以废气排放居多，进而造成大气污染。企业尤其是制造业重污染行业是能源消费大户，据有关研究资料表明，环境污染 80% 源于企业，可见制造业重污染行业排放的污染就是导致大气污染的主要根源。具体可见第九章相关内容阐述。

二、气候变化造成的生态破坏

地球气候已经发生变化，这是不争的事实。气候变化是关系到人类未来的重大全球性问题，表现在两个方面：第一，以全球变暖为主要特征的气候变化，其表现是全球性的。近百年来，全球平均气温升高 0.74℃，预测未来 100 年仍将上升 1.1 ~6.4℃；气候变化导致极端气候灾害增加，2003 年因气候变化导致的自然灾害使全世界至少损失 600 亿美元；近百年来，全球变暖已使海平面上升约 17cm，直接影响到世界至少 1/6 人口用水。第二，应对气候变化是全球性的。已有的观测事实和研究表明，人类活动是导致全球变暖的主要原因。大气中二氧化碳浓度已从工业革命前的 0.28ml/L 上升到 0.379ml/L，大气中其他温室气体含量也在增加。同时，根据联合国政府间气候变化专门委员会（IPCC）第四次评估报告，即使温室气体浓度能够稳定在 200 年的水平上，全球气候仍然会出现每十年 0.1℃的进一步变暖。2013 年年度报告中显示，中国最大的 500 个城市中，只有不到 1% 的城市达到了 WHO 推荐的空气质量标准，除此之外，世界上污染最为严重的 10 个城市中就有 7 个在中国。谢丹（2014）根据雾霾造成社会经济损失的评估，仅 2013 年 1 月，我国因雾霾所导致的健康和交通直接经济损失约为 230 亿元，飞机航班延误导致的直接经济损失为近 3 亿元，高速公路封闭损失近 2 亿元；2014 年 2 月一周内仅石家庄就对上千家企业进行了关、停、限发电，直接经济损失达到 60 亿元。

气候变化给全球生态，如水资源、海岸带、森林、草原、野生动植物和微生物等生态资源带来的影响是不言而喻的，它们还直接和间接地影响人类。21 世纪世界面临十大环境问题：（1）大气污染；（2）温室效应；（3）臭氧层破坏；（4）土地荒漠化；（5）水污染严重；（6）海洋生态危机；（7）绿色屏障锐减；（8）生物多样性减少；（9）固体废弃物成灾；（10）资源短缺与人口增长过速。上述十大环境问题是相互联系的，但大多与气候变异有关联。除此，气候变化对人类社会经济发展和身体健康也带来重大影响并构成严重威胁。

表 7 -1 列示了环境污染可能造成的损失。

三、气候变化对经济的影响

（一）影响能源结构

一方面，由于气候的变化，人们生产生活对能源的需求发生变化，北方地区冬季增暖明显，采暖日数减少；夏季高温则对空调技术、建筑物结构、隔热水平提出新的需求。同时，减缓气候变化需要减少对传统化石能源的依赖，加大新能源、可再生能源的比例，对能源供应结构形成影响。另一方面，能源使用增加和温室气体排放增加又进一步加剧气候变异。据统计，目前我国 SO_2 排放量居世界第一位，酸雨的覆盖面积已达到国土面积的 30%；CO_2 的排放量占全球总排放量的 13%，居世界第二。燃料造成 70% 的 TSP、90% 的 SO_2、60% 的 NOX 和 85% 的矿物燃料生成的 CO_2。化石燃料的使用是 CO_2 等温室气体增加的主要来源。

科学观测表明，地球大气中CO_2的浓度已从工业革命前的280 PPMV上升到目前的379 PPMV；全球平均气温也在近百年内上升了0.740℃，特别是近30年来升温明显，全球变暖对地球自然生态系统和人类经济环境的影响总体上是负面的。“能源结构不变，雾霾会再现”（林伯强，2013）就是对我国目前能源大量使用造成环境污染原因的真实写照。

表7－1　　环境污染损失举例

污染种类	影响	损害（健康、生产力或美感）
大气污染	对人体健康的影响	工作日损失，医疗费用增加等
	对农业的影响	农作物减产等
	对产品资本的影响	折旧加速，清洗费用增加等
	对美感的影响	能见度降低等
水污染	对人体健康的影响	工作日损失，医疗费用增加，替代性水源成本增加
	对农业的影响	污灌造成的农业减产和品质下降等
	对渔业的影响	渔业产品的产量和质量降低等
	对水上娱乐的影响	旅游收入降低
噪声污染	对人体健康的影响	防护费用加大
	对产品资本（如房地产）的影响	资产价值贬值

（二）影响农业产业

气候变化导致的农业气候资源变化对农业生产影响利弊各兼。在西北干旱区，一方面，干旱区热量资源得以改善，作物生育期延长，天然植被气候生产力显著增加；另一方面，干旱区热害与冷害等极端气温事件增加，光照资源显著减少，水资源严重缺乏和分布不均，造成农业生产的不稳定性增加。然而降水量的减少造成了雨养冬小麦、夏玉米稳产北界向东南方向移动。受气候变化影响最敏感的区域和作物是我国北部和东北部干旱和半干旱区的玉米和小麦，在气候变化直接影响和间接影响（气候增暖引起干旱加剧）的综合作用下，该区玉米和小麦生产已受到较大负影响。气候变化影响了中国的农业生产和粮食安全，气候变化引起的高温、干旱、病虫害等因素已经在局部导致农业减产。气候变化导致中国的酷热、干旱、暴雨、冰雹、台风等极端天气发生的频率和强度明显增长直接影响农业生产。按照目前的趋势，到2020～2030年，中国平均气温变暖0.5～4.2℃，将使中国农业减产5%～10%。

（三）影响工业、建筑业和旅游业

气候变化对工业的直接影响相对较小，但气候变化通过其对农业和自然资源的影响而间接地对第二、第三产业产生一定的影响。从生产来看，气候变化通过影响农业生产而使农产品生产和价格发生变化，从而影响那些以农产品为原料的工业部门的生产。从需求来看，气候变暖会增加对空调、冷饮和啤酒等工业产品的需求，促进其扩大生产规模。相对于工业生产，建筑业和旅游业受气候变化的影响会较大一些。气候变化将促使暴雨等极端天气出现的频率和强度增加，从而直接威胁建筑工程的施工进度和安全水平，也对建筑物的安全性、适用性和耐久性提出了新的要求。气候变化会引发环境景观与生物物种多样性的调整，毁坏当地的自然特色和人文旅游资源，从而影响旅游业的发展。同时，气候变化导致极端天气会致使地区交通停滞甚至瘫痪，气温和湿度等在短期发生骤变会影响旅游人数和逗留时间，从而影响旅游业的收益。

四、气候变化对人体健康的影响

在全球气候变暖的背景下，全球气候均出现了不同程度的变化和暖冬趋势，气候变化引起的高温、干旱、洪涝、低温冷冻等极端异常气候事件越来越频繁，直接或间接地对人类健康乃至生存产生了严重影响。就雾霾而言，有关文献表明（陈沙沙，2014），2013 年有关雾霾的医疗事件以及雾霾所引发的呼吸疾病患者迅速增加，雾霾期间，北京各大医院的呼吸科门诊爆满，甚至曾出现一天内接收 7 000 多位患者的情况，导致急/门诊疾病的成本达 226 亿元。2014 年 3 月，世界卫生组织公布：2012 年全世界因大气污染致死的人数已达 700 万人，超过了恶性肿瘤致死的人数。

（一）气候变暖加速传染病传播速度和范围

气候变暖影响下大风、洪涝等极端气候事件的频发，有利于一些传染性疾病尤其是虫媒传播疾病的传播和复苏，适宜媒介动物生长繁殖的时空和空间范围扩大，细菌、病毒生长繁殖期延长，进而导致传染病传播范围和时间增加；影响人体健康的新的病种不断发现发展，原有的流行区域被扩大，疾病流行速度也出现了上升。

（二）高温增加死亡率

气候变化对人类健康最直接的影响之一就是极端高温造成的热效应，炎热天气高温热浪强度和持续时间的增加，使得人群中暑率发生率大大增加，导致心脏、呼吸系统等疾病或死亡率上升，尤其是年老体弱人群旧病复发率和死亡率加大，严重威胁着人类的生命健康。

（三）空气严重污染影响人体健康

气候变暖带来的夏季高温、暖冬以及干旱等异常天气增多，造成局地大气污染更加恶化，大气中污染物进入人体后，会引起人体感官和生理机能的不适反应，引起头痛、头晕、恶心、乏力等，出现健康隐患。

（四）紫外线辐射增强与疾病增加成正比

城市热岛效应使空气中污染物难以消散，以氟氢烃为主的气体极大地破坏了臭氧层，增强光照紫外线辐射，影响人的皮肤、眼睛和免疫系统，提高人类皮肤癌、白内障、角膜炎和雪盲等疾病的患病率。

辅助阅读 7-1

雾霾与社会经济和人体健康

自 2011 年起，中国秋冬季节连续出现的雾霾天气使空气质量受到社会广泛关注，PM2.5、雾霾等成热词。历经三四个年头，大家对雾霾、PM2.5 等词汇已然不再陌生。雾霾是雾和霾的统称，其中，雾是由大量悬浮在地面空气中的微小水滴或冰晶等组成的凝结物，霾是一种由大量烟、尘等微粒组成的悬浮物质。那么，雾霾危害到底有多大？

专家研究表明，雾霾天气对人体最直接的影响分为三类。（1）雾霾天气易诱发心血管疾病：雾霾天气使气压低，湿度大，人体无法排汗，诱发心脏病的几率会越来越高。（2）诱发呼吸道疾病：雾霾中含有大量的颗粒物，这些包括重金属等有害物质的颗粒物一旦进入呼吸道并附着在肺泡上，轻则会造成鼻炎等鼻腔疾病外，重则会造成肺部硬化，甚至还有可能导致肺癌。（3）上呼吸道感染：雾霾天气，空中浮有大量尘粒和烟粒等有害物质，会对人体的呼吸道造成伤害，空气中飘浮大量的颗粒、粉尘、污染物病毒等，一旦被人体吸入，就会刺激并破坏呼吸道黏膜，使鼻腔变得干燥，破坏呼吸道黏膜防御能力，细菌进入呼吸道，容易造成上呼吸道感染。

雾霾产生的成因分为以下几种：（1）社会经济。霾的产生与城市内车辆尾气排放、煤炭消费等密切相关，而车辆数的迅猛增长、居高不下的煤炭消费水平又是社会经济发展状况的直接反映。近 30 年来的迅猛发展和城镇化建设，我国经济水平大幅度上升，GDP 总值已跃居世界第二位，此外大城市数量增加，大量人才涌入城市，越来越多的交通需求激发更多居民购买小汽车，交通拥堵已成为城市通病。经济结构尚处在转型进程中，支柱产业仍旧依靠高能耗高污染的第二产业，无疑给环境带来很大压力。所以说，社会经济是雾霾产生的根本原因。（2）交通运输。交通运输与社会经济是相辅相成的关系，把“交通运输”一项单独提出来讨论是因为交通运输昼夜不停，汽车尾气不断排向空气中给雾霾的形成做了贡献，贡献率高达 50%。影响尾气排放空间、时间分布的因素有很多，比如路网结构、路面设计、机动车保有量、交通拥堵、汽车怠速等。（3）能源结构。从历史数据分析，我国煤炭消费维持在 65% 以上；石油消费总体趋势缓慢上升，但上升幅度不大，近年来都在 25% 上下浮动；天然气占比仍在 2% 左右波动，远远落后于发达国家；水电、核电及其他能源所占比重总体趋势缓慢上升。可见，我国能源消费依旧严重依赖煤炭，其燃烧直接对空气质量破坏，引发大规模的雾霾天气，而且雾霾冬天比夏天严重。能源结构的不合理，使我国不能尽快从雾霾的影响中脱离出来，说明要根治雾霾还有很长的路要走。

——摘自：小微．和柴静一起对雾霾说不，穹顶之下我们共呼吸 [N]. 中国日报，2015-3-4

辅助阅读 7-2

南京市单位能耗与污染排污量指数分析

工业是产生污染的主要行业。工业大体分为采选业、制造业、电力热力和供应业及其他行业。分析发现，工业制造业是污染产生的主源。据对南京市 2005~2009 年 5 年间的统计资料分析，制造业工业污水排放占废水总排放量的 97.34%、工业废气总排放量的 84.44%、工业固体废物排放总量的 77.34%，分别达 180 543.99 万吨、175 776 139 万立方米、4 634.61 万立方米。从趋势上看，2005~2008 年废水排放逐年减少，而废气和固体废弃物排放逐年增加。

另根据 2005~2008 年南京市主要污染物排放和综合能耗相对数，可计算出 2005~2008 年主要污染物排放指数，如表 7-2 所示。从表中可见，南京市 2005~2008 年万吨标准煤耗所产生污染排放平均逐年值为二氧化硫 37.65 吨、粉尘 12.91 吨、烟尘 10.91 吨、废水 10.92 万吨、废气 10 422.3 万标平方米。分析结果表明，南京市近 5 年能源消耗逐年增长，但主要污染物排放却呈逐年下降趋势，并且这种下降趋势稳定。但废气排放在 2008 年略有上升，见图 7-1。一方面可能是由于南京市近年来加大了对污染的综合治理，另一方面可能是开发了清洁和替代新能源，采取了节能减排的措施。

表 7-2　　2005~2008 年主要污染物排放与综合能耗指数分析

年度	比较指标（万吨标准煤污染排放量）				
	二氧化硫（吨）	粉尘（吨）	烟尘（吨）	废水（万吨）	废气（万标平方米）
2005	45.29	16.1	14.6	14.15	11 254.7
2006	39.92	14.3	11.9	11.68	10 607.8
2007	34.68	11.8	9.5	9.86	9 887.4
2008	32.91	10.3	8.5	8.75	10 126.2
综合能耗	0.003765	0.001291	0.001091	10.92	10 422.3

注：表中数据均为根据南京市环保局提供的数据资料计算所得。

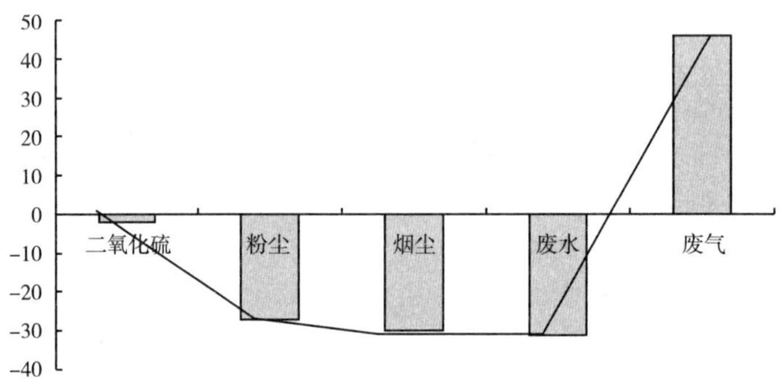

图 7-1　南京市 2008 年主要污染物排放比 1991~2008 年平均值增减情况

——摘自：袁广达．经济、能源和环境协调一致的经济发展方式研究——基于南京市能源消耗状况的调查研究//南京经济发展研究［M］．凤凰出版社，2011

第二节　气候变化与会计责任

一、气候变化下的会计定位

气候变化既是环境问题也是经济问题，以人为中心的环境问题从本质上讲都是经济问题，经济的外部性直接导致成本外溢，影响整个社会经济的协调发展，从企业到社区，从地域到区域、从一国到他国。既然气候变化也是经济问题，那么，解决问题的方法从来也不可能离开经济方法，经济方法中最重要的方法就是会计。环境会计又称“绿色会计”，是以货币为主要计量单位，以有关环境法律、法规为依据，计量、记录环境污染、环境防治、环境开发的成本费用，同时对环境的维护和开发形成的效益进行合理计量与报告，以便为决策者提供环境信息的会计理论和方法。

气候变化及其引起的极端气候事件正在改变和影响着人类的生存环境。当前生态脆弱、人均资源占有量降低，人类快速发展的要求极易受到气候变化的不利影响。这决定了我们必须将适应气候变化纳入议事议程，制定并实施适应气候变化全球战略，以减轻气候变化对全球经济、社会发展、人民生活的不利影响，而这“全球战略”落实是一种多层次、全方位资源整合和运作过程。现代意义上气候变化对经济不良影响追根究源更多还是人为引起，解决气候变化问题还得靠人的积极主动作为，以评估灾害损失、量化补偿标准、规划防治预算、记录治理成本、审定环境报告、完善内部控制。会计作为一种经济管理手段也应当肩负起历史使命，承担起对环境保护的责任，因为一切经济问题的解决手段从来没有也不可能离开会计簿记系统。

会计科学的发展是随着人类社会经济活动发展而发展的。从商品会计到资本产权会计再到社会责任会计，从财务会计到管理会计，从简单记账到复试记账，从手工会计到计算机智能会计，会计的演化始终没有停止。随着科学领域的扩展和研究的不断深入，特别是电子计算机与数学方法在会计中的应用以及管理科学的发展及其向会计领域的渗透，会计学的内容得到不断的充实，并已初步形成了一个独立、完整的现代会计学科体系，进而延伸出众多分支学科：人力资源会计、税务会计、财政会计、法务会计、环境会计、物流会计、计算机会计、物价变动会计、金融工具会计、社会责任会计、行为会计。按照现代意义上的大会计概念，它还包括会计、财务管理和审计，会计专业本身就是研究主体在一定的营业周期内如何确认收入和资产的学问，会计师除了准备财务报表以及记录企业交易行为外，更重要的是能够参与企业间的合并、质量管理、信息技术在财务方面的应用、税务战略以及很多管理决策活动，会计专业领域涉及鉴证、审计、税收、政府会计、预算会计、公司会计、管理会计、财务管理、破产清算、法务会计、预算制定、商业咨询等。

总之，作为现代管理工具的会计特质，能够在任何管理领域包括对自然管理都有它的贡献所在和价值体现；同样，会计信息可以与其他任何信息进行集成，以对管理产生特殊功效，何况会计功能就在于创新社会治理，会计本身的属性就是管理。显然，气候变化也不例外，气候变化经济业务构成环境会计一部分内容。至于如何结合及结合程度，取决于与会计集成对象的特点，科学发展和发现程度及新型会计学科扩展程度。会计不仅仅只是经济活动描写，更多是一种经济管理技能，用于一切社会科学和自然科学所能产生经济影响的各个领域，在分析现状、预测未来、风险评估、绩效评价、拟订方案、组织治理等方面，具有其独特的优势。比如目前中国众所周知“雾霾”影响如何进行会计确认、计量和报告，雾霾治理的会计信息如何披露，国内学者肖序和周志方（2014）、曾志琳（2015）等就提出了会计视角的设计思路。我们将会计方法嵌入自然科学——大气学科领域，通过对“雾霾”治理会计信息披露相关机理进行深入分析，提出基于物质量和价值量的二维指标结构的雾霾治理报表体系，并从雾霾治理中会计信息利益相关者三维性——政府、企业和社会来锁定雾霾治理信息披露的基本内容：雾霾的成因、雾霾带来的影响及雾霾治理行为。在此基础上，提出雾霾治理会计信息的实物量/价值量报表的报表框架、具体指标和编制思路，如表 7 - 3 所示。由于环境会计信息模糊性、潜在性、间接性，对环境会计信息披露带来了诸多困难。价值流会计方法和物质流会计方法相互集成完全可以解决雾霾治理会计信息披露难题，这恰恰印证了环境会计多重计量特征对于解决包括雾霾治理在内环境会计信息披露具有的理论意义及实用价值。尽管这种信息披露报告还有待完善，但用会计方法参与环境管理已经势在必行。

表 7－3　雾霾治理会计信息物质量/价值量报表

<table>
<tr><th colspan="2" rowspan="2">项　目</th><th colspan="5">物质量（千克）</th><th colspan="5">价值量（万元）</th></tr>
<tr><th>工业污染物</th><th>机动车船污染物</th><th>建筑扬尘污染物</th><th>其他污染物</th><th>……</th><th>工业污染物</th><th>机动车船污染物</th><th>建筑扬尘污染物</th><th>其他污染物</th><th>……</th></tr>
<tr><td colspan="2">期初余额</td><td>a</td><td>b</td><td>c</td><td>d</td><td></td><td>a</td><td>b</td><td>c</td><td>d</td><td></td></tr>
<tr><td rowspan="5">本期发生</td><td>工业污染物</td><td>A</td><td></td><td></td><td></td><td></td><td>A</td><td></td><td></td><td></td><td></td></tr>
<tr><td>机动车船污染物</td><td></td><td>B</td><td></td><td></td><td></td><td></td><td>B</td><td></td><td></td><td></td></tr>
<tr><td>建筑扬尘污染物</td><td></td><td></td><td>C</td><td></td><td></td><td></td><td></td><td>C</td><td></td><td></td></tr>
<tr><td>其他污染物</td><td></td><td></td><td></td><td>D</td><td></td><td></td><td></td><td></td><td>D</td><td></td></tr>
<tr><td>……</td><td></td><td></td><td></td><td></td><td></td><td></td><td></td><td></td><td></td><td></td></tr>
<tr><td colspan="2" rowspan="2">期末余额</td><td>a±A</td><td>b±B</td><td>c±C</td><td>d±D</td><td>……</td><td>a±A</td><td>b±B</td><td>c±C</td><td>d±D</td><td>……</td></tr>
<tr><td colspan="5">数量</td><td colspan="5">金额</td></tr>
</table>

二、应对气候变化的碳排放会计报告准则

英国特许公认会计师公会（ACCA）2009 年在一份报告中指出，环境监管者应与国际会计准则制定者通力合作，共同制定一套行之有效、适用于所有规模组织的气候变化的报告准则。作为 ACCA 多项建议之一的该项建议有望于当年 12 月联合国在哥本哈根召开的气候变化会议上与公众见面，该建议也是继联合国近期在纽约召开类似会议后首次与公众见面。在这份 ACCA 表明立场的报告中，赫然出现了这样的表述：会计人员应该对全球气候变化有所担当，同时，会计人员应该发挥专业特长，认真评估低碳投资可行性建议，为碳交易甲方、乙方提供咨询和建议。未来，会计人员还要在年报会计术语上加上与碳排放相关的表述。ACCA 行政总裁海伦·布兰德指出，气候变化与经济危机赋予了重新构建全球市场的独特机遇与挑战。因此，各国都应该行动起来，为可持续发展而努力。布兰德说："全球经济不稳定导致各国对环保的直接投资有所下降，这势必会影响未来气候变化相关政策的落实。因此，ACCA 建议各国政府应高度重视环保投资，为全球经济积极做出贡献。"

2009 年 12 月，全球各大会计团体携手气候披露标准委员会（CDSB）及英国查尔斯王子为可持续性的会计项目（The Prince's Accounting for Sustainability Project）共同呼吁制定一套全球通用的碳排放报告准则。它们提议建立一个独立的、由利益相关人主导的准则制定机构，该机构将直接对公共当局负责，并被赋予制定相关准则的任务。上述会计团体包括英格兰及威尔士特许会计师公会（ICAEW）、美国注册会计师协会（AICPA）、英国特许公认会计师公会（ACCA）、加拿大特许会计师协会（CICA）、爱尔兰特许会计师协会（ICAI）、英国特许管理会计师公会（CIMA）、英国特许公共财务及会计协会（CIPFA）、澳洲会计师公会（CPA Australia）、中国香港会计师公会（HKICPA）、澳大利亚特许会计师协会（ICAA）、苏格兰特许会计师协会（ICAS）、日本公认会计士协会（JICPA）、南非特许会计师协会（SAICA）。

上述会计团体和组织联名签署了一封致出席2009年哥本哈根气候峰会的各国领导人的信，信中它们表示希望各国政府和各行各业统一行动，以便实现到2050年之前温室气体减排80%的目标。它们还在信中呼吁各国的政策制定者构建阻止当前气候变化的机制，制定一套普遍适用的在财务报告中对碳排放予以披露的会计准则。

以英国为例，英国政府推出的“碳减排承诺”（carbon reduction commitment）将于2010年4月正式生效。届时，英国企业将执行强制性排放贸易计划，企业的财务主管则将承担报告所在企业碳排放量的责任。

ICAEW首席执行官迈克尔·伊扎（Michael Izza）表示：“我们认为（制定）一项与经营成果以及主流财务报告相关的用于气候变化披露的会计报告准则仅仅是提高财报质量、使之更具可信度的改善进程的开端。对投资者和其他利益相关人而言，准确可靠的财务信息能使他们做出更好的决策，促使行为模式的改变，从而实现低碳经济。”

ACCA首席执行官史提夫·弗里尔（Steve Freer）对此表示赞同：“温室气体减排是哥本哈根气候峰会的主旨目标，而财会人员在制定和实施温室气体减排会计准则的过程中起着至关重要的作用。除非明确无误且普遍适用的会计准则得到采纳，否则改善全球变暖的计划将陷入困境。”

三、国际“四大”会计公司的环保行动

国际会计界对碳排放的关注和期待，既反映了会计对环境保护的责任，又反映了会计与碳减排的密切关系和在碳减排进程中应肩负的历史使命。据了解，普华永道、安永、毕马威、德勤四大国际会计师事务所早就涉足保护环境、应对气候变化的审计业务，其内部目前也都形成了从事环境相关服务的部门。普华永道辅助能源、矿业、工业产品和废物处理行业进行清洁发展机制（CDM）和碳信用额度相关的服务，该所早在1993年就对美国太阳石油公司（Sunoco）的一项截至1993年12月31日的有关健康、环境和安全的数据收集、编译进行审计，来确定与标准一致。1998年普华永道加入了全球报告倡议组织，2001年成为世界可持续发展工商理事会成员，该组织指出：“顾客要求我们提供与公司治理系统、社会、道德、环境风险管理问题相关的可持续发展方面的服务。”德勤在1992年为全球性企业环境管理组织开发出“环境自我评估规划”，在帮助公司优化环境改进措施的同时，帮助公司适应国际商会关于可持续发展的战略。安永为企业提供清洁技术服务，涉及电动汽车、智能电网、水技术等领域。毕马威的能源和天然资源分部则拥有一套评估能源和天然资源公司的传统方法。原安达信会计公司开发出一种“生态会计”模型及软件，帮助企业对环境总成本进行估算管理。该模型定义了100多种环境活动并表达所有数据，且对各种环境活动的业绩加以计量。壳牌石油、空中客车这类环境敏感度较高的跨国企业均是“四大”的客户。

辅助阅读7-3

美国以解决全球变暖问题的“实际行动”主导巴黎气候变化峰会

2015年8月3日，美国总统奥巴马在白宫东厅推出终极版《清洁电力计划》，相比去年美国环保局发布的计划草案小幅度提高了减排标准，扩大了各州实施计划的灵活性。同时，终极版《清洁电力计划》还

增加了对可再生能源的扶持力度。

与去年草案相比，终极版《清洁电力计划》将针对美国发电企业的减排标准由到2030年碳排放量较2005基准年下降30%上调到32%，总体增加碳减排量大约为9%。为减缓减排目标对各州经济的冲击，最终方案推迟了各州减排方案产生效果的时间，由此前草案规定的2020年延后至2022年。最终方案还设立了一个清洁能源促进项目，对在州政府提交实施方案后开工建设、在2020年和2021年发电的清洁能源项目给予奖励。

分析人士指出，终极版《清洁电力计划》如能按期实现，则意味着届时美国将消除8.7亿吨二氧化碳排放，其效果相当于1.66亿辆车停驶。到2030年，美国因发电厂排放而造成过早死亡的人数将下降90%，每年儿童哮喘病发作次数将减少9万次。美国环境保护局局长麦卡锡认为，如果《清洁电力计划》获得执行，燃煤发电所占比例将在2030年下降为27%，新能源所占份额将会提高。在国际上，奥巴马推出的终极版《清洁电力计划》得到联合国方面肯定。联合国秘书长潘基文4日表示，奥巴马总统最新公布的《清洁电力计划》非常重要且富有远见，不仅将促进美国经济并增加就业，还可以为世界其他国家带来积极影响。联合国环境规划署执行主任施泰纳表示，此举是美国为巴黎气候变化谈判做准备的重要信号，终极版《清洁电力计划》的推出增强了积极势头。

此间舆论认为，终极版《清洁电力计划》的推出具有深思熟虑的战略考量。首先，美希望重新占据“道德高地”，以解决全球变暖问题的“实际行动”主导今年的巴黎气候变化峰会。其次，奥巴马“将采取行动应对气候变化视作经济以及国家安全上的义务”，以此为自己的总统生涯留下一个“核心政治遗产”。此外，一旦终极版《清洁电力计划》顺利实施，则必将促进美国可再生能源发展，使全美2030年可再生能源发电比例增至28%。

——摘自：光明日报［N］. 2015－8－6

四、中国新环保法对中国环境会计的驱动

环境污染问题是当前世界话题中的热点，对于环境污染所带来的后果与问题的严重性，各国都了然于心。环境保护问题是当前世界共同需要解决的一个重大问题，尤其是处于发展中的我国，环境污染问题已经相当严重，成为关系国计民生的问题。1989年，我国已颁布了《环保法》，证明了国家对于环境污染问题的重视。然而，经济的高速发展使旧环保法不能适应当前社会经济发展的需要。环境问题的解决需要环境会计相应手段的支持，需要法律与会计的联动，而环境会计更需要强有力的环境法规依据，以推动其进一步发展。2014年4月24日，全国人大常委会第十二届八次会议表决通过了《环保法修订案》，并于2015年1月1日施行。新《环保法》的颁布，不仅解决了生态环境众多现实问题，更为中国环境会计理论研究和实际运作提供了法律基础和行为指南。新环境法的落实需要会计、财务和审计领域的方法与技术的支持，也对会计、财务和审计具体政策和措施的改进带来了机遇。比如，新环保法由旧环保法的47条增加到70条，新增条文多数涉及政府与企业的责任与处罚力度、环境信息公开、环境事故责任认定和追究机制等大量政策、技术、方法和措施的跟进。环境会计理论和实务界，应当结合新环保法的特点和环境会计之间的内在关系，从应对全球气候变化在内的包括环境信息披露、环境成本管理、排放权交易、生态补偿制度和环境资产产权确定、环境会计确认计量诸方面，探讨新环境法对我国环境会计的影响，揭示新环保法对环境会计发展的驱动及其发展趋势的影响，进而促进中国环境会计在新环保法的背景下有更大的发展。

第三节 应对气候变化碳排放权交易会计方法

碳排放属于排污权排放的一种，是指碳排放实体对大气环境容量的使用行为。碳排放权是企业根据国家无偿赋予、有偿获得或在排污权交易市场有偿购买的对大气排放容量的权利，它是一种外在赋予的权利并且是有价值的，且这种权益可以上市交易，这就是碳排放交易。碳排放交易过程产生的经济业务可以通过会计方法加以确认、计量和报告，并从交易过程和结果上加以管理控制。

本章仅就应对气候变化的碳排放交易会计方法进行阐述，其理论依据和具体管理同于上章的排污权交易会计相关内容。同时，由于气候变化易造成环境生态破坏，产生生态损害后果，应对气候变化的会计方法，也可以采用下章的环保债务性基金制度办法，进行生态损害补偿的会计方法处理和采取相应的具体管理制度。读者可联系本章的上下两章相关内容进行本章内容研究和讨论。在此不再赘述。

一、碳排放权的会计确认

环境会计确认是指判断所发生的与环境活动有关的交易或事项能否列入会计核算系统中，以及该项目确认为何种环境会计要素的过程。环境会计的确认分为三步：第一步，判断该经济业务是否与环境问题有关，只有那些属于环境会计所考察的业务或事项才是进一步确认的对象；第二步，判断与环境活动有关的业务或事项发生的时间，以确认其应该何时计入环境会计核算系统中；第三步，判断这些业务和事项给特定的会计主体带来了什么样的影响，进而判断其应作为哪一类环境会计要素加以确认。这第三步是环境会计确认的关键，因为环境会计要素的确认又会影响环境会计科目的设置，从而影响后续的环境会计计量，环境报告信息的披露。

关于碳排放权具体确认为何种资产，主流观点有确认为存货、确认为无形资产、确认为金融资产三种。本书在上一章节采用了存货和无形资产进行排污权确认，但对碳排放权目前大多数研究者采纳作为无形资产确认比较恰当。其原因，一是碳排放权是国家赋予企业的污染排放权利，企业一般不能自创，即自己赋予自己排放权，否则会造成自创排污权计价上的混乱，也给企业逃避环境治理责任带来了借口。二是这项权利一般在规定的期间应当使用完毕，如果尚有结余应当规定只允许通过碳排放交易市场进行交易、转让，而不得用于投资，否则只能说明国家指标分配不合理和企业骗取了这项多余的权利，应当无条件收回。应当明白，碳排放权实质是国家赋予特定企业的一种环境容量使用权，如果将碳排放权确认为投资性碳排放权就有悖碳排放权制度意义。所以，企业单位获取的碳排放权，作为环境无形资产处理，同时由于初始增加碳排放权是国家无偿赋予，作为一种环境专用基金最为适当。

二、碳排放权的会计计量

环境会计计量是指将涉及环境资源的交易或事项作为会计要素加以记录并列入会计报表

而确定其金额的过程，然而其在实际计量中有一定的困难。环境污染的计量需明确两点：一是明确污染的责任主体，这需要通过会计成本的动因分析，找到污染的源头；二是通过环境重置成本法计算出恢复污染前的成本。

会计计量环节中最关键的是计量属性的选择。我国企业会计准则规定，会计计量属性包括历史成本、重置成本、可变现净值、现值和公允价值五类。其中，历史成本广泛应用于资产、负债项的初始入账处理；重置成本主要用于对盘盈物资的计量；可变现净值是处理存货期末计价问题的基础；现值解决的是债券以及长期款项的当前价值问题；公允价值反映的是拥有活跃市价项目的当前市场价格。

根据五类计量属性的主要用途，碳排放权交易会计的计量要综合运用历史成本和公允价值两种计量属性。历史成本计量属性适用于那些企业支付实际对价取得的，以满足自身履行环境义务而持有的碳排放权的计量；而公允价值运用于处理无偿配给碳排放权的初始计量以及企业购入的以交易为目的的碳排放权的后续计量。

（一）排放权的初始计量

碳排放权的初始计量应根据其取得方式不同来归集初始入账成本。（1）对于以拍卖或购买方式取得的碳排放权，企业以实际支付的价款以及各项直接费用作为初始入账金额。（2）对于政府无偿分配的碳排放权，确认为相关环境资产，同时计入“环境专用基金”科目。公允价值的获取参照以下步骤：在存在活跃交易市场的前提下，企业应以分配日碳排放权交易市场上的成交价作为计算初始入账金额的基础；若不存在活跃市场，交易日的公允价值难以获取，而近期碳交易市场波动幅度不大，则可以近期市场平均交易价格为基础确定公允价值；倘若我国碳交易市场与国外某碳交易体系对接，公允价值的获取也可以参照国外市场交易价格；在既无国内完整市场，又与国外市场脱节的情况下，公允价值可在国内企业平均减排成本的基础上获得，且不应超过单位违约处罚金额的上限。

（二）碳排放权的后续计量

对于自用碳排放权的后续计量，企业会计准则 6 号规定，企业在进行无形资产的后续计量时，应根据其使用寿命确定不同的处理方式：（1）对于使用寿命有限的无形资产，应在摊销期内按照“与所含经济利益预期实现方式有关”的形式合理摊销，同时需要考虑残值和减值；进一步说，对于企业自用的碳排放权，其账面价值与企业的排放行为是密切相关的，即随着碳排量增加，自用型碳排放权会相应抵消而减少。这两个特征表明碳排放权可被归类为使用寿命有限的无形资产，也能够按照合理的方式摊销。具体到摊销方式上，由于当今的监测技术还不够成熟，致使严格而精确的排放数据难以获取，因而自用碳排放权的摊销暂时只能使用比较粗糙的方式：若碳排量与产品产量，工程进度存在较明显的正相关关系，可以以产量或进度来确定摊销额；若企业碳排量全年差异不大，且与产量、进度关系不明显，可采用直线法予以摊销。（2）对于不确定使用寿命的无形资产则不摊销，但每期期末要进行减值测试，如若发生减值，需要计提相关减值准备。碳排放权赋予企业一段时期内向环境中排放相应温室气体而不用受罚的权利，这即是说，碳排放权是有明确使用年限的，超过年限的碳排放权将丧失其权利效用，也即残值为零。（3）对于无偿取得碳排放交易获得的收益，应视同国家补助作为环境专用基金。（4）持有碳排放权在公允价值变动时，年末进行减值测试计入减值准备，待最终使用完毕或转让时，进行差额结转，如同其他无形资产一样，增减环境损益。(5) 对于无偿取得碳排放交易产生的损益增减环境专用基金。

（三）碳排放权计量工具

目前对碳排放权期货定价的研究还没有一个定论，有的学者认为可以使用持有成本模型对碳排放权期货进行定价，有的学者使用基于跳跃—扩散过程的均衡定价模型对期货价格进行模拟，还有学者使用 GARCH 模型对碳排放权期货进行模拟。对现有文献的梳理给中国碳排放权期货定价的研究提供了思路，即根据碳排放权的特性，在期货定价模型的基础上给出碳排放权期货定价模型。冯路、何梦舒学者基于无套利思想，针对碳排放权期货构建完全市场条件下的持有成本定价模型、放松完全市场假设条件的期货定价模型和不完全市场条件下的期货定价模型。

1. 市场条件下的期货定价模型

完全市场条件下的持有成本定价模型对于碳排放权期货的持有成本定价模型，基于完全市场假设，在不考虑碳排放权市场上的直接交易费用“借贷利率不等性”现货市场的卖空限制等条件的基础上，将期货理论价格视为现货价格与将现货持有至到期日所需净成本的加总。最基本的定价模型即为：碳排放权期货价格 = 碳排放权价格 + 持有成本。其中，持有成本是投资者持有某一碳排放权至合约到期日所需支付的净成本。由于持有碳排放权现货的储存成本、运输成本为 0，因此持有成本主要是融资成本，即贷款购买现货融资期间支付的利息，或使用自有资金购买现货失去的机会成本。以下用 $F_{t,T}$ 表示到期日为 T 的碳排放权期货合约在 t 时刻的价格，S_t 表示 t 时刻的碳排放权现货价格，u 表示持有成本与现货价格 S_t 之比。期货价格可表示为：

$$F_{t,T} = S_t(1+u)$$

2. 放松完全市场假设条件的期货定价模型

希姆勒和隆斯塔夫（Hemler & Longstaff，1991）最早提出一般均衡模型（即 CIR 模型），后有学者用其解释期货相对现货的溢价问题。碳排放权期货一般均衡模型会考虑利率变化的随机性和现货市场价格的波动性，建立线性回归模型，其表达式为：

$$\ln(Ft/St) = L_t = \alpha + \beta r_t + \lambda\sigma_s + \varepsilon_t$$

其中，r_t 表示即时无风险利率，σ_s 表示碳排放权现货价格波动率，ε_t 表示扰动项，α、β、λ 分别为这三个变量的参数值。上式可进一步转换为：

$$F_t = S_t \times e^{\alpha} \times e_t^{\beta r} \times e_s^{\lambda\sigma} \times e_t^{\varepsilon}$$

令 $\alpha = \lambda = \varepsilon_t = 0$，由于 $\tau = T - t$，可得：

$$F_t = S_t \times e^{rt\tau} = S_t \times e^{rt(T-t)}$$

3. 不完全市场条件下的期货定价模型

以上建立的模型均基于市场无摩擦、完全信息对称、投资者的一致预期等假设，属于完全市场模型。现实中，市场上信息是不完全的，信息不对称现象普遍存在，碳排放权市场也是不完全的，无法对基础资产的内在价值进行准确测度，相应也无法对衍生品进行准确定价。结合国内学者刘志新和黄敏之等（2006）提出的不完全市场上衍生产品定价模型，可建立碳排放权期货不完全市场定价模型：

$$F_{t,T} = Ste_p^{\mu(T-t)}$$

辅助阅读 7－4

我国的主要气象灾害及其经济损失

最近的半个世纪以来，发生在我国的重大气象灾害，受灾人口常高达数亿人次，所造成的直接经济损失更是高达数千亿元。世界气象组织秘书长雅罗指出，1992～2001 年间全球水文气象灾害事件占各类灾害的 90% 左右，导致 62.2 万人死亡，20 多亿人受影响，估计经济损失 4 500 亿美元，占所有自然灾害损失的 65% 左右。国内方面，四川盆地东部 2006 年的高温天，有些地方持续了将近 50 天，最高气温达到了 44℃。2007～2008 年许多地方的降雨强度达百年一遇。2008 年年初我国南方的低温雨雪冰冻灾害，2009 年上半年全国大范围的洪水灾害等，造成的损失都很大。由于我国的地域辽阔，东部处于东亚季风区，而西部地处内陆，天气气候复杂，是世界上受气象灾害影响最严重的国家之一。表 7－4 简要地对最近半个世纪以来我国的重大气象灾害进行了汇总，揭示了气象灾害的巨大危害性以及给我国人民的生产与生活所造成的严重不利影响。表 7－5 则是对最近 50 年来我国的气象灾害损失情况的简单汇总。平均而言，我国每年因气象灾害导致大约 2 600 人死亡，约 4 亿人次受灾。农作物受灾面积平均每年达到 4 100 万公顷左右，绝收面积 460 万公顷左右，每年的气象灾害直接经济损失平均约为 2 360 亿元。

表 7－4　　20 世纪下半世纪以来我国的若干重大气象灾害

时间	灾害种类	地点	受灾人口/成灾面积	直接经济损失
1950.7	洪水	淮河流域	1 300 万人/227 万公顷	没有统计
1954.7	洪水	长江中下游、淮河流域	1 888 万人/317 万公顷	100 亿元
1959～1961	干旱	全国	总人口净减少 1 000 万人	损失严重
1963.8	洪水	海河	2 200 万人/486 万公顷	60 亿元
1975.8	洪水	河南	死亡数万人	100 亿元
1978～1983	干旱	全国尤其是北方地区	除 1980 年外 613 万公顷	没有统计
1985.8	洪水	辽河	1 200 万人/400 万公顷	47 亿元
1998.7～9	洪水	全国尤其是长江流域	1 亿人/2 000 万公顷	1 600 亿元
2008.1～2	雨雪冰冻	南方大部分地区	没有统计	1 500 亿元
2009.1～8	洪水	全国 29 个省份	9 188 万人/711.5 万公顷	711 亿元
2010.1～6	干旱	滇、桂、黔、川、渝	5 000 万人/435 万公顷	350 亿元

资料来源：刘彤，闫天池．我国的主要气象灾害及其经济损失［J］．《自然灾害学报》2011（2）

表 7－5　　我国气象灾害灾情概况（2004～2008 年）

年份	农作物受灾情况/万公顷		人口受灾情况		直接经济损失/亿元
	受灾面积	绝收面积	受灾/万人	死亡/人	
2004	3 765.0	433.3	34 049.2	2 457	1 565.9
2005	3 875.5	418.8	39 503.2	2 710	2 101.3
2006	4 111.0	494.2	43 332.3	3 485	2 516.9

续表

年份	农作物受灾情况/万公顷		人口受灾情况		直接经济损失/亿元
	受灾面积	绝收面积	受灾/万人	死亡/人	
2007	4 961.4	579.8	39 686.3	2 713	2 378.5
2008	4 000.4	403.3	43 189.0	2 018	3 244.5

资料来源：2005～2009 年《中国气象灾害统计年鉴》。

三、碳排放权交易的会计核算

碳排放权是排污权一种，有关会计核算具体方法也可参照本章下节排污权核算内容。这里就会计账户作一介绍。

企业对碳排放权核算是，在"环境资产——无形资产"科目下设"碳排放权"明细账户，处理与自用型碳排放权相关的业务。该科目借方记录自用型碳排放权的取得成本，贷方记录结转的自用型碳排放权的成本。当自用型碳排放权用途改变时，应转入相关科目进行处理，故自用型碳排放权贷方只需记录结转成本。无偿取得碳排放交易，应视同国家补助作为环境专用基金。

企业获得碳排放权转让、交易收益计入"环境收益——碳排放权收益"科目处理，同时，结转碳排放权持有成本和已经计提碳排放权的减值准备。持有碳排放公允价值变动平时不作处理，只需每年年末进行减值测试。但处置无偿取得碳排放交易，其收入应视作为环境专用基金。

企业对于碳排放权信息，必须在年度财务报表中进行表内揭示和表外披露。

辅助阅读 7－5

大气污染造成的工业损失估计

目前，现有成果的研究学者在研究大气污染造成的损失时，主要对人体健康损失、农业经济损失、材料经济损失等几方面来核算。但国内外对大气污染方面的剂量—反应研究并不成熟，对这部分损失也只是粗略估算。如果研究工业污染对大气造成的损失就更复杂。但是，先前学者研究成果表明，工业废气排放中污染物如 SO_2、烟尘为全国同类污染物总排放量的 90% 以上，故此处假设大气污染造成的损失完全是工业造成的，就可以根据国家环境保护总局《中国绿色国民经济核算报告 2004》中相关数据，做出我国大气污染造成损失的合理估算。据查，2004 年我国大气污染造成的环境退化成本为 2 198.0 亿元，占当年地方合计 GDP 的 1.31%。那么，如果假定以后各年大气污染造成的环境成本占 GDP 比重大体不变，将其与各年 GDP 相乘，以此估算 2008～2012 年每年大气污染造成的损失，见表 7－6。事实上，这也符合我国近年来经济越发展污染越严重现状，尽管各年严重程度会有差别，但基本趋势并没有改变，则这种估算具有一定的现实依据。

表 7－6　　2008～2012 年大气污染造成的工业损失　　单位：亿元

项目	2008 年	2009 年	2010 年	2011 年	2012 年
GDP	316 030.34	340 319.95	399 759.54	472 115.04	518 946.10
工业损失总计	4 140.00	4 458.19	5 236.85	6 184.71	6 798.20

资料来源：根据 2013 年《中国统计年鉴》计算所得。

——摘自：袁广达，朱雅雯，徐巍娜．我国工业环境成本核算内容与方法研究［J］．财务会计导刊，2015（4）

四、大气环境治理综合绩效评价模式

碳排放造成大气污染，治理大气污染下一定人力、物力和财力的投入，通过会计系统加以记录和反映，形成大气污染治理成本。我国政府为缓解我国大气污染不断恶化的状况，投入了大量的资金用于大气环境治理，而各排污企业也通过植物系统每年缴纳一定数额的排污费用。作为国家治理包括大气污染在内的环境污染专用基金。为保障大气环境治理政策的有效执行，治理资金的有效运用，有必要进行大气环境治理绩效评价工作，实际上就是对大气污染治理项目的投资绩效分析。治理大气污染投资成本所带来的效果与其他项目的投资存在不同，其原因在于大气污染影响面较广泛、流动性较强而导致评价技术复杂，数据较难以分解，且许多成效无法通过货币加以量化。为此，这里采用综合绩效评价模式来阐述较为恰当，而不仅仅局限于评价方法。

（一）绩效评价模式的总体思路

大气环境治理的目的是为了保护敏感区域和敏感人群不受大气污染物质的损害，大气环境进行绩效评价的重点也应该调查和评价敏感区域和敏感人群所处的大气环境是否改善，其评价的范围和重点，应结合大气污染物扩散特征加以确定。

无界空间连续点源扩散和地面连续点源扩散，其地面污染物浓度的最大值随扩散距离的增加而减少，距离污染源越远污染影响越小，对于这样的扩散，在评价中应以污染源为重点开展。而对于高架连续点源扩散和颗粒物扩散，其地面污染物浓度的最大值在距离污染源的某处出现最大值，评价中除考虑污染源外，还应围绕污染源和地面最大浓度展开。因此，根据大气污染物扩散的特点，可将大气污染防治绩效审计分为污染源、地面最大浓度和污染迁移轨迹三种模式。

1. 污染源模式

所谓污染源模式就是仅将大气污染源作为评价对象，例如，调查企业大气污染的排放状况，治理资金的使用情况，是否达到了治理效果（排放的污染物质是否达标）等。该模式任务具体，内容较为清晰，审查较为容易，也是目前采用较多的评价模式。在大气污染源绩效评价中，无须考虑大气污染物扩散模式，仅关心污染源本身的排放状况，通过排放状况来评价污染治理的效果。这里的效果一般以排放浓度的降低，或排放总量的减少来衡量，并未涉及区域大气质量。该模式适用于无界空间连续点源扩散或地面连续点源扩散的情况，这两种情况下，污染源就是污染最严重的地点，对污染源审计显然高效、合理。

2. 地面最大污染模式

地面最大污染模式就是指绩效评价的重点是调查大气污染源造成的地面最大浓度区域及周边一定范围的实际污染及污染防治效果。根据大气污染扩迁移特征，被评价污染源是无界空间连续点源扩散或地面连续点源扩散的，其污染物地面最大浓度出现在污染源点，评价的重点仍然是污染源。如果被评价污染源是高架连续点源扩散或颗粒物扩散，评价重点应该为以地面最大浓度点为中心，污染浓度大于环境质量标准限定值的一个区域范围。地面最大污染模式的实质是将污染最严重的区域作为评价重点，将被污染最严重区域的大气质量作为评价污染防治效果的主要因素，这正是大气污染防治的真正目的——保护敏感区域和敏感人群。因此，地面最大污染审计模式抓住了污染防治的目标，可以更为科学、客观的评价污染防治效果。

3. 污染迁移轨迹模式

污染迁移轨迹模式是根据污染物迁移特征，针对不同的污染物扩散模式，将污染源点和地面最大污染浓度区域，以及从污染源至地面最大污染浓度区域的迁移路径上的一定宽度的区域均作为评价的重点，其目的是充分的审查污染防治措施对污染源及污染较为严重区域所产生的效果。对于污染源的审查主要是从减排的总量来评价，对于污染区域主要是大气质量的好转程度来评价。这样的评价既认证了污染防治技术对污染减排的效果，同时又将污染减排与区域环境质量改善有效的结合，评价污染防治对区域环境质量的切实贡献，进而评价污染防治政策和制度的科学性与合理性。

（二）评价区域与评价对象的选择

评价区域的选择较为复杂，应按照科学、全面、效率的原则进行划分。即评价区域要遵循大气污染物扩散特征进行科学的划分，要全面的考虑各项污染指标，同时兼顾评价力量配比，提高审计效率。上述构建的三种评价模式，在评价区域和对象选择显然是不同的。除此之外，也要考虑评价主要目标，考虑污染治理资金的使用目标，以及所要调查的主要问题。

在划分评价区域时，首先，要分析敏感区域或敏感人群的受污染情况，将对其有影响污染源都要进行筛选，建立污染源与敏感区域或人群的联系。其次，根据效率原则，将影响敏感区域或人群的主要污染源，以及污染的区域划为评价区域，同时考虑污染源的叠加效应，将适度考虑其他污染源的影响。最后，根据评价时间、评价力量配比情况，确定采用具体适用的评价模式，即污染源模式、地面最大浓度模式还是污染迁移轨迹模式。如在时间充足、评价力量较强的情况下，应采用污染迁移轨迹模式。例如，针对雾霾治理效果的评价，可以采用地面最大浓度模式，将雾霾发生的较为频繁的人群聚集地作为调查对象，审查雾霾治理资金投入后的治理效果；对于独立污染源造成的小区域大气环境质量问题，则采用污染迁移轨迹模式最为合理，全面分析污染源造成的损失以及治理后的效果；如果评价目标仅确定为污染源资金投入与达标之间的评价，且评价时间和力量有安排有限时，可采用污染源模式。

（三）评价指标设计与评价方法

为全面客观的反映问题，绩效评价的重点和范围应全面具体，在模式选择确定后，应从污染源、污染路径和被污染区域等敏感点制定评价指标体系，指标应从环境质量、经济发展和敏感区域健康等多个领域多层次进行设计。此处利用层次分析原理，设计了区域大气环境治理绩效评价指标，如表 7－7 所示。

表 7－7　　区域大气环境治理综合绩效评价指标体系

一级指标	二级指标	三级指标	指标用途
环境指标	环境技术指标	污染源的污染物（SO_2、NOx、烟尘、PM2.5、PM10 等）排放浓度及排放量；污染物去除效率；污染物治理副产物排放量；污染物治理装置备品件的更换频率等	污染源防治效果
	环境质量指标	大气中污染物（SO_2、NOx、烟尘、PM2.5、PM10 等）浓度；酸雨频率；降水酸度等	污染域防治效果
	技术经济指标	单位污染物（SO_2、NOx、烟尘、PM2.5、PM10 等）排放量的处理费用；污染物治理副产物的单位处理费用；单位时间内污染治理设备检修费用；一个检修周期中备用件更换的费用等	污染源防治资金使用效率、效果
经济指标	农业生产力指标	单位农业用地的产量；单位农业用地的化肥和农药用量；农业用地种植种类等	污染域经济影响
	经济增长指标	人均 GDP 增长率；三大产业的增长率	污染域经济影响
	社会损失指标	单位金属构件的防锈蚀费用（可以采集典型项目的例子，如钢结构大桥的防护费用）；单位固定资产的建筑维修费用；因酸雨引起的单位污水处理费用；因雾霾导致的停工停产损失费用	污染域经济影响
健康指标	污染源健康指标	呼吸系疾病发生频率；呼吸系疾病占生产工人比例；尘肺病比例等	污染源人群健康影响
	污染区域健康指标	呼吸系疾病发生频率；呼吸系疾病占人群比例；呼吸系疾病的发生年龄	污染域人群健康影响
综合指标	基于污染物排放增量的经济和健康变动指标	农业生产力、经济增长、社会损失增量以及呼吸系健康状况增量与污染源排放量增量的比值	污染源防治效果
	基于污染物环境浓度增量的经济和健康变动指标	农业生产力、经济增长、社会损失增量以及呼吸系健康状况增量与污染物环境浓度增量的比值	污染域环境防治效果
	基于污染物防治投资增量的经济和健康变动指标	农业生产力、经济增长、社会损失增量以及呼吸系健康状况增量与污染源防治投资增量的比值	污染源投资效率、效果

绩效评级中一个主要的问题是评价指标值的确定，由于绩效评价内容广，指标值的确定难以统一，造成对绩效结果的质疑。对于大气环境治理绩效评价，由于被评价对象的单一性和特殊性，也不可能确定统一标准，也没有必要统一评价标准。对于污染源的治理效果，应该从治理前后的技术、质量和经济指标进行对比，并结合污染源治理目标进行评价；对于敏感人群和区域，也可从治理政策和措施实施前后的环境质量技术指标、经济指标和健康指标

进行对比，并结合国家环境质量标准进行分析。在环境、经济和健康指标分析的基础上，通过环境—经济综合指标评价污染源对污染区域的影响程度，发现影响区域大气环境治理效果的主要因素，以判断污染源治理和区域环境治理政策措施的实际效果，从环境制度层面上发现问题。

第四节　控制温室气体排放的管理制度

一、我国出台新《碳排放权交易管理暂行办法》

温室气体指的是大气中能吸收地面反射的太阳辐射，并重新发射辐射的一些气体，如水蒸气、二氧化碳、大部分制冷剂等。它们的作用是使地球表面变得更暖，类似于温室截留太阳辐射，并加热温室内空气的作用。这种温室气体使地球变得更温暖的影响称为“温室效应”。水汽（H_2O）、二氧化碳（CO_2）、氧化亚氮（N_2O）、氟利昂、甲烷（CH_4）等是地球大气中主要的温室气体。

随着全球气候变化与中国碳排放过量的问题日益严重，我国已经把应对碳排放问题提上议程。为落实党的十八届三中全会决定、“十二五”规划《纲要》和国务院《“十二五”控制温室气体排放工作方案》的要求，推动建立全国碳排放权交易市场，国家发展改革委员会在2014年12月10日发布了《碳排放权交易管理暂行办法》。从内容上看，本次出台的管理办法主要为框架性文件，明确了全国碳市场建立的主要思路和管理体系。据知，目前的管理办法已先以发改委令的形式出台，而争取通过国务院令出台的流程也在进行中。同时，包括总量设计、遵约机制、第三方管理等各方面的相关细则制定工作都已展开，后续仍会有征集意见的过程。根据国家发改委规划，在2014年年底发布全国碳市场管理办法后，2015年将为准备阶段，完善法律法规、技术标准和基础设施建设。而全国碳市场拟于2016~2020年间全面启动。

我国新发布的《碳排放权交易管理暂行办法》体现了我国碳市场建设的这样几个特点：

（一）目的十分明确

办法规定，为推进生态文明建设，加快经济发展方式转变，促进体制机制创新，充分发挥市场在温室气体排放资源配置中的决定性作用，加强对温室气体排放的控制和管理，规范碳排放权交易市场的建设和运行，制定本办法。办法中所称碳排放权交易，是指交易主体按照本办法开展的排放配额和国家核证自愿减排量的交易活动。碳排放权交易坚持政府引导与市场运作相结合，遵循公开、公平、公正和诚信原则。

（二）配额分配给予地方灵活性

在至为重要的配额分配上，管理办法体现了“中央统一制定标准和方案、地方负责具体实施而拥有一定灵活性”的思路。根据管理办法第二章相关规定，国务院碳交易主管部门（即国家发改委）将负责重点排放单位标准的确定和最终名单的确认、确定国家以及各省、自治区和直辖市的排放配额总量、预留配额的数量、配额免费分配方法和标准。即在全国市场中，国家主管部门将负责从企业纳入门槛的制定到配额总量及具体分配方式的全盘设计。而在按照国家方法进行企业纳入和配额分配时，地方也拥有了较大的自主权和灵活度。国务院碳交易主管部门根据国家控制温室气体排放目标的要求，综合考虑国家和各省、自治区和直辖市温室气体排放、经济增长、产业结构、能源结构以及重点排放单位纳入情况等因素，确定国家以及各省、自治区和直辖市的排放配额总量。

管理办法规定，重点排放单位（即纳入企业）名单由省级碳交易主管部门提出并上报，省级碳交易主管部门依据国家标准提出本行政区域内重点排放单位的免费分配配额数量，同时各省、自治区、直辖市结合本地实际，可制定并执行比全国统一的配额免费分配方法和标准更加严格的分配方法和标准。由于国内各省经济发展水平不均，节能减排潜力和难度差异较大，这样的分配方式有利于地方根据实际情况合理制定分配方法，优化地区内配额分配，促进实现减排目标。同时，管理办法还规定各地方配额总量发放后剩余部分，可由省级碳交易主管部门用于有偿分配。排放配额分配在初期以免费分配为主，适时引入有偿分配，并逐步提高有偿分配的比例。有偿分配所取得的收益，用于促进地方减碳以及相关的能力建设。这一设置有利于鼓励地区积极建设碳市场，实现减排目标。

（三）交易平台将由国家指定

实行全国市场的交易场所和方式将更为统一。管理办法规定，国务院碳交易主管部门负责确定碳排放权交易机构并对其业务实施监督。具体交易规则由交易机构负责制定，并报国务院碳交易主管部门备案。

同时，管理办法规定，国务院碳交易主管部门负责建立和管理碳排放权交易注册登记系统（以下简称注册登记系统），国家确定的交易机构的交易系统应与注册登记系统连接，实现数据交换，确保交易信息能及时反映到注册登记系统中。

（四）统一全国“度量衡”

管理办法对“度量衡”进行了统一。管理办法规定，重点排放单位应根据国家标准或国务院碳交易主管部门公布的企业温室气体排放核算与报告指南，制订排放监测计划，每年编制其上一年度的温室气体排放报告。此外，管理办法还要求，省级碳交易主管部门对部分重点排放单位的排放报告与核查报告进行复查，复查的相关费用由同级财政予以安排。

（五）借鉴试点经验以信用体系约束企业

管理办法在企业违约约束上表述较为模糊。根据目前的规则，仅规定对于各类违约及违规行为，由所在省、自治区、直辖市的省级碳交易主管部门依法给予行政处罚，但未对处罚力度及内容进行明确。最终的遵约机制如何，还有待后续细则出台。但可以预期的是，未来的全国碳市将对企业遵约产生较强约束。

管理办法规定，国务院碳交易主管部门和省级碳交易主管部门应建立重点排放单位、核查机构、交易机构和其他从业单位和人员参加碳排放交易的相关行为信用记录，并纳入相关的信用管理体系。对于严重违法失信的碳排放权交易的参与机构和人员，国务院碳交易主管部门建立“黑名单”并依法予以曝光。同时，对于违反规定而被处罚的重点排放单位，省级碳交易主管部门应向工商、税务、金融等部门通报有关情况，并予以公告。这一设置，从信用体系的角度对控排企业进行了全面约束，从国家层面和省级层面分别出发，力度较大。

辅助阅读 7－6

我国碳排放权制度建立和试行

长期以来，中国大气污染治理建立在单一“浓度控制”基础上，但是，单一的“浓度标准”控制排污模式阻止不了污染源数量和排放总量的增加，因为企业会用各种“巧妙办法”让排放标准“达标”，而企业排放污染“不超标”，环保部门没有办法促进企业治理污染。据调查，管理部门也没有完全将超标排放污染物作为一种违法行为来处理。以企业排放二氧化硫为例，中国大气法要求超标排放企业缴纳罚款，企业每排放 1 千克二氧化硫，有关管理部门收取 0.2 元的排污费，而企业减排 1 千克二氧化硫则的支出远远超过 0.2 元，所以，由于受利益驱使，企业宁肯缴排污费也不愿积极治污，而监督和处罚违法者让政府也承担了很大的成本，因此我国政府希望用更多的市场机制来控制污染问题。

在美国环保协会的协作下，我国开始探索排污权交易制度，该制度最早在南通与本溪两城市试点，并取得成功。现在，在山东、陕西、江苏、河南、上海、天津、湖南也相继展开。

以河南省二氧化硫排放权交易制度为例，环保部门按照国家二氧化硫排放总量控制目标，确定地区环境容量允许范围内的排放总量，对现有排污单位一次性无偿分配某个时期的二氧化硫年排放总量控制指标，并以排放许可证的形式发放到企业，无证企业不能排污。分配给排污单位的指标可以进行交易，剩余指标可以储存，储存指标长期有效，指标用完的企业将停止排放，否则将受到极为严厉的处罚；为了鼓励企业少排污、节约指标，每个交易年度结束时，环保部门将每个企业的剩余指标自动划入下年度的排放指标。为了保证许可证制度的实施，河南省还利用在线自动监测网（CEMS 系统）技术全天候不间断地监测、纪录企业的二氧化硫排放情况，并向环保部门传送相关数据。在排污权交易制度下，排污权的交易价格由市场双方参照二氧化硫的削减成本和市场供求情况自行确定，达成交易意向后还需经当地环保部门批准才能生效。

对此案例评析如下：

污染是一种比较常见的负外部性。其实，有多种方式减少或避免污染产生的外部性。利用法律禁止排污、颁布相关的气体或水质标准，或者制定允许的最高污染限量，向那些减少污染排放物的企业提供补贴，或者向那些排放污染物的企业征收特定的排污税、一体化等等。

当然，不同的解决外部性的办法的实施成本以及相应的结果不同。比如，限定企业的排污数量，企业就没有积极性投入资源去开发能够把污染水平进一步降低的新技术，而对降低污染水平的企业实施补贴的方法对纳税人也存在一定的不公平。

除了以上方式之外，国际上比较通行的方式就是排污权交易制度，即政府利用市场机制控制污染总量的方式。排污权交易发源于美国，美国的《联邦清洁空气法案》于 1963 年获得通过，但是该法案带来了新的问题。由于该法案以各地区当时的污染水平为基数，禁止增加新的污染排放量，所以，该法案实际上使得美国大部分城市地区由于可能出现的污染因素几乎不可能建立新的工厂。

美国环境保护署为了解决这一棘手的问题，就制定了一个在地区污染总量不变的条件下利用存量污染水平的所谓“抵消”政策，即若要在某地新开一家工厂，则必须设法相应地减少现有的某个企业的污染水平。但是，抵消政策的一个主要困难是需要寻找并降低一个已经存在（污染）企业的排污量。在此过程中，随着中间人出现的同时，交易污染指标的市场也相应诞生，这就是所谓的排污权交易。美国还于 1990 年修改了《清洁空气法》，将二氧化硫排出权交易在法律上制度化。美国通过这一方式基本上实现了从整体上削减污染物排放量的目的。

由于排污权交易价格由市场确定，市场确定价格的过程就是优化资源配置的过程，也是优化污染治理责任的过程。所以，只要交易双方污染治理成本存在差异，排污权交易就可能使交易双方都受益。在实施二氧化硫排污许可证及排放总量控制的前提下，排污权交易鼓励企业通过技术进步进行污染治理，最大限度地减少排放总量，企业节约下来的污染排放指标将成为一种可用来交易的“有价资源”。

由于排污权成了商品，将会使各企业竞相寻求有效的减排办法，以争取少买指标或出售指标，从而削减了整个区域的二氧化硫排放总量。另外，排污权交易制度建立以后，当政府觉得环境恶化时可以大量买进许可证和排污权以防止环境继续变坏，因此，排污权交易制度也为政府通过买进或卖出许可证进行宏观总量调控提供了可能。

不容否认，排污权交易是一种追求使用最少排放指标的市场手段，通过排污权交易控制大气污染是一种社会进步，而我国部分地区的污染控制实践也表明，排放总量控制与排污权交易制度具有显著的环境和经济效果。但是，公平公正地给企业发放配额将在一定程度上决定该项制度的最终推广与实施效果，所以，制定一套比较科学的指标分配方法成为排污权交易在我国成功推广的重要因素。

——改编自：排污权的买卖［N］. 21 世纪经济报道，2004－04－12

二、着重工业企业大气污染综合治理和防范

针对气候变化对我国经济和人身健康等带来的危害，从 2014 年开始，我国开始制定和实施了一系列防止大气污染规划工作，从严对有害气体的排放管理和治理，其中最主要内容是对工业企业的温室气体排放和限制和治理措施。

（一）全面整治燃煤小锅炉

加快推进集中供热、“煤改气”、“煤改电”工程建设，到 2017 年，除必要保留的以外，地级及以上城市建成区基本淘汰每小时 10 蒸吨及以下的燃煤锅炉，禁止新建每小时 20 蒸吨以下的燃煤锅炉；其他地区原则上不再新建每小时 10 蒸吨以下的燃煤锅炉。在供热供气管网不能覆盖的地区，改用电、新能源或洁净煤，推广应用高效节能环保型锅炉。在化工、造纸、印染、制革、制药等产业集聚区，通过集中建设热电联产机组逐步淘汰分散燃煤锅炉。

（二）加快重点行业脱硫、脱硝、除尘改造工程建设

所有燃煤电厂、钢铁企业的烧结机和球团生产设备、石油炼制企业的催化裂化装置、有色金属冶炼企业都要安装脱硫设施，每小时 20 蒸吨及以上的燃煤锅炉要实施脱硫。除循环流化床锅炉以外的燃煤机组均应安装脱硝设施，新型干法水泥窑要实施低氮燃烧技术改造并安装脱硝设施。燃煤锅炉和工业窑炉现有除尘设施要实施升级改造。

（三）推进挥发性有机物污染治理

在石化、有机化工、表面涂装、包装印刷等行业实施挥发性有机物综合整治，在石化行业开展“泄漏检测与修复”技术改造。限时完成加油站、储油库、油罐车的油气回收治理，在原油成品油码头积极开展油气回收治理。完善涂料、胶粘剂等产品挥发性有机物限值标准，推广使用水性涂料，鼓励生产、销售和使用低毒、低挥发性有机溶剂。

京津冀、长三角、珠三角等区域要于 2015 年年底前基本完成燃煤电厂、燃煤锅炉和工业窑炉的污染治理设施建设与改造，完成石化企业有机废气综合治理。

本章小结

气候变化是指不同时间区段气候平均状态和距平两者之一或者两者都出现了统计意义上

的明显变化。传统意义上，气候变化多用于表述历史时期数千年间的自然气候变化。对新进发生或正在发生的气候事件，与历史时期的气候平均或气候极端比较，如果都没有超出其数据范围，一般称为气候正常；如果远超其范围，则称气候异常。

气候变化严重影响着社会经济和人类健康，它不仅是环境问题，也是发展问题。气候变化对经济的影响主要表现在：影响能源结构，降低农业产量，影响工业、建筑业和旅游业的正常发展。气候变化还直接或间接地对人类健康乃至生存产生了严重影响。

会计作为一种管理手段应当肩负起历史使命，承担起对环境保护的责任。英国特许公认会计师公会2009年提出会计人员应该对全球气候变化有所担当，同时，会计人员应该发挥专业特长，认真评估低碳投资可行性建议，为碳交易甲方、乙方提供咨询和建议。未来，会计人员还要在年报会计术语上加上与碳排放相关的表述。

碳排放权应作为无形资产进行确认，综合运用历史成本和公允价值两种计量属性进行初始计量与后续计量。对于碳排放权期货定价，针对不同的市场条件可分为碳排放权期货构建完全市场条件下的持有成本定价模型、放松完全市场假设条件的期货定价模型和不完全市场条件下的期货定价模型。企业应当在“环境资产——无形资产”科目下设“碳排放权”明细账户用于处理与自用型碳排放权相关的业务。应当设置“环境收益——碳排放权收益”科目处理企业获得碳排放权转让、交易收益。

国家发展改革委员会在2014年12月10日发布了《碳排放权交易管理暂行办法》。这份文件明确了全国碳市场建立的主要思路和管理体系，并且体现了这样几个特点：目的明确、配额分配灵活、国家指定交易平台、全国统一“度量衡”、以信用体系约束企业。

当前气候变化已成为当今世界的一个热点问题，社会各界都在寻求应对气候变化的方法。会计人员也应该承担起相应的责任，发挥专业特长，为应对气候变化做出贡献。目前气候变化相关的会计政策还不完善，实践经验也不够丰富，还需有关各方共同努力，推进气候变化会计理论与实践进一步发展。

本章练习

一、名词解释

1. 气候　2. 气候变化　3. 雾霾　4. 碳排放权
5. 碳排放交易　6. 碳排放权期货价格基本模型　7. 温室气体和温室效应　8. 环境会计确认
9. 环境会计计量

二、简答题

1. 何为气候变化？我们应该如何看待气候变化？
2. 会计方法嵌入自然科学领域（气候变化）理论依据和基本思想是什么？
3. 面对气候变化，会计该如何定位，其依据是什么？会计人员应该承担哪些责任？
4. 简述不同市场条件下的碳排放权期货定价模型。
5. 简述将碳排放权作为无形资产核算的原因。
6. 区域大气环境治理综合绩效评价一层、二层指标有哪些？为什么要进行区域性的综合评价？
7. 我国新发布的《碳排放权交易管理暂行办法》体现了我国碳市场建设的哪些特点？

三、阅读分析与讨论

气候变异影响经济

据国家环保总局2004年的统计，酸雨给我国造成的损失每年超过1 100亿元，大气污染所造成的损失每年约占我国GDP总量的2%～3%。目前酸雨面积已占国土面积的30%，区域性酸雨污染严重。据河南省环保局提供的资料，该省有一半的城市居民生活在大气环境质量不宜人类居住的城市，半数城市进入二氧化硫和酸雨控制区。此外，酸雨频率急剧增高，河南省某市酸雨频率从2000年不足5%上升到2003年的41%。而河南只是全国的一个缩影。世界卫生组织《世界发展指标2006》的空气污染部分，在调查所涉及的总共110个超过百万人口的各国城市中，如果按照悬浮微粒来排名，空气污染最严重的前20个城市中，中国占了13个，依次为天津、重庆、沈阳、郑州、济南、兰州、北京、太原、成都、鞍山、武汉、南昌、哈尔滨。2011年全国人大常委会公布了我国空气污染最严重的十大城市，依次为太原、北京、乌鲁木齐、兰州、重庆、济南、石家庄、青岛、广州、沈阳。这些城市的空气中PM2.5指标平均超过国际标准的7～8倍。

目前，我国1/3国土已被酸雨污染，主要水系30%成为劣五类水，60%的城市空气质量为三级或劣三级。许多大城市肺癌恶化死亡人数增加了8～10倍。空气污染使慢性呼吸道疾病成为导致死亡的主要疾病，其造成的污染和经济成本约占中国GDP的3%～8%，相当于广东和上海GDP的总和。到2020年，中国仅为燃煤污染导致的疾病就将付出3 900亿美元，占国内生产总值的13%。这意味着届时即使保持9%的经济增长率，全部用以补偿这一项还不够。中国社会科学院环境与发展研究中心的研究成果表明：20世纪90年代中期，我国因污染造成的年度经济损失超过1 300亿元人民币，相当于年均GDP的2%～3%；自20世纪40年代积累起来的生态破坏造成90年代中期每年经济损失3 845亿元人民币，二者相加每年经济损失超过5 000亿元人民币。根据有关方面分析，按照目前的资源利用方式和污染排放水平，我国要实现2020年GDP翻两番的目标，在生态环境方面承受的压力将比2000年提高4～5倍。

——摘自：国家环保总局中国环境状况公报［R］（2004～2008）、中国社会科学院环境与发展研究中心研究报告［R］（2009～2010）.

讨论要点：

（1）气候变化对我国社会经济、居民健康生活的影响。

（2）如何通过碳排放交易制度建立和会计制度重构、会计报告的改进，减少我国企业碳排放对大气污染带来的影响。

雾霾问题的会计确认和计量

1. 雾霾问题的会计确认

雾霾作为一种大气污染，属于典型的环境问题，是环境会计的研究对象。雾霾的时间确认可根据环境信息报表上规定的报表归属期间进行。美国作为环境会计发展较好的国家之一，在环境会计基本内容处理上有很多值得借鉴之处。首先在环境会计要素方面，美国将排放污染物而造成的生态损失，以及环境保护而产生的人力、物力、财力的费用等都纳入核算范围，还设立了独立的环境会计要素，如环境资产、环境费用、环境效益。在科目设置方面，设置了资产类、负债类、成本费用类、损益类、所有者权益类六大环境类会计科目。笔者认为雾霾问题的产生可作为环境资产要素的减少或环境成本要素的增加加以确认。一方面，企业可以按常用的财务会计方法列示。如企业对外排放工业废气因违反环境法规而缴纳的罚款或因环境污染对他人造成损害的赔偿等，列入营业外支出；企业利用三废生产的产品可以适当减免有关税收，反映在应纳税费的减少中；企业为降低污染、改进环境引入新型设备的投资等可作为固定资产支出处理。另一方面，企业可以增设“环境成本”账户。该账户属于成本类账户，下设几个二级子科目。如费用支出，主要是核算企业发生的与环境保护相关的经济或事项支出，例如排污费、绿化费等；再如或有支出，主要是核算企业在生产经营过程中因违反环境法律、法规而支付的罚款或预计可能发生的环保负债等。

2. 雾霾问题的会计计量

雾霾问题的成因非常复杂，具体的责任量化也非常困难。环境会计的计量方法通常采用直接市场法、模糊数学法和替代市场法等，直接市场法又包括重置成本法（或恢复费用法）、机会成本法、市场价值法等。美国常用的环境会计计量方法是机会成本法和影子价格法，本文提出对雾霾成本的会计计量采用恢复费用法、机会成本法和人力成本法。

（1）恢复费用法。通过估算治理污染，使环境恢复到原先状态所需的成本，从而计算环境影响的经济价值。在这个方法中环境被量化为一项资产，当环境被污染时，环境的价值就会被降低和贬值，而这些被降低的价值，可以通过重构一项全新的环境资产来弥补。雾霾作为一种大气污染也可应用此方法来计量，雾霾的治理成本即可理解为将大气治理到雾霾污染之前的质量水平所花费的费用。以 2014 年为例，中央、地方财政部都斥巨资治霾。如武汉宣布投 280 亿元治霾，北京宣布投 7 600 亿元治霾；2014 年中央财政拨款 100 亿元，通过奖励方法开展对重点地区的大气污染防治工作，这其中一半资金投向京、津、冀等五省区。另外国务院发布的《大气污染防治行动计划》预计经过企业、社会和民间资本等渠道融资治霾。这些用来治理雾霾的费用即雾霾的经济损失便构成了雾霾问题环境成本的一部分。

（2）机会成本法。该方法认为使用自然环境资源包含一些相对独立的备选方案，选择其中一种有限资源的使用方法就意味着放弃其他的使用方法，从而不能从其他使用方法中获益，我们把从其他使用方案中获得的最大经济效益作为所选方案的机会成本。机会成本法可被用来衡量环境污染带来的经济损失和经济效益。经济损失方面，应根据雾霾造成社会经济损失的评估，其直接损失可以理解为构成雾霾环境问题的直接成本，而如果没有雾霾问题将不会产生由雾霾问题催生的一些“雾霾经济效益”，从经济学中机会成本角度看，这也是其成本。经济效益方面，雾霾也促进了一些相关产业的发展，刺激了相关产品的消费。以网上口罩销售为例，2013 年度淘宝上的口罩销售同比增长 1.8 倍。类似的情况空气净化器也成为防霾热销产品之一。2013 年，中国空气净化器销售数量约 240 万台，同比增长 90%。由于雾霾天气，户外运动的人也转向户内，相关的健身器械也随之增加。截至 2013 年年底，消费者共计购买与雾霾相关的产品 450 多万次，金额达到约 90 亿元。这些由雾霾问题引起的直接经济损失以及由此催生的经济效益都可以理解为雾霾问题的环境成本。

（3）人力资本法该方法。将环境污染造成的人体健康损害量化，具体将环境污染导致的人体健康损失量化为医疗、丧葬等直接经济损失和健康损害给自己及他人带来的其他间接经济损失。2013 年有关雾霾的医疗事件以及雾霾所引发的呼吸疾病患者迅速增加。据报道，雾霾期间，北京各大医院的呼吸科门诊爆满，甚至曾出现一天内接收 7 000 多位患者的情况，导致急/门诊疾病的成本达 226 亿元。2014 年 3 月，世界卫生组织公布：2012 年全世界因大气污染致死的人数已达 700 万人，超过了恶性肿瘤致死的人数。雾霾对心血管、神经系统等身体其他系统也有影响。这些医疗费用、死亡人数等都是从环境污染影响人身体健康的角度来计量环境成本，以上数据均可反映雾霾问题的环境成本不可小觑。

——摘自：曾志琳，孟枫平．对雾霾问题的会计确认、计量与披露的思考［J］．安徽农业大学学报（社科版），2015（5）

讨论要点：

（1）环境会计确认先决条件是什么？雾霾能否满足环境会计确认条件？

（2）雾霾问题会计计量主要有哪些方法？为什么说在目前条件下，雾霾计量还很困难？应如何解决？

第八章　生态损害成本补偿标准的会计量化

【学习目的与要求】

1. 掌握理解生态补偿、生态损失成本、环境利润的概念和含义。

2. 理解生态补偿问题解决的核心问题所在及其会计研究的基本视角。

3. 理解对传统会计收益计算公式改进所体现的生态损害成本补偿标准理论构想和实际应用价值。

4. 熟悉和掌握生态补偿债务性基金制度和会计处理方法。

5. 理解生态损害补偿在解决生态环境问题方面的重要作用和扩展意义。

第一节　生态损害成本补偿的实质与核心

一、生态补偿的概念

生态补偿（eco-compensation）是在生态环境问题愈演愈烈的全球大背景下产生的，国际上称之为生态服务付费，因此早期的研究成果主要集中讨论生态服务补偿问题，因为西方市场化发展程度较高的国家意识到市场化作用下的生态服务补偿不仅有利于促进生态服务提供者的积极性，缓解甚至消除其为保护生态导致的穷困状态，而且能够有效解决生态环境资源这种公共产品的供给问题。广义的生态补偿是以保护和可持续利用生态系统服务为目的，以经济手段为主调节相关者利益关系的制度安排。更详细地说，生态补偿机制是以保护生态环境，促进人与自然和谐发展为目的，根据生态系统服务价值、生态保护成本、发展机会成本，运用政府和市场手段，调节生态保护利益相关者之间利益关系的公共制度。

生态损害成本是排污方因排放污染造成受害方的各种损失或利益减少的价值货币表现，生态补偿是有效解决环境外部成本，使不同经济实体环境成本内部化的一种环境制度安排，它是一种以内部化外部成本为原则的污染成本或损耗成本的补偿，这就是生态补偿的实质。

二、国内外相关研究

（一）生态成本内容与计量方法界定

生态环境成本补偿标准是确定生态环境成本补偿的核心，其研究的重点和难点在于生态环境成本内容的界定以及计量方法的选择。为此，国内外众多会计学者围绕这两方面做了大量研究工作。

自20世纪70年代开始，西方学者比蒙斯（Beams，1971）和马林（Marlin，1973）关于污染社会成本和会计的著作，到80年代末罗布·格兰尼（Rob Grany，1990）的《会计工作的绿化》，均认为环境核算的关键还是在于环境成本的确认和计量。之后在90年代诸多学者陆续从各自角度对环境成本概念进行界定，提出环境成本本质上就是实际或者潜在恶化的成本（Therivel et al.，1992；Vaughn，1995；Sadler & Verheem，1996）。此外一些学者对生态成本概念进行了探讨。如泰里夫（Therivel，1992）、萨特勒（Sadler，1996）和维尔希姆（Verheem，1996）都提出了各自的定义。沃恩（Vaughn，1995）认为，从经济角度看，环境成本是指经济过程所使用的环境货物与环境服务的价值；从环境角度看，它是指同经济活动造成的自然资产实际或潜在恶化有关的成本。进入21世纪后，约斯特（Johst，2002）、考威尔（Cowell，2003）等学者更多开始运用数理模型并结合案例分析，逐步展开应用研究，而帕吉沃拉（Pagiola，2007）则认为市场化生态环境补偿方式效率较其他方式更高，且可以通过引入博弈机制确定最终生态环境补偿金额。

国内关于生态环境成本概念内容界定和补偿核算方法研究起步于20世纪90年代，仅会计界就有葛家澍（1999）、郭道扬（1997）、陈毓圭（1998）、王立彦（1998）等著名学者进行这方面的探讨。正确而又合理的生态环境成本定义和分类是生态环境成本核算研究的基础，但学者们给生态环境成本所下的定义、规定的研究对象和研究范围等都有所不同。王立彦（1998）从不同的视角对环境成本概念加以阐释，将环境成本从空间、时间、功能三方面进行分类。肖序（2003）探讨了环境成本的理论框架。郭道扬（1997）认为“环境成本是以维护生态环境为目标，充分考虑在产品生产前后对生态环境所产生的影响，按照所测定的人力劳动消耗、自然资源消耗标准，对产品投入进行计量，并列计所必需的资源消耗与环境治理补偿性费用，这些资源消耗与环境治理费用便是环境成本”。陈毓圭（1998）将环境成本定义为某一会计主体在其可持续发展过程中，本着对环境负责的原则，为管理企业活动对环境造成的影响而被要求采取的防治措施成本，以及因企业执行环境目标和要求所付出的其他成本。

（二）生态成本补偿标准研究

生态环境成本补偿标准设计方法应该有许多种，但不同方法的选择对于受损方实际得到的补偿结果往往差异较大。冯巧根等（2009）研究就发现美国阿莫斯（Amoco）石油正式确认的环境成本只占其全部成本的3%，但经过战略管理会计师的调查整理后却发现环境成本实际上达到全部成本的22%之多。袁广达（2012）将生态环境信息嵌入会计信息系统，试图寻找两者关联关系，为生态环境成本补偿标准设计提供了新思路。有关生态环境成本核算的研究，国外研究起步较早，可以追溯到20世纪70年代比蒙斯和马林关于污染社会成本和会计的著作。80年代末学术界开始提出环境会计理论，并认为环境核算的关键还是在于环境成本的确认和计量。90年代初国际环境会计会议逐步开展，与会专家学者均认为生态环境成本核算问题是解决环境会计核算的重中之重。

上述研究大都也在理论层面，直到21世纪初，会计视角和非会计视角、会计人和非会计人对环境成本估算才侧重于通过建立经济计量模型来估计环境损害成本，并且以实证分析和案例分析方法居多，逐步展开应用研究。在国外，约斯特等（2002）则运用跨学科方法，结合白鹳保护的案例建立了生态环境经济模型程序，以实现详细设计分物种、分功能的生态环境补偿预算的时空安排，并为补偿政策实施提供了数量支持，有利于物种保护政策的有效执行。帕吉沃拉（2007）认为市场化生态环境补偿方式效率较其他方式更高，且可以通过引入博弈机制确定最终生态环境成本补偿金额。在国内，众多学者从生态污染损失出发，推出了各自的观点和设想。张耀民（1986）通过分类核算认为大气污染每年对我国农业经济造成近 20 亿元的巨大损失。傅定法等（1996）将大气氟污染与春蚕生产联系在一起，并对养蚕基地附近的重污染工业停产与否带来的费用效益进行分析。李贞（2007）在研究大同市大气污染现状的基础上，应用人力资本法、市场价值法等环境经济学的方法对大气污染经济损失进行估算，并以此作为面向大气污染治理的生态环境成本补偿依据。张钦智（2010）应用支付意愿法对兰州市大气污染损失进行评估。王丽慧等（2012）以石家庄市为例，结合当地气象条件与大气污染源探讨大气生态污染补偿机制。徐晓程等（2013）使用 Meta 回归分析大气污染对生命健康的经济损失，并将城镇与农村做对比，为我国大气污染补偿政策制定提供一定支持。目前我国生态环境成本补偿标准设计方法研究较为普遍的是恢复费用分析法、机会成本法、意愿调查法和生态服务价值法，研究对象也涉及如流域、资源开发、功能区等诸多领域（徐瑛，2011；吴文洁等，2011；靳乐山等，2012；代明等，2013）。但其研究结论理论上不足和应用性方面欠缺比较明显，更少见将会计本身特有的信息和手段的嵌入进行深入研究。

三、研究作用意义

我国的生态污染补偿实践才刚刚起步，但在生态污染补偿标准制定上行政化干预严重，从最初有关部门通过环保相关法律法规对排污实体进行惩罚的机制到当前政府通过主导当事人的生态污染补偿机制，政府这只“看得见的手”无处不在，这既浪费了过多政府行政资源，又不可避免会出现企业寻租行为，起不到很好的环境管理的作用，这些都不符合当前中国要求深化改革的具体要求。因此本文通过建立市场化的生态补偿标准，将生态污染行为所产生的外部影响视为一种污染权，明确界定生态污染行为当事人的产权，生态污染补偿标准由双方当事人所形成的虚拟“生态污染权交易市场”进行确定，其数值大小需要结合排污方超标排污量以及受害方的经济价值损失进行衡量，对于有分歧的部分双方还可以进行博弈讨价还价，直到达到双方均可接受的价格为止，让政府这只“看得见的手”逐步被“生态污染补偿”市场这只“看不见的手”所取代。

我们知道，在传统的会计核算模式下，环境成本信息不可能直接根据环境会计系统产出。为此，作者曾提出将生态环境信息嵌入会计信息系统，以寻找两者关联关系和影响程度的价值补偿机制的构想（袁广达，2006；2012）。作为后续研究，主要目的是力求为生态环境损害成本补偿标准和成本核算提供全新思路，为制定生态补偿政策提供支持，也为环境成本会计计量提供新的研究视角和经验证据，这在理论上和实践上都具有特殊意义。

第二节 补偿标准量化的会计视角

一、生态补偿标准量化的会计思路

（一）扩展传统会计收益计算公式

本章研究对象界定在工业行业的环境损失成本（相对于国家与企业而言，称为“中观”层面）。众所周知，环境污染最大污染源来自于企业尤其是工业行业中从事生产制造的企业，如石油、煤炭、化工、冶金、造纸、制药等。一方面，工业企业如燃料业、煤矿业、钢铁业等，需要大量的矿石、土地、水、气体资源，但由于企业自身的意识不够，技术和设备的落后，资金上投入不足，资源提取能力不高，导致无法合理利用这些资源而带来大量浪费和增加自身环境负荷。另一方面，工业污染排放严重超标、事故频发，损失成本巨大。如重工业行业的煤炭、电力、化工、制药、造纸等行业排放的废气、废水、固体废弃物等。上述行业的企业对外排放污染应当通过支付环境治理费用来承担环境破坏和污染后果。但如何通过会计系统和环境系统的集成来量化这种费用的大小就成为长期以来一直难以解决的问题。

不过，环境问题本质上说来还是经济问题，既然工业生产经营对生态环境造成的巨大损害客观存在和对其责任的承担的义不容辞，那么作为价值量核算为基本手段的会计技术的日益发展和成熟，就有可能将这个损害成本加以反映。一个最简单的思路就是，凡是与环境保护措施有关的费用都应当从应税收益中扣除，或作为环境费用，或作为预计环境负债。按照可持续经济理论，现代会计原理计算收益会计公式，即从收入中减去成本计算出的收益是不配比的。葛家澍和李若山（1999）认为“会计利润计算的公式仅包括经济成本，并没有计算社会成本……不仅导致了虚夸的税收，而且鼓励了以牺牲环境来获取当前利益的做法”，应当加以改变；周守华（2011）也认为，“会计的基础性功能是通过对特定主体投入（即成本费用）与产出（即收入）的计量，‘相对’准确地确定特定主体的财富”。徐玖平、蒋洪强等（2003）从管理会计关于环境成本的定义出发，认为企业环境成本不仅应包括财务会计意义上确认的内部环境成本，而且还包括企业生产活动对其他个人和经济组织造成的外部环境成本。显然，传统会计收益计算方法上的改进和环境成本的计量不可能直接照搬现有的会计计量模式，必须应用跨学科方法，这是由生态环境的特性和损害后果决定了的。这在20世纪末加拿大特许会计师协会（CICA）出版的《环境成本与负债：会计与财务报告问题》、日本环境省以及欧洲委员会（EC）及欧洲会计师联合会（FEE）发布的相关报告和指南均得到了验证。

根据上述分析，显然传统意义会计收益等式利润 = 收入 - 费用，就应当演化为：

$$环境利润 = 收入 - (费用 + 环境成本)$$

这个增加了的“环境成本”就是环境外部社会成本而应当予以内在化处理，它理所当然包括生态损害补偿成本，并成为研究生态环境补偿成本标准的最直接和最基本的依据。

（二）注意解决三个方面的问题

总之，用会计的方法来处理生态损害补偿中的问题，必须从以下三个方面加以考虑并加以解决：

第一，生态环境补偿究其本质还是环境成本标准问题，其关键所在是解决损害成本转移支付方式及排污方环境负债负担的货币量化问题。前者归结于外部成本内在化经济学原理，后者是会计计量方法在环境科学中的改进，显然这种方法上的改进不可能直接照搬现有的会计计量模式，必须应用跨学科方法，这是由环境生态的特性和损害后果决定了的。

第二，生态补偿需要通过价值量化，其量化手段尽管复杂但可以通过会计计量方法加以解决，关键是确定好影响企业的具有同质性的最终因素（如企业为利润、健康为治疗费等），其补偿金额既是改进会计系统利润核算方法应包含内在化环境支出的依据，也是环境管理系统中环境成本控制中枢。

第三，作为环境负债重要内容的生态补偿成本，重点是要解决责任人的义务比例分担和预计支出的合理估计，同时为体现排污方对环境责任的承担和会计谨慎性原则，排污方应将要承担的补偿金额事前通过计提生态补偿超级基金方法进行会计处理。

二、生态补偿会计量化的理论基础

（一）会计新收益理论

会计新收益理论是生态补偿标准设计的最基本理论依据。

环境污染源来自于企业生产经营活动，企业尤其是工业行业中从事生产制造的企业，如石油、煤炭、化工、冶金、造纸、制药等。上述行业的企业对外排放污染应当通过支付环境治理费用来承担环境破坏和污染后果。上文已经叙述，按照会计新收益观，凡是与环境保护措施有关的费用都应当从应税收益中扣除，或作为环境费用，或作为预计环境负债。当然，试图通过这种会计收益计算方法上的改进实现对环境成本的计量，不可能直接照搬现有的会计计量模式，而必须应用跨学科方法，这是由生态环境的特性和损害后果不确定性决定的。显然传统会计等式“收入 - 费用 = 利润”就应当演化为“收入 - （费用 + 环境成本） = 环境利润”。这个增加了的“环境成本”就是环境外部社会成本应当予以内在化处理，它理所当然包括生态损害补偿成本，并成为研究生态环境补偿成本标准的最直接和最基本思路，这个演化过的新收益就是绿色收益。

（二）边际成本理论

边际成本理论为生态污染补偿货币化标准确定和研究行业生态污染补偿成本的核算提供了具体方法。

标准排污量是边际成本等于边际收入为 0 的排污均衡点，超标排污势必给大气上风区（流域上游区）带为边际收益，必须按照“谁收益谁负担，谁污染谁负责”的环境保护方针，通过向受害方下风区（领域下游区）支付补偿费用方式，从而实现行业企业环境成本内部化，并从整体利益上来考虑环境成本增加后的最佳生产点及最佳排污量，最终解决诸如大气上风区（流域上游区）排污者非法获利和大气下风区（流域下游区）受害方利润下降环境外部性问题，达到大气上下风区（流域上下游）生态保护、合作双赢和效益最大化的局面。

（三）生产要素理论

生产要素理论促成环境与会计有机集成并有益于生态污染补偿标准的设计和行业生态污染补偿成本核算。

作为有用价值的生态资源的水、大气和自然物是生产要素重要方面，是企业进行可持续生产的物质基础并为企业创造经济、社会和生态价值。一旦生态资源遭到超过其自身自净能力的任何损害都会影响其价值的发挥并导致收益下降，比如，超标排污量会对大气、水体和土地造成损害、不节制矿藏开采会导致地质灾害，这就是自然力要素负面作用。同样生态污染程度假使超过生态环境本身自降解能力后，整个下风区大气（下游水体）会遭受上风区大气污染（上游水污染）外部性损害。根据生产要素理论不难推导，劳动力和资本要素对企业生产至关重要，而大气污染、水污染和固体废弃物污染对企业生产的影响会通过影响生产要素的机制进行传导，具体表现在生产原料、固定资产和企业劳动力等方面的损失。一方面污染会导致大气下风区（流域下游）周边行业生产用的生态资源供应不足，提高经营成本，最终会提高大下风区（流域下游）行业生产成本；另一方面大气污染（水污染）不仅会导致固定资产遭受腐蚀加速折旧，也会使行业生产车间内职工健康受到影响，降低职工生产效率。由于行业利润是反映行业生产经营状况的综合指标，假定在收入一定情况下，成本上升势必会造成行业利润下降。因此作者认为，生态超标污染会引起下游行业利润的下降，而这部分下降的利润正是本文要确定的生态污染补偿金额，也是最低的生态补偿价格或标准。

（四）外部性理论

外部性又可称为外部影响，指经济实体的行动和决策对其他经济实体造成的非市场化的受益或受损的情况。外部性理论认为当经济实体产生外部性影响时，微观私人成本与宏观社会成本会产生差异，因此当考察生态环境经济行为时，需要将生态环境成本用来弥合这种差异。经济学理论认为外部性问题产生的根源其实是“市场失灵”，在生态环境经济行为中，由于经济主体并不符合完全理性假设条件，而且生态资源环境本身属于公共物品，存在“搭便车”现象，由此导致市场机制失灵，无法达到帕累托最优，以致生态资源环境供给不足。

外部性表现根据其外在影响效应的好坏分为外部经济与外部不经济，并且这种影响效应的传播并不像市场经济行为那么直接，因为在环境经济行为中的当事人存在不确定性，而且无论是外部经济还是外部不经济行为，其后果所带来的成本或效益并不能从当事人会计报表或是产品价格中反映出来。我们在此讨论的生态污染补偿问题首先需要搞清楚的就是生态污染其实是一种典型的外部不经济行为，当排污实体由于生产经营的需要，对外超标排放废气废水，客观上会造成某些不确定性的经济实体遭受经济价值损害，排污实体这部分产值的提高其实是以牺牲其他经济实体的经济利益为前提，但排污实体为此却不必承担任何成本费用，而社会却为此付出巨大成本，这种外部不经济行为的存在最终就会导致微观私人成本远远低于宏观社会成本。

为此，我们需要借助生态环境经济手段缓解甚至克服生态污染这种外部不经济问题，目前我国在生态污染行为治理实践中，更多的还是采用美国经济学家庇古提出的补贴手段，补贴金额仍然是由政府决定，行政化干预严重，从治理结果看收效甚微。我们可以借鉴排污权交易市场，将生态污染行为视为一个虚拟的“生态污染权交易市场”，生态污染补偿金额由生态污染行为当事人自行决定，充分发挥市场机制。由于该观点的精髓主要来源于美国经济学家科斯提出的科斯定理，如果将生态污染补偿又称为科斯补偿。那么，由外部不经济性导致的成本差异就需要由科斯补偿来进行弥合。

（五）生态平衡理论

用生态平衡的观点看待人类环境行为以及社会发展问题最早发端于美国学者威廉·福格特的《生存之路》一书里，现行成熟的生态平衡理论是一种探讨经济模式、社会发展以及生态环境三者之间共生关系的思想。该理论中的生态平衡其实就是指生态系统的平衡，而生态系统的概念率先由英国植物学家坦斯利提出，他认为生态系统是指生物群体及其所在的地理环境所共同构成的物质、能量的转化和循环系统，并由无机环境、生产者、消费者、有机物分解者四部分构成。生态平衡理论所倡导的稳定发展的生态系统主要建立在能量平衡、物质循环平衡和生物链平衡的基础之上，也即被某种行为打破的这种平衡状态势必会透过某种方式达到一个新的平衡状态。

自然科学告诉我们，在人类为谋求自身经济社会发展前，生态系统处于一种稳定的平衡状态，这种平衡状态通过能量、物质以及生物链的形态得以维系。当人类工业企业生产对外排放废气、废水和固体废弃物时，这些污染物往往只会提供负服务，这种负服务开始进入生物链条，在整个链条循环过程中，遭受污染的有机物不断被分解、氧化，转变为有毒无机物，并释放出其他形式的能量，如此循环往复，打破了整个生态系统的能量平衡与物质循环平衡。根据“谁破坏，谁付费”的原则，将排污者与受害者按照客观生态污染情况以及自愿协商后确定的补偿金额用于修复大气和水生态，能够使不平衡状态向新的生态平衡状态转化。所以，根据生态平衡理论，生态污染补偿行为本身其实就是透过生态污染补偿的方式，使原本被破坏的生态环境恢复到原有甚至更好的平衡状态，其生态补偿的标准至少是能够达到使生态平衡点上的生态损害的全部成本通过环境会计系统再现和反映。

第三节 我国工业行业生态补偿标准设计

一、我国工业行业划分

我国国家统计局按照其数据统计口径对我国工业行业的分类，包括采矿业、制造业和建筑业，按照工业行业与污染排放的关系又分为重污染行业和非重污染行业。工业行业尤其是工业制造行业是污染的主要排放者。为便于研究，这里将我国规模以上工业行业划分为七大重污染行业（排污实体）和七大非重污染行业（受害实体）两类，见表8-1。

表 8-1　我国规模以上工业行业划分

重污染行业		非重污染行业	
行业合并类别	行业类型	行业合并类别	行业类型
1. 电力行业	电力、热力的生产和供应业	1. 食品加工制造行业	农副食品加工业、食品制造业
2. 金属非金属行业	非金属矿物制品业、黑色金属冶炼及压延加工业、有色金属冶炼及压延加工业、金属制品业	2. 烟草制品行业	烟草制品业
3. 采矿行业	煤炭开采和洗选业、石油和天然气开采业、黑色金属矿采选业、有色金属矿采选业、非金属矿采选业、其他采矿业	3. 木材家具印刷文教制品行业	木材加工及木、竹、藤、棕、草制品业、家具制造业、印刷业和记录媒介的复制、文教体育用品制造业
4. 石化塑胶行业	石油加工、炼焦及核燃料加工业、化学原料及化学制品制造业、橡胶制品业、塑料制品业	4. 设备仪器制造行业	通用设备制造业、专用设备制造业、交通运输设备制造业、电气机械及器材制造业、通信设备、计算机及其他电子设备制造业、仪表仪器及文化办公用机械制造业
5. 医药制造行业	医药制造业	5. 工艺品及其他制造行业	工艺品及其他制造业
6. 轻工行业	饮料制造业、造纸及纸制品业	6. 废弃资源和废旧材料回收加工行业	废弃资源和废旧材料回收加工业
7. 纺织制革行业	纺织业、纺织服装、鞋、帽制造业、皮革、毛衣、羽毛（绒）及其制品业、化学纤维制造业	7. 燃气和水的生产和供应行业	燃气生产和供应业、水的生产和供应业

注：为方便数据收集，依据《上市公司行业分类指引》与《上市公司环保核查行业分类管理名录》规定，按行业类型和产品属性将重污染行业和非重污染分别合并为七大类。

根据上述生产要素理论，重污染行业企业通过对外排污，最终会提高非重污染行业企业生产成本。为此，这里以 2003～2010 年七大重污染行业面板数据为研究样本，通过综合评价模型对生态环境污染情况进行等级评价和标准划分，结合面板随机系数模型考察生态环境污染等级指数对非重污染行业利润总额的影响度并进行了稳健性检验，依据环境经济“外部性”理论、生产要素理论和“污染者付费”原则，设计了生态环境补偿标准，借以考察排污实体所负担的环境成本。我们认为，从环境管理会计角度看，这部分成本当属排污实体“外部环境失败成本”的范畴，它恰恰是由于排污实体向外部环境排放的污染物直接或间接地对受害实体造成的利益损失而应成为排污方应尽的补偿责任，但却在现行的财务报告中构成了排污方的既得利益的“环境不当收益”。

二、排污指标设计

环境污染排放的物质多种多样，一般可归结为废气、废水和固体废弃物，就是我们常说的工业“三废”。由这“三废”造成的污染体通常被称为大气污染、水污染和固体废弃物污染。被污染体可能是人体、水和大气，也可能是企业、社区和城市等。所谓污染源是造成污染的物质，被污染体是指污染造成损害的对象或是具体的客体。

环境污染是指人类直接或间接地向环境排放超过其自净能力的物质或能量，从而使环境的质量降低，对人类的生存与发展、生态系统和财产造成不利影响的现象。工业企业在对外排放污染物按照传统观点主要包括大气污染、水污染以及固体废弃物污染，因此在构建生态环境污染等级评价指标体系时，本书主要考虑下列三种污染物。

（一）废气

本书特指工业企业对外排放的污染物气体，不包括居民生活中对外排放的废气，在废气排放量统计过程中并不包含以下污染气体，取其标准值为 s_1，单位为亿标立方米。

二氧化硫（SO_2）：最常见的硫氧化物，无色气体，有强烈刺激性气味，大气主要污染物之一。本书取其标准值为 s_2，单位为万吨。

烟尘：指研究期间内企业在燃料燃烧和生产工艺过程中排入大气的烟尘总质量之和，烟尘排放量可以通过除尘系统的排风量和除尘设备出口烟尘浓度相乘求得。其标准值为 s_3，单位为万吨。

粉尘：指研究期间内企业在燃料燃烧和生产工艺过程中排入大气的工业粉尘的总质量之和。工业粉尘排放量可以通过除尘系统的排风量和除尘设备出口烟尘浓度相乘求得。本书取其标准值为 s_4，单位为万吨。

（二）废水

本书主要指工业企业对外排放的废水，不包括城镇居民在日常生活中对外排放的生活废水，本书选用标准值为 s_5，单位为万吨。工业废水主要是指在工业企业进行工艺生产的过程中对外排放出的废水和废液，由于工业企业在生产过程中或多或少会使用原材料，工业废水在统计过程中也包含这部分随水流失的原材料，但不包含以下各水中的典型污染物。

汞（Hg）：汞是目前人类在自然界发现的唯一液体金属，工业企业在生产经营活动所造成的水污染主要源于塑料、电池、氯碱、电子等工业排放的废水以及长期以来被人类所忽视的医疗器械及设备。本书选用标准值为 s_6，单位为吨。

镉（Cd）：镉元素在自然界中通常是以化合物状态存在，一般情况下含量很低，水体中的镉污染主要源自诸如蓄电池、合金、油漆、电镀等工业对外排放的废水。本书选用标准值为 s_7，单位为吨。

六价铬：铬是一种银白色的坚硬金属，自然界中主要以金属铬、三价铬和六价铬三种形式出现，其中六价铬水污染毒性最强，危害最大。电镀、制革行业以及金属加工等重污染行业是向水体排放六价铬污染物的主要污染源。本书选用标准值为 s_8，单位为吨。

铅（Pb）：铅是一种有毒的青灰色重金属，铅废水污染源主要来自于金属冶炼行业以及工矿行业。本书选用标准值为 s_9，单位为吨。

砷（As）：砷及其砷矿物广泛存在于自然界，砷是一种有毒的类金属，本书所指的砷污染主要是指由砷及其砷矿物所引起的水污染。地面水中含砷量由于水源和地理条件不同而会产生很大差别，被砷污染后的水无色，无味，透明度不变，可降低生化需氧量。本书选用标准值为 s_{10}，单位为吨。

挥发酚：酚类属于一种高毒物质，其污染源主要来自于化工行业以及造纸行业等行业排放的废水。本书选用标准值为 s_{11}，单位为吨。

氰化物：氰化物是一种剧毒物质，自然界中分布并不广，含量较少，主要是工业企业合成的氰化物，共分为两类，一类是无机氰化物，另一类是有机氰化物。炼焦行业、塑胶行业以及化工行业等都是氰化物水污染的重要来源。本书选用标准值为 s_{12}，单位为吨。

化学需氧量（COD）：本书中所指的化学需氧量为工业企业对水体的排放量。化学需氧量指用化学氧化剂氧化水中有机污染物时所需的氧量。一般利用化学氧化剂将废水中可氧化的物质（有机物、亚硝酸盐、亚铁盐、硫化物等）氧化分解，然后根据残留的氧化剂的量计算出氧的消耗量，来表示废水中有机物的含量，反映水体有机物污染程度。化学需氧量值越高，表示水中有机污染物污染越重，其是反映水体有机污染物含量的一项重要指标。本书选用标准值为 s_{13}，单位为吨。

石油类：本书中所指的石油类为工业企业对水体的排放量。石油类（各种烃类的混合物）污染物主要来自原油的开采、加工、运输以及各种炼制油的使用等行业。石油类碳氢化合物漂浮于水体表面，将影响空气与水体界面氧的交换，分散于水中以及吸附于悬浮微粒上或以乳化状态存在于水中的油，它们被微生物氧化分解，将消耗水中的溶解氧，使水质恶化。本书选用标准值为 s_{14}，单位为吨。

氨氮：本书主要指水中以游离氨（NH_4）和铵离子（NH_4^+）形式存在的氮，是反映水体富营养化程度的主要指标。本书取其标准值为 s_{15}，单位为吨。

（三）固体废弃物

本书将工业企业在生产经营过程中对外排放的固体废弃物作为反映固体废弃物影响生态程度的指标。固体废弃物按照通常的观点来理解就是“垃圾”，其包含范围较广，一般工业“三废”主要包括大气污染、水污染以及固体废弃物污染，其范围界定可以看作是除去以上两种污染物以外工业企业的污染，本书取其标准值为 s_{16}，单位为万吨。

前文所述，尽管环境污染物繁多且来源渠道多样，但其主要污染源均来自重污染企业排放的“三废”（废气、废水和固体废弃物），它们几乎占整个污染 70% 以上。《中国绿色国民经济核算研究报告》（2004）披露，我国各环境要素退化成本占总环境退化成本的比率，大气和水分别为 42.9% 和 55.9%；2010 年发布的《第一次全国污染源普查公报》表明，排放水和大气污染物的污染源占总数量的 70% 以上；李国璋等（2010）估算固体废弃物损失占整个环境污染总损失的 3.275%。基于此，以上设计七大重污染行业生态环境污染等级评价指标，其污染类型即为传统意义上工业“三废”应该具有较强的代表性。“三废”中，大气指标选取废气（亿标立方米）、二氧化硫（万吨）、烟尘（万吨）、粉尘（万吨），废水指标选取废水（万吨）、汞（吨）、镉（吨）、六价铬（吨）、铅（吨）、砷（吨）、挥发酚（吨）、氰化物（吨）、化学需氧量（吨）、石油类（吨）、氨氮（吨），固体废弃物（万吨）

为综合指标。见图 8－1。

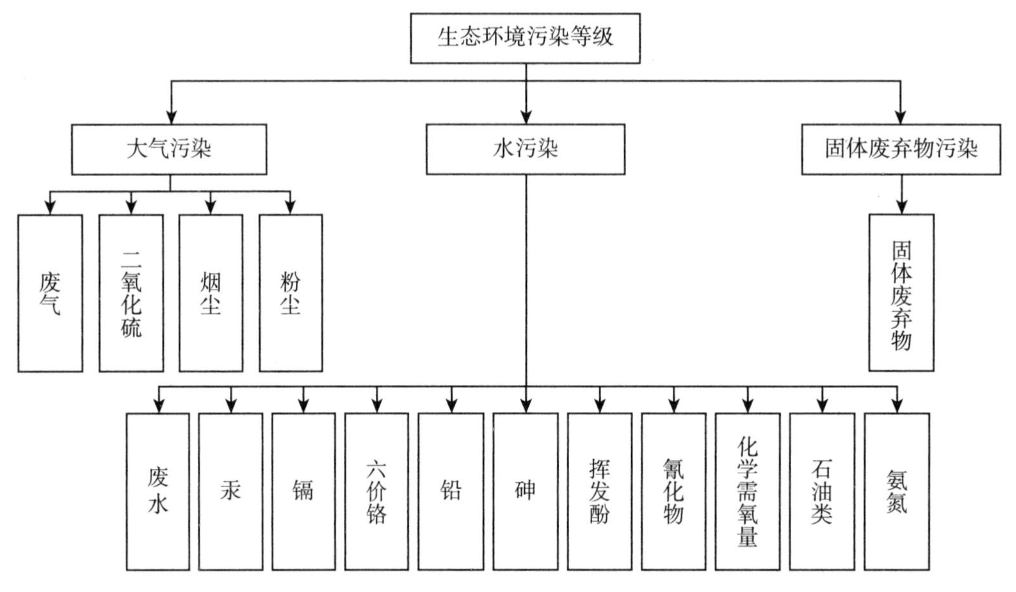

图 8－1 生态损害污染指标及指标层级

三、重污染行业生态环境污染等级评价

（一）数据处理方法

研究数据来源于国家统计局专题数据环境统计年鉴（2003～2010），其中除电力行业和医药制造行业外，由于重污染行业涉及多个分行业，因此对各项指标数据分别进行加总得到。

由于上述各指标因子在指标体系中的作用不同，对生态环境污染的影响程度有差异，为了区分其差异性，要采用一定的数学方法来确定各评价指标的权重值。指标权重确定的合理与否直接关系评价结果的准确性和科学性。本书采用层次分析法与熵权法相结合的主客观赋权方法。层次分析法是一种定性和定量相结合的、系统化的、层次化的分析方法，使人们的思维过程层次化，逐层比较其间的相关因素并逐层检验比较结果是否合理，从而为分析决策提供具有说服力的定量依据。但层次分析方法在近年来不断受到权重过于主观性的质疑，因此本书在层次分析法的基础上又使用了熵权方法确定权重，最后将两种方法得到的权重值进行平均，得到更为科学合理的权重值。有关熵权法的产生，首先是由德国物理学家克劳修斯（Clausius）于 1855 年将“熵”的概念引入热力学领域，用于描述热力系统的混乱程度，后经美国信息论创始人香农（Shannon）发展成为“信息熵”，用来定量化描述信息量的大小，而后社会科学开始将“熵”广泛应用于多目标决策中权重的确定过程，学术界一般定义该权重确定的方法为熵权法。熵权法根据评价对象所反映的信息量的大小确定权重，具有准确性和客观性，在各研究领域得到了很好的应用。

假定熵权法的评价矩阵为 $X=(x_{ij})_{m\times n}$，其中评价对象为 m（$0<i<m$），n（$0<i<n$）代表评价指标，x_{ij}表示第 i 个评价对象第 j 个指标的原始值。计算步骤一共分为三步：

（1）标准化处理：令 $y_{ij} = \frac{x_{ij} - \min\limits_{i}(x_{ij})}{\max\limits_{i}(x_{ij}) - \min\limits_{i}(x_{ij})}$，其中 $\max\limits_{i}(x_{ij})$ 和 $\min\limits_{i}(x_{ij})$ 分别代表第 j 个指标在第 i 个评价对象中的最大值和最小值。

（2）计算指标熵：$r_{ij} = y_{ij}/\sum_{j=1}^{n} y_{ij}, e_j = -\frac{1}{\ln m}\sum_{i=1}^{m} r_{ij}\ln r_{ij}$。

（3）确定指标熵权（ω_j）：$\omega_j = (1 - e_j)/\sum_{j=1}^{n}(1 - e_j)$。

（二）指标综合评价与污染等级准划分

为客观、准确、简便地定量评价七大行业生态环境污染等级，采用综合评价模型。其具体形式为：$P_i = \sum_{j=1}^{n} \omega_j y_{ij}$，其中，$P_i(0 < i < m)$ 为第 i 年重污染行业生态环境污染等级综合评价指数，$\omega(0 < j < n)$ 为第 j 个评价指标权重。

由于我国还未有大气污染和水污染的综合等级评价标准，因此本书在制定评价标准时考虑生态污染的两种极端情况。当重污染行业没有污染物排放时，生态环境状况属于优，此时综合评价指数为 0；当重污染行业污染物排放总量较大，对生态环境以及生产生活造成极端破坏时，生态环境污染程度会非常严重，此时综合评价指数为 1。为方便对我国七大重污染行业 2003～2010 年生态环境污染情况进行相对性比较，将生态环境污染等级评价标准划分为五个等级，取值在 0～1 之间，数值越高表明生态环境污染程度越严重。见表 8－2。

表 8－2　综合评价指数与污染等级评价标准

生态环境污染等级	综合评价指数	环境状况（污染程度）
1	0.80～1.00	极差（非常严重）
2	0.60～0.80	差（严重）
3	0.40～0.60	中（较严重）
4	0.20～0.40	良（一般）
5	0.00～0.20	优（轻微）

（三）评价模型建立

1. 变量与样本选取

假定在受害经济实体收入一定的情况下，生态环境污染所导致的经济实体环境成本一定反映在受害经济实体利润总额的下降上，为此本书将受害经济实体的利润总额作为因变量，将上文确定的排污实体生态环境污染等级作为自变量，由于受害经济实体利润总额变动的其他影响因素众多，因此需要选取相应的控制变量，而控制变量的具体情况需要视具体研究对象并结合相关财务理论而定，如行业与企业相应控制变量的选取就会截然不同。

在上述生态环境污染等级划分的基础上，考虑到我国环境经济统计才刚刚起步，环境经济数据资料严重缺乏，因此为扩充样本量，使得估计结果精确，我们考虑收集市场化生态污染标准建立的面板数据，数据来源可通过对选择具有代表性的、跨度时间较长、具有一定数量的被污染区域（如流域下游或下风区域）、被污染客体（如土地）及单位（如上市企业）进行实地调研和考察。此外国泰安数据库（CSMAR），《中国统计年鉴》、《环境统计年鉴》等数据资料可为本书进一步实证研究以及具体案例研究工作提供样本支持。见表 8 - 3。

表 8 - 3　　　　变量设计及解释说明

变　量		记号	解释说明*
因变量	受害经济实体利润总额	PROFIT	经济实体在样本时间跨度期内各年利润总额
解释变量	排污实体污染等级指数	P	排污实体生态环境污染等级指数可根据上文综合评价模型得到，若排污实体数量众多，为避免变量过多，可按照排污实体取生态环境污染指数平均值
控制变量	影响受害经济实体利润总额的其他主要变量	Controls	控制变量的具体情况需要视具体研究对象并结合相关学科理论而定，如行业与企业相应控制变量的选取就会截然不同

注：* 各变量计算时均以 2003 年为基期平减剔除价格因素。行业利润总额、工业总产值、工业增加值和主营业务收入均按照工业品出厂价格指数进行平减。

2. 面板回归分析

通过上文分析，本书建立如下面板回归模型考察排污实体生态环境污染等级指数对受害经济实体利润总额的影响程度：

$$PROFIT_{it} = \alpha_{it} + \beta_{it}P_{it} + \gamma_{it}Controls_{it} + \varepsilon_{it}$$

其中，i = 1，2，…，n 表示横截面个数，t = 1，2，…，m 代表从第 1 年至第 m 年共 m 年的时间序列。PROFIT 分别为受害经济实体在第 1 年第 m 年的利润总额，P 为排污实体分别在第 1 年到第 m 年的生态环境污染等级指数，Controls 为一系列控制变量。此外，进行面板数据回归分析前，需要考虑变量共线性、异方差、序列相关、截面相关等诸多问题。

3. 市场化生态污染补偿标准

将取得的样本数据代入上述面板回归模型中，确定未知参数，得到上风区域（上游流域）排污实体（P）排放污染物折算后的每单位生态污染等级指数造成下风区域（下游流域）受害实体（E）经济损害的生态污染补偿标准（即污染边际成本）计算公式：

$$EC = \frac{\partial(PROFIT)}{\partial P} = \beta$$

于是我们根据上述公式建立如表 8 - 4 所示市场化生态污染补偿矩阵。我们认为可将生态污染行为所产生的外部影响视为一种污染权，明确界定生态污染行为当事人的产权，生态污染补偿标准由双方当事人所形成的虚拟“生态污染权交易市场”进行确定，其数值大小需要结合排污方超标排污量以及受害方的经济价值损失进行衡量。在今后市场化生态污染补偿实践中，对于有分歧的部分双方还可以进行博弈讨价还价，直到达到双方均可接受的价格为止，让政府这只“看得见的手”逐步被“生态污染补偿”市场这只“看不见的手”所取代。

表 8-4 市场化生态污染补偿矩阵

生态污染受害实体（E）	P_1	生态污染排污实体（P） P_2 … 市场化生态污染补偿标准（V）		P_n
E_1	$\beta_{11}P_1$	$\beta_{12}P_2$	…	$\beta_{1n}P_n$
E_2	$\beta_{21}P_1$	$\beta_{22}P_2$	…	$\beta_{2n}P_n$
⋮	⋮	⋮	⋮	⋮
E_m	$\beta_{m1}P_1$	$\beta_{m2}P_2$	…	$\beta_{mn}P_n$

根据上述市场化生态污染补偿矩阵，若生态环境污染状况发生，计算市场化生态污染补偿金额 V_{ij} 根据如下步骤：

（1）判断该生态环境污染等级 R_j（$j=1, 2, \cdots, n$），且具体数值为 P；

（2）利用面板回归分析方法，判断受害经济实体遭受生态环境污染的边际成本，且具体数值为 EC；

（3）根据上述标准，确定生态环境污染所导致受害经济实体的经济损失 V_{ij}，即得到生态环境污染状况导致的市场化生态污染补偿金额 V_{ij}。

（四）评价结果分析

根据理论模型部分的主客观赋权方法与综合评价模型，对原始数据进行处理后绘制出我国七大重污染行业综合评价指数，见图 8-2，并通过表 8-2 评价标准，可以看出我国七大重污染行业从 2003 年到 2010 年的生态环境污染状况。

1. 我国重污染行业生态环境状况逐年好转

我国七大重污染行业生态环境污染指数呈逐年下降趋势，说明我国重污染行业生态环境污染情况总体趋势逐年好转。具体来看，我国电力行业生态环境污染指数从 2003 年的 0.680 下降到 2010 年的 0.093，下降幅度为 86.3%；金属非金属行业从 2003 年的 0.746 下降到 2010 年的 0.088，下降幅度为 88.3%；石化塑胶行业从 2003 年的 0.605 下降到 2010 年的 0.206，下降幅度为 65.9%；医药制造行业从 2003 年的 0.638 下降到 2010 年的 0.090，下降幅度为 85.9%；轻工行业从 2003 年的 0.499 下降到 2010 年的 0.197，下降幅度为 60.5%；纺织制革行业从 2003 年的 0.300 下降到 2010 年的 0.248，下降幅度为 17.2%，采矿行业虽然从 2003 年的 0.299 上升到 2010 年的 0.404，但 2010 年相较于 2007 年的 0.612，生态环境污染情况也有明显好转，下降幅度为 33.9%。上述生态环境状况逐年好转的原因可能是由于近些年来我国各级政府不断大力倡导工业产业转型升级，要求工业发展既要重视质量，更要重视效益。

2. 我国整体生态环境状况仍不容乐观

一方面，我国七大重污染行业生态环境污染指数平均值仍高于 0.200，从数值上看，上述重污染行业平均生态环境污染指数分别为 0.330、0.385、0.461、0.485、0.295、0.436 和 0.370，生态环境污染等级均未到第 5 等级；另一方面，尽管电力行业从 2007 年到 2010 年生态环境污染指数分别为 0.135、0.091、0.044 和 0.093，金属非金属行业 2008 ~ 2010 年生态环境污染指数分别为0.151、0.095和0.088，石化塑胶行业在2009年生态环境污染指数为0.083，医药制造在2005年、2008年和2010年生态环境污染指数分别为0.184、0.152和0.090，轻工行业在2010年生态环境污染指数为0.197，纺织制革行业在2009年生态环境污染指数为0.187，以上情况的生态环境污染指数均低于0.200，但通过计数发现，上述六个行业处于第5等级的年份分别仅占总体的50.0%、37.5%、12.5%、37.5%、12.5%和12.5%。上述两方面均说明我国整体生态环境状况仍不容乐观，污染防治工作仍需加强。

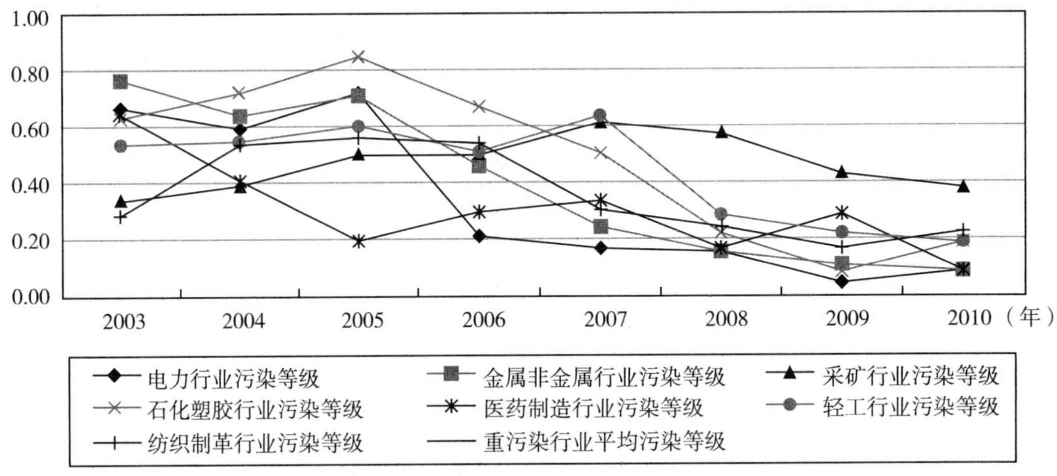

图8－2　我国七大重污染行业污染等级（2003～2010）

第四节　工业行业生态环境成本补偿标准实证分析

一、数据来源

本书解释变量样本数据来源于上文处理得到的我国七大重污染行业平均污染等级指数，其余控制变量样本数据取自于《中国统计年鉴》、《中国工业经济统计年鉴》和《中国科技统计年鉴》中有关我国七大非重污染行业2003～2010年的财务数据和各种价格指数。非重污染行业中并没有包括废弃资源和废旧材料回收加工业，这主要因该行业较特殊，属于依靠科技技术创新、资源回收利用和发展循环经济的特殊工业行业，同时该行业统计数据存在严重缺失，在样本数据中也属于离群值，为保证回归结果更为精确，故删除，最终取六个行业横截面，且每个横截面上拥有时间跨度为8年的面板数据，共计48个样本。需说明的是，由于部分统计数据缺失，为保证研究工作不受影响，一方面，本书根据工业总产值增速推算工业增加值的方法得到2008～2010年各行业工业增加值，另一方面，《中国科技统计年鉴》并未披露2005～2007年各规模以上工业行业新产品产值，本书假定这些年份规模以上工业行业新产品产值占大中型工业行业新产品产值比例固定不变，从而利用2005～2007年和各大中型工业行业新产品产值推算得到。

二、各种变量设计

（一）因变量

本章研究目标是设计我国工业行业生态环境成本补偿标准，由于在收入一定情况下，行业生态环境成本的上升势必会带来行业利润的下降，因此考虑收集到的财务信息，我们将行业利润总额作为因变量。

（二）解释变量

解释变量为上文所述的我国七大重污染行业生态环境污染等级指数。但为准确考察解释变量对我国六大非重污染行业的利润影响度，进而为行业生态环境成本补偿标准设计铺垫基础，我们将七大重污染行业生态环境污染等级指数进行平均化处理，以避免过多解释变量产生多重共线性问题使回归失败，同时也是出于对提升回归方程自由度的考虑，最终将解释变量定为我国七大重污染行业平均污染等级指数。

（三）控制变量

在分析我国七大重污染行业平均污染等级指数对六大非重污染行业的利润影响度时，选取了与利润总额关系较为密切的市场集中度、经营状况和创新三项作为控制变量。

1. 市场集中度

产业组织理论（Bain，1968）认为，市场集中度会通过市场行为的传导机制最终影响产业利润。另外由于在不同国家市场结构存在千差万别导致行业利润存在差异，因此在实证分析行业利润差异时，市场结构变量需要重点考察（Fraumen & Jorgenson，1980；Rigby，1991）。潘克西等（2002）认为市场集中度是反映市场结构和衡量市场竞争程度的主要指标，但在具体度量市场集中度时却有绝对集中度、相对集中度 H. I 指数等多种指标，我们考虑数据可得性，使用绝对集中度这一操作简便且应用广泛的度量指标。参考魏后凯（2002）的计算方法：行业销售额 ÷ 六大非重污染行业总销售额 × 100%。

2. 经营状况

由于工业增加值反映的是工业行业在生产经营活动中新创造的价值，我们用工业增加值率反映行业生产投入和产出的效果，计算公式为：工业增加值 ÷ 工业总产值 × 100%，一般行业工业增加值越高，说明行业产品中间消耗越低，盈利水平也越高，从而影响行业利润状况。

3. 创新

自从熊彼特（Schumpeter，1934）提出创新理论以来，经济学界普遍认为创新是经济增长、行业发展的重要动力（Baumol，2007；Peters，2008），而高新技术要转化为行业利润不能仅仅停留在实验室，还需要进入工业行业生产领域，也就是技术创新成果转化为商品的过程。因此我们用行业产品的创新程度反映行业创新变量，因此选取新产品产值率作为衡量指标，计算公式为：新产品产值 ÷ 工业总产值 × 100%。

表 8 – 5 为变量设计及解释说明，表 8 – 6 是上述变量的描述性统计结果。

表 8-5　变量设计及解释说明

	变量	记号	解释说明
因变量	行业利润总额	PROFIT	六大非重污染行业在 2003~2010 年各年利润总额（亿元）
解释变量	行业平均污染等级指数	$\bar{P}$	七大重污染行业生态环境污染等级指数分别根据上述综合评价模型得到，每一年的污染指数来自七大重污染行业污染指数平均值
控制变量	市场集中度	MARKET	行业销售额÷六大非重污染行业总销售额×100%
	经营状况	RATIO	工业增加值率（工业增加值÷工业总产值×100%）
	创新	INNOVATION	新产品产值率（新产品产值÷工业总产值×100%）

表 8-6　变量描述性统计结果

变量	样本数	最大值	最小值	均值	标准差
PROFIT	48	7337.257	7.98	920.8199	1409.545
$\bar{P}$	48	0.5920734	0.1792704	0.3972930	0.1584819
MARKET	48	0.6069492	0.0193737	0.1775416	0.2068695
RATIO	48	0.7729455	0.2525629	0.3682458	0.1757495
INNOVATION	48	0.1945491	0.0001180	0.0701174	0.0604415

三、实证结果分析

（一）面板数据检验

受到样本截面数据和时间跨度限制，本书构建如下面板随机系数模型考察我国七大重污染行业平均生态环境污染等级指数对六大非重污染行业利润总额的影响度：

$$PROFIT_{it} = \alpha_{it} + \beta_{it}\bar{P}_{it} + \gamma_{it}Controls_{it} + \varepsilon_{it}$$

其中，i=1，2，…，6，表示横截面个数，t=1，2，…，8，代表 2003~2010 年共 8 年的时间序列。PROFIT 分别为六大非重污染行业在 2003~2010 年的利润总额，$\bar{P}$ 为七大重污染行业分别在 2003~2010 年的平均生态环境污染等级指数，Controls 为一系列控制变量。

为防止面板数据模型产生多重共线性问题，本书首先通过考察方差膨胀因子（VIF）判定模型是否存在多重共线性问题，由判定结果可知，行业平均污染等级指数、市场集中度、经营状况和技术创新四个变量的 VIF 分别为 1.03、4.91、2.36 和 4.36，平均值为 3.16，均小于临界值 10，因此变量之间相关性较弱，适合面板回归模型。为控制模型异方差问题，本书采用怀特（White，1980）所推导的公式进行稳健性估计。另外，由于本书研究时间序列较短，行业之间也不存在相互影响，因此序列相关性和截面相关问题可以不予考虑。见表 8-7（表中“***、**、*”分别表示在 1%、5%、10% 水平上具有显著性，本书使用的计量软件为 STATA11.2，表 8 - 8 同）。

表 8 - 7　　　　行业污染等级指数对行业利润总额的面板数据检验

行业分类	非重污染行业与变量	影响系数	Z 值	显著性水平
食品加工制造行业	$\overline{P}$	-3 300.101***	-3.68	0.000
	MARKET	1 140.077**	2.51	0.012
	RATIO	29 882.02***	3.71	0.000
	INNOVATION	-14 996.36	-0.93	0.355
	常数项	-5 485.058***	-6.29	0.000
烟草制品行业	$\overline{P}$	-368.1249***	-9.41	0.000
	MARKET	-6 045.967***	-3.30	0.001
	RATIO	1 204.564	1.45	0.146
	INNOVATION	-95.69993	-0.17	0.862
	常数项	35.72428	0.05	0.957
木材家具印刷文教制品行业	$\overline{P}$	-1 196.825***	-2.98	0.003
	MARKET	-28 433.98	-1.44	0.149
	RATIO	6 339.808	1.07	0.287
	INNOVATION	396.3731	0.04	0.966
	常数项	2 261.612	0.62	0.537
设备仪器制造行业	$\overline{P}$	-8 857.982***	-5.08	0.000
	MARKET	-14 773.5**	-2.47	0.014
	RATIO	86 105.61***	5.05	0.000
	INNOVATION	44 073.81**	2.40	0.016
	常数项	-15 389.22***	-5.50	0.000
工艺品及其他制造行业	$\overline{P}$	-384.2615***	-2.91	0.004
	MARKET	-6 819.486***	-3.92	0.000
	RATIO	983.013	0.67	0.504
	INNOVATION	261.9945	0.24	0.807
	常数项	252.0179	0.95	0.343
燃气和水的生产和供应行业	$\overline{P}$	-270.449***	-3.52	0.000
	MARKET	-8 204.397	-3.28	0.001
	RATIO	-130.9082	-0.15	0.884
	INNOVATION	7 289.042***	3.19	0.001
	常数项	389.0407	1.25	0.213

检验结果表明，在控制行业市场集中度、经营状况和技术创新变量后，对于六大非重污染行业而言，行业平均污染等级指数变量均对其利润有负面影响，且影响系数均在1%显著性水平上高度显著。这说明当我国七大重污染行业生态环境污染等级指数越高，行业生态环境污染情况越严重，非重污染行业利润总额水平就会越低。可见我国重污染行业造成的环境污染状况会抑制非重污染行业发展，只是具体抑制程度在不同行业间有显著差异。

表8－7的检验结果表明，在控制行业市场集中度、经营状况和技术创新变量后，对于六大非重污染行业而言，行业平均污染等级指数变量均对其利润有负面影响，且影响系数均在1%显著性水平上高度显著。这说明当我国七大重污染行业生态环境污染等级指数越高，行业生态环境污染情况越严重，非重污染行业利润总额水平就会越低。可见我国重污染行业造成的环境污染状况会抑制非重污染行业发展，只是具体抑制程度在不同行业间有显著差异。

关于经营状况变量，除燃气和水的生产和供应行业工业增加值率与行业利润负相关以外，其余五大行业工业增加值率与行业利润都呈正相关关系，其中食品加工制造行业和设备仪器制造行业在1%显著性水平上高度显著，烟草制品行业、木材家具印刷文教制品行业和工艺品及其他制造行业结果不显著。一般认为提高工业增加值率意味着工业行业产品中间消耗越低，盈利水平也越高，因此行业利润也越高，但当工业行业在生产过程中创造新价值后，往往会不断提高行业在市场中的规模和份额，甚至会产生过度竞争或过度垄断现象，因此最终是否会提高行业利润还需视具体行业情形而定。

关于创新变量，其对行业利润影响系数符号不稳定，且显著性水平行业间也有较大差异。其实创新变量影响行业（企业）利润的机理本身就比较复杂，学术界至今仍未形成统一的观点。熊彼特（Schumpeter，1942）对传统经济理论提出质疑，认为只有那些市场规模较大的行业才能负担得起创新成本，并通过大范围创新消化失败，而且创新转化为利润或产值还需要一定的市场控制能力，卡普兰（Kaplan，1954）也验证了该观点的正确性。格里利谢斯（Griliches，1994）认为创新投入与企业经营绩效呈现弱相关性。程愚等（2012）研究发现以技术产品创新为主题的商业模式对企业经营绩效并无显著影响，而更应强调经营方式方法的创新。周亚虹等（2012）却认为企业通过产品与技术革新等创新活动，能够提高企业产出水平，从而提高工业行业利润。因此在诸多因素影响下，创新变量对行业利润的影响会呈现出表上述结果。

（二）稳健性检验

考虑到我国六大非重污染行业生产经营的财务状况会直接对行业利润总额产生影响，本书将上述面板模型中的被解释变量PROFIT分别替换为总资产贡献率和资本回报率进行稳健性检验，见表8－8。选取这两个变量的理由是：

其一，行业利润总额是否能够得到提高，很大程度上取决于行业整体的经营绩效和管理能力，我们使用总资产贡献率来反映行业利润（模型1），其计算公式为：（利润总额＋税金总额＋利息支出）÷平均资产总额×100%，该指标反映行业利用其全部资产的获利能力，是用于评判行业盈利水平的核心指标，显然行业总资产贡献率越高，行业运用单位资产取得利润的能力就越强，从而越能够提高行业利润。

其二，我们使用资本回报率代替原来的被解释变量，其计算公式定义为工业总产值÷固定资产净值年平均余额×100%，反映了行业运用一定资本设备获取工业最终产品或提供劳务的总价值量，该指标也能够反映工业行业的利润状况和水平（模型 2）。

将表 8－7 和表 8－8 稳健性测试结果作对比后发现，本书所关心的解释变量 $\bar{P}$ 的系数符号和显著性水平均未发生实质性变化，因而从整体上来看，我国重污染工业行业确实给非重污染工业行业利润带来负面影响。

表 8－8　　稳健性检验结果

行业分类	模型 1			模型 2		
	影响系数	Z 值	显著性水平	影响系数	Z 值	显著性水平
食品加工制造行业	－0.16***	－7.85	0.000	－2.10***	－4.80	0.000
	0.47	0.85	0.393	1.52	0.09	0.925
	1.60***	5.47	0.000	33.92***	2.69	0.007
	0.06	0.22	0.827	9.82	1.15	0.250
	－0.34	－1.53	0.126	－4.05	－0.75	0.452
烟草制品行业	－0.11***	－5.37	0.000	－1.53***	－3.67	0.000
	－1.48			－35.88	－1.47	0.142
	1.26			17.80*	1.74	0.083
	0.55**	1.98	0.048	－0.26	－0.07	0.941
	－0.25***	－8.18	0.000	－5.74	－0.67	0.505
木材家具印刷文教制品行业	－0.11***	－4.70	0.000	－1.10*	－2.27	0.023
	－3.44**	－2.18	0.029	－99.33***	－2.66	0.008
	0.39	0.83	0.406	45.61***	2.89	0.004
	－0.12	－0.54	0.588	1.62	0.24	0.814
	0.43	1.57	0.115	2.04	0.26	0.795
设备仪器制造行业	－0.09***	－5.70	0.000	－1.40*	－2.56	0.011
	0.44			46.73***	3.29	0.001
	1.94***	15.89	0.000	106.43***	3.83	0.000
	0.31	1.35	0.177	5.33	0.57	0.569
	－0.69***	－6.70	0.000	－51.63***	－3.57	0.000
工艺品及其他制造行业	－0.13***	－4.40	0.000	－6.28***	－2.82	0.005
	－1.05	－1.13	0.258	223.80*	1.83	0.068
	1.18***	7.47	0.000	47.00*	1.85	0.064
	0.06	0.22	0.827	8.23	0.88	0.380
	－0.10			－13.01	－1.39	0.164

续表

行业分类	模型1			模型2		
	影响系数	Z值	显著性水平	影响系数	Z值	显著性水平
燃气和水的生产和供应行业	-0.05**	-2.07	0.039	-0.56***	-5.50	0.000
	-5.40***	-5.34	0.000	-43.58***	-4.29	0.000
	0.31	1.25	0.210	-1.16	-1.29	0.198
	1.62***	9.57	0.000	7.02**	2.08	0.037
	0.06	0.58	0.565	2.16***	5.77	0.000

（三）行业生态环境成本补偿标准

为方便考察行业生态环境成本补偿标准，基于“污染者付费”原则，我们将七大重污染行业整体视为排污方，而将六大非重污染行业看作受害方，结合表8-7实证结果，按照各排污方生态环境污染等级指数与上述平均生态环境污染等级指数的比例，计算得到各重污染行业应承担的生态环境成本补偿额，即使行业生态环境成本补偿标准，见表8-9。

表8-9　我国工业行业生态环境成本补偿标准平均值（2003~2010年）　单位：亿元

受害方	排污方							
	电力行业	金属非金属行业	采矿行业	石化塑胶行业	医药制造行业	轻工行业	纺织制革行业	总平均
食品加工制造行业	1 088.96	1 271.43	1 522.70	1 599.64	972.67	1 439.82	1 219.63	1 302.12
烟草制品行业	121.47	141.83	169.86	178.44	108.50	160.61	136.05	145.25
木材家具印刷文教制品行业	394.93	461.10	552.23	580.13	352.75	522.17	442.32	472.23
设备仪器制造行业	2 922.95	3 412.72	4 087.17	4 293.67	2 610.79	3 864.71	3 273.68	3 495.10
工艺品及其他制造行业	126.80	148.04	177.30	186.26	113.26	167.65	142.01	151.62
燃气和水的生产和供应行业	89.24	104.20	124.79	131.09	79.71	118.00	99.95	106.71

注：估计结果均进行四舍五入后保留两位小数。

由表8-9可以看出，第一，我国七大重污染行业生态环境污染等级指数均对六大非重污染行业利润产生负向影响，且在1%显著性水平上高度显著。第二，从受害方看，我国七大重污染行业整体平均生态环境污染等级指数对非重污染行业利润下降额从大到小排序依次为设备仪器制造行业、食品加工制造行业、木材家具印刷文教制品行业、工艺品及其他制造行业、烟草制品行业与燃气和水的生产和供应行业。具体数额分别为，设备仪器制造行业利润下降3 495.10亿元，食品加工制造行业利润下降1 302.12亿元，木材家具印刷文教制品行业利润下降472.23亿元，工艺品及其他制造行业利润下降151.62亿元，烟草制品行业利润下降145.25亿元，燃气和水的生产和供应行业利润下降106.71亿元。第三，从排污方来看，我国行业间生态环境成本补偿标准可根据排污方造成受害方利润总额的下降幅度进行确定，限于篇幅，不再赘述。

第五节 环保债务性基金制度与会计处理

一、生态损害补偿的债务性基金

为了实现行业生态成本补偿目标和体现谨慎性会计原则，对发生的行业生态补偿业务适时进行会计处理，应当在重污染的工业行业（企业）建立生态补偿债务性专用基金制度，形成用于排污方给他方造成排污环境生态损害而预先提取的赔偿金，即环保债务性专用基金，事实上是一种待支付给他方的一项环保专用款项。

生态损害的债务性基金是环保专用基金的一种，专门用于对排污受损的补偿。除此，这种债务性环保专用基金还可以用于治理全国范围内的闲置不用或被抛弃的危险废物处理场，并对危险物品泄漏做出紧急反应，包括废物处置进行的迁移和补救行为的预防和处理全部费用、废物处置进行的其他必需的责任费用、因泄漏危险物质而造成的对“天然资源”的破坏等。排污方所造成的损害对象可能是“公共产品”的空气或水域、城市或社区，也可能是“私人产品”的特定单位或人群、设备或产品；而排污方一般是单一的特定的工业行业（企业），尤其工业制造行业（企业）。

对于排污造成“公共产品”损害，环保债务性基金制度的执行者的环境保护部门一旦发现渗漏到环境中去就可能对公众健康、福利和环境造成“实质性危害”的物质为“危险性物质”的“公共环境事故”，任何一方（主要是企业）均有承担全部清理费用的义务。但对于排污造成“私人产品”损害，在排污方已经确认且受害方损失也已经界定清楚的情况下，排污受污双方自愿协商和通过一定法律或行政程序，就采用计提的生态损害赔偿基金进行直接支付，作者讨论的就是指的这个“私人产品”受害补偿。

环保债务性基金管理和使用只能由政府环保部门根据事件状况和程度进行预防处理或污染治理，但各企业应当先行向环保部门支付清理费用，待一旦任何缴纳预防和治理费用方寻找到责任主体时，可以直接向环境司法举证起诉，追索全部治理费用，实现生态环境受损补偿。如找不到确定的排污责任主体，或找到了无力支付的责任主体，环保债务性基金才可被用来支付治理费用。环保债务性基金的承担人可以有政府环保部门按照行业和生产类型统一核定范围：（1）泄漏危险废物或有泄漏危险的设施的所有企业实体；（2）危险废物处理时，处理和运营设施的企业实体；（3）危险物品的生产者以及对危险废物的处置、处理和运输做出安排的企业实体；（4）由其选择危险废物处理场或设施的运输实体。在美国，环保债务性基金叫“超级基金”。美国超级基金法又称《综合环境反应补偿与责任法》，是美国为解决危险物质泄漏的治理及其费用负担而制定的法律。

二、生态损害补偿账户设置

环保债务性基金制度是环境财务会计具体制度，目的是在会计报告系统中通过相关账户和环境利润表，能够完整地反映企业环境成本和环境收入及环境保护基金支付能力。

为此，需要增设“应付生态补偿款”类账户。该账户主要用于核算企业由于以往的经营活动或其他事项对环境造成的破坏和影响而应付给其他企业、组织或个人的款项，以及应当上交国家的用于公共环境损害的生态环境补偿费。这项负债只核算确定性的现时义务的环境负债，其确定性是指由国家环境政策依据和财务会计制度约束，而对于预计未来支付的环境负债等和或有环境负债，不在此核算。

与此同时，还要增设“环保专用基金——生态受损补偿基金”账户。该账户属于环境权益账户，专门核算按照一定的政策标准和财务制度，预先计提而列支到成本费用中的企业应承担生态环境损害给付责任的生态环境受损补偿准备金。但这项基金不属于环境权益范畴，而是一种负债，即具有债务性质的基金。但如果期末有结余，可以结转下年使用，也就形成了一种环保专用基金。由于计提数是有政策规定的，而补偿数可能会大于或小于计提数。对于结余的生态环境受损补偿基金，只能按照政策规定和使用程序，可以先弥补亏损，然后在二级市场购买排污权，最后转增资本。除此不得它用。

对于行业（企业）生态补偿基金，其具体做法是：

（1）由排污方依据年度预计收入按照事前规定生态补偿债务基金比率，按期计提生态补偿基金计入成本、费用成本账户，作为一种专门用于排污方环境外部化应承担给付环境受损方的环境损害责任，同时增加环保专用基金。

（2）当生态补偿事项发生时，排污方按照已经确认的生态补偿标准计入生态补偿负债，或者按照双方达成补偿约定及时支付补偿款。

（3）年末排污方应将全年列支到成本费用中的生态补偿基金实际计提数冲转当年利润，以体现排污方承当环境成本内部化后的真实利润，即环境利润。

年末，年度财务报告中对生态补偿发生金额要进行列示，其重要事项和或有事项要进行详细披露。环境资产负债表中应单独反映该项债务性环境负债和环保专用基金在内的环境权益情况。获得补偿一方的环境会计环境利润表中，对从外部获得的环境补偿基金从利润中转出也单独在表中列示，至于接受补偿的受损方的会计处理业务主要就是生态补偿的债权处理，因为其比较简单不再详述。双方账务处理分录下。

三、生态损害补偿会计处理

（一）排污方会计处理

1. 计提环保基金时

借：环境保护成本——生态补偿成本

　　贷：环保专项基金——生态补偿基金——生态环境受损补偿基金

2. 确认损害事项时

借：环保专项基金——生态补偿基金——生态环境受损补偿基金

　　贷：应付生态补偿款——生态补偿款

3. 支付补偿费用时

借：应付生态补偿款——生态补偿款（已提部分）

借：环境保护成本——生态补偿成本（不足部分补提）

贷：银行存款

4. 年终调节利润时

借：本年利润——利润调整——生态补偿

贷：环境保护成本——生态补偿成本

5. 用结余的生态受损补偿基金弥补亏损或转增资本时

借：环保专项基金——生态补偿基金——生态环境受损补偿基金

贷：利润分配——未分配利润——生态补偿基金补亏

贷：环境资本

6. 用结余的生态受损补偿基金弥补亏损或转增资本时

借：环境无形资产——排污权

贷：银行存款

同时：

借：环保专用基金——生态补偿基金——生态环境受损补偿基金

贷：环保专用基金——排污权基金

（二）受损方会计处理

1. 发生治理费用时

借：其他应收款——生态补偿款

贷：银行存款

2. 收回补偿款时

借：银行存款

贷：其他应收款——生态补偿款

四、研究说明

本章讨论的是中观层面的工业行业生态损害补偿标准并以规模以上的工业行业为研究对象，设计出环境损害成本补偿标准和会计处理模式，主要是考虑到目前我国行业层面的财务数据和环境数据较之微观实体数据更易收集，且其研究范式和研究方法对后续进一步测试微观层面的企业实体补偿标准更能提供有益借鉴和经验数据，尤其是在目前我国资本市场环境会计信息披露机制不健全和环境会计准则缺失的状况下更具有现实意义。除此，也为在我国企业环境会计信息披露充分的未来，提供更具有可操作性的范本。

应当讲，排污企业才是环境成本承当的最终主体，由于工业行业是由若干微观实体组成，同行业企业间又具有高度相关性，将中观层面生态环境补偿标准采用一定的标准，如利润、排污量等，分摊到各微观企业实体就是该企业应当承担支付责任的生态环境损害补偿金额，并以此计入企业成本费用账户最终实现生态环境成本内部化。尽管这种考量成本补偿的方法可能还有一些缺陷，但在目前尚没有其他更好办法情况下，具有一定的科学价值和适用依据，并能较好体现市场机制驱动生态补偿的理念。后续研究包括系统性实际测试和验证，比如，将工业行业补偿标准赋予区间值，引入博弈等机制，选择实体面板数据样本讨论各个体生态环境成本补偿标准等，以便为生态补偿政策的实施奠定更加可靠基础。

辅助阅读 8 – 1

美国“超级基金”法案的四大机制

1980 年，美国国会颁布了《环境应对、赔偿和责任综合法案》（CERCLA），也称《超级基金法案》(Superfund Law)，该法案批准设立污染场地管理与修复基金。法案授权美国环保局（EPA）督促有关责任方清理危险废物场所，其颁布至今近 40 年，历经数次修订，不断地发展完善，创设了一系列环境立法领域的新型法律机制。《超级基金法》的主体构架是四项机制：

1. 回溯式的严格环境责任追究与惩罚机制

《超级基金法》的环境责任可以概括为，当危险物质在场地（船舶或设施）向环境发生释放或者有释放威胁的倾向时，责任主体应当对相关反应行动所发生的费用承担连带的、回溯的严格责任。《超级基金法》将潜在责任主体予以扩张，包括船舶或设施的当前所有人，危险物质处置时设施的所有人和经营人，危险物质处置安排人以及危险物质运输人。除此之外，该法也同样规定了几种特殊的所有人和经营人责任，如作为承运人的所有人和经营人、贷款人、受托人、承租人或转租人以及作为所有人和经营人的政府。若责任主体是公司法人，那么其高级管理人员、个人股东以及母公司均有可能承担“所有人和经营人”、“运输人”或“安排人”责任，但其前提是对危险物质处置享有并实际行使了控制权。然而，《超级基金法》责任的严厉之处不仅体现在责任主体的广泛性，还表现为该种责任的连带性。虽然国会于 1980 年《超级基金法》终稿删除了上述潜在责任主体就损害承担连带责任的明文规定，但联邦法院在司法实践中通常会依据第 107 条判定，在无法区分损害的情况下，潜在责任人的责任是“共同且个别的”，即对外承担责任时任何一方均有义务承担全部或部分责任。由此可见，美国在治理历史遗留污染场地时的基本原则是确保责任主体承担责任，而非由政府一味买单。只有在潜在责任主体不明确或者无能力或不愿实施修复行动时，政府才作为主体实施治理活动，并且政府和私人主体在实施反应行动之后，有权向潜在责任方主张费用的追偿，其具体的费用包括反应活动费用、自然资源损害赔偿以及公众健康评估等费用（其中，自然资源损害赔偿仅能由作为受托人之相应层级政府或部门提出）。对于已经承担了相应潜在责任的责任主体也可以对其他潜在责任方主张分摊责任份额的诉讼权利。

2. 体现分权与制衡思想的行政授权与监督机制

为保障落实立法目的，《超级基金法》不仅就联邦政府层面超级基金执法部门以及国家机关的监督与制衡予以明确规定之外，还系统性地规定了联邦与州在污染场地治理领域之分权与合作。根据该法规定，超级基金项目的执行机构是美国国家环保局，而司法部在环保局将案件诉诸法院时予以协同配合，并且环保局还需要在有关涉及自然资源损害之场地时与该资源之受托人（ 通常为联邦层面的部门机构）进行合作。就美国国家环保局而言，在《超级基金法》项下，其享有极为广泛的行政授权，具体包括以下方面：信息收集权力；与潜在责任主体达成和解协议；当存在紧急或实质威胁公共健康福利或者环境时，寻求法院禁令救济、签发单方面行政命令，强制要求私人主体实施清理行动并请求法院实施这一命令，以对违反命令者收取民事罚金；可直接依据《超级基金法》授权实施清理活动并于之后寻求相关责任主体承担反应费用等，以及相应的行政处罚、奖励与法规制定权。然而，如此强劲之行政权力一旦运行失序，便会直接导向滥用和腐败。正是基于分权与制衡的思想，《超级基金法》设置了以下几项规定：(1) 国会对行政的控制。如赋予其有限的自由裁量权，设立行政机关对相应行政法规实施立法否决权，通过预算资金划拨来控制超级基金项目执行要求行政机关向国会提交定期报告或披露相应信息，在环保局内设监察长办公室对基金的拨款和使用进行审计监察。(2) 法院对超级基金项目的司法审查。《超级基金法》出于提高行政机关的反应行动速率、防止潜在责任主体通过诉讼的形式拖延实施清理行为，明确规定了不受司法审查的三类情形，即行政机关对不符合微量豁免或者不符合城镇固体废物免责所作出的认定，以及该法在第 122 条中关于和解规定中的多种情形。(3) 社会公众对行政授权的监督。《超级基金法》不仅就政府机关信息公开予以规定之外，如要求其公开污染场地信息、用于选择反应行动的行政记录以及相应的技术转移信息等，同时还就公民诉讼做出了规定以弥补政府行政执法之不足。同样，《超级基金法》也就联邦与州的分权与合作做出了详细规定。起初1980年颁布的《超级基金法》几乎将反应行动的实施权限完全授予总统并又由其委托给联邦环保局行使，即使场地在处于一州境内。随着《超级基金法》的不断修正，州的反应权限不断予以扩张，依据1986年修正案，规定场地修复行动必须由联邦环保局和场地所在州或者有关政府部门商定进行，并且通过签署合作协议的形式确定双方的权利义务以及承担主要责任人。而2002年《小规模企业责任减轻和棕色地块振兴法》则增加了《超级基金法》第128条，专门规定了州对于其境内棕色地块所享有相对独立的反应权限的州反应计划。然而，这种独立性仅仅是相对的，在特定情形下美国联邦政府可以介入，但该种介入权的行使应以告知州且州在48小时内未答复或者符合其他除外情形为限。

3. 系统全面的污染场地应急反应或修复机制

《超级基金法》规定了详细的污染场地修复机制，具体包括三大程序：(1) 污染场地筛选程序，联邦环保局根据自身的监测结果或者州、地方政府、企业和有关公众举报，污染场地开始进入联邦环保局的视野，并将可能需要采取反应行动的场地信息输入综合环境应对、赔偿和责任信息系统（CERCLIS）之中。之后，便根据一系列的场地评估方法（初步评估、场地监测以及有害风险排序系统HRS）对系统场地进行评估以确定某特定场地能否进入污染场地国家有先名录NPL），NPL中的场地便即通常意义上的超级基金场地；(2) 潜在责任人确定程序，即搜索并确定场地反应的潜在责任人，通过谈判协商与政府达成和解程序或者国家环保局在未达成和解时行使《超级基金法》所授予的“执法优先策略”，或者由其自行开展场地清理行动；(3) 污染场地清理程序，确定了清理行动的实施主体之后，便正式进入污染场地的清理程序，根据污染场地的类型和特点以及比较各种现行修复技术的基础上具体决定采纳污染场地清除程序还是污染场地修复程序。前者是指有限的短期应急反应，《超级基金法》将其限定为花费额控制在200万美元以内，时间不超过12个月的清理行动。后者指的是更为复杂且耗时更长的清理行动，包括更为具体的修复场地调查和风险评估、修复技术可行性研究、修复方案确定、修复工程设计、修复过程实施以及修复后的运营和维护等。由此可见，超级基金场地仅包括纳入NPL中的污染场地，而那些污染程度较轻、不足以纳入国家优先名录的场地便难以在由公共财政主导的超级基金中获得救济，这些场地也被称为棕色地块。加之《超级基金法》项下严格的环境责任机制，更使得民间投资者在棕色地块的治理和再开发领域望而却步，转而热烈追捧那些未被开发过的绿色地块。为寻求上述问题的解决之道，20世纪80年代末期，个别州通过财政激励和政府通过协议形式免除私人开发商或者所有人责任而促使其参与到棕地的治理修复与再开发中（州自愿治理计划）。随后，美国国会采纳了这一策略，颁布并实施了《小企业责任减轻和棕色地块振兴法》，确立了自下而上式的棕色地块治理与再开发政策。

4. 科学且有效的资金管理机制

美国污染场地修复基金的建立不仅是开展污染场地修复的重要保证，更是美国《超级基金法》得以命名的核心原因。首先，从资金来源上来看，《超级基金法》规避了单纯“污染者付费”或者“消费者付费”原则的弊端，采取了互补性的融资原则，即在融资渠道上趋向于社会化、多样化，一方面来源于政府的财政拨款，另一方面来源于高污染产品的原料税、大企业的环境税、基金利息等，还有一系列环境经济政策如环境保险等机制的介入；其次，从基金的使用来看，该法案对基金的使用范围以及使用条件进行了详细介绍，并着重分析了针对基金的赔偿请求权的适用。

——摘自：王曦，胡苑．美国的污染治理超级基金制度［J］．环境保护，2007,(5)；罗杰·W·芬德利，丹尼尔·A·法伯．环境法概要［M］．杨广俊等译，中国社会科学出版社，1997

本章小结

生态损害成本是排污方因排放污染造成受害方的各种损失或利益减少的价值货币表现，生态补偿是有效解决环境外部成本，使不同经济实体环境成本内部化的一种环境制度安排，它是一种以内部化外部成本为原则的污染成本或损耗成本的补偿，这就是生态补偿的实质。

环境问题本质上说来还是经济问题，既然工业生产经营对生态环境造成的巨大损害客观存在和对其责任的承担的义不容辞，那么作为价值量核算为基本手段的会计技术的日益发展和成熟，就有可能将这个损害成本加以反映。一个最简单的思路就是，凡是与环境保护措施有关的费用都应当从应税收益中扣除，或作为环境费用，或作为预计环境负债。按照可持续经济理论，传统会计原理计算收益的会计公式，其收入和成本是不配比的。当然，对这种会计收益计算方法上的改进和环境成本的计量不可能直接照搬现有的会计计量模式，必须应用跨学科方法，这是由环境生态的特性和损害后果决定了的。显然传统意义会计等式“收入－费用＝利润”就应当演化为“收入－（费用＋环境成本）＝环境利润”。这个增加了的“环境成本”就是环境外部社会成本应当予以内在化处理，它理所当然包括生态损害补偿成本，并成为研究生态环境补偿成本标准的最直接和最基本思路，这个演化过的新收益就是绿色收益。

从传统会计收益和计算方法改进入手，以会计收益理论、边际成本理论与生产要素理论为依据，以2003～2010年我国七大重污染行业为研究对象，通过综合评价模型对生态环境污染状况进行等级评价和标准划分，结合面板随机系数模型考察生态环境污染等级指数对六大非重污染行业利润总额的影响程度，设计了我国工业行业生态环境成本补偿标准。

研究结果表明，我国七大重污染行业生态环境整体状况仍不容乐观，其污染等级指数均对六大非重污染行业利润产生负向影响，但不同行业间有显著差异；从排污方来看，生态环境损害成本补偿标准可根据排污方造成受害方利润总额的下降幅度进行理论设计、价值计算和会计处理。

为了实现行业生态成本补偿目标和体现谨慎性会计原则，对发生的行业生态补偿业务适时进行会计处理，应当在重污染的工业行业建立生态补偿超级基金制度，并进行会计核算和处理。但在实际运用会计方法时，必须结合具体情况，遵循相应的原则才能解决实际问题。

本章练习

一、名词解释

1. 生态补偿　2. 生态补偿标准　3. 新会计收益观　4. 生态损害成本
5. 边际成本理论　6. 生产要素理论　7. 环境不当收益　8. 环境利润
9. 生态损害债务性基金　10. 美国超级基金法案

二、简答题

1. 什么是生态补偿制度、补偿标准？
2. 为什么说生态损害成本补偿要解决的核心问题是补偿标准问题？
3. 生态补偿标准会计量化的理论基础是什么？改进传统会计收益观有什么意义？
4. 排污方如何进行生态补偿会计处理？
5. 为什么说微观层面的企业排污给外部造成的损害补偿，必须建立在环境信息公开的前提下？即便是在大数据时代，能够解决这个问题吗？其前提是什么？
6. 谈谈中国如何建立市场化的生态损害补偿机制。谈谈美国超级基金机制对中国有哪些启示。

三、阅读分析与讨论

一、南京市2005~2008年主要工业行业污染物排放种类分析

研究分析发现，如果与南京市1991~2008年的主要污染物排放平均值比较，2008年南京市实际排放的粉尘、烟尘、废水下降幅度非常大，分别为26.91%、30.04%和31.11%，而废气在2008年比1991~2008年平均排放量增加了45.88%，增加排放12 720 205万标立方米，二氧化硫下降了2.18%。这种结果一方面是因为南京市在能源使用上逐步采用了清洁、少污染或无污染能源，如石油天然气、电力等，大量减少对煤炭使用的结果，反映了南京市在科学发展方面的努力；另一方面，南京市对大气的排放有增无减，反映了南京市对此污染控制成效不明显或不得力，重视有形的忽视无形的，重视眼前的忽视长远的，重视地下的忽视天上的，这些应当引起足够的注意。分析结果可以看出，在快速的经济发展过程中，南京市应加强减排力度，采取产业结构调整、关停并转一些小型化工企业的坚决措施控制废气和二氧化硫的治理。见表8-10。

表8-10　　2008年南京市主要污染物排放量与前10年情况分析

项目	二氧化硫（吨）	粉尘（吨）	烟尘（吨）	废水（万吨）	废气（万标立方米）
1991~2008年年均	143 500	60 723	52 478	54 741	29 901 348
2008年	140 377	44 386	36 716	37 712	43 621 553
增减额	-3 123	-16 337	-15 762	-17 029	13 720 205
增减率（%）	-2.18	-26.91	-30.04	-31.11	45.88

资料来源：根据南京统计局提供的第二次经济普查数据资料计算得出。

对表8-10分析表明，到2008年主要污染物排放均在下降，但废气排放却呈现较高水平，2008年比1991~2008年平均排放量增加了45.88%，增加排放12 720 205万标立方米，见图8-3。

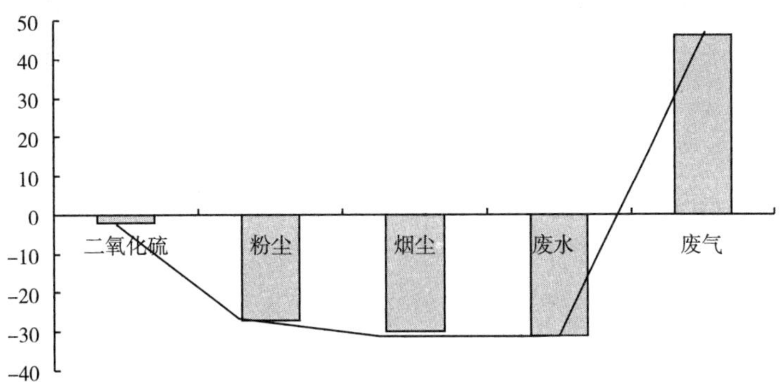

图8-3　2008年南京市主要污染物排放量比1991~2008年平均值增减情况

进一步分析表明，南京市二氧化硫和废气污染排放主要集中在金属冶炼及压延加工业、非金属矿物制品业、化学原料及化学制品制造业、石油加工炼焦及核燃料加工业、电力和热力的生产和供应业。废气排放在金属冶炼加工、化工、石油和电力等制造行业，各占废气污染的47.9%、10.5%、13.73%和17.88%，见图8-4。因此，这些行业首先是南京市污染控制的重点。

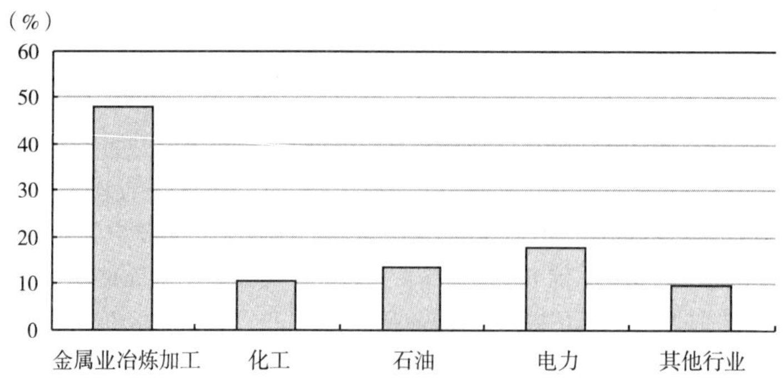

图8-4　2008年南京市工业各主要行业废气排放比重

——摘自：袁广达．经济、能源和环境协调一致的经济发展方式研究——基于南京市能源消耗状况的调查研究//南京经济发展研究［M］凤凰出版社，2011

讨论分析：

（1）南京市到2008年对工业行业主要污染控制的成绩和不足表现在哪里？其控制的重点工业行业和污染物应该是什么？

（2）已有统计资料表明，南京市2005～2008年的GDP逐年增长分别为22.05%、14.97%、15.7%和12.08%，废气逐年增长分别为15.31%、4.43%、3.1%和7.91%，请分析该市在控制废气污染方面的成效。

二、南京市2015年2月实施企业不同种类污染物排放的收费标准

2015年2月27日，记者从南京市物价局获悉，南京自2月起开始实施排污权有偿使用和交易，全市排放二氧化硫、氮氧化物、化学需氧量、氨氮和总磷污染物五种污染物的企业，每年必须缴费排污，具体标准为：二氧化硫和氮氧化物2 240元/年·吨；化学需氧量、氨氮和总磷3种污染物在纺织印染、化工、造纸、钢铁、电镀、食品、电子行业分别为每年每吨4 500元、11 000元和42 000元，其他行业分别为每年每吨2 600元、6 000元和23 000元。

自今年1月1日起，江苏将实行化学需氧量、氨氮、总磷排污权有偿使用的范围由太湖流域扩大至全省，要求有条件的地区探索氮氧化物排污权有偿使用。“作为新加入的城市，南京改革的步子挺大，5个排污指标一起上了。”南京市物价局收费处负责人说。今后谁要排放废气废水，先要花少量的钱向政府购买全年的初始排污指标定额，如果当年的排污量超过购买时的定额，就必须掏钱去购买政府手中初次分配没有分配完的排污权，或者购买其他企业未用完的排污权。南京排污权有偿使用收费标准将分步实施，第一年按收费标准的40%执行，第二年按70%执行，第三年起按规定标准执行。

——摘自：吉强．南京排污权有偿使用费标准出炉，废气废水花钱才能排放［J/OL］．新华报业网，2015-2-27

讨论要点：

（1）排污收费天经地义，但排污作为对环境可能造成的损害，其收费的价格标准低了，不足以对污染造成损害治理和可能会造成排污损害的预防；而收费价格高了势必会加重排污方经济成本，也不符合生态补偿的公平和“谁污染谁负担”的原则。你认为上述作为生态补偿标准的排污收费价格适当吗。

（2）生态损害成本补偿不可能完全公允，对于生态损害补偿，如何处理好政府作为和市场调节之间的关系。你认为上述标准具体该如何确定，要考虑哪些要素和结果，应该有哪些具体步骤。

第九章　其他环境领域的会计技术

【学习目的与要求】

1. 了解能源与经济、环境之间关系，掌握能源会计核算基本方法。

2. 了解资源环境税产生的背景，理解资源环境税概念，掌握资源环境税会计处理方法。

3. 了解和掌握环境保护税法和资源新税制的主要内容。

4. 了解物质流成本会计的特点，理解物质流成本会计理论基础，掌握物质流成本核算方法。

第一节　能源消耗影响的会计测试

一、能源与能源分类

（一）能源含义

能源亦称能量资源或能源资源，是能够直接取得或者通过加工、转换产生各种能量（如热量、电能、光能和机械能等）或可作能力或动力的物质的统称。能源包括煤炭、原油、天然气、煤层气、水能、核能、风能、太阳能、地热能、生物质能等一次能源和电力、热力、成品油等二次能源，以及其他新能源和可再生能源。

（二）能源分类

能源种类繁多，而且经过人类不断的开发与研究，更多新型能源已经开始能够满足人类需求。根据不同的划分方式，能源也可分为不同的类型。主要有以下几种分法：

1. 按来源分类

（1）来自地球外部天体的能源（主要是太阳能）。太阳能除直接辐射外，并为风能、水能、生物能和矿物等的产生提供基础。人类所需能量的绝大部分都直接或间接地来自太阳，正是各种植物通过光合作用把太阳能转变成化学能在植物体内贮存下来。煤炭、石油、天然气等化石燃料也是由古代埋在地下的动植物经过漫长的地质年代形成的，实质上它们是由古代生物固定下来的太阳能。此外，水能、风能、波浪能、海流能等也都是由太阳能转换来的。

（2）地球本身蕴藏的能量。通常指与地球内部的热能有关的能源和与原子核反应有关的能源，如原子核能、地热能等。温泉和火山爆发喷出的岩浆就是地热的表现。地球可分为地壳、地幔和地核三层，它是一个大热库。地壳就是地球表面的一层，一般厚度为几公里至70 公里不等。地壳下面是地幔，它大部分是熔融状的岩浆，厚度为2 900 公里。火山爆发一般是这部分岩浆喷出。地球内部为地核，地核中心温度为2 000度。可见，地球上的地热资源贮量也很大。

(3) 地球和其他天体相互作用而产生的能量，如潮汐能。

2. 按产生方式分类

(1) 一次能源。它是天然能源，指在自然界现成存在的能源，如煤炭、石油、天然气、水能等。一次能源又分为可再生能源（水能、风能及生物质能）和非再生能源（煤炭、石油、天然气、油页岩等），其中煤炭、石油和天然气三种能源是一次能源的核心，它们成为全球能源的基础。除此以外，太阳能、风能、地热能、海洋能、生物能以及核能等可再生能源也被包括在一次能源的范围内。

(2) 二次能源。它是由一次能源直接或间接转换成其他种类和形式的能量资源产品，如电力、煤气、蒸汽及各种石油制品等。例如，电力、煤气、汽油、柴油、焦炭、洁净煤、激光和沼气等能源都属于二次能源。

3. 按是否可再生分类

(1) 可再生能源。它是可以不断得到补充或能在较短周期内再产生的能源，风能、水能、海洋能、潮汐能、太阳能和生物质能等都是可再生能源。也有特殊的，核能的新发展将使核燃料循环而具有增殖的性质。核聚变的能比核裂变的能可高出5~10倍，核聚变最合适的燃料重氢（氘）又大量地存在于海水中，可谓“取之不尽，用之不竭”。核能是未来能源系统的支柱之一。

(2) 不可再生能源。它是不可以得到补充或不可能在较短周期内再产生的能源，煤、石油和天然气等是非再生能源。地热能基本上是非再生能源，但从地球内部巨大的蕴藏量来看，又具有再生的性质。

4. 按产生的污染分类

根据能源消耗后是否造成环境污染可分为污染型能源和清洁型能源，污染型能源包括煤炭、石油等，清洁型能源包括水力、电力、太阳能、风能以及核能等。

二、能源与环境

能源对人类发展的巨大贡献是显而易见的，但也并不仅仅如此。它也已经和正在给人类带来许多麻烦。这主要是由于能源（主要是占总量80%的化石能源）的利用所造成的日益严重的环境污染。

在人类利用能源的初期，能源的使用量及范围有限，加上当时科学技术和经济不发达，对环境的损害较小。又由于环境的恶化是积累性的，只有较长时间的积累才能察觉到它的明显变化。在这个过程中环境的改变并没有引起人类的特别注意，因此环境保护意识不强。然而随着工业的迅猛发展和人民生活水平的提高，能源的消耗量越来越大。由于能源的不合理开发和利用，致使环境污染也日趋严重。目前全世界每年向大气中排放几十亿吨甚至几百亿吨的二氧化碳。二氧化硫、粉尘及其他有害气体。这些排放物都主要与能源的利用有关。它给人类带来的后果是：由于二氧化碳等所产生的“温室效应”使地球变暖，全球性气候异常，海平面上升，自然灾害增多；随着二氧化硫等排放量增加，酸雨越来越严重，使生态遭破坏，农业减产；氯氟烃类化合物的排放使大气臭氧层遭破坏，加之大量粉尘的排放，使癌症发病率增加，严重威胁人类健康。

目前全球性的环境恶化，主要是发达国家在其实现工业化的道路上，利用当时世界上廉价的资源（包括能源），不顾后果地向环境疯狂索取，并排放大量污染物积累的结果。直到现在，发达国家仍然是世界上有限资源的主要消费者和二氧化碳等有害气体的主要排放者，其排放量占全球排放总量的3/4，他们对世界环境的恶化应负主要责任。

我国目前是以煤炭为主的能源结构，约占70%。这使我国面临以下两个突出问题：一个是以煤为主的能源供应意味着比较低的能源效率；另一个所面临的就是环境污染问题。由于我国中小企业多，技术工艺落后，大量烟尘及有害气体未经处理就直接排放到大气中。有关研究报告指出，我国排入大气的烟尘90%的二氧化硫和85%的二氧化碳均来自燃煤。因此，煤炭直接燃烧是我国大气污染的主要原因。

辅助阅读9-1

发达国家100年的能源消耗与经济发展两种模式

20世纪的100年中，全球GDP增长了18倍，人类所创造的财富超过以往历史时期的总和，与此同时，能源消费量迅猛增长。1900年人类消费的能源仅为7.2×108 toe（吨油当量，1 toe=41.868 GJ），2000年则增加到1.033×1 010 toe，100年间累计消费能源3.8×1 011 toe。以美国、加拿大、欧洲各国和日本等为代表的发达国家经过几十年至上百年发展，目前已经达到相当高的现代化水平，而能源消费零增长的态势初步显露。图9-1是各个国家人均能源消费量与GDP的关系。

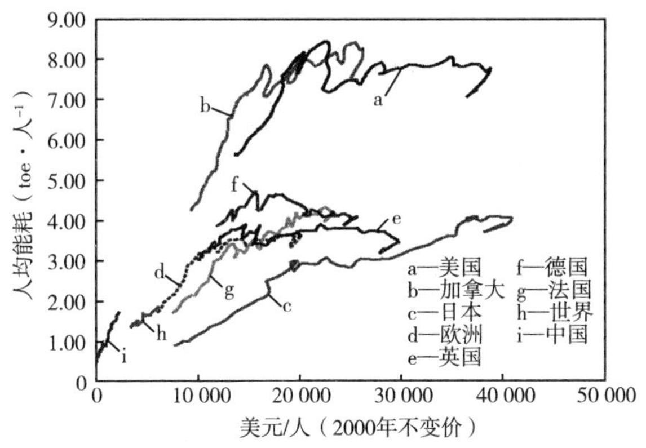

图9-1 主要国家人均能源消费量与GDP的关系

人均能源消耗是刻画一个国家能源消费水平的科学指标之一。从图中可以看出，随着经济的增长，即人均GDP的增长，发达国家的人均能耗经过较快增长，达到某个值后（不同的发达国家这个值不同），即使人均GDP增长，人均能耗也不再增加，甚至有下降的趋势。以美国和加拿大为代表的发达国家，在人均GDP达到20 000美元之前，随着人均GDP的增长，人均能耗逐渐增加；当人均GDP达到20 000美元左右时，人均能耗为7~8 toe/（人·年），之后，即使人均GDP继续增长，但人均能耗始终维持在7~8 toe/（人·年）。以英国、法国和德国为代表的欧洲发达国家，在人均GDP约为15 000美元之前，随着人均GDP的增长，人均能耗逐渐增加；当人均GDP达到15 000美元左右时，人均能耗为3~4 toe/（人·年），之后，即使人均GDP继续增长，但人均能耗始终维持在3~4 toe/（人·年）（约为美国、加拿大水平的一半）。

从以上分析可得出：尽管达到同等发展水平（人均GDP相当），但不同发达国家的能源消费却差异显著，以美国和加拿大为代表的发达国家人均能耗是以英国、法国和德国为代表的欧洲发达国家人均能耗的两倍。而日本较欧洲在同等经济水平下能效更高，但稳定后的人均能耗与欧洲持平，约为美国、加拿大的一半。因此，可以将以美国和加拿大为代表的发达国家的能源发展方式称为“美加模式”，将欧洲各国和日本等发达国家的能源发展方式称为“欧日模式”。可以看出，“美加模式”是一条高耗能、高排放的道路；相比之下，“欧日模式”是较低能耗、较低排放的道路（其中，日本模式是同等经济水平下能耗更低、能效更高的能源发展道路）。

——摘自：杜祥琬，刘晓龙．中国能源发展空间的国际比较研究［J］．中国工程科学．2013（6）

三、能源、环境与经济发展

1973 年爆发的“石油危机”使人们开始关注能源与经济增长关系。经济增长对能源的需求首先体现为对能源总量需求的增长，主要有三种情况：（1）经济增长的速度低于其对能源总量需求的增长。即每增加一个单位的 GDP 所增加的能源需求量，大于原来每一单位 GDP 的平均能耗量。（2）经济增长与其对能源总量需求的增长同步。即每增加一单位 GDP 所增加的能源需求量，等于原来单位 GDP 的平均能耗量。（3）经济增长的速度高于其对能源总量需求的增长。即每增长单位 GDP 所增加的能源需求量，小于原来单位 GDP 的平均能耗量。这三种情况是在人类社会发展的历史上都曾经出现过，而且在当今世界的不同国家也同时并存。一般情况下，能源消耗总是随着经济增长而增长，并且在大多数时期基本上存在一定的比例关系。之后，一些专家提出了“新能源经济”概念。所谓“新能源经济”是指在保证经济高速增长的同时，能保持较低能源消耗的一种经济类型。

能源与经济的关系主要表现在三个方面。

（一）经济增长在对能源总量需求增长的同时，也日益扩展其对能源产品品种或结构的需求

首先，从一次能源中占主体地位的品种来划分，经济增长对一次能源的需求，经历了从薪柴到煤炭，又从煤炭到石油的发展，而且品种数量日益扩大。目前，各国政府不约而同地寻找替代石油的能源，也反映了经济增长对能源品种的需求。其次，即使对同一能源产品，也有不同的品种需求（如石油产品、煤基产品）。品种需求在某些方面也包含着质量需求。质量需求的直接动力来自于追求更高的效率。因此，获得高质量的能源产品是提高能源利用率及其经济效益的重要前提条件。

（二）能源是经济增长的推动力量，并限制经济增长的规模和速度

能源在经济增长中作用主要表现在以下三个方面：

（1）能源推动生产的发展和经济规模的扩大。投入是经济增长的前提条件，在投入的其他要素具备时，必须有能源为其提供动力才能运转，而且经济运转的规模和程度也受能源供应的制约。物质资料的生产必须要依赖能源为其提供动力，只是能源的存在形式发生了改变。从历史上看，煤炭取代木材，石油取代煤炭以及电力的利用，都促进生产发展走入一个更高的阶段，并使经济规模急剧扩大。

（2）能源推动技术进步。工业领域，几乎每一次重大技术进步都是在“能源革命”的

推动下实现的。比如，火车的发明和使用主要起因于煤炭的开发和利用，电动机更是直接依赖电力的利用，交通运输的进步与煤炭、石油、电力的利用直接相关。农业现代化或现代农业的进步，包括机械化、水利化、化学化、电气化等同样依赖于能源利用的推动。此外，能源的开发利用所产生的技术进步需求，也对整个社会技术进步起着促进作用。

（3）能源是提高人民生活水平的主要物质基础之一。生产离不开能源，生活同样离不开能源，而且生活水平越高，对能源的依赖性就越大。火的利用首先也是从生活利用开始的。从此，生活水平的提高就与能源联系在一起了。能源促进生产发展，为生活的提高创造了日益增多的物质产品；而且生活水平的高低依赖于民用能源的数量增加和质量提高。

（三）能源消耗必须考虑其产生污染和环境的负荷，并进而导致对经济发展的负面影响

长期以来，我国是一个高能耗的国家，经济发展对能源的依赖性特别大，以至于被国际一些组织认为是“肮脏发展”和“带血的 GDP”。可见，经济发展不仅要强调经济增长的数量，而且更侧重追求经济发展的质量。可持续发展理论要求改变传统的以“高投入、高消耗、高污染”为特点的生产方式和消费模式，转而推行清洁生产和文明消费，以提高经济社会效益、节约资源和减少废物排放。可持续发展理论认为，在人类可持续发展系统中，生态可持续是基础，经济可持续是条件，社会可持续才是目的。因此，我们应当全面考虑经济规模、产出结构和污染排放相互作用关系及其对整体经济发展的综合影响。经济、环境和社会发展的关系如图 9－2 所示。

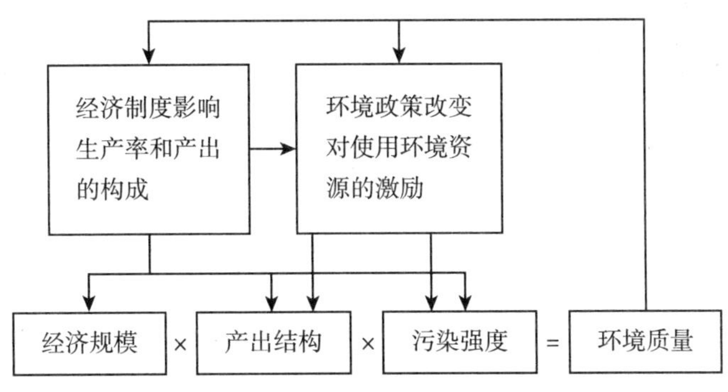

图 9－2 环境与经济发展关系

一般而言，能耗最高的产业均为重工业，主要有：采矿业中的黑色金属冶炼及压延加工业，化学原料及化学制品制造业，非金属矿物制品业，电力、热力的生产和供应业，石油加工、炼焦及核燃料加工业。根据作者主持的全国经济普查数据开发研究项目成果对南京市能源资料分析，2008 年南京市工业企业统计资料，现将该年南京市能源消耗、工业产值按照主要行业进行比较分析，发现采矿业能源增速 1% 不到，综合能耗比重有所提高；而制造业和电力、燃气等行业下降 7% 左右，增速基本持平。三个行业的产值均在提高，首先是采矿业增速最快，达 33%，工业产值比重增加了 12%；其次是制造业，增速达 12%，产值比重基本持平。由此可见，采矿业要在提高产值的同时更应注意能源的节约使用；但因为制造业无论是综合能耗或是工业产值比重均占绝对的比重，分别高达 85% 和 97% 以上，所以关乎

制造业的能耗水平始终应是南京市能源管理的重点。表 9－1 和表 9－2 分别反映的是南京市 2008 年度工业行业能源消耗情况和 2005～2008 年南京市能源消费弹性系数，表中数据根据南京统计局提供的全国第二次经济普查数据资料计算加工后得出。

表 9－1　　南京市 2008 年度工业行业能源消耗情况分析　　单位:%

工业行业	能耗较上年增速	产值较上年增速	综合能源消费量比重		工业总产值比重	
			2008 年	2007 年	2008 年	2007 年
采矿业	0.35	33.65	0.29	0.27	0.75	0.63
制造业	－6.17	12.19	85.86	85.76	97.56	97.53
电力、燃气及水的生产和供应业	－7.10	3.29	13.85	13.98	1.70	1.84

表 9－2　　2005～2008 年南京市能源消费弹性系数计算

年度	能源消费逐年增长量（万吨标准煤）	GDP 逐年增长额（亿元）	能源消费增长率（%）	GDP 增长率（%）	能源消费弹性系数
2005	－	－	－	－	－
2006	360.30	367.13	10.81	14.97	0.72
2007	392.05	442.77	11.61	15.70	0.74
2008	219.52	394.08	5.37	12.08	0.44

如果将表 9－1 与表 9－2 结合起来对比，不难发现，南京市的经济发展从 2005 年到 2008 年都在逐年增加，但能耗也在增加，这说明经济与能源之间的依赖关系十分明显。进一步分析南京市这四年能源增加的幅度低于经济增加的幅度，又从这四年单位 GDP 和污染排放情况分析，GDP 逐年增长分别为 22.05%、14.97%、15.7% 和 12.08%，废气逐年增长分别为 15.31%、4.43%、3.1% 和 7.91% 总体也在逐年下降，说明南京市经济增长幅度高于污染治理成本，对能源的节约使用和对污染控制是有效的。而假设南京市在这四年中不进行污染治理和控制，可以想象，由染污造成的治理成本会非常大。

四、能源会计与环境会计

能源会计是综合运用会计学、经济学的原理和方法，以节能减排目标为指导，采用多种计量属性和手段，以有关能源法律、法规为依据，对企业的能源使用及环保情况进行反映和监督，以便向有关利害关系人提供有用的能源信息，以达到协调经济发展、能源合理有效使用和环境保护的目的。

能源会计是社会责任会计的一个重要内容，20 世纪 70 年代，会计界出现了“社会责任会计”概念，其反映和控制的对象包括与环境有关的经济活动、能源保护和利用方面的经济活动、公益性经济活动等。多数大公司在披露社会责任方面的内容时，包括环境（环保投资、排污费、绿化费等）、能源（能源保护、产品的能源使用效率等）、社会贡献等方面的信息。而从能源会计建立的初衷看，它是为了保护资源，促进能源的合理有效使用，因而能源会计包含在环境会计内，属于环境会计范畴。

能源会计随社会经济环境发展产生。会计是特定社会经济环境下的产物，任何会计理论的形成和完善都离不开特定的环境。能源会计也是在当前社会经济环境背景下产生的，能源环保的提出以及新能源的开发都促进了能源会计的产生与发展。

能源会计与环境会计的发展历程有重要渊源。20 世纪 50 年代以来，全球经济的高速发展以资源迅速枯竭和环境污染日益恶化为代价。进入 20 世纪 70 年代，地区性环境问题更上升为全球性问题，人类的生存与发展已被全球气温升高、灾害性天气频繁、水污染等环境问题困扰。1987 年出版的《我们共同的未来报告》，首次引入“可持续发展”概念，即既满足当代人的需求，又不对后代人满足其自身需要的能力构成危害的发展。多数国家支持这一观念，并以实际行动积极响应号召，环境会计正是在这一背景下，从会计角度对社会经济环境进行的思考，而能源会计的产生最早也可追溯到资源的枯竭可持续发展观念的提出。

五、能源会计方法

（一）能源会计对象与目标

能源会计对象是企业的能源活动和所有与能源相关的经济活动，其反映和监督的是与能源开发、使用和保护相联系的各个阶段、各个环节的过程和结果。能源会计又是资源会计，从环境保护环保角度来看，与环境会计紧密相关并应纳入环境会计，同时它又有自己的特别之处。能源会计核心是用于衡量和报告企业的能源使用活动及有关能源事项，能源会计的出现与经济发展、环境保护密不可分。

能源会计的基本目标是企业在注重经济效益的同时，高度重视资源环境及对能源的节约使用，坚持可持续发展战略，努力提高能源效益、环境效益和社会效益。能源会计的具体目标是向使用者提供有用的能源会计信息。这些有用的能源会计信息主要包括：企业的能源使用政策；能源消耗量及其变动趋势；能源投资总额、投资产生的效益情况；因使用能源破坏环境引起的负债情况和改善及治理环境发生的费用支出情况等。

（二）能源会计的原则

能源会计除沿用财务会计的原则，如相关性原则、可比性原则、一致性原则等，还应建立能源会计特定的原则。

（1）政策性和强制性原则。能源会计的核算要体现国家提出的有关节能减排方针政策以及相关的会计法规和制度的要求，同时企业还必须无条件遵守和执行国家相关能源法律法规及其要求披露的信息。

（2）社会性原则。能源会计要求企业不仅站在企业自身的角度考虑其业绩，还要站在社会的角度对企业进行评价。

（3）预警性原则。能源会计核算体系能反映出能源环境现状和变化的方向、程度，达到预先发现能源环境状况对经济发展制约，对环境破坏的影响并起到预警作用。

（4）谁投资谁受益、谁污染谁治理、谁破坏谁恢复原则。根据这一原则可以明确各责任主体的责任，把能源使用与注重节约、环境保护与治理结合起来。

（三）能源会计核算基本方法

能源会计核算就是对能源性资产的价值、能源的形成、开发、运用、综合利用和再生等各个环节的成本和收益进行确认、计量、记录和报告，以向相关决策者提供有用的会计信息。

1. 能源支出的资本化与费用化

企业在能源方面发生的支出主要有能源取得成本、能源维护管理成本、节能与新能源利用开发研究支出等。对于支出要有区别地进行资本化或费用化处理。企业购入的节能设备、能源维护服务设施及投资、能源计量设施和技术、新能源开发利用设备可以计入资产。在节能以及新能源开发研究阶段的支出，符合条件的可以资本化，不符合资本化条件的节能与新能源利用研发支出，应计入当期损益。能源的其他成本在当期费用中进行核算。

2. 能源性资产的计价

能源性资产的计价，应当根据不同的取得方式来确认其价值：（1）由人工投入形成的能源性资产，应当以历史成本作为其计价的依据。对无法取得历史成本资料的，以近几年的实际成本水平估价入账。（2）购入的能源性资产，应当以购入价格或者评估价格计价入账。（3）已入账能源性资产发生后期投入时，应当据其实际成本入账。（4）能源性资产发生消耗、转让、非常损失及其他损失时，应当按照实际数额或者平均成本数额抵减能源性资产的存量。

能源成本是能源的生成、开发、使用、保护、服务和综合利用等环节所耗费的需要补偿的价值。就非能源提供企业而言，能源的成本是指为使用能源而支付的能源使用费、维护费，随着能源利用，分期转到产品的成本中去，从收入中不断得到补偿。能源成本有以下特征：一是消耗的合理性；二是消耗的合规性；三是消耗的节约性；四是与实物计量单位的关联性。

3. 能源资源价值计价模型

能源资源价值计价模型可采用跨期动态模型，它是将可持续发展理解为资源耗竭和环境容量对人类经济增长行为的限制。通过加入资源和环境约束，从而建立一个用于评价能源资源价值的模型，因此也被可持续能源资源价值计价模型。

模型的建立过程中需要用到以下几个假设：

假设1：存在同质的单一品种的耗竭性能源资源，即现实品种之间的特质差异；

假设2：能源资源利用过程中产生的污染物单一的均匀混合物，即不考虑污染物的空间分布；

假设3：环境污染物的自然衰减比例为常数，即不考虑环境的净化能力受污染物存量的影响而可能发生的变化；

假设4：能源资源的开采成本只与资源的采集量有关，即不考虑开采成本随资源剩余储量的减少而可能发生的变化。

建立模型的 Hamihon 函数：

$$H = U(Ct, E(Rt, At)) + pt(-Rt) + Wt[Q(Rt, Kt, E(Rt, At)) - Ct - G(Rt) - V] + \lambda tM(Rt) - aAt - F(Vt)$$

式中，pt、Wt、λt 分别为第 t 期能源资源、资本以及环境污染物存量的影子价格，其中

λt 为负值。根据 Pont ryagin 的极值条件，可以列出三个决策变量的一阶方程以及三个阶段变量的欧拉方程，经整理计算后可得

$$wQ_R = P + wG_R - U_E E_R - wQ_E E_R - \lambda M_R$$

式中：

wQ_R表示单位能源资源产出的市场总价值；

wG_R表示单位能源资源的开采成本；

$U_E E_R$表示由增加单位能源资源的使用引起环境压力改变而导致的效用损失；

$wQ_E E_R$表示由增加单位能源资源的使用引起环境压力改变而导致的生产损失；

λM_R表示能源产生的环境污染物存量带来的损害。

此式的含义是，对于一个单位的能源资源而言：

市场总价值(价格) = 净价格 + 采集成本 + 流量损害对效用的影响 + 流量损害对生产的影响 + 存量损害值。

辅助阅读 9 - 2

美国能源成本会计预算

中美两国的成本会计均建立在传统的成本会计理论之上，因此中美两国对于能源成本核算的基本流程相同。然而，经过同样的核算流程得出的能源成本信息，中美两国在其利用上却有所不同。图 9 - 3 为美国能源成本核算基本流程。

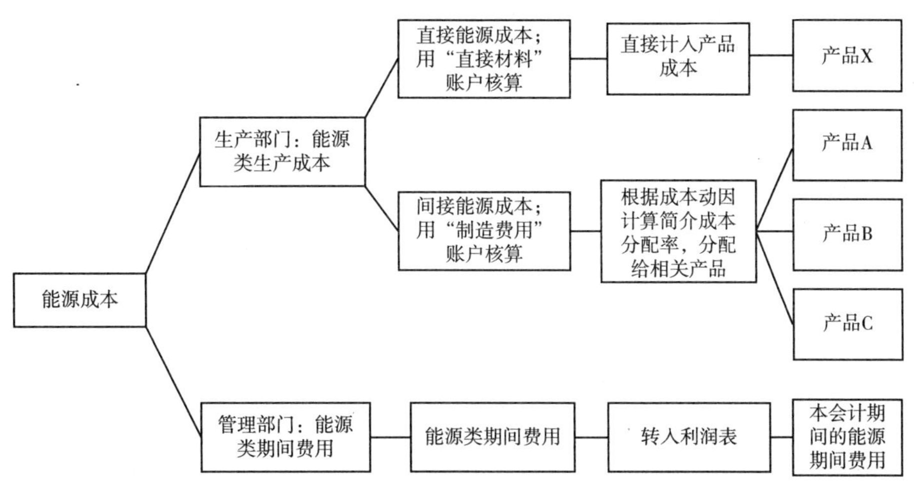

图 9 - 3 美国能源成本核算的基本流程

美国企业的会计部门依据能源成本核算结果编制《能源成本报告》，向董事会报告，同时，根据图 9 - 3所示的能源成本核算流程和结果编制下一期的能源预算。美国企业的能源预算包括生产性能源预算以及管理性能源预算两部分。生产性能源预算分为两种，即直接能源和间接能源的预算，直接能源预算的编制直接追迹到产品 X 的单位能源成本，将其按照当前能源市场价格和当前生产工艺下的单位耗费数量进行修正后，乘以下一期产品 X 的生产数量预算，得到下一期生产性直接能源预算；间接能源预算的编制依据图 9 - 3 所示的分配到产品 A、B、C 的单位间接能源成本，按照当前能源市场价格和耗费数量修正后，乘以下一期产品 A、B、C 的生产数量预算，得到下一期的生产性间接能源预算。管理型能源预算依据图 9 - 3

所示的能源类期间费用的核算结果，按照当前能源市场的形势进行修正，得出下一期的管理型能源预算。美国企业通过常态性地编制年度能源预算对能源成本的事前、事中和事后进行管理。

——摘自：许丹. 企业能源成本的会计计量研究——基于中美德三国的比较［J］. 财务与会计，2014（1）

4. 能源会计记录

能源会计的核算主要是采用一定的方式来对各种能源的存量和流量进行核算，在形式上主要有价值核算和实物核算。由于能源会计从本质上讲是财务会计的一个分支，因此，其具体方式就不可避免地要沿用财务会计在核算上的一些基本方法，如会计科目的设计、会计账户的设置、成本费用的核算和会计报表的编制等。因此，在核算过程中一种方式是借助现行账户体系，在资产、负债、权益、成本、费用、利润类账户中通过明细科目进行核算。如在生产成本、制造费用、销售和管理费用账户中下设明细科目分别核算水、电、煤、油、气等传统能源成本或能源费用。对于风、太阳能等可再生新能源的设备折旧费，除设置与其他类型相同的基本账户外，还可以考虑设置专门性质账户进行反映。第一类是反映能源资产原值及其折耗的账户，如能源性资产、能源性资产累计折耗等；第二类是反映能源权益变动情况的账户，如节能基金等；第三类是反映开发利用能源过程与结果的账户，如能源成本、能源费用和能源开发收益等。

5. 能源会计信息的披露

能源的财务影响是企业财务信息的组成部分，凡是与能源状况有关的财务问题在财务报表中可采取传统的处理方式，只是在财务报表的注释中加以说明，包括文字或是数字，必要时可增加附表或补充报表，即根据需要将有关能源对财务状况和经营成果的影响通过单独编制的报表加以详细的披露。可以是以实物计量为主，也可以是以货币计量为主。具体有以下几种：

（1）能源信息补充披露式。将有关财务影响直接列入现有报表的有关项目之中，通过增设某种适合的能源项目，以反映能源信息。例如，在传统资产负债表中的资产方增加能源性资产、能源折耗项目，在长期投资下增设“节能投资”明细项目，反映企业截至期末所发生的节能投资额。在固定资产项目中增设“节能固定资产”明细项目，反映企业用于节能的专项固定资产。在累计折旧项目下增加“节能固定资产折旧”明细项目，在固定资产减值准备项目下增加“节能固定资产减值准备”明细项目。应付环保费、应交环境资源税等，则在负债方的流动负债项目下列示。在盈余公积项目下列示节能基金。

再如，在传统利润表中，通过在营业利润项目后增设收益性能源支出项目，揭示包括能源性资产折旧和摊销费用等在内的当期能源成本费用和能源损失；增设能源收入项目，揭示节能获得的当期能源收入。同时，在利润表后也增加一份附表，即能源损益明细表，详细反映企业在会计期间内因节能降耗而产生的损益。

（2）能源信息独立披露式。这种办法是将能源资产视同自然资源资产，其能源信息的披露方式纳入环境财务会计范畴，在报表中独立列示能源资产和能源负债，如在环境资产负债表中增加“环境资产——自然资源资产——能源资产”、“环境负债——能源负债”等报表项目，形成相对独立式能源信息披露要求，其具体可见参考本丛书上册《环境财务会计》相关章节内容。如果能源报表可以完全独立编制还可以在环境资产负债表后再增加一张附表，即能源资产负债明细表，将能源性资产、节能固定资产、能源折耗以及应付环保费、应交燃油税、能源资本等分明细予以列示，以便完整地披露企业有关能源方面的信息。从而对客观存在或可能发生但难以用货币计量的事项，企业可在会计报表附注中说明，如部分能源受托责任的履行情况、企业的节能降耗绩效等。具体包括能源法规执行情况、能源消耗及利用情况、节能降耗实施效果及未达标的原因及相关指标。

辅助阅读9-3

能源政策：影响美国2000~2013年能源生产及消费的联邦活动及其他因素

1. 美国能源概况

美国人日常生活及美国经济发展都依赖能源。美国社会许多领域都依靠现成和廉价的能源供给维持运转。然而，能源的生产与消费要考虑经济与环境的平衡。例如，石化能源提供相对廉价的石油，为汽车、电力及工业生产提供能源。然而，环境保护局认为，石油燃烧会加剧大气污染和温室气体排放。国会研究机构称，联邦政府能源政策自20世纪70年代以来就定位于在确保能源安全供应的同时保护环境。

为达到既确保能源供应又提供健康环境的目标，联邦政府对能源公司和消费者提供财政补贴或其他支持。例如，联邦政府提供税收优惠等支持促进国内能源（包括煤炭、石油和天然气）生产和可再生能源（包括风能和太阳能）发展。联邦政府也通过其他方式干预能源市场，例如，通过制定并非针对某类特定能源的法律法规，对有关生产和消费能源类型和数量的标准及要求产生影响。例如，联邦政府通过将电器效率标准写入法律提高了能源利用率，对能源生产和消费过程中产生的污染物也制定了规范。

2. 美国能源政策

过去十年，美国联邦政府已经制定了许多重要的能源政策，许多联邦组织已着手研究这些政策的代价。例如，国会在过去十年通过了一些影响能源生产商和消费者的关键法律，包括《能源政策法案2005》、《能源独立和安全法案2007》、《美国复苏与再投资法案2009》。一些联邦组织，包括能源部所属能源信息局、国会研究机构和国会预算办公室已经发布报告，指出和量化联邦政府根据这些政策对能源生产商和消费者进行的扶持。通常，这些报告关注联邦能源相关的税收优惠、支出、贷款或贷款担保计划的成本。

3. 美国能源审计结果和发现

美国审计署按要求提供联邦政府过去十年内能源生产和消费活动及其影响的相关信息。审计报告提供美国2000~2013年石化、核能和可再生能源生产与消费信息，并包括影响能源生产和消费水平的联邦活动等主要因素。同时，审计报告也提供2000~2013年可能影响美国能源生产和消费，但是并不针对某种特定能源的联邦活动信息，以及相关的联邦研究和开发方面的信息。审计署分析了能源部能源生产和消费历史数据，查阅了联邦机构和政府组织开展能源活动的研究报告，并分析了联邦支出项目和税收优惠计划的数据。审计发现，根据审计署查阅的研究报告，包括联邦活动在内的许多主要因素，对2000~2013年美国石化、核能及可再生能源的生产和消费产生了影响。这些因素举例如下：

石化能源。钻井技术的提高使从页岩及相似地质层中更廉价地开采天然气和原油成为可能。这些技术进步促使从2008年左右开始，美国国内天然气和原油产量增加，天然气价格下降，原油价格在一些地区走低。联邦政府的一些活动也对以上趋势产生了影响。例如，联邦政府限制将石油生产商的债务与漏油问题相联系的举措，降低了生产商的债务保险费用。此外，联邦政府为石油和天然气生产商提供旨在鼓励生产的税收优惠，预计会对联邦政府收入造成数十亿美元的损失。另外，天然气价格下降也对近年国内煤炭产量的下降产生部分影响，因为发电能源从煤炭换成了天然气。

核能。其竞争能源——天然气价格的下降可能导致近年核能生产和消费的下降。联邦活动也可能影响这一趋势。例如，2009年美国能源部宣布将停止发放某种核电厂废物处置设施牌照，对今后处理这种废弃物产生了不确定性。由于储存该核废料将增加生产成本，这种不确定性会影响一些核能运营商继续留在市场或扩大生产量。

可再生能源。联邦乙醇减税措施及联邦政府提出的在运输燃料中使用乙醇的要求，是促使 2000 ~ 2013 年乙醇生产和消费量增长 8 倍的主要因素。此外，国家对使用可再生资源发电的政策规定，以及联邦政府对可再生资源支出及税收的减免，是促使 2000 ~ 2013 年风能发电和太阳能发电的生产与消费分别增加 30 倍和 19 倍的主要原因。

审计署经审查后认为，联邦政府的其他并非针对某类特定能源的活动可能会影响美国 2000 ~ 2013 年能源生产与消费。例如，联邦政府提高了汽车燃油经济性和电器及照明设施等消费品的能源利用率标准，通过电力市场管理局和田纳西流域管理局向客户提供电力和传输服务，并花费数十亿美元为低收入家庭的采暖和降温费用买单。此外，联邦政府资助了政府所属实验室开展的能源技术研究和开发活动，并拨款给大学和其他研究机构。

——摘自：审计署审计科研所．美国审计署审计报告要览［J］．国外审计动态，2014（39）

第二节　资源环境税收会计方法

一、资源环境税概念

（一）资源税

资源税是对在我国境内开采应税矿产品和生产盐的单位和个人，就其应税资源税数量征收的一种税。在中华人民共和国境内开采为《中华人民共和国资源税暂行条例》规定的矿产品或者生产盐的单位和个人，为资源税的纳税义务人，应缴纳资源税。

资源税是对自然资源征税的税种的总称。级差资源税是国家对开发和利用自然资源的单位和个人，由于资源条件的差别所取得的级差收入课征的一种税。一般资源税就是国家对国有资源，如我国宪法规定的城市土地、矿藏、水流、森林、山岭、草原、荒地、滩涂等，根据国家的需要，对使用某种自然资源的单位和个人，为取得应税资源的使用权而征收的一种税。

（二）环境税

环境税（environmental taxation）也称生态税（ecological taxation）、绿色税（green tax），是 20 世纪末国际税收学界才兴起的概念，至今没有一个被广泛接受的统一定义。它是把环境污染和生态破坏的社会成本，内化到生产成本和市场价格中去，再通过市场机制来分配环境资源的一种经济手段。部分发达国家征收的环境税主要有二氧化硫税、水污染税、噪声税、固体废物税和垃圾税等 5 种。我国环境税首先主要是对直接的污染物征的税，如碳税、硫税、污水处理费、垃圾税等直接污染物，其次是对一些可能产生污染的产品征税，如煤炭、石油、能源，以及汽车。

目前我国实行的是独立的资源税收体制，如矿产资源补偿费，环境税制目前也正在积极启动开征之中。一方面，根据税费合一原则，过去我国实行多年的环境费用制度，如排污费，应当划归环境税来实施。另一方面，由于环境要素包括资源（自然资源和生态资源）在内，资源税与环境税也会有许多交叉，从对资源环境税收统一管理来看，资源税和环境税的合并，直接就称为“资源环境税”也是可取的，具体可包括“资源”和“环境”两个税种。只不过这是一种包括环境和资源双重意义上的广义的“环境”，但其实际意义也有不同，一般讲环境是被污染，资源是被消耗，而不是环境被消耗，资源被污染。

二、我国资源环境税收会计现状

（一）传统会计中缺乏专门反映资源环境税的核算方法

传统会计核算体系中没有对资源、环境税这一特定税种进行确认、计量、记录和报告的专门方法，只有存在财产所有权的东西才有价格，才能以货币进行计量，才能在企业的会计账表中得以反映。而如空气、江流、海洋、臭氧层等对人类至关重要但无所有权的事物却不能成为传统会计核算的内容，企业对这些事物的使用和损害并不计入企业的经营成本，这不仅使企业的成本虚减，利润虚增，更为严重的是，这种“默许”无疑可以视为是对以牺牲自然环境来取得目前利益的行为的一种鼓励。而环境会计则充分强调资源的有限性和稀缺性，是全人类所共同拥有的“财产”，必须赋之以价值和价格，并对其损耗予以补偿，从而使企业的责任向社会延伸，迫使企业将经济效益、社会效益和生态效益综合考虑，真正实现经济的可持续发展。

（二）传统财务报告的信息忽略了对资源环境污染情况的反映

建立在自然资源有限性基础上的财富概念应该是人造财富和自然财富之和，企业对社会财富的增长有无贡献，要看其创造的人造财富能否弥补所消耗的自然财富，企业是社会财富的创造者，也是环境的主要污染者。传统财务报告只披露用投资者投入资本盈亏计算的财务信息是不完全的，作为体现企业所消耗的自然财富重要项目的资源环境税，应在财务报告中应予以披露。

三、资源环境税收会计核算方法

（一）资源环境税收会计核算的原则

1. “谁污染，谁付费”原则

20 世纪 70 年代初，经合组织（OECD）环境委员会首次提出“污染者付费”原则。依此原则，美国伯克利国家实验室给环境税的定义是，为减少对环境的负面影响，向污染者收取的税款和费用。环境税的企业会计核算既然是反映企业承担的环境污染费用，就应该遵循“谁污染，谁付费”的原则，即污染产生于哪个环节，在会计核算中就应该归属于相应的成本或费用。污染产生于生产环节时，可按照资源税的处理方式进行；污染产生于消费环节的，可按照消费税的处理方式执行。

2. 与既有会计核算方法相一致原则

开征环境税应该与既有的会计核算方法相一致，尽量依托现有会计核算体系。其优点是，依托现有的会计核算体系，在对现有核算方法作一定调整的基础上进行环境税会计核算，更加具有现实意义，比较切实可行。但长远来看，依据环境会计的核算整体思路和基本方法，将传统会计的会计科目做了重大改变，新设了环境资产、环境负债等类别的会计科目，将是发展方向。但其工作量较大，而且所要经历的时间相对较长。

3. 简便易行原则

全面开征环境税会涉及几乎所有的企业，覆盖面相当广。对于环境税的会计处理就会成为企业日常性的会计事务。对于不同行业、不同规模和层次的企业要设计简单明了、容易操作的环境税会计核算和处理体系，才能使广大会计人员迅速而准确地进行环境税的记录和反映，也才能为环境税的全面推广和执行铺平道路，并奠定坚实的基础。

4. 成本效益性原则

环境税的会计核算和处理要考虑成本效益原则。开征新税种后，不仅会带来会计核算和处理中涉及的会计科目设置、会计报表编报、会计信息披露等一系列相关问题的变化，而且要考虑开征新税种带来的会计核算过程及会计操作系统的大规模变化所增加的成本。基于此，环境税的会计处理应以不大规模改变目前的会计核算体系为前提，尽量减少会计核算成本，提高核算效益。

5. 循序渐进、留有余地原则

尽管我国环境税的开征范围、具体税目、税率、征管主体等尚未最终确定，但普遍观点认为，环境税的开征要符合中国国情，应由易到难，循序渐进。从世界范围来看，环境税的发展也经历了一个从无到有、从易到难的过程。王金南（2009）建议，我国环境税的实施步骤为先开征易于推行的污染排放税、污染产品税以及生态保护税，待条件成熟之后再开征碳税。孙钢（2008）建议，我国应率先对污水排放开征环境税，其后再考虑对二氧化硫、二氧化碳排放征税。可见环境税的税目是一个不断变化、日趋丰富的过程，因此，环境税会计核算也要循序渐进，留有余地。在会计科目的设置上，要由低级到高级、由简单到复杂，并要留有足够的余地，以适应不断增加的环境税细目的需要，将相关环境税收科目纳入统一会计核算框架中，以不变应万变。

（二）资源环境税会计核算目标

综观我国环境税收制度的发展历程和发展现状，学者们对我国环境税收的内涵、环境税制改革的必要性等进行了深入探讨，提出了进行环境税收改革的基本思路。然而，现行的环境税理论既没有依据我国实际情况对此税种进行具体可行的税制设计，更没有环境税会计处理方面的探讨。有学者提出了环境会计的核算整体思路和基本方法，建立了初步的环境会计核算体系，将现行的会计科目做了重大改变，新设了环境资产、环境负债等类别的会计科目，应该说出发点是好的。但目前要将现有的整个会计体系做如此重大的改变，难度非常大，所要经历的时间相对较长。因此，如何依托现有的会计核算体系，在核算方法上作一定调整的基础上较完整地完成环境税会计核算应该是具有现实意义又切实可行的。简而言之，环境税税务会计核算目标是：在税收法规约束下，在现有的会计核算体系基础上，运用会计学的基本理论与核算方法，对环境税纳税人应纳税款的形成、计算和缴纳等税务活动的全过程中引起的资金运动，进行连续、系统、全面地核算和监督，以确保环保税款正确及时地上缴。

（三）资源环境税从价计征公式方案的新设计

目前资源税的计算公式主要是针对油气资源，而油气资源的矿产品特点与其他矿产资源（包括有色金属、黑色金属、煤炭以及非燃料和非金属矿产资源）不同，因此不能将新疆资源税的改革方案简单的推广到全国其他矿产资源上去。需要提出更具普遍意义的矿产资源税计算公式的新方案。借鉴已有的资源税公式，我国的资源税从价计征公式设计如下：

应纳税额 = 销售收入 × 税率 × f2(开采回采率系数,影响级差收益的因素)
　　　　= 销售收入 × 税率 × 开采回采率系数 × f3(X1) × f4(X2) × ,…, × fn(Xn)

式中开采回采率系数 = 核定回采率系数 ÷ 实际回采率系数，影响级差收益的因素包含矿山品位、储量、开采条件等，用 X1，X2，…，Xn 表示。

此公式借鉴了矿产资源补偿费中关于开采回采率系数的有益部分，并引入了矿产品位等影响级差收益的因素，目的是提高矿山开采中的资源利用效率，从而克服现有矿产资源补偿费计征公式中存在的对富矿掠夺的机会主义行为。

原有的矿产资源补偿费计征公式中，开采回采率系数和销售收入的同时引入，使得"吃菜心"行为加剧。这是因为，对于"吃菜心"的开采企业，当它只开采品位好、易开采的富矿时，即便其实际回采率系数低，但由于品位的原因，使得它的利润水平仍很高。因此，在新的资源税设计方案中，必须引入影响级差收益的因素来抑制这种机会主义行为，将矿山品位、开采条件等因素引入进来。以矿山品位为例，如果开采的矿产品品位较高，则缴纳的税负相应提高，开采的品位越低，则缴纳的税负越少，相应的就提高了利润水平，在一定程度上遏制了"吃菜心"的行为。

（四）资源环境税收会计核算

产生于生产环节的环境税可按照环境资源税预缴税款的做法，即按照上期实际缴纳的环境税在月初预缴，月终进行结算。而如果各种资源环境规费都纳入税收，在此设计将资源环境税收合一方法的会计处理以分录表示。

设置"应交环境税"一级科目而不再是"应交环境税费"科目，按照税种下属"应交环境税"和"应交资源税"二级科目，再按照各种税目设置细目进行详细核算。环境资源税费发生时，根据负担对象和具体税费种类可分别计入"环境成本"、"环境期间费用"科目相应项目；计提时各种资源环境税费时，计入"应交环境税"科目，并按照环境税和资源税进行明细核算。以上设置前提是费改税以及资源税和环境税两税合并。具体会计业务处理可见下面会计分录。会计科目可见上册《环境财务会计》相关章节。

1. 当预缴时按预缴税额

借：应交环境税——应交环境税（大气污染税等）
　　　　　　　——应交资源税（矿产资源补偿税等）
　贷：银行存款

2. 月终结算时，按实际应缴环境资源税分摊

借：环境成本——环境保护成本——环境税
　　　　　　　　　　　　　　——资源税
　　环境管理费用——环境资源税
　贷：应交环境税——应交环境税（大气污染税等）
　　　　　　　　——应交资源税（矿产资源补偿税等）

3. 年末收到退税

借：银行存款
　贷：应交环境税——应交环境税（大气污染税等）
　　　　　　　　——应交资源税费（矿产资源补偿税等）

4. 年末补缴税款时

借：环境成本——环境保护成本——环境税

——资源税

环境管理费用——环境资源税

贷：银行存款

5. 支付环境资源税款滞纳金

借：环境营业外支出——环境罚款

贷：银行存款

辅助阅读 9－4

征收环境税对宏观经济和污染减排的影响

研究表明，征收环境税对实际 GDP 的影响非常小，但能取得相对明显的污染减排效果。从模拟结果来看，在环境税征收标准提高 2 倍、4 倍、6 倍和 8 倍的情况下，实际 GDP 仅分别下降 0.018、0.055、0.092 和 0.128 个百分点。相对 GDP 的轻微下降幅度来讲，征收环境税对减少污染物排放的作用较为明显。在环境税征收标准提高 8 倍的情况下，COD、氨氮、二氧化硫和氮氧化物的总排放量分别减少 0.5%、0.2%、1.9% 和 1.7%。总体来看，征收环境税对大气污染物的减排作用大于水污染物。这主要是因为大气污染物的排放量大于水污染物的排放量，较高的大气污染环境税征收抑制大气污染排放强度高的行业发展的同时，促进了大气污染排放强度低的行业发展。而一些大气污染排放强度低的行业可能排放较大强度的水污染物，这会对水污染物的减排产生抵消作用。

征收环境税会减少居民可支配收入，但能显著增加政府收入。过高的环境税征收标准会影响居民的收入，而且对农村居民的影响高于城镇居民，表明环境税的征收对相对弱势的群体影响更为明显。这主要是因为环境税推高了消费品价格，弱势群体对物价上涨的承受能力更弱。在环境税提高到现行排污费征收标准的 8 倍时，政府财政收入能够提高 4.8 个百分点。政府收入的增加使得政府有财力通过减免所得税或者为弱势群体提供补贴来减少环境税征收给居民福利带来的负面影响。

——摘自：秦昌波，王金南．征收环境税对经济和污染排放的影响 [J]．中国人口·资源与环境，2015（1）

四、资源环境税收管理

（一）促进资源环境税收制度的保持效应

1984 年我国开始征收资源税，30 多年来，在具体的实践过程中，资源税也进行了多次改革。但研究结果表明，我国过去资源税的征收有效地降低了自然资源的开采和消费，资源税政策的实施促进了自然资源的保持，但其作用并不明显。近年来，面对经济快速发展带来的资源消耗过量污染问题严峻的中国，有必要利用历年资源税收情况，分析我国自资源税收制度实施以来对促进企业做出节约资源、保护环境的行为选择的影响，借以考量资源税对自然资源的“保持效应”。而资源的利用过程中涉及开采和消费两个阶段，资源税的设立只能通过资源合理配置弥补资源生产和消费过程中市场失灵而形成的外部性问题，达到合理使用资源保护环境的目标。

所谓资源税收保持效应就是指资源税收制度对促进自然资源有效配置、合理利用及促进经济发展方面税收功能的综合反映，主要体现在资源税对自然资源生产量和消费量的控制作用上。从一个长期角度来看，“保持效应”又具体包括资源税的征收所带的“生产环境保持效应”和“消费社会保持效应”两个方面。生产环境保持效应是指在生产环节资源税的征收可以减少对于不可再生资源的过度使用和可再生资源的滥用，有利于生态环境的保持。消费社会保持效应是指资源税的征收可以引导消费者调整自己的行为，促进了消费者减少相关自然资源产品的消费，选择节能环保产品替代需求，从而促进资源的可持续发展。

在生产环节征收资源税，例如，在开采环节对原油、原煤、天然气及其他费金属矿原矿等自然资源征收资源税，一方面导致生产企业损失了一部分可支配生产要素，企业的生产能力下降，对企业的产量和规模会产生相应影响，但也会遏制资源的过度开采；另一方面将导致源头企业的生产成本提高，总体产品利润相对降低，进而迫使生产者选择减少对该类产品生产行为的可能性增加，转向其他资源产品替代品的生产以增加利润，或是通过增加高新技术的投入，促进资源利用效率的提高，在保证企业收益实现最大化的同时，实现经济发展与保护资源环境的双赢目标。

对于消费者而言，例如，消费环节购买的高档化妆品、大功率家用电器、运输工具、金银首饰、贵重木制家具和矿产收藏品奢侈品等。资源税的征收会随着产业链将税负转嫁，导致最终产品价格的上升，购买成本增加，从而引导消费者的消费行为选择，将原本要消费到该产品的可支配收入转向可替代产品，减少了资源产品（高能耗、高污染产品）的消费，增加了资源替代产品（环保产品）的购买。但低档次和无自然资源产品的消费也降低了消费者消费档次、生活质量和消费需求，更减少了生产商和经销商的经营收入，进而影响国民收入总额。

通过以上分析不难看出，资源税通过杠杆效应，可以有效地减少对自然资源的不当使用，使资源税制对经济增长和环境保护方面的促进作用更加显著。但资源税的保持效应也不是盲目地减少自然资源的使用量而使经济发展停滞甚至出现倒退为代价，一定时期资源税的“保持效应”应当是使一定时期的资源税制，建立在对自然资源既要合理节约使用又要促进经济发展的“平衡”基点上，并进而实现“控制”效果。见图9－4。

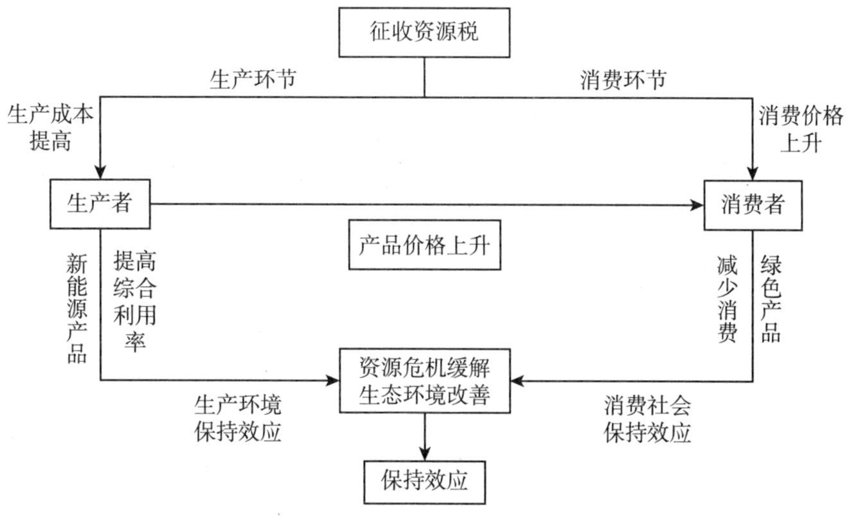

图9－4 资源税的保持效应

要保持资源税收政策在保护生态环境和促进经济发展方面的应有效应，应当进一步扩大资源税的征收范围、合理调整税率、制定相关的优惠政策、规范资源税制，促进资源税对自然资源利用的高效率。

（二）出台资源环境保护税法

1. 环保税收制度

作为保护环境的经济手段之一的资源环境税收规范制度，对促进资源环境稳妥使用，将起到极大促进作用。孕育将近十年之久的我国环境保护税收制度到现在还没有正式出台，对资源使用课税缺乏税法支撑和可共操作的具体依据，其主要原因在于需要找到一个适合中国的环境税收制度的支点去平衡发展与保护关系，而这个支点需要考量的因素非常多。但2015 年6 月10 日国务院法制办公室发布的《中华人民共和国环境保护税法（征求意见稿)》，从中我们也看到环境税收制度法律依据和基本框架。

（1）纳税义务人

在中华人民共和国领域以及管辖的其他海域，直接向环境排放应税污染物的企业事业单位和其他生产经营者为环境保护税的纳税人，应当按照规定缴纳环境保护税，简称环境税。

（2）税目与税额

环境税采取从量定额的办法计征，省、自治区、直辖市人民政府可以统筹考虑本地区环境承载能力、污染排放现状和经济社会生态发展目标要求，在《环境保护税税目税额表》规定的税额标准上适当上浮应税污染物的适用税额，并报国务院备案。

应税污染物是指大气污染物、水污染物、固体废物、建筑施工噪声和工业噪声以及其他污染物。其中，应税大气污染物按照污染物排放量折合的污染当量数确定，应税水污染物按照污染物排放量折合的污染当量数确定，应税固体废物按照固体废物的排放量确定，应税建筑施工噪声按照施工单位承建的建筑面积确定，应税工业噪声按照超过国家规定标准的分贝数确定。

应税大气污染物、水污染物的污染当量数，以该污染物的排放量（千克）除以该污染物的污染当量值（千克）计算。每种应税大气污染物、水污染物的具体污染当量值，依照《应税污染物和当量值表》执行。此表在此略。每一排放口的应税大气污染物，按照污染当量数从大到小排序，对前3 项污染物征收环境保护税。每一排放口的应税水污染物，区分重金属和其他污染物，按照污染当量数从大到小排序。其中，重金属污染物按照前5 项征收环境保护税；其他污染物按照前3 项征收环境保护税。

计算式：

$$\text{大气污染、水污染税额} = \text{污染物的排放量(千克)} \div \text{该污染物的污染当量值} \times \text{每污染当量税额}$$

环境税的具体税目、税额，见表9－3。

表 9-3 环境税税目、税额（部分）

税目		计税单位	税额
大气污染物		每污染当量	1.2 元
水污染物		每污染当量	1.4 元
固体废物	冶炼渣	每吨	25 元
	粉煤灰	每吨	30 元
	炉渣	每吨	25 元
	煤矸石	每吨	5 元
	尾矿	每吨	15 元
	其他固体废物（含半固态、液态废物）	每吨	25 元

（3）加倍征收和减半征收

加倍征收。第一，污染物排放浓度值高于国家或者地方规定的污染物排放标准的，或者污染物排放量高于规定的排放总量指标的，按照当地适用税额标准的 2 倍计征；第二，污染物排放浓度值高于国家或者地方规定的污染物排放标准，同时污染物排放量高于规定的排放总量指标的，按照当地适用税额标准的 3 倍计征。

减半征收。纳税人排放应税大气污染物和水污染物的浓度值低于国家或者地方规定污染物排放标准 50% 以上，且未超过污染物排放总量控制指标的，省、自治区、直辖市人民政府可以决定在一定期限内减半征收环境保护税。

（4）纳税义务发生时间

环境税的纳税义务发生时间为纳税人排放应税污染物的当日。

（5）纳税期限

环境税按月、按季或者按年计征，由主管税务机关根据实际情况确定。不能按固定期限计算纳税的，可以按次申报纳税。纳税人应当自纳税期限届满之日起 15 日内，向主管税务机关办理纳税申报并缴纳税款。纳税人应当对申报的真实性和合法性承担责任。

（6）纳税管理

环境保护税按照重点监控（排污）纳税人和非重点监控（排污）纳税人进行分类管理。重点监控（排污）纳税人，指火电、钢铁、水泥、电解铝、煤炭、冶金、建材、采矿、化工、石化、制药、轻工（酿造、造纸、发酵、制糖、植物油加工）、纺织、制革等重点污染行业的纳税人及其他排污行业的重点监控企业。

辅助阅读 9-5

监测率先受益 环境税征求意见稿点评

2015 年 6 月 10 日，国务院法制办发布了《环境保护税法（征求意见稿）》。东吴证券分析师袁理对其点评如下：

税额起步标准接轨排污费：环保税的征税对象分为大气污染物、水污染物、固体废物和噪声等 4 类，规定的税额标准与现行排污费的征收标准基本一致。

上调空间大，期待税率调节手段不断增强：尽管2014年排污费征收标准已经翻番，但相比较每污染当量治理成本，仍有较大差距。以废物污染物为例，排污费不低于每污染当量1.2元，而治理成本为每污染当量3元以上。一方面，环境税出台较排污费更具强制性；另一方面，环境税出台后，可以通过税率手段，依据不同的污染排放量来调节排污企业的支出成本，为后续监管力度的提升提供有力支撑。

监测率先受益：完善、高效、精准的监测网络是环境税有效征收、发挥税收对污染物排放调节作用的前提，环境税的征收、排污权交易的推行都将促进环境监管领域的系统化、智能化解决方案诞生。

环保行业正在出现的重要变化有四点，一是社会共治诉求、质量改善目标导向将使得基于互联网框架下的环境监测行业将面临前所未有的发展良机，第三方检测的兴起成为必然。二是行业的市场化步伐将会加快，企业、地方政府将更注重治理结果而非投资成本，具备技术、运营经验的企业将更有优势。三是未来的治理需求将从点源转向面源，从一次污染防治走向二次污染防治，从单个污染物控制走向多污染物协同控制。环保的需求将是全方位的，催生出市政、工业、生态修复、河道治理、景观建设等一体化打包解决能力的环境服务商。四是面向保护人体健康的环境保护产业将逐渐兴起。细分行业上，建议关注重金属、VOCs监测、污泥、黑臭水体治理、危废、土壤修复。在环境压力长期存在的情况下，2C领域的环境服务产品需求将不断释放，市场空间巨大。

——摘自：环境保护部政策法规司、环境保护部环境规划院．关于《环境保护税法（征求意见稿）》的报道和评论（第1辑）[R].2015-6-16

2. 资源税的税收制度

我国现行资源税法的基本规范，是2011年9月30日国务院公布的《中华人民共和国资源税暂行条例》及2011年10月28日财政部、国家税务总局公布的《中华人民共和国资源税暂行条例实施细则》。我国对资源税主要参照以上基本规范进行税收管理。

（1）纳税义务人

资源税是对在中华人民共和国领域及管辖海域从事应税矿产品开采和生产盐的单位和个人课征的一种税。资源税的纳税义务人是指在中华人民共和国领域及管辖海域开采应税资源的矿产品或者生产盐的单位和个人。

（2）税目

资源税税目包括七大类，在七个税目下面又设有若干个子目。现行资源税的税目及子目主要是根据资源税应税产品和纳税人开采资源的行业特点设置的（见表）。其中：（1）原油，是指开采的天然原油，不包括人造石油。（2）天然气，是指专门开采或者与原油同时开采的天然气。（3）煤炭，包括原煤和以未税原煤加工的洗选煤。（4）其他非金属矿原矿，是指上列产品和井矿盐以外的非金属矿原矿。（5）黑色金属矿原矿，是指纳税人开采后自用、销售的，用于直接人炉冶炼或作为主产品先入选精矿、制造人工矿，再最终入炉冶炼的黑色金属矿石原矿，包括铁矿石、锰矿石和铬矿石。（6）有色金属矿原矿，包括铜矿石、铅锌矿石、铝土矿石、钨矿石、锡矿石、锑矿石、铝矿石、镍矿石、黄金矿石、钒矿石（含石煤钒）等。（7）盐，一是固体盐，包括海盐原盐、湖盐原盐和井矿盐；二是液体盐（卤水），是指氯化钠含量达到一定浓度的溶液，是用于生产碱和其他产品的原料。

纳税人在开采主矿产品的过程中伴采的其他应税矿产品，凡未单独规定适用税额的，一律按主矿产品或视同主矿产品税目征收资源税。

（3）税率

资源税采取从价定率或者从量定额的办法计征，分别以应税产品的销售额乘以纳税人具体适用的比例税率或者以应税产品的销售数量乘以纳税人具体适用的定额税率计算，实施“级差调节”的原则。级差调节是指运用资源税对因资源贮存状况、开采条件、资源优劣、地理位置等客观存在的差别而产生的资源级差收入，通过实施差别税额标准进行调节。资源条件好的，税率、税额高一些；资源条件差的，税率、税额低一些。具体规定见税目、税率，见表9-4。

表9-4　资源税税目、税率

税目		税率
一、原油		销售额的6%～10%
二、天然气		销售额的6%～10%
三、煤炭		销售额的2%～10%
四、其他非金属矿原矿	普通非金属矿原矿	每吨或者每立方米0.5～20元
	贵重非金属矿原矿	每千克或者每克拉0.5～20元
五、黑色金属矿原矿		每吨2～30元
六、有色金属矿原矿	稀土矿	每吨0.4～60元
	其他有色金属矿原矿	每吨0.4～30元
七、盐	固体盐	每吨10～60元
	液体盐	每吨2～10元

资源税具体适用的税额、税率是在表中的幅度范围内按等级来确定的，等级的划分，按《中华人民共和国资源税暂行条例实施细则》所附《几个主要品种的矿山资源等级表》执行。

对于划分资源等级的应税产品，其《几个主要品种的矿山资源等级表》中未列举名称的纳税人适用的税率，由省、自治区、直辖市人民政府根据纳税人的资源状况，参照《资源税税目税率明细表》和《几个主要品种的矿山资源等级表》中确定的邻近矿山或者资源状况、开采条件相近矿山的税率标准，在浮动30%的幅度内核定，并报财政部和国家税务总局备案。

（4）纳税义务发生时间

纳税人销售应税产品，其纳税义务发生时间为：（1）纳税人采取分期收款结算方式的，其纳税义务发生时间，为销售合同规定的收款日期的当天。（2）纳税人采取预收货款结算方式的，其纳税义务发生时间，为发出应税产品的当天。（3）纳税人采取其他结算方式的，其纳税义务发生时间，为收讫销售款或者取得索取销售款凭据的当天。纳税人自产自用应税产品的纳税义务发生时间，为移送使用应税产品的当天。

（5）纳税期限

纳税期限是纳税人发生纳税义务后缴纳税款的期限。资源税的纳税期限为1日、3日、5日、10日、15日或者1个月，纳税人的纳税期限由主管税务机关根据实际情况具体核定。不能按固定期限计算纳税的，可以按次计算纳税。

（6）纳税地点

凡是缴纳资源税的纳税人，都应当向应税产品的开采或者生产所在地主管税务机关缴纳税款。

如果纳税人应纳的资源税属于跨省开采，其下属生产单位与核算单位不在同一省、自治区、直辖市的，对其开采或者生产的应税产品，一律在开采地或者生产地纳税。实行从量计征的应税产品，其应纳税款一律由独立核算的单位按照每个开采地或者生产地的销售量及适用税率计算划拨；实行从价计征的应税产品，其应纳税款一律由独立核算的单位按照每个开采地或者生产地的销售量、单位销售价格及适用税率计算划拨。

辅助阅读 9-6

煤炭资源税改革

财政部和国家税务总局近日联合发布《关于实施煤炭资源税改革的通知》（以下简称《通知》），自2014年12月1日起，在全国范围内实施煤炭资源税从价计征改革，煤炭资源税税率幅度为2%~10%。同时，在全国范围统一将煤炭、原油、天然气矿产资源补偿费费率降为零，停止针对煤炭、原油、天然气征收价格调节基金，而原油、天然气资源税税率则由5%提至6%。《通知》明确，本轮资源税改革的目的在于，促进资源节约集约利用和环境保护，推动转变经济发展方式，规范资源税费制度。

近两年来，煤炭行业呈现整体下行趋势，处于历史性低谷期，全国煤炭市场供大于求矛盾突出，价格持续走低，当前煤炭企业亏损面超过70%。这种情况下，煤炭企业成本控制的空间较为有限，同时煤炭企业向下游转嫁成本的能力也有限，最终转嫁到终端消费品导致价格上涨的可能性不大。

税改后，资源税率对于个别企业可能有所上升，但由于企业的收费清零，几乎所有的煤炭企业都会减轻负担，这对当前日子不太好过的煤炭企业无疑是重大利好。

另外，“清费”为税改减少了阻力。山西、陕西、内蒙古等地方政府2013年以来相继出台多项“清费”政策，为所在地煤企减负。2014年9月29日，国务院常务会议提出，决定实施煤炭资源税改革，推进清费立税，减轻企业负担。

从长远来看，煤炭资源税从价计征的改革是符合煤炭价格市场化改革大方向的，有助于理顺煤炭价格形成机制，促进资源合理利用，对抑制无效需求、优化产业结构均有正面意义。

业内研究人士普遍认为，现在煤炭价格经过近两年的大幅下跌，迎来了从价计征改革的重要时机，现在推出压力要小很多。

——摘自：财政部，国家税务总局．我国煤炭资源税改革正式实施［N］．中国环境报，2014-10-23

第三节 物质流成本会计方法

一、物质流成本会计的概念

物质流成本会计（MFCA）最初是由德国经营环境研究所的瓦格纳和斯乔布于20世纪90年代开发的一种环境管理会计工具，随后被作为一项重要的环境管理技术引用到联合国《环境管理会计业务手册》和国际会计师联合会的《环境管理会计国际指南》中，而后日本、欧美、新加坡和韩国等纷纷开始了物质流成本会计的实践。为满足企业实施物质流成本会计的需要，德国联邦环境部和联邦环境局于2003年联合出版了《环境成本管理指南》作为推广物质流成本会计应用的指导性书籍。

物质流成本会计作为一种环境成本管理的工具，在环境经营中的决策作用明显，受到了世界各国会计学者的重视，进行了深入研究，对其定义也进行了有启发性的探讨。

永田胜也（2011）认为，物质流成本会计是环境管理会计的一个分支，其将企业的所有产出分为“正产品”和“负产品”：通过追踪材料和能源的具体流动过程，来发现流向负产品的材料和能源，然后通过降低负产品成本增强企业竞争力，并达到保护环境、节约资源的目的。

冯巧根（2008）认为，物质流成本会计通过将物质流系统的要素数量化，依据其具有的内部透明性特征，进一步提升物质流的经济与生态导向功能，是将最终废弃物的材料成本及所分配的间接费用等均包括在内，并以这些全部的成本费用作为管理对象而进行核算的一种成本会计。

王杰（2010）把物质流成本会计定义为：用实物计量单位和货币计量单位来记录追踪企业投入生产的所有原材料、能源以及相关的人工费和其他间接费用的流向，以此数据为基础，分析评价不必要的物质资源损失浪费成本，以期采取相应的改进措施，达到经济效益与环境效益双赢目的的环境管理会计核算方法。

关于物质流成本会计的定义与内涵，国内外学者的侧重点不同，有的学者结合 ERP 系统对其下定义，而有的学者则围绕物质流系统解释其内涵。切入点虽然不同，但是实质都是相同的，都认为物质流会计是在跟踪企业生产过程中的物质流转，从而核算企业废弃物的排放量和相关成本信息，并为企业提供决策有用信息的一种环境成本管理工具。因此，本章结合国内外学者的观点将物质流成本会计定义为：旨在降低企业生产成本和减少环境污染，也是企业生产经营管理者的一种决策工具。它通过追踪产品或生产线的流程，勾勒出废弃物的流动轨迹，以便将物质的输入和输出表征出来，达到合理估计资源利用效率、控制成本以及环境改进的目的。

二、物质流成本会计的理论基础

企业作为社会的基本生存单位，在获取经济利益，谋求发展的同时，应该承担相应的社会责任，提高资源的利用效率，减少污染物的排放。在某种程度上，企业更是实现人类可持续发展的主导者。而“物质流成本会计”也不是无根之木，它与其他学科的发展也紧密相连。与物质流成本会计相关的一些主要理论包括：

（一）微观基础

1. 物流成本管理理论

20 世纪 50 年代，物流作为一门学科问世，并逐步在不同的领域得到应用，经历三十几年的发展，20 世纪 80 年代材料成本理论得以完善并趋于成熟。1962 年彼得·德鲁克在其《经济的黑色大陆》一文中指出，应高度重视物流成本管理，西泽修认为现行的财务制度和成本核算方法都不能正确反映物流费用的真实情况，他把这种情况比作“物流冰山”。1970 年西泽修所写的《物流费用》指出，物流管理成为企业利润增加的“第三利润源”，这一学说揭示了现代物流的本质，现代物流将发挥其在战略和管理上的作用，进而统筹企业生产、经营的全过程，以达到控制物流费用的目的。综观物流成本管理理论的发展史，其经历了成本中心说、系统说、服务中心说、战略说等，从简单的管理物流成本，从财务角度衡量物流费用，到从系统角度来控制流量成本，再到物流管理上升到战略的角度，即在企业战略中关注物流，统筹管理企业的整个生产流程。这些都为物质量成本会计的发展奠定了坚实的基础。

2. 物质流分析理论

20世纪70年代初期，尼斯、艾瑞斯和德阿芝在其《经济学与环境》一书中提出了物质平衡模型。其主要思想为：一个现代经济系统由物质加工、能量转换、废弃物处理和产品消费四个部门组成，这个经济系统与自然环境之间存在着物质流动关系；从理论上来讲，如果这个系统是相对封闭的，那么在一个时间段或一个周期内，从经济系统排入自然环境的废弃物必然大致等于从自然环境进入经济系统的物质量，即物质输入大致等于物质输出。现代经济系统中虽然越来越多地使用污染控制技术，但应看到，"治理"污染物只是改变了特定污染物的存在形式，并没有消除也不可能消除污染物的物质实体，依据物质流理论，提高物质的再利用和循环使用效率，能够从根本上减少自然资源的开采量和使用量——严格控制输入量，最终达到降低污染物的排放量——减少输出量的目的。物质流理论从实物的质量出发，通过追踪人类对自然资源的开发、生产、转移、分配、消耗、循环、废弃等过程，揭示物质在经济系统与自然系统之间的流动特征和转化效率，找出对环境造成直接影响的源头，进而提出改进措施与解决方案。

（二）宏观基础

1. 环境价值理论

环境价值理论创立于20世纪70年代。其主要内容包括：(1) 环境资源具有稀缺性和不可再生性，人类在使用环境资源的过程中存在着合理高效配置环境资源的问题。(2) 环境对人类具有十分重要的作用，它能够满足人类的生存和发展需求。(3) 环境包含有人类的一般劳动。当环境自净能力不足以处理废弃物排放量的时候，人类就会采取一定的措施保护环境，在这个过程中会耗费人类的一般劳动。环境价值理论对于指导企业进行环境会计核算具有重要的意义，企业在生产管理过程中应该将环境价值理论作为其管理的重要依据之一。根据环境价值理论，企业进行会计核算时，不仅要将环境因素纳入企业生产成本，而且在生产过程中要合理配置资源，在提高资源利用效率的同时满足人类正常的生产生活需求。

而在我国改革开放初期，很多企业环境价值意识淡薄，受传统价值理论的影响，在生产管理中表现为片面强调经济发展，只着眼于提高企业的经济效益，忽视对环境产生的负面影响，置环境影响评价于不顾。因此，很多污染严重的项目不经审批就上马，环评工作流于形式。尤其是在当前的国际贸易制定了一些涉及贸易制裁的国际环境公约，对发展中国家来说就是一道"绿色贸易壁垒"，我国为此大受损失。更有甚者，我国已成为一些发达国家的"污染避难所"，正遭受着他们的"环境剥削"。因此，必须改变传统价值观念中的"资源无价"的错误认识。企业作为环境资源的主要使用者，必须树立环境价值的观点，将环境价值理论渗透到生产管理的各个方面。

2. 可持续发展理论

可持续发展理论从环境与资源角度，提出了人类社会长期发展的战略模式，阐明环境与发展之间的辩证关系，使环境问题纳入经济活动决策中。目前，我国的环境形势依然严峻，80%以上的环境污染来源于企业，这就要求企业在成本管理的过程中，将环境因素纳入成本管理体系，可持续发展理论为企业成本管理提供了理论基础。传统的成本管理主要反映企业所耗费的经济成本，不包括对环境造成的外部成本，往往导致企业以牺牲环境为代价来换取当前的短期经济利益。企业要走可持续发展之路，必须在发展过程中考虑自身的生产行为对环境造成的影响，这就要求企业转变传统观念，在追求经济利益最大化的同时兼顾环境效益。企业将环境因素纳入生产管理中，就会使企业经营者在制定发展战略时不仅考虑短期效益，更注重加入环境因素的长期效益，有利于企业承担社会责任，从而达到有效配置社会资源、促进经济可持续发展的目的。

3. 环境经济学理论

环境经济学是一门研究环境保护与经济发展之间关系的科学，通过分析经济发展与环境保护之间的矛盾，将环境科学与经济学有机融合的交叉学科。该理论通过分析经济再生产、自然再生产和人口再生产三者的关系，选择合理的配置方式，以最少的能源消耗创造最大的经济价值。在社会经济发展过程中，环境因素是必须考虑的因素之一。环境经济学的研究对象就是如何合理调节社会再生产过程中人与自然之间的物质变换，使社会经济活动符合自然生态平衡和物质循环规律，使之既能取得近期的直接效果，又能取得远期的间接效果。

4. 企业社会责任理论

20 世纪以后，工业的发展推动了经济的增长，但与此同时却也为社会带来了许多负面影响。批评家们开始指责“社会达尔文主义”的残酷和冷漠，并意识到企业必须对承担应有的社会责任。1924 年，美国学者谢尔顿首次提出了企业社会责任的概念。1953 年，霍华德·鲍恩在其《企业家的社会责任》一书中将企业社会责任定义为“商人按照社会的目标和价值，向有关政府靠拢、作出相应的决策、采取理想的具体行动的义务”，企业社会责任正式进入人们的视线。企业社会责任指的是企业在生产经营过程中，不仅要追求利润最大化，对股东负责，而且要承担相应的社会责任，对赖以生存和发展的环境和社会负责。企业社会责任有广义和狭义之分，广义的社会责任包括法定的社会责任和道德意义上的社会责任。法定的社会责任是指由法律、行政法规明文规定的公司应当承担的对社会的责任。狭义的社会责任仅指应承担的道德意义上的社会责任。

上述环境价值理论、可持续发展理论、环境经济学理论和企业社会责任理论都是从宏观角度提出了企业作为微观经济主体，在达到利益最大化目标的同时也应承担相应的环境保护责任，提高资源的利益效率。这也正是环境管理会计对企业的要求，物质流成本会计作为环境管理会计体系的有机组成部分，其发展是建立在这些宏观理论基础上的。物质流成本会计的出现拓展了传统会计默认的企业承担的责任范围，它能分析制造过程中的某一生产环节物料的流动，能够利用数据流程图分析废弃物产生的数量及耗费的环境成本，从而为企业承担社会责任提供了良好的成本分析工具，满足了企业对环境成本核算的要求。

总之，物质流成本会计以物质流分析理论为实践基础，通过对生产过程中的物料进行追踪来实现对成本的有效管理，这与物流成本管理理论中通过追踪物流来达到控制物流费用的原理是相通的。从微观上来说，物质流成本会计借鉴了物流成本管理理论的一部分理论成果。因此，这些理论共同构成了 MFCA 的理论基础。

三、物质流成本会计的核算

（一）物质流平衡原理

物质流成本会计的核算是基于企业制造过程中物质的投入、生产、消耗及转化为产品的物质流转过程。在整个物质流转的核算过程当中，公司生产产品所投入的物质和所输出的物质，前后两者应该是相等的，此所谓“物质流平衡原理”，从某种程度上而言，它是物质流成本会计核算的理论基础。

物质流平衡原理的基本观点是：人类生产活动通过其向对自然资源索取的资源数量以及向自然环境排放废弃物的数量来影响自然环境。物质流平衡原理遵循质量守恒定律，测度人类经济活动过程中对自然资源的开发、利用及其对自然环境的影响，真实反映人类经济活动与自然环境之间的动态关系。

基于物质流平衡原理研究物质流成本会计的应用，从微观层面上来看，企业从自然环境系统获取大量所需的资源、能源，并经过企业生产经营活动进行加工利用，将最初的资源、能源加工成产成品进入消费领域，最终向环境系统排放，整个过程物质的输入输出是守恒的，遵循物质流平衡原理。

因此，在应用物质流成本会计对企业内部的资源消耗和环境影响进行分析时，必须对企业的物质流流程进行分析，对于制造企业来说，其物质流程过程如图 9－5 所示。

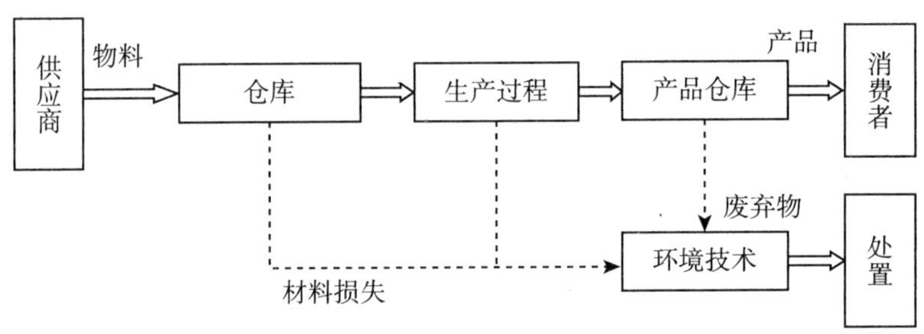

图 9－5　企业物质流转简化

由图 9－5 可知，一方面，物料从投入开始，经过不同的生产阶段，最后将产品运送到消费者手中；另一方面，它还包括在物质流链条过程中不同环节产生的材料损失（如弃料、废料、碎屑、碎片、残损品及废品）。根据物质流平衡原理，由图 9－5 的虚框内可得到：

$$\sum \text{输入} = \sum \text{产品} + \sum \text{固废} + \sum \text{废气} + \sum \text{废水} \tag{1}$$

对于企业来说，一般难以准确测量出企业对外排放的固体废弃物、废气与废水的数量，因此，可对式（1）变换得到：

$$\sum \text{固废} + \sum \text{废气} + \sum \text{废水} = \sum \text{输入} - \sum \text{产品} \tag{2}$$

因此，通过计量一个会计期间的期初物质量、投入物质和期末产品产出可以倒挤出排放出企业的固体废弃物、废气以及废水的价值量。这些固体废弃物、废气及废水，被称为“物质/资源损失”，即：

$$\begin{aligned} \text{资源损失} &= \sum \text{固废} + \sum \text{废气} + \sum \text{废水} \\ &= \sum \text{期初物质} + \sum \text{投入物质} - \sum \text{期末物质} \end{aligned} \tag{3}$$

依据物质流平衡原理，企业应用物质流成本会计可以控制资源损失，而资源损失是进行环境成本控制的关键因素。可见，物质流平衡原理是物质流成本会计核算的理论基础。

（二）物质流成本会计的核算原理

物质流成本会计属于管理会计的范畴，它将企业视为一个物质流转系统，通过跟踪计算该系统各个环节的物质（包括材料和能源、其他物质）流量和存量，量化所有成本要素，为企业提供成本分析和控制所需的信息，以利于企业管理者做出正确决策。

其基本思想是根据企业经济目标与环境目标相协调的要求，以资源节约和减少环境污染为目标导向，量化物质流转系统中的各个因素，寻找废弃物可以转变为资源的环节，优化整合企业所有的环境保护技术，以达到提高资源利用效率和减少企业的污染物排放的目的。物质流成本会计核算的基本原理如图 9 -6 所示。

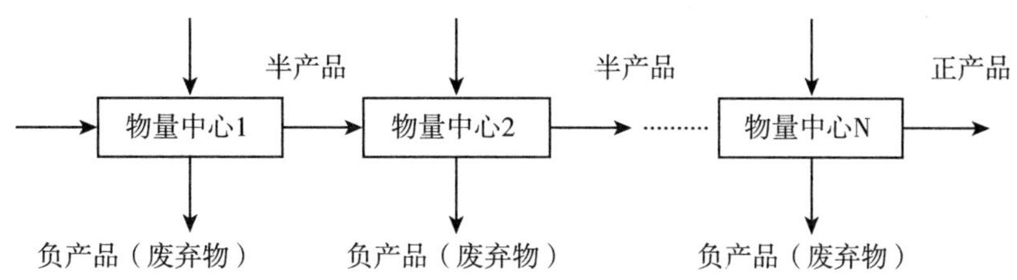

图 9 -6 物质流成本会计核算的基本原理

如图 9 -6 所示，物质流成本会计基于企业制造过程中材料、能源的投入、消耗及转化，跟踪资源流转的实物数量变化，进行物质全流程物量和价值信息的核算。

它将企业的物质流转视为成本分析的中心，按物质的输入输出按物质流平衡原理，将一个企业划分为几个物量中心，根据物质流转在不同物量中心之间的顺次移动，对材料、能源流进行分流计算，分别核算各物量中心输出端正产品（合格品）和负产品（废弃物）的数量和成本。

物质流成本会计的核算原理，就是对在制造过程中产生废弃物的各物量中心上进行检测，在每个物量中心测出全部物料的投入和产出数量，并对交接给下道工序的合格品与废弃品加以区分。在输出端，物质流成本会计核算将所生产的合格品称为“正产品”，其成本称为“正产品成本”或“资源有效利用成本”；将产生的废弃物称为“负产品”，其成本称为“负产品成本”或者“资源损失成本”。这种将企业生产流程中所有物质划分为正产品和负产品，并且将成本在正产品和负产品之间进行分配的核算方法，可以反映各个生产环节废弃物和合格产品的比例，由此可找出负产品比例过大的物量中心，然后深入分析负产品的成本构成，找到负产品产生的源头，以此作为挖掘潜力的重点对象。同时采取优化措施，提高正产品比例，这可达到节约资源、削减成本、减少污染的目的，从而实现经济效益与环境效益的双赢。

（三）物质流成本会计的核算方法

在企业传统成本核算方法中，出于对产品定价的需要，所有的生产费用均按“谁受益，谁负担”的原则全部归集于完工产品身上，并不单独计算资源损失成本。这样，资源利用效率与生产成本的相关关系不能反映出来。另外，传统成本分配标准往往采用人工工时、机器工时等数量标准，从而使得企业重点关注人工成本的降低，而对物质的消耗与废弃物的成本信息反映不够。而物质流成本会计的核算对象包括所有的材料成本和分配的间接费用，并将这些全部的成本费用作为管理对象进行核算，与传统会计核算相比，有如下特征：

1. 物量中心

在物质流转过程中确定成本计算单元，即物量中心。它是生产过程中选定的一个或多个环节，以对生产过程的输入输出物料以实物单位和货币单位进行量化。在物质流成本会计方法里，物量中心充当数据收集的功能。其一，对物量中心的物质流转（材料、能源等）进行实物量化；其二，对物量中心发生的所有成本进行货币量化。所有成本的归集与分配均按物量中心的流入与流出划分，以物量中心为对象对各项成本进行核算和分配。

2. 实施全流程核算

物质流成本会计核算是一环扣一环，上一物量中心的正产品与新投入物质共同构成该流程的全部成本，该成本又将在正、负产品之间分摊，正产品又将进入下一物量中心的成本核算，以此类推，最终生产出来的“产成品”，即是整个生产过程中累计计算出来的正产品价值。

3. 将全部成本分类核算

在物质流成本会计核算过程中，按照企业物质消耗对环境影响的不同，将物质流成本项目划分为四大类。

第一大类：材料成本，包括从最初工序投入的主要材料的成本、从中间工序投入的副材料成本以及洗涤剂、溶剂、催化剂等辅助材料的成本。在计算材料费用时把材料分为主材料、副材料和辅助材料。主材料是指经过前一工程环节加工后的在产品、库存产品等。由于在第一个工程环节之前没有前段工程，因此最开始加入的原材料也就是主材料。副材料是指在当前工程环节加入的材料，副材料在第一个工程环节之后将被当成主材料对待。辅助材料是指为完成生产而被投入但不构成产品的材料，如印刷过程中的溶剂。

第二大类：系统成本，包括所有发生在企业内部用以维持和支持生产的成本，主要是人工费、折旧费和其他相关制造费用。

第三大类：能源成本，包括从原材料投入、生产、消费直到废弃全流程所耗能源的成本，主要指电力、燃料、蒸汽、水、压缩空气等费用。

第四大类：运输与废弃物处理成本，指为处理废水、废气、固体废物等所发生的费用，以及委托外部处理废弃物时所发生的委托费用。

4. 按正产品成本和负产品成本进行分类核算

物质流成本会计从管理的角度提出“正产品”和“负产品”的概念，对应的成本为“正产品成本”和“负产品成本”。所谓正产品，就是指那些可以直接销售或者是能够进入下一流程继续加工的产品或半成品；而负产品正好与之相反，是指废弃物，它不仅不能为企业带来价值，而且会对环境产生负面影响，是企业在生产经营过程中想要减少的物质。正产品成本是指可销售产品的成本或流向下一工序的物质流成本及承担的间接费用；负产品成本是指该环节的废弃物成本及其承担的间接费用。在物质流成本会计的成本分类基础上，正产品成本一般由构成正产品的材料成本，以及按一定标准分配的系统成本和能源成本所组成。负产品成本一般由构成负产品的材料损失成本、运输与废弃物处理成本，以及按一定标准分配的系统成本和能源成本所组成。而传统成本会计并不能很好地反映以上两种成本，只能反映其合计数额。

【例 9－1】

某工厂生产产品 A，初试投入的原材料为 100 千克，每千克材料为 65 元，经过一系列生产环节加工之后，得到产成品 A，重量为 70 千克，废料损失为 30 千克。其中在整个产品生产过程中电力共消耗10千瓦，每千瓦为50元，能源成本为500元；而折旧费、水电费等在内的系统成本为2 500元；废弃物处理成本为500元。

（1）按照传统成本会计核算：

最后产成品A的成本=材料成本+能源成本+系统成本+废弃物处理成本

$=65\times100+500+2\ 500+500=10\ 000$（元）

（2）按照物质流成本会计核算：

最后得到70千克的产成品A，划分为正产品，废料损失30千克划分为负产品。系统成本按重量在正产品和负产品之间分摊，其分摊比率分别为70%和30%。

正产品成本=材料成本+能源成本+系统成本$=65\times70+500\times70\%+2\ 500\times70\%=6\ 650$（元）

负产品成本=材料成本+能源成本+系统成本+废弃物处理成本$=65\times30+500\times30\%+2\ 500\times30\%+500=3\ 350$（元）

从以上的核算结果可知，在生产时产生的30千克废弃物，按传统成本计算方法，并未计算成本，而是将其计入产成品成本中。在实际进行批量生产时，一般制造流程都是连续性地进行生产，而物质流成本会计在计算所有工序的成本时，将投放至下道工序的正产品成本与本道工序的负产品成本（如废弃物、被循环再利用的物料等）进行了分开计算。

同时，对废弃物处理成本的核算不相同。传统成本会计将废弃物处理成本作为企业的一项费用，并不计入产品的成本当中，物质流成本会计则认为该项支出与生产过程中产生的废弃物有关应当计入负产品成本当中，这样才能准确地反映产品成本的实际状况。

两种成本核算方法下，产品总成本的核算数额虽然都是10 000元，但其核算结果所披露的信息作用却是显著不同的。同样以上述工厂为例，在传统成本会计核算和物质流成本会计核算方法下，公司的损益情况，简化成如表9-5所示。

表9-5　不同成本核算下的损益比较　单位：元

传统成本会计核算		物质流成本会计核算	
销售收入	20 000	销售收入	20 000
产品总成本	10 000	产品总成本	10 000
	未知	正产品	6 650
	未知	负产品	3 350
销售利润	10 000	销售利润	10 000
营业费用	5 000	营业费用	5 000
营业利润	5 000	营业利润	5 000

从以上损益表的数据可以看出，在传统成本核算和物质流成本会计的核算方法下，产成品的总成本数额虽然都相同，在其他项目金额一致的情况下，公司最后核算的利润数额也相同。但是两者所披露的“信息量”却是不相同的，在传统成本核算下公司并不能看出“成本损失”的真正部分，只知道产品成本总额为10 000元。而在物质流成本会计的核算下，因废弃物而产生的“负产品成本为3 350元”，某种程度上而言，这是物质流成本会计提供的新情报，这是在传统成本会计核算下被忽略掉的部分。通常情况下就算发现了废弃物材料为30千克，也不会用经济指标来衡量它。这样使用金额来评价废弃物材料后，企业就可以

知道废弃物损失产生的成本金额为 3 350 元，这有利于公司管理层进一步制定减少“废料损失”的计划措施，当生产产品 A 的负产品成本低于 3 350 元后，所带来的成本节约就可以看作是利润的提高。

（四）物质流成本会计的核算处理流程

物质流成本会计将企业视为由多个物量中心组成的“物质流转系统”，其核算的核心就是将进入物量中心的物质流（材料、能源）所产生的成本与物质流有关的所有成本进行量化并分配到这些物质流。需要核算和量化的成本主要包括四大类：材料成本、能源成本、系统成本、废弃物处理成本。因此，物质流成本会计核算处理流程的主要事项有材料流成本核算、系统成本核算、运输与废弃物处理成本核算等。

1. 材料流成本核算

材料流动成本的计算等于材料流动数量与材料流动价格（可以是标准价格、期初价格、期末价格或平均价格）的乘积。下面将对材料流动成本的计算进行举例。

【例 9－2】

设企业 A，购入甲材料 200 千克，乙材料 100 千克。甲材料是生产开始阶段就已投入，而乙材料是在生产工序 2 阶段才投入的。如图 9－7 所示。

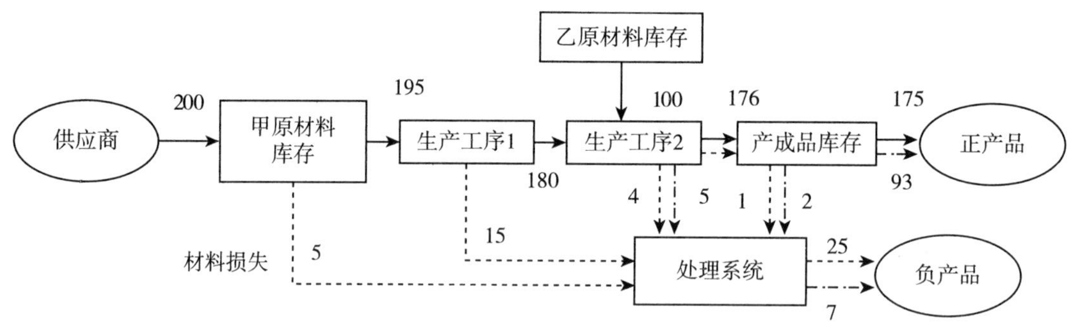

注：“- - - - ->”甲材料损失；“-·-·->”乙材料损失。

图 9－7　材料流动成本的计算

由图 9－7 可知，投入的甲材料在购入库存环节材料损失为 5 千克，生产工序 1 环节的损失为 15 千克，在生产工序 2 环节的损失为 4 千克，产成品售出库存环节发生的损失为 1 千克，最后形成到最终正产品的甲材料为 175 千克（200－5－15－4－1），形成到负产品的甲材料损失共计 25 千克。假设甲材料的单价为每千克 20 元，那么正产品所包含的甲材料成本为 3 500 元（20×175），负产品所包含的甲材料成本 500 元（20×25）。乙材料是从生产工序 2 开始投入，在生产工序 2 环节的材料损失为 5 千克，产成品售出库存环节发生的损失为 2 千克，最后形成到最终正产品的乙材料为 93 千克（100－5－2），形成到负产品的乙材料损失共计 7 千克。假设乙材料的单价 30 元，那么正产品所包含的乙材料成本为 2 790 元（30×93），负产品所包含的乙材料成本为 210 元（30×7）。

2. 系统成本核算

材料流成本的核算详细地记录了公司材料的流动数量、价值和成本，确定了与材料流动有关的材料成本。为维持企业并使之能够形成、控制和改变材料流而发生的成本，以及保证材料按设想的形式进行流动时所产生的成本，被称为系统成本。一般情况下，系统成本包括为维持材料正常流转而发生的人工成本、折旧费用等。系统成本核算的目标就是确定与材料流动相关的其他成本，并严格地按相关成本动因，将其分配到材料流转模型中。其核算所包含的步骤一般为：首先确定系统成本核算的内容，然后将其分配到生产过程中的各个物量中心，最后再使其分配到半成品、完工产品等正产品以及在产品损失、材料损失等负产品对象上。由于系统成本的核算方法同样可以用于能源成本的核算，因此本节将只介绍系统成本的核算。

（1）系统成本范围界定

系统成本核算中的第一步是确定系统成本的核算内容，一般情况下，系统成本的识别是按伴随材料一起向后流动并对材料流动产生直接影响的标准来确定的，通常情况下划分为三类：一是来自材料流转系统界限以内的成本；二是在计划、实施和维持材料生产能力过程中发生的成本；三是不能看作材料成本和对外交付及最终处理成本的成本。在企业实际生产过程中，系统成本主要为员工成本、折旧及其他与材料流动相关的成本。

（2）系统成本分摊

系统成本分摊的目标就是尽可能按具体动因把系统成本分摊给内部的材料流转。通过将其分摊给所产生的完工产品、半成品、废弃物损失后，使得这些相对静态的系统成本转变为具体材料流转的系统价值。由于在许多情况下，制造成本被归集到成本中心，物量中心比成本中心单位小。因此，企业必须将由成本中心分配来的系统和能源成本再次分配到每个物量中心。

为了说明系统成本的具体分摊过程，现举例如下：

【例 9 -3】

甲企业是一家化工厂，生产 A 产品。该厂 2012 年 6 月投入甲材料 400 千克，整个材料的移动过程分为三个环节（物量中心）：原料贮存、生产过程和产成品贮存售出，废弃物均需要通过处理池进行净化处理，本月发生的处理池全部成本为 600 元，本月发生的与材料流相关的系统成本（包括其他环境导致的成本、管理部门工资等）为 10 000 元（见图 9 -8）。

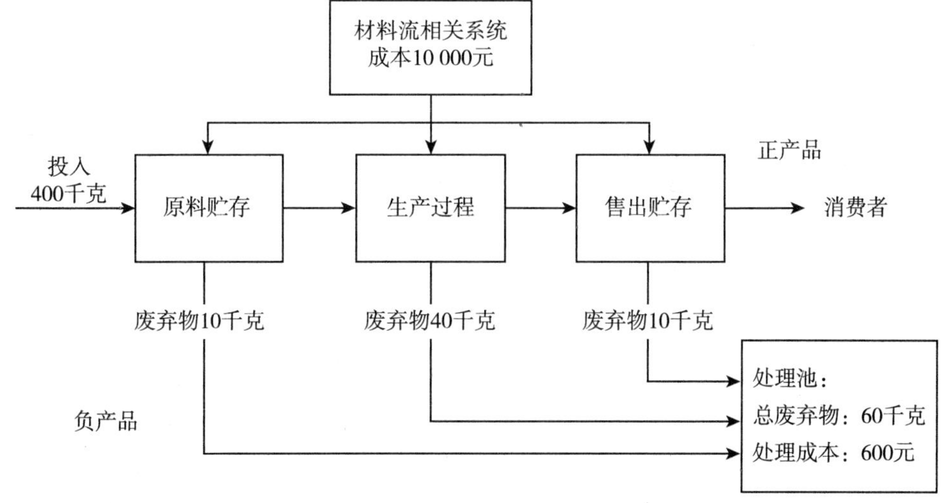

图 9 -8 甲企业材料流系统成本分配

该厂投入原材料 400 千克，在购入贮存环节的损失为 10 千克，生产过程中发生的损失为 40 千克，产成品贮存售出环节的损失为 10 千克。本月该厂发生的与材料流相关的系统成本为 10 000 元。假定这些成本都是变动成本，并且三个物量中心的每千克系统成本相等。原材料贮存环节的材料共计 400 千克，生产过程中包含的材料为 390 千克，产成品贮存售出环节包含的材料为 350 千克（见表 9－6）。如果把加工的材料总额作为分配因子，环境导致的系统成本的分配率是：原材料贮存为 35.09%（400 ÷ 1 140）；生产过程为 34.21%（390 ÷ 1 140）；产成品贮存售出为 30.70%（350 ÷ 1 140）。这样，全部系统成本（10 000 元）在物量中心之间的分配是：原材料贮存为 3 509 元，生产过程为 3 421 元，产成品贮存售出为 3 070 元。

表 9－6　　环境导致的系统成本

	原材料贮存	生产过程	产成品贮存售出	合计
加工的重量（千克）	400	390	350	1 140
占总量的百分比（%）	35.09	34.21	30.70	100
各物量中心总的系统成本（元）	3 509	3 421	3 070	10 000
加工产生的废弃物（千克）	60	50	10	
废弃物所占比例[①]（%）	15	12.82	2.86	
废弃物导致的系统成本（元）	526.35	438.57	87.8	1 052.72
占总系统成本的百分比（%）				10.53

注：①表示占已加工材料的百分比。

在本例中，与材料流相关的间接系统成本可按如下步骤计算：

从实物看，在原材料贮存中，从 400 千克材料的贮存中产生的 10 千克废弃物与原材料贮存直接相关。但是，从经济方面而言，由于良好的投入被破坏了，后来出现在生产过程和产成品贮存售出中的废弃物导致了原材料贮存的额外成本。总之，在所采购的 400 千克的材料投入中，有 60 千克（10 千克 +40 千克 +10 千克；为 400 千克材料投入的 15%）导致原材料贮存中产生间接系统成本。因此，在本例中，原材料贮存中额外的环境导致的系统成本总额为 526.35 元［3 509 元中的 15%（400 千克中由 60 千克负担的部分）］。

在生产过程中，投入生产过程的物料是 390 千克（400－10），但最终只有 340 千克将以合格产品的身份离开公司。这样，进入生产过程的 390 千克投入中有 50 千克（12.82%）产生了废弃物。分配给生产过程的系统成本是 3 421 元。间接废弃物成本为 438.57 元［3 421 元中的 12.82%（390 千克中由 50 千克负担的部分）］。

产成品贮存售出环节中分配的系统成本是 3 070 元，间接废弃物的成本总额是 87.8 元［3 070 元中的 2.86%（350 千克中由 10 千克负担的部分）］。

总之，正如计算的结果所示，将所有与材料流相关的系统成本视为作业成本进行追溯和分配到具体的物量中心，所有因材料损失（废弃物）导致的系统成本之和为 1 052.72 元（526.35 +438.57 +87.8），占全部系统成本总额的 10.53%。同时，可以算出企业生产产品耗用的系统成本为 8 947.28 元（10 000－1 052.72）。也就是最后正产品所承担的系统成本为 8 947.28 元，负产品所承担的系统成本为 1 052.72 元。

系统成本分摊的结果让这些相对静态的系统成本转变为与具体材料流转相关的系统价值，这使企业的材料流转可以得到更加透明化的披露。比如，可以让我们知道在所有的系统成本中，不能为企业产品增加任何附加价值，最终只是成为废弃物的系统成本所占的比重。就像上个例子中，负产品中系统成本为 1 052.72 元，而这部分系统成本并没有为企业带来任何的附加价值。

3. 运输与废弃物处理成本核算

运输与废弃物处理成本主要是指产品或废弃物的运输物流费用和废弃物处置方面的成本，它主要发生在企业的销售以及废弃物的处理环节。通常，企业废弃物由联合环境成本中心如焚化器、污水处理厂或处理池来处置，经过跟踪和追溯后，联合环境成本中心处置废弃物的成本，可以根据废弃物的单位处置成本以及各责任成本中心实际产生的废弃物的数量分配给各责任成本中心，然后分给各物量中心，进而再分配给企业生产的各种产品。

【例 9－4】

同样以上述甲企业为例：该厂本月产生的 60 千克废弃物均需要通过处理池进行净化处理，本月发生的处理池全部成本为 600 元。为了简便起见，假设每单位废弃物导致相同的成本，那么，每千克废弃物的处理成本将是每千克 10 元（600 元/60 千克）。将处理池的成本追踪分配给三个物量中心：生产中心为 400 元（10 元/千克 ×40 千克废弃物），原料贮存中心和产成品贮存售出中心各为 100 元（10 元/千克 ×10 千克废弃物）。这一被分配的成本反映了各个物量中心所产生的废弃物形成的成本数额。而废弃物处理的全部成本 600 元，也都将计入“负产品成本”。

假如甲企业投入原材料的价格为每千克 40 元，那么形成正产品所含有的材料成本为 13 600元（40 ×340），形成负产品成本为 2 400 元（40 ×60）。综上可知：生产 A 产品，所产生的负产品成本共计 4 052.72 元（2 400 +1 052.72 +600）。

四、物质流成本会计的实施

企业在应用物质流成本会计时，首先要确定实施的目标与原则，其次要做好准备工作，并充分了解应用物质流成本会计的实施步骤。在实际实施时，对成本进行重新划分并确定物量中心，收集整理每道工序的数据，通过对内部工序进行整合实现上一工序的正产品成本与下一工序传递成本的匹配。应用物质流成本会计的核算结果可以绘制物质流成本矩阵进行成本分析，并及时提出改进措施以及新一轮对改进措施的检验。企业在实际操作时可以通过学习日本企业构建的物质流成本会计模型建立适合自身产品生产线的物质流成本会计核算工具，并确定目标产品和目标生产线的核算模型。同时进一步结合 ERP 系统建立物质流成本会计数据库以导出物质流成本会计年度报表。

（一）实施物质流成本会计的目标

从宏观上来讲，政府要求企业实施物质流成本会计的主要目标是减少企业经营行为对环境的影响以及促进节能减排政策的实施。企业本身实施物质流成本会计的目标则包括提供全面完善的环境信息、有效确认废弃物成本、形成物质流成本会计年度报表、提出切实可行的改善措施等。

（二）实施物质流成本会计的原则

1. 适用性原则

在实施物质流成本会计时，要结合中国的具体国情，充分考虑我国企业实施物质流成本会计可能遇到的障碍。借鉴日本企业的经验，我国企业实施物质流成本会计可分为理论引进、试点实验和推广普及三个阶段。政府对于企业实施物质流成本会计起着十分关键的作用，可以借鉴日本政府公开招募实施物质流成本会计的合作试验企业，选择高能耗、高污染行业的企业作为试点，与节能减排等措施有机结合起来，建立适合中国企业应用的物质流成本会计。

2. 可操作性原则

在实施物质流成本会计时，要充分考虑应用过程中的可操作性。在运用物质流成本会计核算模型进行核算以前，往往需要在生产现场花费大量时间收集投入与产出的原始数据。如果物量中心设置得过于庞大，那么负产品成本的数量在计算过程中可能会出现误差；如果物量中心设置得过于细致，那么收集和整理原始数据就会花费很多时间。因此，实施物质流成本会计时，要充分考虑物量中心的设置和数据取得的难易程度。只有在现场收集的原始资料，才能作为物质流成本会计核算模型的基础数据。

3. 与传统成本会计相匹配原则

与传统成本会计相匹配的原则是指在运用物质流成本模型进行核算时，要结合传统会计科目。物质流成本会计与传统成本会计的主要差别就在于对废弃物成本的处理上，前者使废弃物成本变得可视化；后者则没有专门的科目记录废弃物处理成本，使其再生产过程中容易被隐性化。因此，一定要结合传统会计科目进行核算。

4. 有效性原则

有效性原则体现在物质流成本会计应用于企业生产流程的全过程。在数据的收集整理阶段要保证数据的真实准确，物量中心的设定也涉及核算结果的有效性。在内部工序整合阶段，整合系数的确定也会对核算结果的有效性产生影响。因此结合 ERP 系统建立全部投入与产出的数据库，有助于减少核算过程产生的误差，最大程度保证核算结果的有效性。

本章小结

本章主要介绍了三种环境会计专门方法，包括能源消耗影响的会计测试、资源环境税收会计方法和物质流成本会计方法。

能源是经济增长的推动力量，并限制经济增长的规模和速度。人们在利用能源的同时也造成了日益严重的环境污染。能源会计综合运用会计学、经济学的原理和方法，以节能减排目标为指导，采用多种计量属性和手段，对企业的能源使用及环保情况进行反映和监督。能源会计遵循政策性和强制性原则、社会性原则、预警性原则、谁投资谁受益、谁污染谁治理、谁破坏谁恢复原则。通过加入资源和环境约束，可以建立一个用于评价能源资源价值的模型。

作为保护环境的经济手段之一的资源环境税收规范制度，对促进资源环境稳妥使用，将起到极大促进作用。孕育将近十年之久的我国环境保护税收制度到现在还没有出台，对资源使用课税缺乏税法支撑和可共操作的具体依据，其主要原因在于需要找到一个适合中国的环境税收制度的支点去平衡发展与保护关系，而这个支点需要考量的因素非常多。但2015年6月10日国务院法制办公室发布的《中华人民共和国环境保护税法（征求意见稿）》，从中我们也看到环境税收制度法律依据和基本框架。这个法律规定了应税污染物为大气污染物、水污染物、固体废物、建筑施工噪声和工业噪声以及其他污染物，并着重规定，对应税大气污染物和应税水污染物规定按照污染物排放量折合的污染当量数确定，对应税固体废物按照固体废物的排放量确定，对应税建筑施工噪声按照施工单位承建的建筑面积确定，对应税工业噪声按照超过国家规定标准的分贝数确定。

资源税是对自然资源征税的税种的总称。资源环境税会计遵循“谁污染，谁付费”原则、与既有会计核算方法相一致原则、简便易行原则、成本效益性原则和循序渐进、留有余地原则。传统的资源税计算方法会导致“吃菜心”行为，通过对原有计征方法基础上改进，新设计的从价计征方法引入了矿产品位等影响级差收益的因素，可以提高矿山开采中的资源利用效率，克服现有矿产资源补偿费计征公式中存在的对富矿掠夺的机会主义行为。

物质流成本会计通过追踪产品或生产线的流程，勾勒出废弃物的流动轨迹，来帮助企业降低企业生产成本和减少环境污染，是生产管理者有效地决策工具。它的理论基础主要有环境价值理论、可持续发展理论、环境经济学理论、企业社会责任理论和物流成本管理理论。以物质流平衡原理为核算前提，与传统成本会计核算相比，具有“物量中心”“正产品与负产品”等特殊元素。其核算处理流程的项目主要有材料成本核算、系统成本核算、能源成本核算、运输与废弃物处理成本核算。

本章所介绍的三种环境会计专门方法具有典型性，在实际运用会计方法时，必须结合具体情况、遵循相应的原则才能解决实际问题。

本章练习

一、名词解释

1. 能源成本　2. 能源会计　3. 资源税　4. 环境税
5. 资源税收保持效应　6. 应税污染物　7. 应税污染物当量数　8. 物质流平衡原理
9. 物质流成本会计　10. 资源损失　11. 物量中心　12. 正产品成本

二、简答题

1. 简述能源与经济发展之间的关系。
2. 简述能源会计的目标及其应遵循的原则。对能源资源、环境税怎样进行会计核算？
3. 阅读辅助阅读9－3后，你认为需要哪些能源会计方法支撑美国能源审计报告的结论？
4. 资源税收制度如何才能实现保持效应？
5. 我国环境保护税法（征求意见稿）有哪些主要内容？其对大气污染和水污染具体是如何规定的？
6. 简述资源税从价计征公式方案的基本内容。
7. 物质流成本会计的理论基础有哪些？具体谈谈这些理论与物质流会计之间有着怎样的联系？
8. 物质流成本会计的处理流程有哪些？

三、计算题

1. 某矿山某月销售铜矿石原矿 20 000 吨，移送入选精矿 4 000 吨，选矿比为 20%，该矿山铜矿属于五等，按规定适用 1.2 元/吨的单位税额，则该矿山本月应纳资源税税额为多少？

2. 某油田 10 月生产原油 8 万吨（单位税额 8 元/吨），其中销售 6 万吨，用于加热、修井的原油 1 万吨，待销售 1 万吨，当月在开采过程中还收回并销售伴天然气 1 000 万立方米（单位税额 8 元/千立方米）。请计算该油田 10 月应纳资源税。

3. 某企业生产甲产品所需主要材料为 A 材料，材料于生产开始时一次投入。2012 年 11 月，企业总计发出材料 1 000 千克，材料单价 10 元/千克，当月发生人工及制造费用为 4 500 元。当月完工 A 产品 500 件。质检部门发现其中有 10 件为不合格品，经确认 6 件完全报废，剩余 4 件尚有修复价值。企业当即组织工人对 4 件可修复品进行修复，修复过程中又消耗 A 材 5 千克，人工及制造费用为 150 元。企业管理当局得知，甲产品中 A 材料的含量只占所投材料量的 95%，其余 5% 是生产生产过程中产生的废弃物支付处置费 1 000 元。请分别用制造成本法和物质流成本法计算废品成本。

四、阅读分析与讨论

能源消耗、雾霾、环境会计

2013 年，大半个中国笼罩在雾霾中。据中国气象局统计，全国平均雾霾日数为 12.1 天，较常年同期偏多 4.3 天，为 1961 年以来历史同期最多。各地汇总的相关数据显示，全国多数地区空气指数“爆表”，PM2.5 值超过了 500 的上限，有些地方 PM2.5 瞬间增值甚至超过了 1 000 微克/立方米。据研究表明，我国主要城市能见度呈下降趋势，北京、上海、广州的能见度每十年平均下降 0.78 公里、0.83 公里和 2.17 公里，能见度小于 10 公里的天数明显增加。1973 ~ 2007 年，北京市能见度小于 10 公里的天数从 68 天上升至 160 天，上海从 200 天上升到 300 天，广州从 4 天上升至 249 天。2013 年的上述三个城市状况到了 2014 年并未好转，甚至于有过之而无不及，并且城市范围还在扩大。如南京市，截至 2014 年 11 月 4 日，南京当年已经“脏”了 148 天，蓝天计划所允许的“146 个污染指标”全部用完，“蓝天目标”泡汤的时间比上年还提前了一个多月。而 2013 年南京全面实施新的空气质量 AQI 评价标准，也制定了 219 天的“新蓝天目标”，也就是全年要有 60% 的天数达到优良，但其目标实际也没有达到实现。

另据统计研究，我国能源消耗近 20 年来逐步年增长，2008 ~ 2011 年全国能源消费量如表 9 - 7 所示。

表 9 - 7　　2008 ~ 2011 年全国能源消费量　　单位：万吨标准吨,%

能源统计分析	2011 年	2010 年	2009 年	2008 年
能源消费总量	348 001.66	324 939.15	306 647.15	291 448.29
煤炭消费总量所占比例	68.40	68.00	70.40	70.30
石油消费总量所占比例	18.60	19.00	17.90	18.30
水电天然气消费总量所占比例	5.00	4.40	3.90	3.70
核能、风电总量所占比例	8.00	8.60	7.80	7.70

讨论要点：

（1）从上面资料分析：研究环境会计必须要研究能源消耗、研究能源消耗必须要研究大气环境。

（2）联系第七章相关内容，谈谈现代管理会计作为一种重要的控制工具，应该采用哪些手段在节能和控制雾霾有所作为。

物质流成本会计帮助管理者做出经营决策

当今企业要在激烈的市场竞争中提升利润空间，就必须不断提高资源利用效率，降低单位产品成本。同时，为了增强产品的市场竞争力，要在资金有限的条件下，对产品生产设施高效合理的投资，使产品生产能同时创造良好的经济效益和生态效益，而这就需要一个能同时满足对二者进行合理核算的会计核算体系。

在这样的背景下，A 企业决定实施物质流成本会计，来实现制造过程损耗的“可视化”，正确掌握制造工序的损失状况，收集改善工序和削减成本的相关基础数据，帮助工厂管理者做出正确的降低生产成本方面的决策。

A 企业是一家汽车配件的制造厂，其年销售额近 61 亿日元（见表 9 - 8）。从 2006 年起，集团整体的产量逐年增长，废弃物的产生量也在逐年增长，生产过程中产生的大部分废弃物来自零部件加工厂，因此，将 A 企业的从事发动机盖生产的第一条生产线确定为示范工厂，现行实施物质流成本会计。发动机盖是 A 企业的旗舰产品，一个完整的生产线包括成型、研磨、着漆、组立四个工序。

在 2009 年 8 月到 2010 年 4 月，A 企业收集了基于财务管理、工程管理和生产管理三个部门的第一手数据，收集各工序期各种物质投入量、排泄量、废弃量、功耗量、劳动费和其他费用等实际数据，并将这些数据作为下一步实施物质流成本会计的基础。

A 企业在实施物质流成本会计时，注意了以下几点：（1）关于材料成本（原材料，辅材料）。考虑工作期间工作人员的工作及数据收集的工夫，将发动机盖制造工序分为 4 个物量中心。图 9 - 9 显示了各物量中心的输入和输出数据。由于包装工序的附属品重量只有一点点因此忽略不计。（2）关于能源成本，按生产线占全企业生产用能源成本总量的比例计算生产用水量和用电量。（3）系统成本，以工厂全体生产量的数据为基础，根据劳动时间，工时进行了分配。

表 9 - 8　　A 企业各物量中心产出正负产品的物质流成本矩阵

工程类别	正产品			负产品				各工程产出小计	
	物量（千克）	金额（元）	本物量中心正产品率（%）	物量（千克）	金额（元）	本物量中心负产品率（%）	负产品占所有负产品比率（%）	物量（千克）	金额（元）
成型工程	46 080	760 270. 18	86. 49	7 200	118 792. 22	13. 51	46. 73	53 280	879 062
研磨工程	47 520	889 138. 93	31. 23	3 168	283 511. 20	68. 77	20. 56	50 688	1 172 650
着漆工程	51 120	1 124 650. 93	41. 67	5 040	328 716. 80	58. 33	32. 71	56 160	1 454 367
组装工程	53 280	1 313 938. 93	100	0. 00	0. 00	0. 00	0. 00	53 280	1 313 938
合计	198 000	4 087 100	—	15 408	731 020	—	—	269 528	4 820 017

注：全工程负产品成本占所投入总成本的 20. 30%。

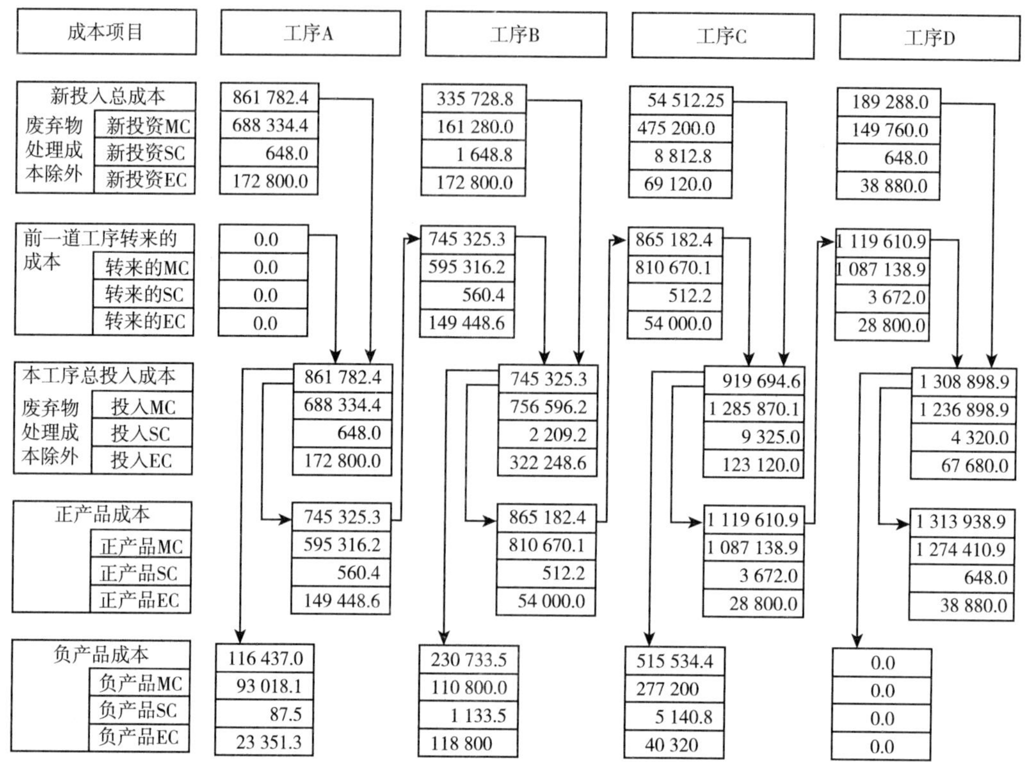

图 9-9　A 企业实施物质流成本会计后的数据核算流程

讨论要点：

（1）企业在应用物质流成本会计时，应做哪些准备工作？

（2）A 企业发动机盖生产的各物量中心的成本的核算与分配，是基于怎样的运行机理？

（3）通过观察 A 企业核算后的结果——产出正负产品物质流成本矩阵，我们可以发现 A 企业在实际生产过程当中，存在哪些问题？在哪些生产环节负产品率过高？为了降低负产品成本比率，企业可以采取哪些有效的措施？

附录：中国环境会计系列丛书（上）《环境财务会计》目录

主要参考文献

曹孟勤．资本、道德与环境［M］．南京师范大学出版社，2012.

陈毓圭．环境会计和报告的第一份国际指南［J］．会计研究，1998（5）.

陈毓圭．宏观财务与会计准则［M］．经济科学出版社，2012.

陈璇，淳伟德．企业环境绩效综合评价：基于环境财务与环境管理［J］．社会科学研究，2010（6）.

陈夕红，李长青，张国荣．经济增长质量与能源效率是一致的吗？［J］．自然资源学报，2013（11）.

蔡春，陈晓媛．环境审计论［M］．中国环境科学出版社，2006.

程隆云．企业环境成本核算若干问题的思考［J］．北京理工大学学报，2005（2）.

杜祥琬，刘晓龙，杨波，王振海，康金城．中国能源发展空间的国际比较研究［J］．中国工程科学，2013（6）.

方耀明．全面预算在企业实务中的流程设计［J］．会计之友，2011（3）.

经济合作与发展组织．环境管理中的经济手段［M］．中国环境科学出版社，1996.

冯路，何梦舒．碳排放权期货定价模型的构建与比较［J］．经济问题．2014（5）.

冯巧根，周时羽．EMA 路径下的环境成本实务研究［J］．审计与经济研究，2009（3）.

郭道扬．人类会计思想演进的历史起点［J］．会计研究，2009（8）.

郭复初．经济可持续发展财务论［M］．中国经济出版社，2006.

郭海芳．企业绿色财务管理之探析［J］．财会研究，2011（3）.

葛家澍，李若山．九十年代西方会计理论的一个新思潮——绿色会计理论［J］．会计研究，1992（5）.

耿建新，牛红军．关于制定我国政府环境审计准则的建议和设想［J］．审计研究，2007（4）.

过孝民，於方，赵越．环境污染成本评估理论与方法［M］．中国环境科学出版社，2009.

国际会计师联合会（IFAC）．财务报表审计中对环境事项的考虑［S］.1998.

国际会计师联合会（IFAC）．环境管理会计（EMA）国际指南［S］.2005.

何平林，石亚东，李涛．环境绩效的数据包络分析方法——一项基于我国火力发电厂的案例研究［J］．会计研究，2012（2）.

胡二邦．环境风险评价——实用技术与方法［M］．中国环境科学出版社，2004.

胡健，李向阳，孙金花．中小企业环境绩效评价理论与方法研究［J］．科研管理，2009（2）.

胡曲应．环境绩效评价的动因机理诠释［J］．财会月刊，2010（21）.

胡曲应．环境绩效评价国内外研究动态述评［J］．科技进步与对策，2011（10）．

环境保护部环境规划院．我国2009年度环境经济核算研究报告［R］．2012.

环境保护部．国家环保“十一五”规划［S］．中国财政经济出版社，2005.

黄溶冰．生态文明视角下的自然资源资产负债表构建分析［C］．中国会计学会环境资源会计专业委员会2014年学术年会论文集，2014.

黄溶冰．以审计监督守卫国家环境安全［J］．环境保护，2011（17）．

黄溶冰，赵谦．自然资源资产负债表编制与审计的探讨［J］．审计研究，2015（1）．

李明辉．环境成本的不同概念与计量模式［J］．当代经济管理，2005（10）．

李明辉，张艳，张娟．国外环境审计研究评述［J］．审计与经济研究，2011（4）．

李心合．嵌入社会责任与扩展公司财务理论［J］．会计研究，2009（1）．

李心合．把环境因素嵌入公司财务学体系［A］．中国会计学会环境会计专业委员会2014学术年会论文集，2014.

李达，肖彦．低碳经济背景下钢铁企业环境绩效评价［J］．会计之友，2011（26）．

李国平，李恒炜，龚杰昌．矿产资源税计征公式改革研究［J］．资源科学，2011（5）．

李祥义．可持续发展战略下绿色会计的系统化研究［J］．会计研究，1998（10）．

李学柔，秦荣生．国际审计［M］．中国时代经济出版社，2002.

罗伯·格瑞，简·贝宾顿．环境会计与管理［M］．王立彦，耿建新译．北京大学出版社，2004.

罗素清．环境会计研究［M］．三联书店，2014.

罗杰.W. 芬德利，丹尼尔.A. 法伯·环境法概要［M］．杨广俊等译，中国社会科学出版社，1997.

刘冉．试论排污权交易会计核算的可行性［J］．财会研究，2002（2）．

厉以宁．中国的环境与可持续发展［M］．经济科学出版社，2004.

林万祥，肖序等．环境成本管理论［M］．中国财政经济出版社，2006.

林万祥，肖序．论企业环境管理的成本效益分析［J］．会计之友，2002（12）：4－5.

林逢春，陈静．企业环境绩效评估指标体系及模糊综合指数评估模型［J］．华东师范大学学报（自然科学版），2006（6）．

林图．政府环境审计［D］．复旦大学优秀硕士学位论文，2009.

联合国国际会计和报告标准：环境成本和负债的会计与财务报告［M］．刘刚译，陈毓圭校．中国财政经济出版社，2003.

联合国国际会计和报告标准：生态效率指标编制者和使用者手册［M］．赵兰芳，高铁文译，陈毓圭，刘刚校．中国财政经济出版社，2005.

吕峻，焦淑艳．环境披露、环境绩效和财务绩效关系的实证研究［J］．山西财经大学学报，2011（1）．

敬采云．基于环境资本视角的现代财务学可持续发展研究［C］．中国会计学会环境会计专业委员会2013年学术年会论文集，2013.

颉茂华．企业环境成本核算与管理模式研究［M］．经济管理出版社，2011.

孔祥利，毛毅.2010. 我国环境规制与经济增长关系的区域差异分析——基于东、中、西部面板数据的实证研究［J］．南京师范大学学报（社会科学版），2010（1）．

马中．资源与环境经济学概论［M］．高等教育出版社，2002.

牛文元．绿色变GDP变生态赤字为零［N］．财经日报，2007-4-23.

牛住元，张雅君，王文海．污水处理厂污水提升节能措施研究［J］．给水排水，2009（3）.

秦昌波，王金南，葛察忠，高树婷，刘倩倩．征收环境税对经济和污染排放的影响[J]．中国人口·资源与环境，2015（1）.

秦春玲．企业可持续发展的财务路径——绿色财务管理［J］．环境保护，2008（24）.

秦中艮，邹叶．关于科学发展的企业财务理论的一些思考［J］．财务与会计，2009（4）.

史迪芬·肖特嘉，罗杰·布里特．现代环境会计问题、概念与实务［M］．肖华，李建发译．东北财经大学出版社，2004.

斯蒂芬·P·罗宾斯，玛丽·库尔特．管理学［M］．李原等译，孙健敏校．中国人民大学出版社，2012.

施平．面向可持续发展的财务学．困境与出路［J］．会计研究，2010（11）.

沈洪涛．企业环境信息披露：理论与证据［M］．科学出版社，2011.

沈满洪．资源与环境经济学［M］．中国环境科学出版社，2007.

沈宏益，毛阳海．企业绿色财务管理体系构建［J］．会计之友，2012（21）.

沈小袷，贺武．企业绿色财务评价系统框架理论研究［J］．经济与社会发展，2005（5）.

汤姆·泰坦伯格．环境经济学与政策［M］．严旭阳等译．经济科学出版社，2003.

田翠香．企业环境管理中的会计行为研究［M］．经济科学出版社，2012.

王光远．管理审计理论［M］．中国人民大学出版社，1996.

王立彦，尹春艳，李维刚．1998．我国企业环境会计实务调查分析［J］．会计研究，1998（8）.

王立彦，蒋洪强．环境会计［M］．中国环境出版社，2014.

王立彦，冯子敏．国际企业环境信息披露与管理启示［J］．经济研究参考，2001（29）.

王守荣．气候变化对中国经济社会可持续发展的影响与应对［J］．科学出版社，2011.

王志芳，王思瑶．环境税的会计核算与处理［J］．税务研究，2011（7）.

王萌．资源税效应与资源税改革［J］．税务研究，2015（5）.

王金南．生态补偿机制与政策设计［M］．中国环境科学出版社，2006.

王跃堂，赵子夜．环境成本管理：事前规划法及对我国的启示［J］．会计研究，2002（1）.

王立彦．环境会计［M］．中国环境出版社，2014.

王伟中，王文远．对当前全球气候变化问题的思考［J］．中国人口·资源与环境，2015（5）.

吴健．排污权交易［M］．中国人民大学出版社，2005.

肖序．环境会计理论与实务研究［M］．东北财经大学出版社，2007.

肖序．环境成本论［M］．中国财政经济出版社，2002.

肖序，周志方．论环境管理会计国际指南研究的最新进展［C］．当代管理会计新发展——第五届会计与财务问题国际研讨会论文集（下），2005.

许家林．资源会计学［M］．东北财经大学出版社，2000.

徐玖平，蒋洪强．企业环境成本计量的投入产出模型及其实证分析［J］．系统工程理论与实践，2003（11）.

徐玖平，蒋洪强．制造型企业环境成本的核算与控制［M］．清华大学出版社，2006.

徐利飞，安明莹．基于循环经济的环境财务分析指标体系构建［J］．财会通讯，2007（9）.

邢祥娟，陈希晖．资源环境审计在生态文明建设中发挥作用的机理和路径［J］．生态经济，2014（9）.

席卫群．资源税改革对经济的影响分析［J］．税务研究，2009（7）.

叶文虎．环境管理学［M］．高等教育出版社，2000.

袁广达．环境会计与管理路径研究［M］．经济科学出版社，2010.

袁广达．中国上市公司环境审计理论与方法［M］．经济科学出版社，2013.

袁广达．我国工业行业生态环境成本补偿标准设计——基于环境损害成本的计量方法与会计处理［J］．会计研究，2014（8）.

袁广达．基于环境会计信息视角下的企业环境风险评价与控制研究［J］．会计研究，2010（4）.

袁广达．企业环境信息审计研究［J］．审计与经济研究，2002（3）.

袁广达．上下游水污染价值补偿量化标准设计［J］．中国环境管理，2013（6）.

袁广达．企业环境审计有关问题研究［J］．中国发展，2002（3）.

袁广达．中国上市公司环境信息披露理论的构建［J］．中国发展，2004（2）.

袁广达．利益相关者对环境会计信息利用的关系分析［J］．中国注册会计师，2011（2）.

袁广达．上市公司环境责任审计识别要点［J］．财务与会计，2014（11）.

袁广达．企业环境灾害成本核算系统的架构［J］．商业会计，2009（12）.

袁广达．企业环境责任的审计识别［J］．财务与会计，2014（11）.

袁广达．诠释环境会计的基本理念［J］．企业研究，2007（7）.

袁广达．基于会计职业判断的隐性环境成本的确认［J］．财会学习，2014（8）.

袁广达．基于环境保护视角下的社会责任会计与公司价值［J］．环境保护，2009（4）.

袁广达．经济、能源和环境协调一致的经济发展方式研究——基于南京市能源消耗状况的统计分析的研究报告［R］/南京经济发展研究［M］．南京市软科学课题研究报告．凤凰出版社，2011.

袁广达．市场化的生态补偿标准与补偿执行机制的政策设计——基于太湖流域生态补偿环境管理会计的研究视角［R］．江苏省社会科学规划项目课题研究报告，2011.

袁广达．对环境会计管理思想的基本认识［C］．中国会计学会管理会计专业委员会2015年学术年会论文集，2015.

袁广达．重要性原则导向下企业环境财务指标设计与独立报告［C］．中国环境科学学会环境经济分会2015年学术年会论文集，2015.

袁广达，朱雅雯，徐巍娜．我国工业环境成本核算内容与方法研究［J］．财务与会计导刊，2015（4）.

袁广达，袁玮，孙振．注册会计师视角下的生态补偿机制与政策设计研究［J］．审计研究，2012（6）.

袁广达，袁玮．注册会计师环境审计鉴证主体地位的理性分析［J］．经济与管理研究，2012（11）.

袁广达，徐沛勣，袁玮．基于灰色关联分析的我国制造行业财务环境绩效评价［J］．中国环境管理，2014（7）.

袁广达，徐沛勣．基于改进熵值法的我国各省份工业财务环境绩效评估研究［J］．中国审计评论，2015（1）.

袁广达，孙薇．环境财务绩效与环境管理绩效评价研究［J］．环境保护，2008（18）.

袁广达，吴剑，周云桥．环境污染事故的生态价值补偿指标设计与补偿标准数量模型建构/环境经济与政策（第四辑）［M］．科学出版社，2013.

袁广达，俞雪芳，袁玮．企业生态文明建设能力财务评价指标的理论设计［J］．中国注册会计师，2014（7）.

袁广达，刘鑫蕾．城市住宅开发环境成本构成及其业绩评价方法［J］．经济研究参考，2014（21）.

袁玮，袁广达．企业环境报告第三方审计鉴证研究［D］．南京审计学院本科论文，2015.

于渤，黎永亮，崔志．基于可持续理论的能源资源价值分析模型［J］．中国管理科学，2005（13）.

严立冬，谭波，刘加林．生态资本化：生态资源的价值实现［J］．中南财经政法大学学报，2009（2）.

杨艾．基于低碳经济的财务评价体系重构［J］．会计之友，2011（3）.

杨文举．中国地区工业的动态环境绩效：基于 DEA 的经验分析［J］．数量经济技术经济研究，2009（6）.

杨金田，葛察忠．环境税的新发展：中国与 OECD 比较［M］．中国环境科学出版社，2000.

张鹏．注册会计师环境审计研究［D］．东北大学优秀硕士学位论文，2007.

赵宝江，李江，王丽萍．污水处理厂节能减排的实现途径分析［J］．环境保护与循环经济，2010（11）.

甄国红，张天蔚．企业环境绩效外部评价指标体系构建［J］．财会月刊，2010（8）.

张杰．企业环境成本管理研究［D］．西北工业大学，2006.

张爱民，郭坤．美国政府环境审计准则评述［J］．中国审计，2001（2）.

张彩平．基于环境视角的财务理论与方法研究［J］．财会通讯，2009（7）.

张江山，孔健健．环境污染经济损失估算模型的构建及其应用［J］．环境科学研究，2006（1）.

张艳，陈兆江．企业绿色供应链中基于标杆管理的环境绩效评价［J］．财会月刊，2011（27）.

周守华．关于会计与财富计量问题的思考［J］．北京工商大学学报（社科版），2011

(5).

周志芳、李晓庆．国际环境财务会计指南与实务的历史进程、最新动态评述及启示[J]. 当代经济科学，2009（6）.

周一虹．排污权交易会计要素的确认和计量［J]. 环境保护，2005（3）.

郑易生，阎林，钱薏红．90年代中期中国环境污染经济损失估算［J]. 管理世界，1999（2）.

中国环境规划院，中国环境会计专业委员会．中国环境会计指南［S]. 2012.

中国环境规划院．中国环境成本核算指南框架（意见稿）［S]. 2013.

Byington J R, Campbell S. Should the internal auditor be used in environmental accounting [J]. North American Journal of Fisheries Management, 1997, 8 (2): 139 - 146.

Richard Cowell. Substitution and scalar politics: negotiating environmental compensation in Cardiff Bay [J]. Geoforum, 2003 (3): 343 - 358.

Daniel Baker. Environmental accounting's conflicts and dilemmas [J]. Management accounting, 1996 (10).

Hiroki Iwata, Keisuke Okada. How does environmental performance affect financial performance? Evidence from Japanese manufacturing firms [J]. Ecological Economics, 2011 (70): 1691 - 1700.

FASB. Accounting for Environmental Liabilities [R]. EITF No. 93 - 5. 1993.

Hotelling H. The Economics of Exhaustible Resources [J]. Journal of Political Economy, 1931 (39): 137 - 145.

Joris Koornneef, Anouk Florentinus, Ruut Brandsma, Chris Hendriks, Arjan van Horssen, Toon van Harmelen, Andrea Ramirez, Alireza Talaei, Arjan Plomp, Jeroen van Deurzen, Koen Smekens. Development of an Environmental performance assessment tool for Carbon Capture & Storage chains [J]. Energy Procedia, 2013 (37): 2856 - 2863.

Jan Bebbington, Carlos Larrinaga-gonzalez. Carbon Trading: Accounting and Reporting Issues [M]. European AccountingReview. 2008.

K Johst, M Drechsler, F Watzold. An ecological-economic modelling procedure to design compensation payments for the efficient spatio-temporal allocation of species protection measures [J]. Ecological Economics, 2002 (1): 37 - 49.

Nicola Misani, Stefano Pogutz. Unraveling the effects of environmental outcomes and processes on financial performance: A non-linear approach [J]. Ecological Economics, 2015 (109): 150 - 160.

S Pagiola, G Platais. Payments for Environmental Services: From Theory to Practice [J]. Environment Strategy Notes, 2007, 4 (2): 91 - 92.

Thompson D, Wilson M J. Environmental auditing: theory and applications [J]. Environmental Management, 1994, 18 (4): 605 - 615.

DV Nestor, CA Pasurka. Environment-economic Accounting and Indicators of the Economic Importance of Environmental Protection Actives [J]. Review of Income and Wealth, 1995 (3): 265 - 287.

Villamor Gamponia, Robert Mendelsohn. The taxation of exhaustibleresources [J]. The Quarterly Journal of Economics, 1985 (1): 165 - 181.

Singh R K, Murty HR, Gupta SK, et al. An Overview of Sustainability Assessment Methodologies [J]. Ecological Indicators, 2009 (9): 76 - 82.

Toshiyuki Sueyoshi, Mika Goto, Manabu Sugiyama. DEA window analysis for environmental assessment in a dynamic time shift: Performance assessment of U. S. coal-fired power plants [J]. Energy Economics, 2013 (40): 845 - 857.

Wagner, U. J, Timmins, C. Agglomeration Effects in FDI and the Pollution Haven Hypothesis [J]. Environmental and Resource Economics, 2004 (2): 231 - 256.

后　记

本丛书分《环境财务会计》和《环境管理会计》两册。内容基本上是我近十年来环境会计、审计部分研究成果和近八年来主讲大学环境会计课程的教学成果，少量亦有我所带团队的合作成果。在校研究生在资料收集、材料组织和文字打印方面做了一些辅助工作。具体协助人员有:《环境财务会计》: 吴杰（第一章、第六章)、赵立峰（第二章)、俞雪芳（第三章)、韩孟孟（第四章)、程罗娜（第五章)、洪燕云（第七章);《环境管理会计》: 吴杰（第一章)、洪燕云（第二章)、程罗娜（第三章、第八章)、袁玮（第四章)、韩孟孟（第五章)、赵立峰（第六章)、俞雪芳（第七章、第九章)。

本书可作为高等院校会计学本科专业、研究生专业和会计专硕（MPACC)、审计专硕（MAUD）和工商管理学科（专业）开设的环境会计选修课程教材，也可作为在职干部培训环境会计教材。同时，对于从事环境会计、环境审计、环境管理的科研人员，可作为主要参考资料，相信它能够为读者提供一些有益的帮助。

感谢中国会计学会环境会计专业委员会和经济科学出版社对编写和出版本丛书提供的指导和支持，感谢我的学生和家人帮助。同时，编写过程中，参考了国内外一些同类专著和教材，借鉴了一些国内外环境会计、环境审计专家学者相关最新研究成果，在此谨向他们表达诚挚的谢意。

衷心感谢国家社科基金项目、教育部人文社科基金项目、中国注册会计师协会科研基金项目、江苏省社科基金项目的支持。

限于本人水平，书中会有许多不足，诚望读者提出批评意见与建议。

作者
2016 年 3 月 30 日